U0160712

墨与墨色

王　巽　著

中国美术学院出版社

序

时代“墨谱”

金 珲

书画实践与研究，须臾离不开笔、墨、纸。对这三类材料，书画家各有选择与经验，不尽相同，所谓“工欲善其事，必先利其器”。然而，墨相对于笔与纸，更为小众，如书画用品市场中随处可见品类齐全、琳琅满目的笔与纸，墨似乎只能偏居一隅。又据身处现代快节奏社会与展览形制的需要，人们早已普遍使用墨汁，传统墨块逐渐遁形，如今墨几乎只存于玩家、藏家做少量流通，还有置于极少数书画家的书桌画案，以探求作品别样的品位。墨之式微，有目共睹。

墨与墨色却是书画创作的灵魂所在。20世纪以前，书画家讲究用墨，主倡浓墨，意欲体现力透纸背、入木三分的笔墨功效。笔酣墨饱后，大半的用笔功夫是依托墨在本白的宣纸上所呈现的笔画形态和光泽，苏东坡所谓“光清不浮，湛湛然如小儿目睛”即是这种墨法，凝重沉实，神采外耀，让多少书画家魂牵梦萦。至若董其昌淡墨，时见笔尖往来灵动；王铎涨墨，可享线面交融、富有朦胧的墨趣；更有黄宾虹总结“用墨七法”，对“墨分五彩”进行卓越实践。用墨干湿、浓淡、深浅，由焦黑、浓清、重赤、淡黄、清白的层次变化与透明度，赋予笔画呼吸的空间，呈现生命的活泼，简净而富有韵味，随着时间延展而幻现丰富的变化，这是东方艺术特有的美学基因所在。

这份变化，唯有通过用墨块研磨产出的墨液，经由书画家数十年的功夫，驾驭毛笔在纸上留下墨痕，开启人们对多种色阶的审美知觉，而运用工业技术的墨汁绝难以企及。一个对用墨与墨色有所追求的书画家，一定要选到一锭称心如意的墨，它可以小，但在硬度、纹理、色泽、雕饰、年份、题名等诸方面都有所讲究。如何选墨？有多少墨可以选？有哪些品牌与品类？每种品类的主要特点与优势在何处？面对已有的墨锭，要梳理出一个谱系和框架，着实是一件难事。

中国美术学院王翼老师近几年一直倾心此项研究。他年轻时留学日本，对日本文化、艺术、文物有精深的研究，后长期在书画教学一线。多年用墨实践，又依凭对墨的特殊情感，如今他专门绘出这册“墨谱”，取名《墨与墨色》，细数中国古代制墨历史与工艺，列举中日两国各大品牌墨厂、名品、特色。特别难能可贵的是，对大部分名品，配以图像展现墨锭磨墨以后产生的磨口、墨液与色相变化，于简单纯净中展现细微的差异，读者参见叙述，更能了然于心。从填补空白，再到呈现亮点，他的思虑和努力不言而喻，希冀每位创作者，了解墨理，并能按图寻墨，展现心向往之的审美意象。

墨是物质的，我们这个时代不应让它走入文化遗产行列。用墨更应是精神的，探求每一锭黑漆小墨中的工艺与讲究之外，书画家尚需用劳作之手，借由砚和水，在神闲气定中研于墨，以幻化固态墨块中的汩汩生气，继而毛笔吸吮墨液，腕际指尖流转间呈现色泽与光彩。祈望黑与白极色对比，明净灿烂，氤氲万化，流芳千古。

二〇二二年十月二日

目录

第一章

中国墨的历史发展、种类与制造工艺

导　读

墨的历史

中国墨的起源，具体时间不太明晰。从考古发掘实物来看，殷代的甲骨上已经有先写朱书或墨书再刻的情况，这可以说是中国墨应用于文字记录的最早实例。最初的墨可能不是做成块状或丸状，而是零散的墨块，使用时把它们加水放在一块磨光的石片上，再用一块小的石头研磨成墨汁。这种砚石和磨石在近年考古发掘中已有记载。

据文献考察，最早记录墨的用途的是《尚书》《礼记》等。其中《尚书·伊训》载："豆下不匡其刑墨，具训于蒙士。"此"刑墨"即墨刑。也就是"黥面"，为古时的一种刑罚，即在人面刺文，并以墨染。除此之外文献中亦有记载土木中以墨绳取直的技术。

对于商代后期及西周时期我国墨的形态，由于缺少实物与文献，目前尚难判定。但从《庄子·田子方》中"舐笔和墨"来看，至少在春秋战国时期墨已用于书写。因此，只能推测，在邢夷制墨以前，以燃烧过的松炭取墨的方法已经大量应用，但此时墨还非人工专门制造。据传西周宣王时，邢夷无意中发现水中漂浮的一块松炭，用手捡起，手上染了黑色，邢夷由此受到启发，于是捣碎松炭成灰。炭灰先和水，不凝结，后用粥饭之类黏性物拌和，再用手捏成块状，这就是邢夷制墨的开始。此后邢夷以此法大量制墨，其所制墨称"邢夷墨"。人造墨的创始，使得墨与其他黑色颜料分离，开始独立发展。

人造墨发明后，墨的形制主要是用手抟擦，形成不规则的墨块，称"墨丸"。起初，制作墨丸只是为了方便储存和使用，因而没有固定的形制，但一般为不规则的小圆球状、圆饼状或圆柱状。

到秦汉两代制墨行业已形成一定规模，并出现了较大的制墨作坊。汉代时，制墨业主要集中在今天内蒙古、陕西等地，其中隃麋墨在当时十分有名。1975 年，从湖北云梦县睡虎地古墓群 4 号墓中发现了一块直径 2.1 厘米、高 1.2 厘米，颜色纯黑的墨丸。另外在 4 号墓中还发现了一块石砚和显然是用来研墨用的小块石头，石砚和石块上均有研磨的痕迹，上面还有残墨。这是战国后期使用固体墨块的有力证据。固体墨块的出现，标志着当时人们已经知道制造固体墨的简单工艺，如胶墨配合比例、防腐剂的使用、基本的造型等。从《周礼》《史记》等史籍中有关用胶的记述中，可知汉代制墨已开始使用黏性较强的胶，从而大大提高了墨的硬度和强度。从此，中国墨的基本形制和性质得以确立。从考古发掘的结果来看，汉代固体墨的出土数量较前代明显增多。大块墨的出现表明当时在墨锭干燥、防腐、防裂等方面都已有相应的工艺。东汉墨模发明，使墨的形制发生了根本性变化，由此影响到墨的使用方法。河南陕县刘家渠东汉墓出土的残墨保存部分形体，是用模子压成锭状的松烟墨，与后来的墨基本上一样，是研究东汉墨的制造技术、形制、质量的重要材料。

人造墨的发明促进了造墨业的兴盛，而墨模的发明不仅是墨的制作形成规模的标志，同时也成为制墨技术进步的关键。墨模使墨的形制趋于规整，这种由手工制造到墨模压制，由不甚规则到形成规则的变化，暗藏着制墨技术的根本变革。墨模主要用木板制作，可以让墨的样式由简单而趋于多样变化，同时墨模的使用，使墨的密度和硬度增大，提高了墨的质量。从现有文献看，最早记载固体墨生产工艺的为南北朝人贾思勰，在《齐民要术》中他对固体墨的制作工艺做了详细记载。制作工艺主要有炼烟、绢筛、制胶、和料、杵捣、晾墨，与现代墨厂固体墨的制作工艺相比，如炼烟、绢筛、制胶、和料、杵捣、压模、晾墨、打磨、填字、制盒、包装，重要工艺已经完备。这是目前所见文献中记录最早、记载最详细的制墨工艺。

隋唐之时，经济文化的发展、书法艺术的昌盛、朝廷的重视等多种因素，极大地促进了制墨业的发展，制墨业呈现一派繁荣之势。此时制墨以北方为主，墨业中心和著名墨工纷纷涌现。繁盛的墨业制造不仅使墨质有了较大的进步，同时也促使制墨工艺大大提高，并开创墨上印字的新风尚，出现了在墨上铭刻制墨者名款、制墨年代、墨的用途等事例。还有在墨的表面刻绘装饰图案、给墨品题名等情况。在墨模技术的应用上，以在墨模上雕刻铭文为特色。同时，将燃烧产生的烟炱分为远烟与近烟，并认识到远烟的颗粒比近烟更细。另外，唐代中原地区制作的墨也随着地域的扩张传到了少数民族地区。

唐代也是中国制墨技术从北向南转移并造就“徽墨”的重要时期。唐朝末年，北方连年战乱，百姓为躲避战乱纷纷南迁，大批墨工随人口南流，使墨业中心开始南移。易水制墨名家奚超也携子渡江迁居歙州。奚氏南迁后重操旧业，与其子奚廷珪等人利用当地古松炼烟制墨，改进了制墨方法，所制的松烟墨明显优于旧时，很快得到当地人的认同，受到朝野上下的广泛欢迎。南唐后主李煜赐奚超以国姓“李”，又昭其孙李惟庆为墨务官，专门制墨供御用，因此以北方奚氏墨为基础生产的李墨在江南占据了不可动摇的地位。制墨中心南迁至皖南歙州，这一变化奠定了宋代以至元明清徽州制墨的基础。

五代制墨技艺达到了一个巅峰，采用成熟的墨模模印工艺，墨的形状富于变化，圆形、圆角长方形、棒槌形、圭形、树叶形、椭圆形均出现，墨正面、背面的装饰形式也有了一定的规律，或正面铭文、背绘刻图，或双面铭文。以李廷珪为标志的五代制墨水平，达到了令后人叹为观止的高峰。五代的制墨工艺还开创了精鉴的先河，表现为制墨的非商品化倾向和取名的古雅。士人更多参与绘画及其自制墨之风，不仅令制墨从选材、工艺到墨的使用都更加考究，还促成了墨的鉴藏风气的形成，从而赋予墨业更加浓郁的文人化气息。这时的铭文基本标示墨的性质，只有少数像韩熙载给自己的墨取名为“化松堂墨”（又名“麝香月”“玄中子”）一类的称呼，制墨者无一例外将自己的名字标识在墨上。

宋代是制墨史上“今徽人家传户习”以及“新安人例工制墨”的兴旺时期，制墨地区扩及黄山、黟州、宣州。北宋宣和三年，朝廷改歙州为徽州。“徽墨”之名形成于此，但分布区域显然已超出徽州。

宋代也是制墨业名工辈出的时代。宋晁贯之《墨经》及元陶宗仪《辍耕录》记载了歙州耿姓一族、宣州盛姓一族等大批制墨名工，家族世代以制墨为业，并且制墨技艺几乎都源自李廷珪。他们为制墨技艺的精进与创新，做出了重要的贡献。宋代还出现了诸如《墨史》《墨法集要》等重要的墨学论著。

元代的墨工数量较多，油烟墨制作技术较前代有所进步，如徽州墨工陶得和就以专制桐油烟墨而享有盛名。

明清两代制墨工艺较前代发达，墨肆林立，名家辈出，实物流传亦较多。所制徽墨，千姿百态，异彩纷呈，松烟、油烟并举，特别是桐油烟与漆烟的制墨工艺广为运用，油烟墨的质量达到历史最高水平，徽墨制作技艺上也开始出现歙派、休派、婺派之分。

歙派，以歙县呈坎罗小华为代表，程君房、方于鲁等人是这一派的重要成员。罗小华所制桐油烟墨，被誉为“坚如石，纹如犀，黑如漆，一螺值万钱”。程君房制墨取象立义，贯以儒家伦理，上天文、下地理、中宇宙，匠心独运，题铭与图多出自著名书画家之手，艺术造诣深厚，受到当时书画家的赞赏。歙县墨典型产品的特色是隽雅大方，烟细胶清，使用的香料、装墨的匣子也十分讲究。如汪节庵的墨常贮以饰有彩色花卉的黑漆匣，十分精美，此墨还有特殊的香味。

休派，创始人为汪中山和邵格之。他们除了制造出“太极”“玄香太守”“客卿”“松滋候”等名墨之外，还首创了成套丛墨，即所谓的“集锦墨”。不仅以质取胜，还以精美的墨式著称于世，成为后代制墨业效仿的榜样。休宁墨的特点是华丽精致，多饰以金银彩色，往往用漆皮，尤多供珍玩的套墨。

婺派，绝大多数是为了给一般老百姓和小知识分子使用的，所以它们的特点可以说是“朴实少文”，是大众化的东西。他们往往以“御赐金莲”“虎溪三笑”“壶中日月”“八蛮进宝”等来作墨名，这些都具有民间艺术特点，且又是一般群众所喜爱的主题。从文字记载的现存实物上来计算，清代婺源的墨铺在100家以上，仅詹氏一姓就有80家。虽然婺源墨外表质地都赶不上歙县墨或休宁墨，但也不能说婺源墨都是劣品，如詹云鹏“金盘露”就被列入《雪堂墨品》。

明清时期墨类著述十分丰富，如宋应星《天工开物》、沈继孙《墨法集要》、麻三衡《墨志》等。作为明代重要的科技著作，《天工开物》除记述造纸工艺外，还记述制墨工艺的详细过程。不仅记述造贵重墨和寻常墨的用料及技术细节，且烧松烟取料的技术也一并记录。明代还出现了程君房的《墨苑》、方于鲁的《墨谱》、方瑞生的《墨海》等一批墨谱，它们既是研究徽墨的重要史料，也是明代版画艺术的杰出代表。

明代中后期，墨业竞争也渐趋激烈，一些有见识者开始走出徽州，进入南京与通都大邑开设店铺，甚至到海外经商，整个徽州墨业呈向外扩展之势，分布区域大大增加。

清代徽墨以曹素功、汪近圣、汪节庵、胡开文“四大家”为代表。

曹素功（1615—1689），歙县岩镇人，在明末著名墨工吴叔大的基础上，改吴叔大的“玄粟斋”为“艺粟斋”，经过潜心经营，很快兴盛起来，著有《曹氏墨林》。他制作的墨品有20多种，其中“紫玉光”被《墨品赞》列为第一。乾隆年间，他的后代把墨肆迁到苏州，咸丰年间又迁到上海。

汪近圣（1692—1761），绩溪县尚田村人，原是曹素功家的墨工，后在徽州府城开设“鉴古斋”墨店，自主经营，从事徽墨生产，著有《汪氏鉴古斋墨梦》。汪近圣精于墨理，擅采众家之长，讲究用料，制法精致。所制名墨有“御制耕织图诗”“御制罗汉赞”“御制西湖名胜图诗”“御用彩珠”“黄山图”“新安山水”等。后来汪近圣的次子汪惟高于乾隆六年（1741）应诏在皇宫御书处教习制墨，遂使鉴古斋名噪全国，汪氏父子名气大增。汪近圣遗留墨图88种，由其孙炳宇、君蔚、穗歧及曾孙天凤辑为《鉴古斋墨薮》四卷刊行。

汪节庵（1736—1820），歙县人，名宣礼，字蓉坞，开设“函璞斋”墨店，制有“西湖十景图诗墨”“新安大好山水墨”“名花十友墨”等。

胡天注（1742—1808），原名胡正，字柱臣，号在丰，绩溪县上庄乡人，“胡开文”为其店号。乾隆二十年（1755）胡天注从家乡来到休宁县城汪启茂墨店当学徒，乾隆四十七年（1782）承继汪启茂墨店。他撷取南京贡院明远楼“天开文运”匾额上的“开文”一字，将“汪启茂墨店”改名为“休城胡开文墨庄”。

为了保证原材料的质量，胡天注令其子在黟县渔亭办了一片正太烟房，利用渔亭一带丰富的优质松木精炼松烟，为优质产品提供了重要的原料保证。此外，他改革配方，不断提高工艺标准，终于生产出一批墨质极佳的著名珍品，如“苍佩室”“千秋光”“乌金”等。他所制作的“集锦墨”长期作为贡品送入宫廷。胡馀德（1762—1845），又名正，字端斋，号朗荣，为胡天注次子。十多岁即入店随父制墨，所制“巷佩室”墨，屡充贡品，名震天下。胡馀德精心设计墨模，力求造型新颖、图案精美、装饰美观，不惜耗巨资派人去京城搜集圆明园、长寿园、万寿园图案，高薪聘请名家绘图、刻模，其“御园图”（64幅）、“棉花图”（61幅）和“十二生肖”（12幅）等，堪称清代墨模之精品。他还聘请名师良工，按易水法制造“苍佩室”名墨。胡馀德共有九子，大多从事墨业，以休城胡开文墨庄为总店，在安庆、芜湖、扬州、上海、武汉等地开设分店，使胡开文墨业扩展到大江南北，名扬中外。

清代晚期，受多种因素的影响，徽墨制造业逐渐衰落，分布区域逐渐缩小。

民国时期，绩溪县上庄乡人胡洪开（1904—1961），自幼随父去上海学刻墨模，在叔父胡祥钧的上海广户氏胡开文墨庄当学徒，17 岁接替叔父管理墨庄，用 10 年时间把人数不多的小墨庄扩展为有 100 多名职工的全国最大墨厂。后在南京、天津、北京、沈阳、武汉、汕头、成都、重庆等地开设分店，并在安徽和贵州创办制墨烟厂，精制优质原料，制作高档徽墨，销往国内外，产品深受书画名家的喜爱，使胡开文墨饮誉中外。其经营范围几覆盖大江南北，至此徽州制墨业呈胡开文一枝独秀之势。

胡开文一家子弟众多，四处分散经营，广设墨店，成为徽墨产销的总枢纽。抗日战争时期，胡开文墨业受到严重冲击，仅存歙县、休宁、安庆三处。

新中国成立以后，徽墨业在政府的关心与支持下有了新的发展。1956 年，分散在休宁、屯溪两地的制墨厂店合并成立屯溪市公私合营徽州胡开文墨厂，歙县、绩溪也分别成立了歙县胡开文墨店和绩溪胡开文墨庄，形成了规模较大的徽墨生产经营组织。后又几经变革，形成了以安徽省绩溪胡开文墨业有限公司、安徽省黄山市屯溪胡开文墨厂、安徽省歙县老胡开文墨厂、上海墨厂（徽歙曹素功）为代表的徽墨制作业的独特格局。

墨的种类

中国墨若按制墨原料的不同，可分为松烟墨、油烟墨、漆烟墨、混烟墨、药墨、色墨六大类。

松烟墨

松烟墨主要以松枝烧炼而成的烟为主要原料，经筛烟、熔胶、配料、杵捣、锤炼、模压、晾干、打磨、包装等工艺制作而成。松烟墨的特点是墨色黑，但缺少光泽，胶轻质松，入水易化。历代多用松木制墨的主要原因之一是含有松脂的松木在燃烧时可产生数量较多的优质烟料，原因之二是松木在我国分布很广，取材方便且价格低廉。

现代松烟墨是用松树枝烧出来的烟灰掺以动物骨胶捣制而成。由于骨胶易腐，故配以麝香、冰片、猪胆等药材防腐，既能解胶又能增强墨的渗透力。

油烟墨

油烟墨主要采用桐油等植物油烧炼而成的烟为原料。经熔胶、配料、杵捣、锤炼、模压、晾干、打磨、包装等工艺制作而成，其特点是质地坚实、色泽黑润、细腻、耐磨、历久不褪色等特点，但用胶量较大。

漆烟墨

漆烟是将炼制过的生漆掺入桐油中经不完全燃烧而制出的烟，用漆烟制成的墨被称为漆烟墨。漆烟墨与油烟墨的特点相同，但颜色更加墨润，点如漆。

混烟墨

又称青墨，是用混合后的油烟和松烟为原料制作出来的墨，兼具松烟墨与油烟墨二者之长，书画皆宜。

药墨

药墨是在制墨原料中加入一定的中草药，使墨具有亦书画亦药用之功能。在墨中加入中药，用以治病，此法由来已久。《本草纲目》对墨的性味、功用与主治等做了较为详细的介绍：“墨气辛温无毒，主治止血，生肌肤，合金疮，治产后血晕崩漏……”药墨的品种主要有万应锭、八宝药墨、八宝止血药墨、五胆八宝药墨等。

当作药物治病的墨一般是松烟墨。有些署墨家名款，有些直接署药店名款。前文已述。

至于药墨所用的烟炱，文献记载只能使用松烟烧制，用桐油、石油烧成的烟均不可入药。如今著名国药店北京同仁堂每年还要委托黄山市屯溪胡开文墨厂生产药墨“京红墨”数千锭以供应市场。

色墨

色墨是指除黑色之外的红、黄、青、绿、蓝、白等颜料墨，是中国画重要的绘画颜料，具有色泽纯净、艳丽且不易褪色的特点。先民利用颜料绘画的历史非常悠久，一些新石器时代陶器上的纹饰就已经绘得非常精妙。中国色墨何时进行专门制造，暂时无考。将多种颜色的色墨（石绿、石青、石黄、朱砂等）制成集锦墨应不晚于明代，如现存明代的“金刚法轮五色墨”“银锭式御墨”“赤玉石朱墨”即为例证。

若按墨的用途不同可分为实用墨和观赏墨两种。实用墨注重实用性，观赏墨则注重形状、色彩和装潢。

贡墨

古代官吏请墨家特别制作专用于进呈皇帝的墨。

一种是依据管理制度，地方上每年要向皇帝进贡的。另一种是封疆大吏或朝中大臣嘱制墨家制作进呈给皇帝用的。通常署有进呈者的名款年号，有时也署墨家的名款。这些墨从选料到制作都非常精细，大多为墨中珍品，如张大有进贡的“万寿无疆墨”。

御墨

即封建时代皇帝自己写字用的墨，往往是宫中召集匠人自制的。唐代以后设墨务官，专制御墨。清代御用墨分内务府墨作所制和徽州墨家所制，但不论何家所制，都精选上等材料，精心制作而成，如清康熙年间的“万寿无疆墨”。

普通墨

一般人用来书写、绘画用的墨，以实用为主。形式简朴，质量一般，通常署有墨品名称与墨家名款。如著名的学生用墨“金不换”等。

定制墨

墨家根据制墨者的要求与意愿专门制作的墨，为了自用或者分赠友人。此类墨上有时有制墨家的名字，有时没有。一般工料、图案、形式都要比制墨家在门店出售的要高出一筹，所以向来为收藏家、书画家所重视。

礼品墨

作为礼物馈赠的墨。大致可分为寿礼墨、婚礼墨、学生墨三类，多取富贵长寿、吉祥如意、龙凤呈祥、多子多福、情趣高洁、读书有成为题而精心制作。如程君房的“百子图”、方于鲁的“龙九子”、曹素功的“仙翁寿婆”等，涂金施彩，注重外表形式，具有很强的艺术观赏性。

珍玩墨

以墨为原料制造的手工艺品，不为使用而为玩赏制作的墨，大多小巧玲珑，烟料、做工都属上乘，艺术性极高。

纪念墨

是指制墨家为反映社会重大历史事件或纪念重要历史人物而特制之墨，既有收藏纪念价值，也具史料价值。纪念墨始于清末民国初，蕴含强烈的时代特征和政治色彩。如“改良维新墨”“辛亥革命墨”“抗战胜利墨”“抗美援朝墨”等，通常还有铭文，对事件的记录相当清晰。

集锦墨

所谓集锦墨是由制墨家根据自己的设计理念将若干形式不同、图案各异的墨块组合成套，以供观赏收藏之用的墨。如清初制墨大家曹素功的集锦墨代表作“御制耕织图”，全套47锭，分一函二匣，上匣镌绘耕作图景，下匣镌绘养蚕织布内容。墨中镌绘人物神态、耕织场景，栩栩如生。

墨的制造工艺

墨锭的制造工艺主要有炼烟、制胶、和料、杵捣、压模、出模、晾墨、锉边、填字、制盒、包装。

首先是炼烟。松烟是制墨的重要原料之一，是经松树不完全燃烧而收取的烟炱。从现存文献来看，松烟的烧取方法主要有四种。分别为宋代李孝美《墨谱法式》

中记载的平面窑烧法、宋代晁贯之《墨经》中记载的立式烧窑和卧式烧窑以及明代宋应星《天工开物》中记载的松烟烧制方法。

油烟是以油脂为原料燃烧时收集得到的烟炱。原料主要是动物脂肪、植物油与矿物油。关于记载油烟的烧制方法有：宋代苏易简《文房四谱》记载的造麻子墨法，宋代晁贯之《墨经》中记载的桐油烟烧制方法和清油、麻子油、沥青共同制作烟炱的方法，以及明代沈继孙在《墨法集要》中记载的油烟烧制工艺。

制胶工艺是制墨中最为关键的工艺之一，其技术水平高低直接影响墨的质量。胶是用动物的皮、骨熬煮而成的黏合剂。其主要作用是将分散的烟炱胶结成块。

和料的核心是根据配方确定烟与胶的比例以及添加辅料的种类与数量。和料之后的墨团叫墨稞，通常要放在具有较好保温性能的炕炉内，以保持一定的柔韧性。

从炕炉内取出保温备用的墨稞，放在用树桩制成的墨墩上反复捶打，使烟细胶匀。通过杵捣，墨中的胶会均匀分散并形成特殊的网状结构，将烟炱包裹起来。墨的质量与捶打的次数直接相关，捶打的次数越多，造出的墨质量越好。

压模的重要工具是墨模。称取一定重量的墨剂，再经过揉压，即用手将墨稞在工作台上反复揉压，然后将揉过的墨剂装人墨模中，再将墨模放到螺旋压机下面，转动手柄对墨模加压使墨剂挤满整个墨模的边边角角。

出模即将压好的墨锭从模子中取出来。后将出模的墨锭放在晾板上置于晾墨间让墨自然晾干，通常至少需要半年时间。同时晾干过程中要不断翻转墨锭，防止变形。之后将晾到六七成干的墨锭用锉刀锉去毛刺、平整外形。填字即根据墨锭的图案和文字填描金粉、银粉以及其他颜料，让原本模糊不清的图案凸显出来，以突出墨的品质。

最后用纸板、木板等材料根据墨锭大小、形状制成典雅、古朴、大方的包装盒。包装的主要目的是为了防止墨锭受潮与撞击，从而保持墨的品质。将制好的墨锭放入配制好的纸盒、锦盒、木盒、漆盒、书卷盒中。如此，一块成品墨锭便算是完成了。

墨的制作工艺过程

选料（松烟）　传统方法点烟（松烟）　取料（松烟）

油烟灯盏点烟　注油　油烟取料

鹿角　晾晒熬制完成的鹿角胶　制作完成的鹿角胶

墨模制作

取漆

烟料中加入材料捶打

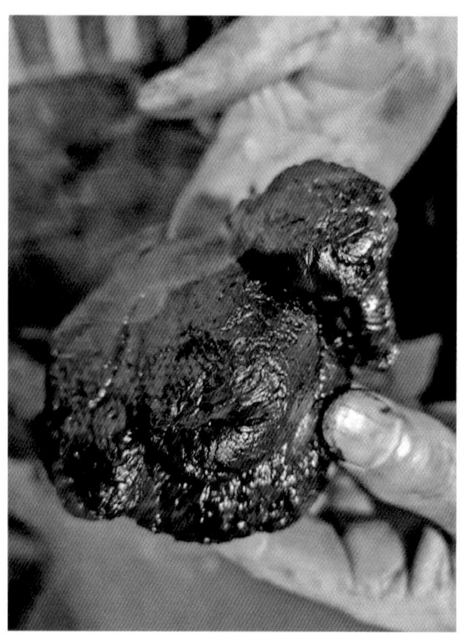

捶打完成的烟料

称重

墨模准备

烟料揉捏

烟料入模

压模、晾墨

开模

初步完成的墨

描金完成的墨

第一节　曹素功与上海墨厂

上海徽歙曹素功墨厂（原名上海墨厂）创建于“徽墨之乡”——黄山市徽州区岩寺镇（原属歙县），从明朝末年起已有近400年制墨史，不仅是中国当代制墨行业中的元老，也是中国衍传历时最久的传统老字号之一。

上海墨厂的前身为“曹素功艺粟斋墨肆”，至民国改为“上海曹素功墨苑”，商标为尧记，新中国成立后，在社会主义改造中，与上海胡开文广户氏、曹素功敦记等合营改造，成为上海墨厂的雏形，是最早获得国家出口创汇支持的墨厂。曹素功产品坚持传统工艺，高级书画墨以桐油烟、广胶、麝香、金箔、冰片和数十味中草药为原料。以明清传世墨模制作的墨品，造型尤为丰繁奇巧，图案精美生动，既是佐助文房的传统书法、绘画用具，也是别具一格的工艺品。

多数人倾向于认为“上海墨厂”的名称始于1967年，在此之前仍以曹素功尧千氏的名款行于市。1967年以前所制作的墨品，最显著的特征为侧款，即厂名的标注。侧款多刻“徽歙曹素功尧千氏造”或“徽歙曹素功尧千氏选烟”等，后侧款款识慢慢被“上海墨厂”这个侧款所替代。顶款也由五石漆烟、超贡烟、贡烟、顶烟慢慢替换成了分级制的油烟一〇一到一〇四，至20世纪70年代初就差不多完成了顶、侧款的交替。

而20世纪70年代的上海墨锭以手工点烟、性价比高、品质有保障深受广大爱墨者的欢迎。至70年代后期所制墨品墨色为上海墨厂的历史高点，墨上的打码也始于此时。这时期极具代表性的是一〇一（又称五石漆烟），宜书宜画，其中出口版为首选，普通版次之。另有一〇二（超贡烟）、一〇三（贡烟）、一〇四（顶烟）用于书法创作。70年代末，还出现了相当于一〇一的特制油烟。特制油烟这一新品类也在此时出现，出厂价格高于油烟一〇一。20世纪80年代上海墨厂创制油烟墨汁，具有与高级书画墨相同的艺术效果，且推出了“中国画研究院定版墨”“日本书画院定版墨”。但这时期的制墨工艺有所改变，由手工点烟过渡到机器点烟，同时国家也减少了对墨厂的支持，品质存在一定的下降。到了90年代，上海墨厂开始在墨的底部标注商标，这一时期的墨品部分仍用真银粉填描，部分氧化工艺甚至好于70年代墨品，这一时期的代表墨品主要是“醉墨淋漓”，顶款也变成了油烟A001。

一、曹素功与上海墨厂 油烟

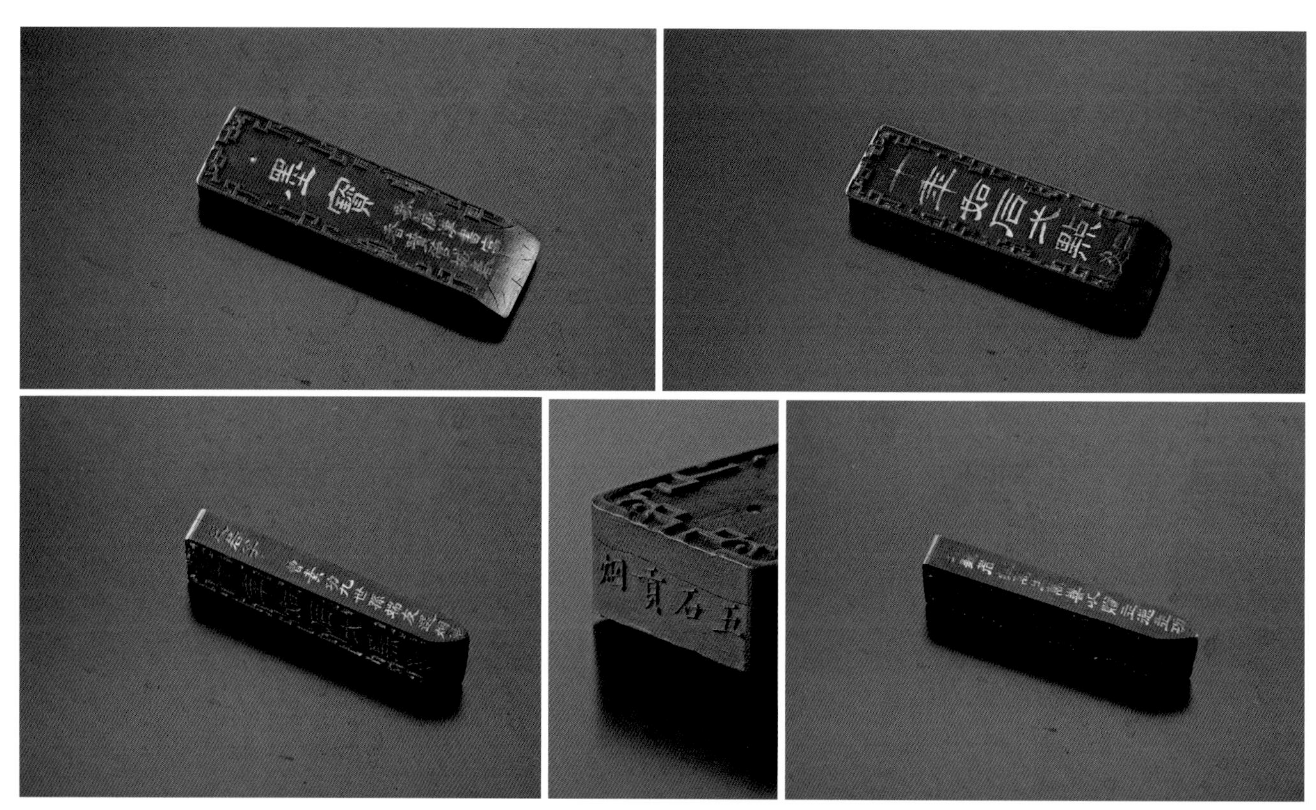

墨宝 约 1840—1912 年

法龙 约 1840—1912 年

1949 年前，曹素功制墨的边款往往较为详尽。

拘节　约1840—1912年

龙翔凤舞　约1840—1912年

此方墨保存较为完善，还保留了当时曹素功的墨票。民国时期的曹素功墨品中，不少加入了炭黑来增加墨的黑度。

御赐金莲　约 1840—1912 年

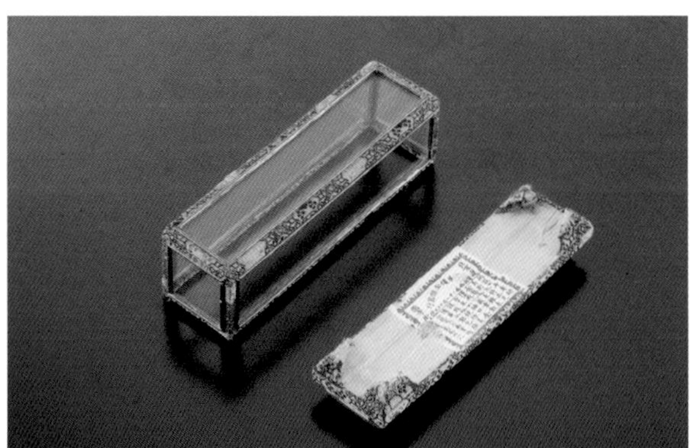

万年枝　约 1912—1949 年

御赐金莲　约 1912—1949 年

虎溪三笑　1949 年前后

会稽鲍寅初选墨　1949 年前后

金殿余香　1949 年前后

“金殿余香”是曹素功名品之一，从清朝到 20 世纪 80 年代一直在制作。歙县胡开文和屯溪胡开文也有“金殿余香”的模板。年代越早，字口越清晰。

玉池仙馆　1949 年前后

法龙　20 世纪 50 年代

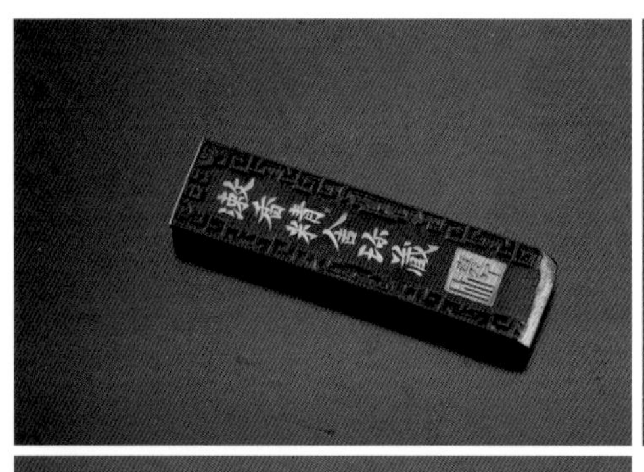

新中国成立初期，曹素功所制墨中还大量使用了清、民国的模板，“漱香精舍”珍藏墨即为清代文人定制墨。

吉翔位至公卿　20 世纪 50 年代

凉乘竹有阴　20 世纪 50 年代

超贡烟的烟料等级比贡烟烟料等级要高。

天保九如　20 世纪 50 年代

万寿无疆　20 世纪 50 年代

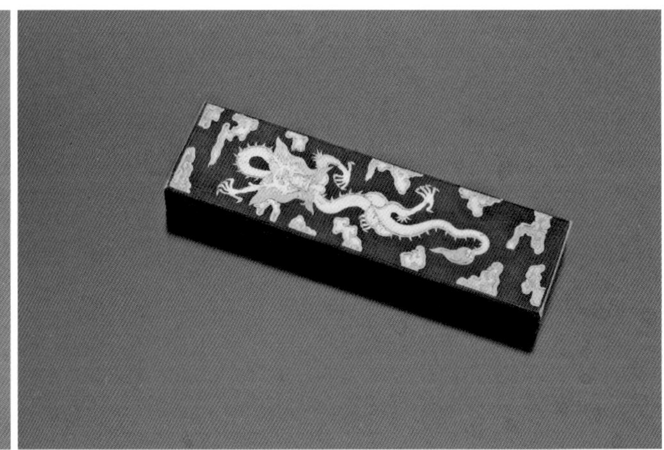

“万寿无疆”为曹素功进贡名品，刻五爪金龙，一两墨和二两墨的龙的造型各有不同。

万寿无疆　20 世纪 50 年代

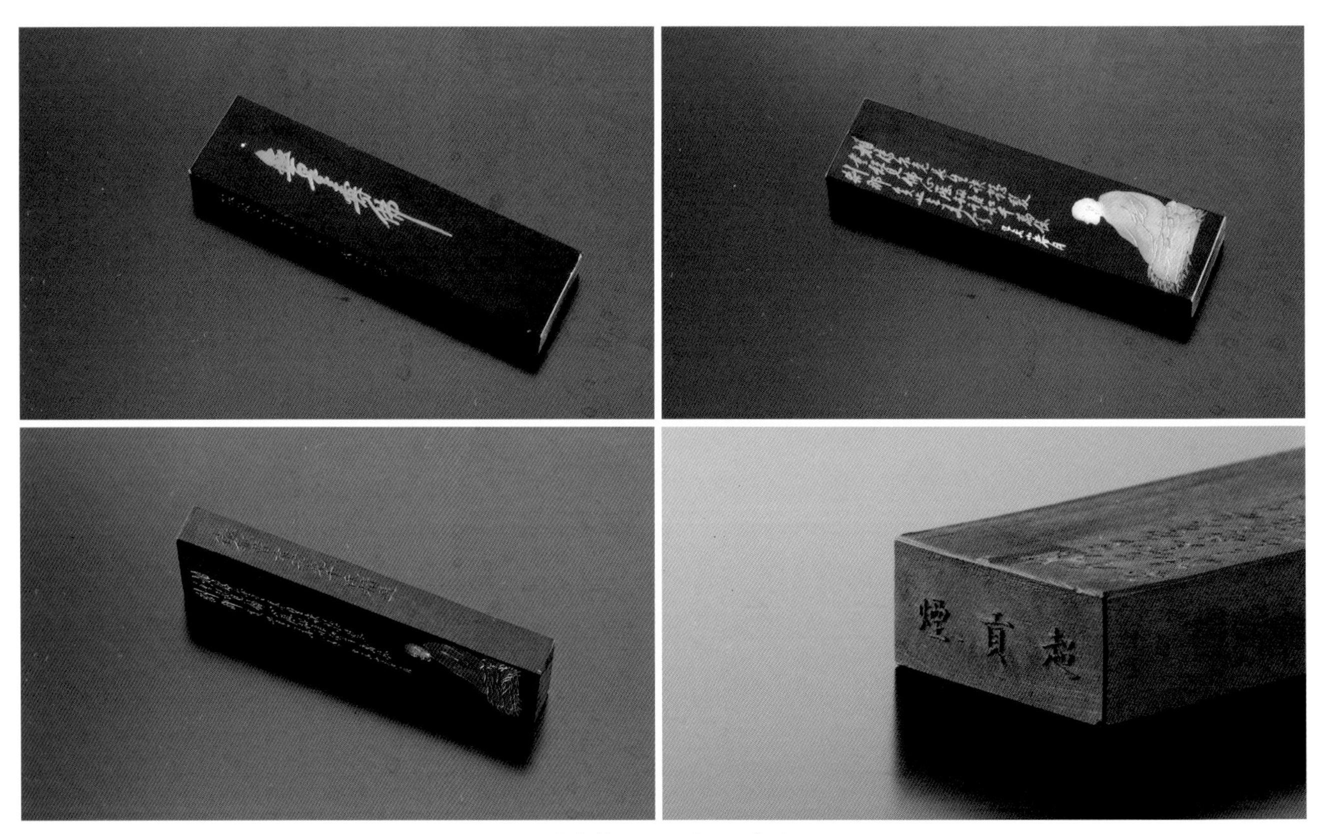

无量寿佛　20 世纪 50 年代

药僊斋著作墨　20世纪50年代

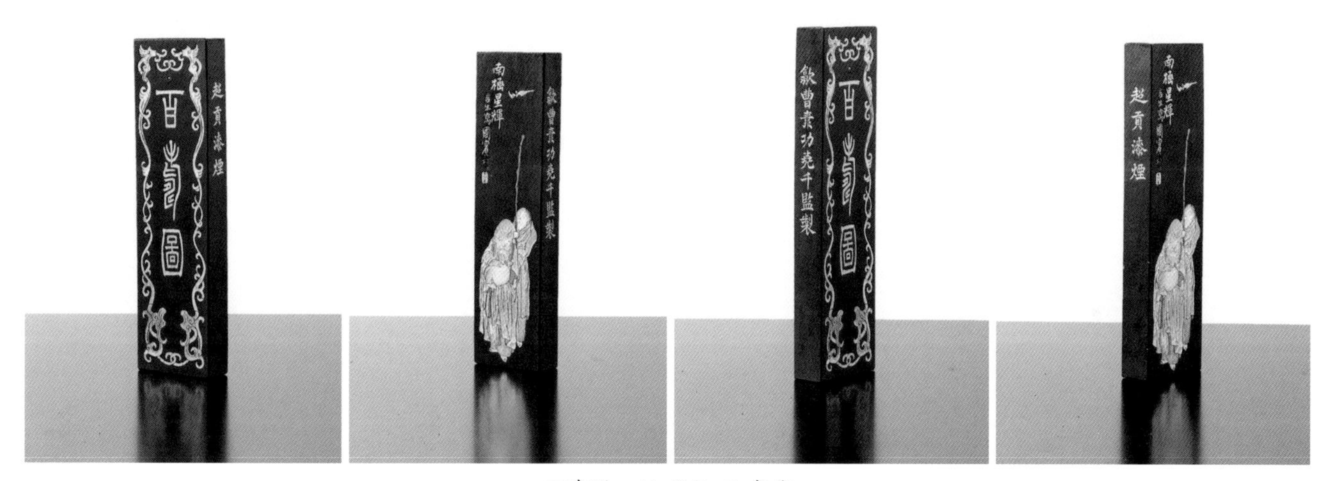

百寿图　20世纪60年代

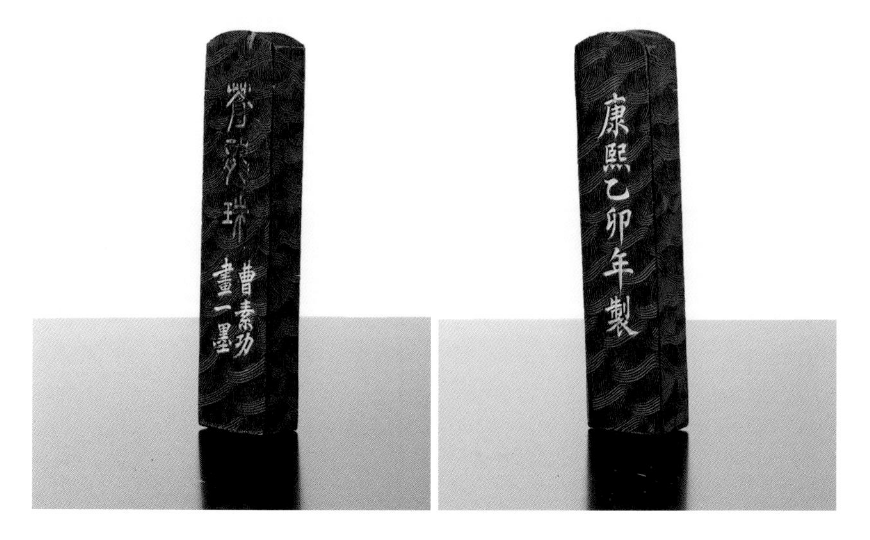

超贡漆烟即在超贡烟中加入生漆，来提高墨的亮度和黑度，大多数墨的型号是刻在墨的顶部，偶尔也有一些刻在两边。

苍龙珠　20世纪60年代

凤池春
20世纪60年代

富贵图
20世纪60年代

20世纪50年代至80年代中期，上海墨厂是墨品出口创汇大户，大量使用清代、民国墨模来制作。“富贵图”为当时精品之一。

金殿余香
20世纪60年代

换鹅
20 世纪 60 年代

出口墨品往往会配上黄绫制作的墨套，一是增加美观，二是利于墨的收藏和保护，与空气间多了一层隔断。

静庐珍藏
20 世纪 60 年代

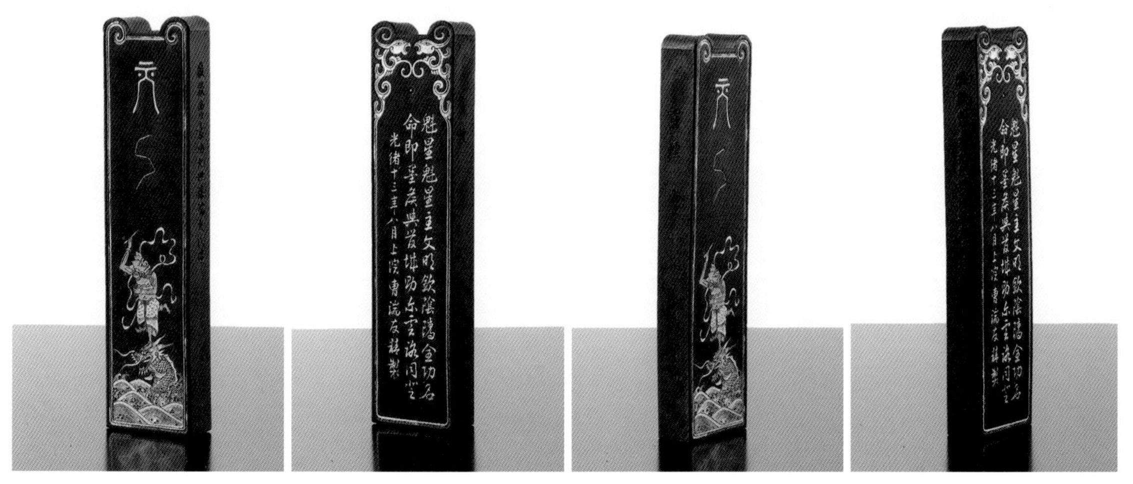

魁星
20 世纪 60 年代

荔轩书画墨　20 世纪 60 年代

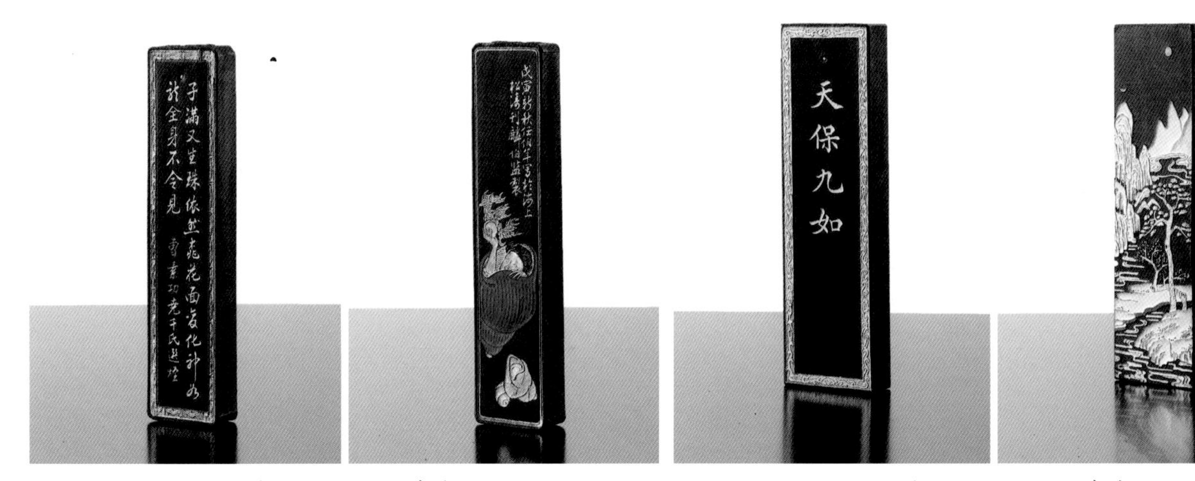

螺钿　20 世纪 60 年代

天保九如　20 世纪 60 年代

晴云秋月　20 世纪 60 年代

20 世纪 60 年代，上海墨厂还在大量使用民国墨模，民国时期曹素功与书画家合作推出多款具有文人气息的墨版，“晴云秋月”即其中之一。

天保九如　20 世纪 60 年代

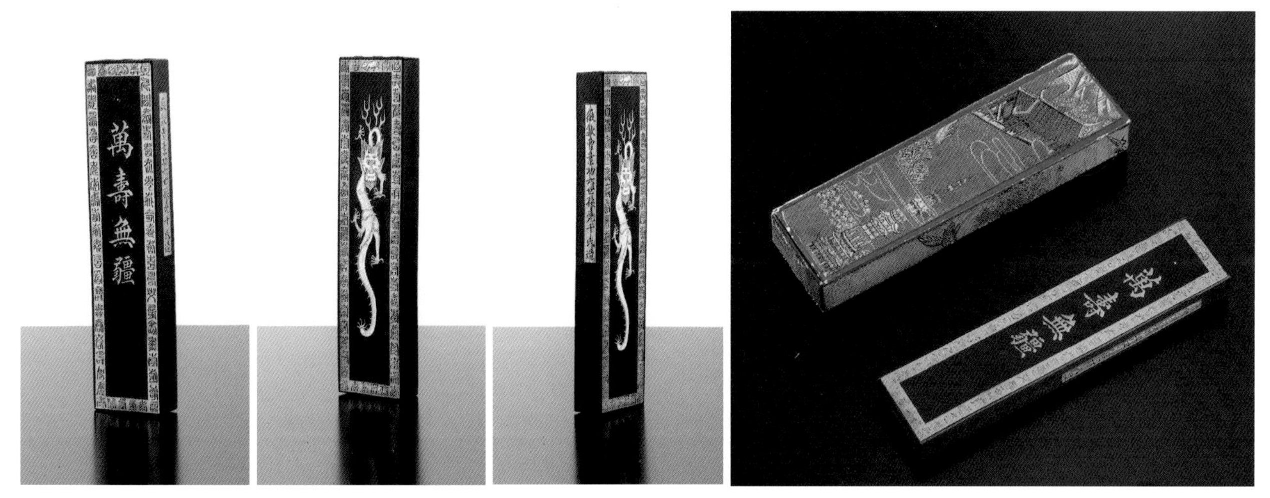

万寿无疆　20 世纪 60 年代

20 世纪 60 年代的二两“万寿无疆”，侧边款“徽歙曹素功六世孙饶千氏造”，有填金，20 世纪 50 年代则无。

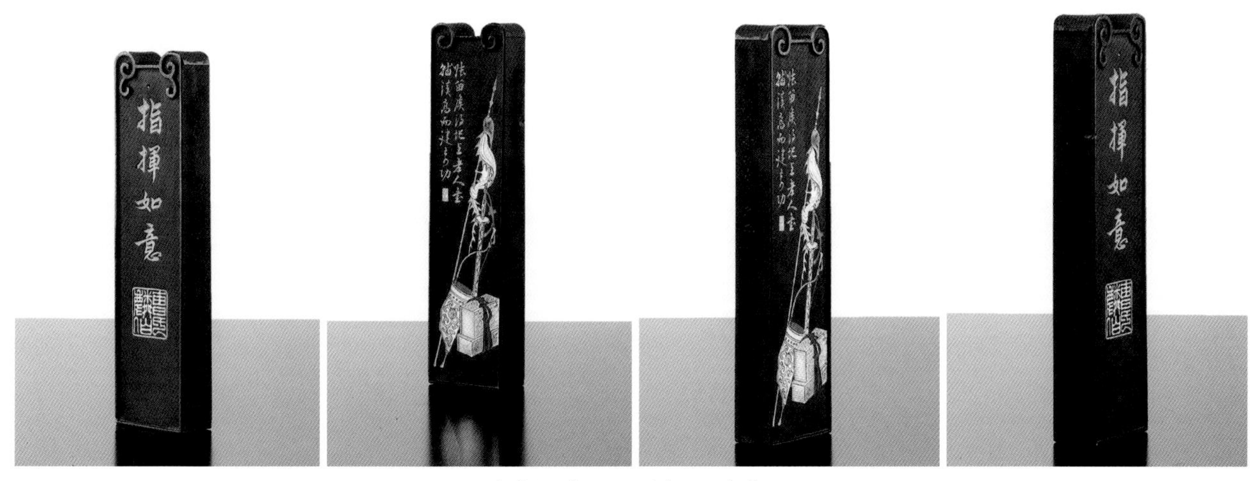

指挥如意　20 世纪 60 年代

龙德　20 世纪 70 年代

20 世纪 70 年代翻刻旧版的“龙德”，是出口产品，用料普通，但模板精美。

熊猫
20 世纪 70 年代

从 20 世纪 70 年代开始，油烟墨共分四档：油烟一〇一（五石漆烟）、油烟一〇二（超贡烟）、油烟一〇三（贡烟）、油烟一〇四（顶烟）四种，油烟原料相仿，主要是麝香、冰片等名贵药材、香料的配方不同，油烟一〇一、一〇二还加放适当的金箔，颜色乌黑有光泽，属高级墨，其中以油烟一〇一为最佳。

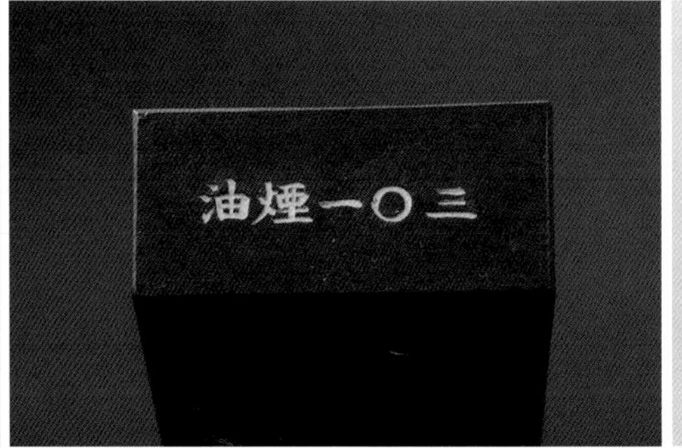

传春　20 世纪 70 年代

“传春”是 20 世纪 70 年代徐之谦在上海墨厂定制的文人墨品。

种竹　20 世纪 70 年代中期

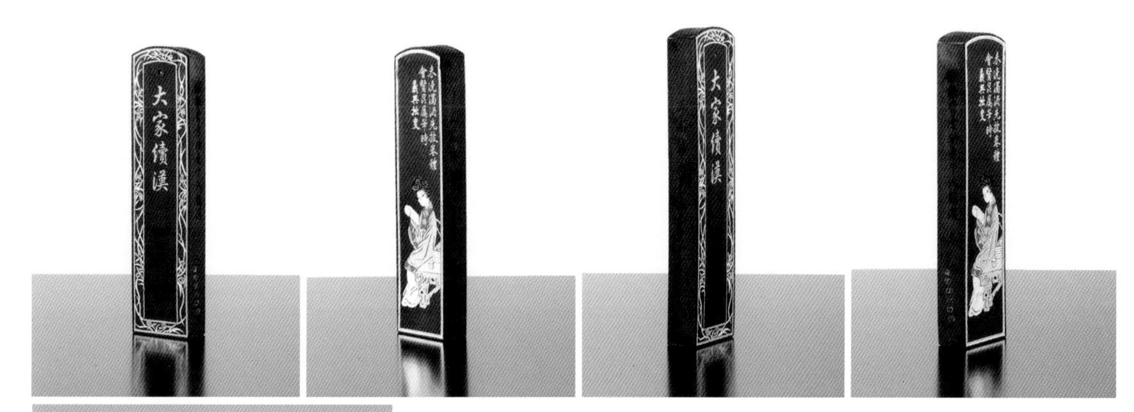

大家绩溪　1979 年

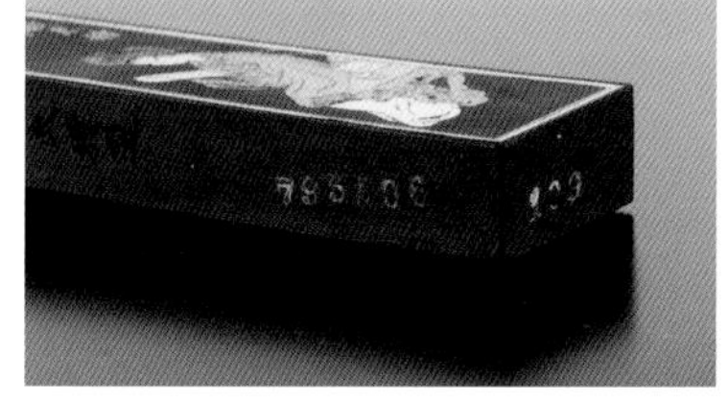

上海墨厂从 1976 年开始在墨的侧边印上出厂日期。

1979 年，上海墨厂在油烟一〇一的基础上研发了“特制油烟”，加倍使用了金箔、麝香等贵重材料，墨色更胜一筹，造价昂贵，当时售价相当于普通人一个月的工资。

鉴真东渡图　1979 年

沁园春　1980 年

20 世纪 70 年代中后期，上海墨厂出口墨品中会附有简介。

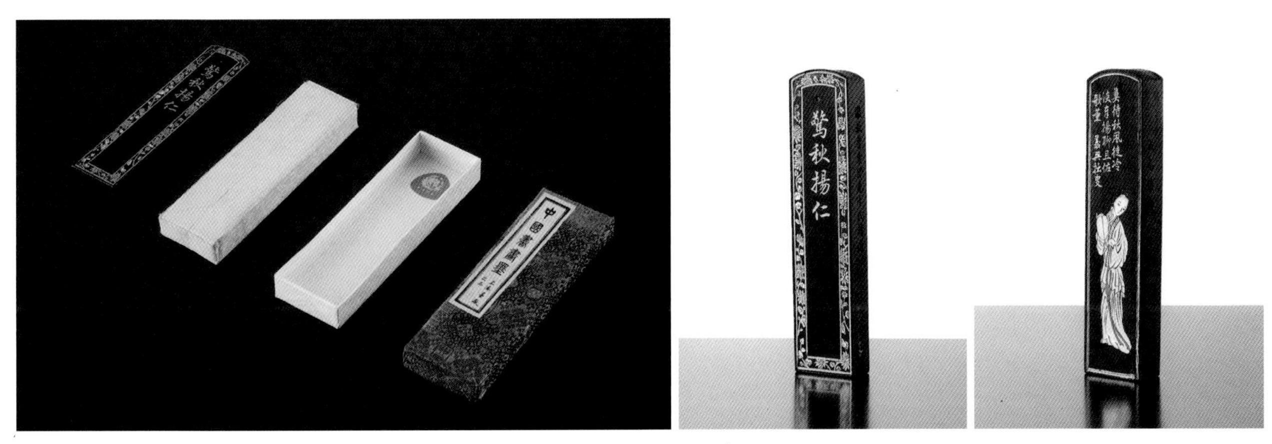

惊秋扬仁 1979 年

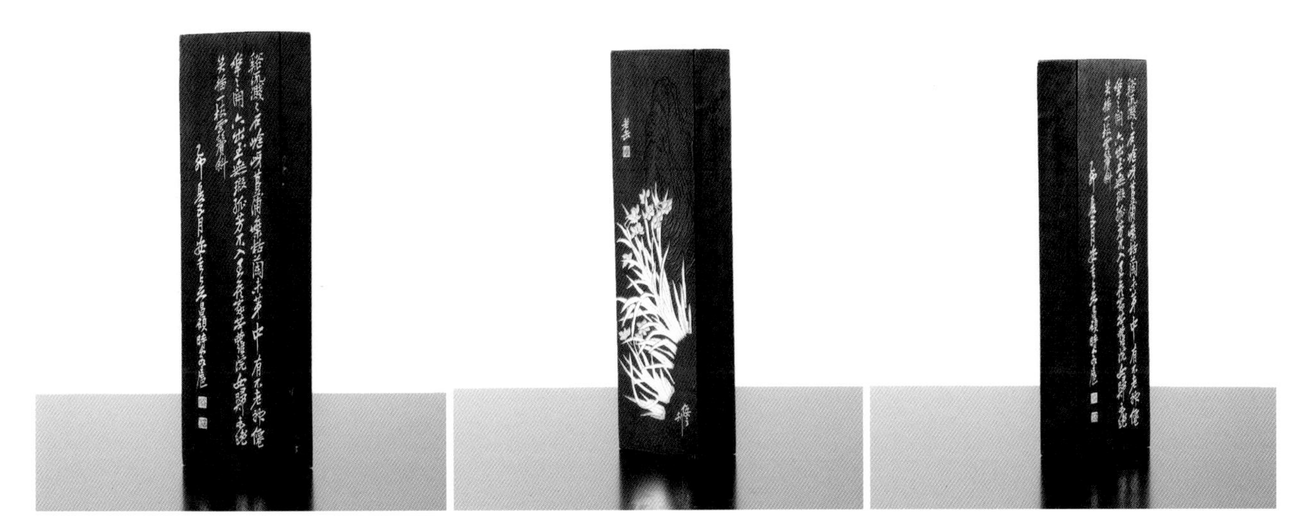

吴昌硕 1979 年

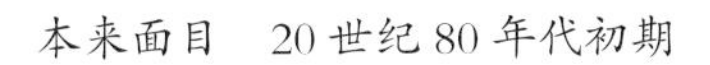

本来面目 20 世纪 80 年代初期

“本来面目”是上海墨厂在20世纪80年代初期制作特别精美的一款墨，背板上镌刻了心经通篇，共260多字，字口清晰，美轮美奂，也是唯一一次在顶款使用“心经宝墨”字样。

20 世纪 80 年代初期，曹素功和中国画研究院合作，精制了一批墨品，大受当时书画家好评，“翰池腾波”即其中之一。

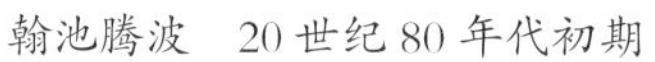
翰池腾波　20 世纪 80 年代初期

鉴真东渡图　1984 年

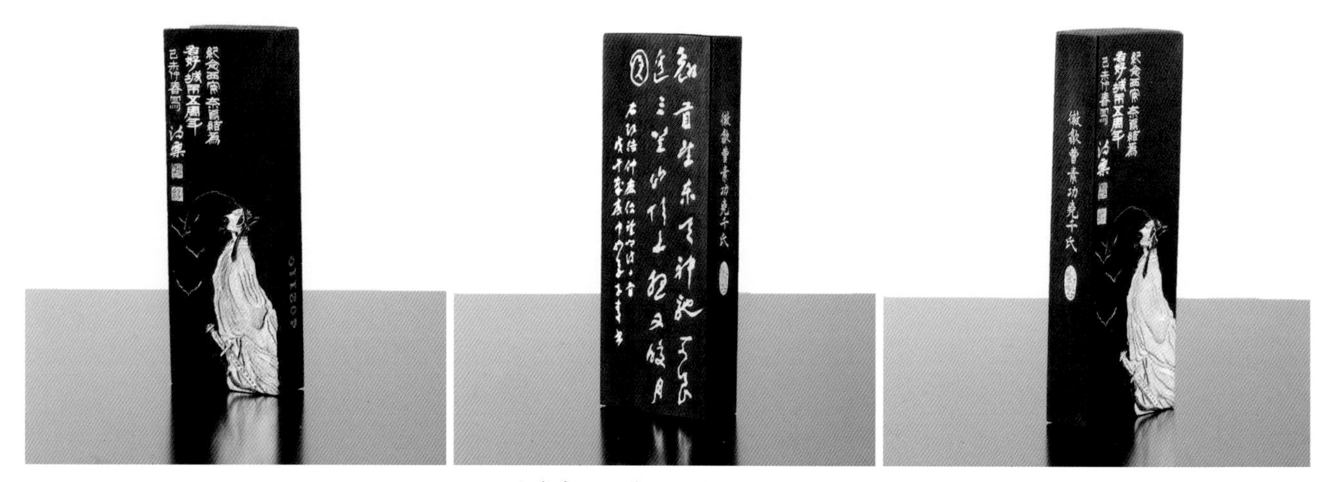

西安奈良友好城市纪念墨　1984 年

为了纪念西安、奈良结为友好城市五周年，上海墨厂特制作此墨。

曹素功墨展墨　1986 年

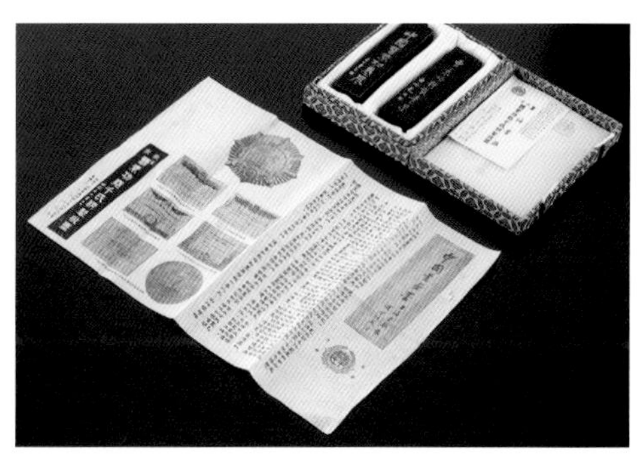

1986 年，上海墨厂在日本举办了曹素功墨展，引起巨大轰动，受到了社会各界人士的关注。此套墨一松一油即为展览时高级礼品。

枫桥夜泊　1986 年

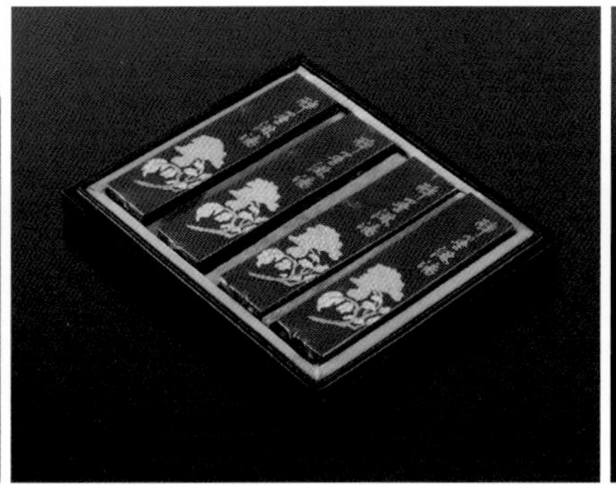

醉墨淋漓　1994 年

“醉墨淋漓”墨为商务印书馆于 1994 年向上海墨厂定制。

法龙

约 1840—1912 年　油烟

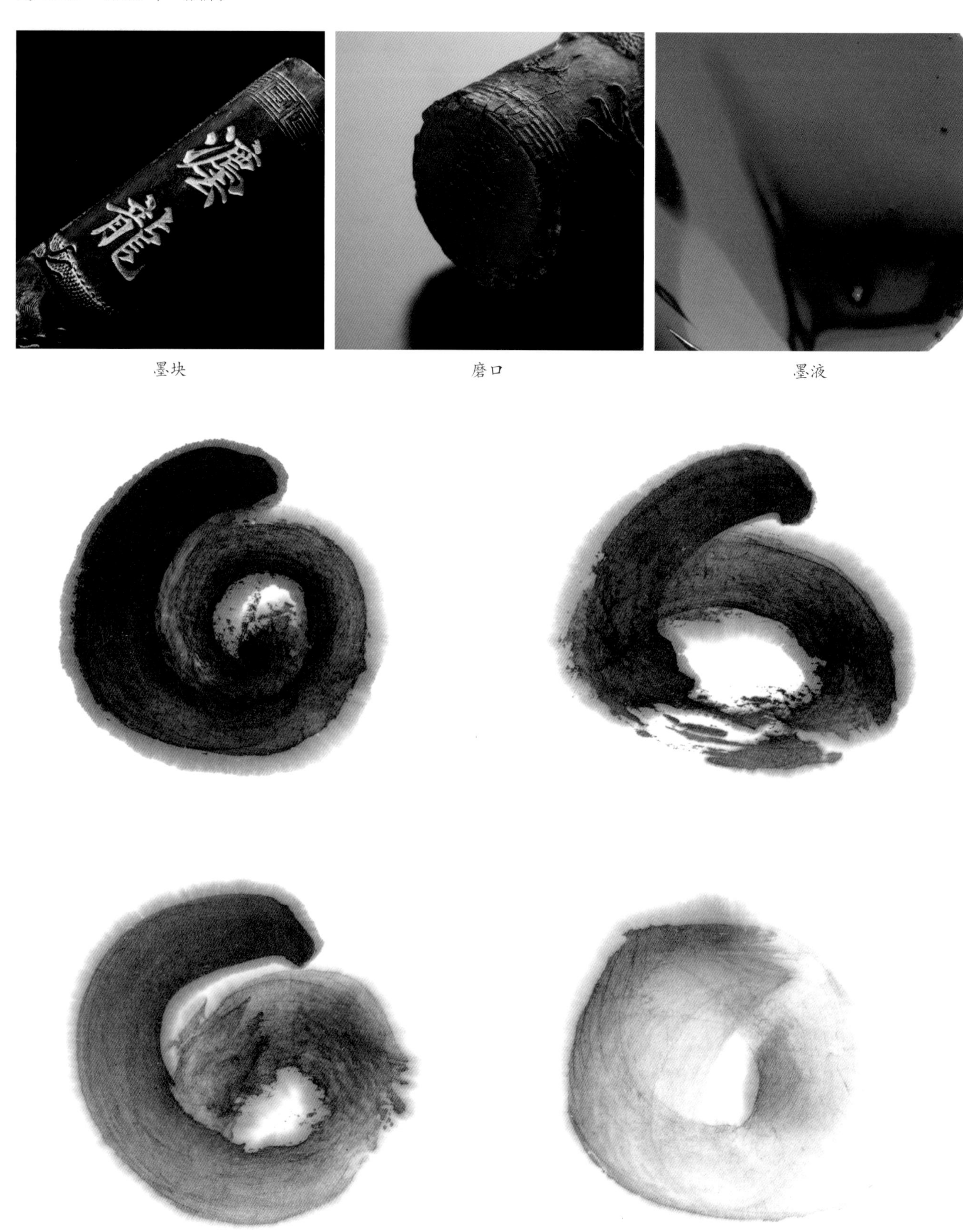

墨块　　磨口　　墨液

墨迹

墨宝

约 1840—1912 年　油烟

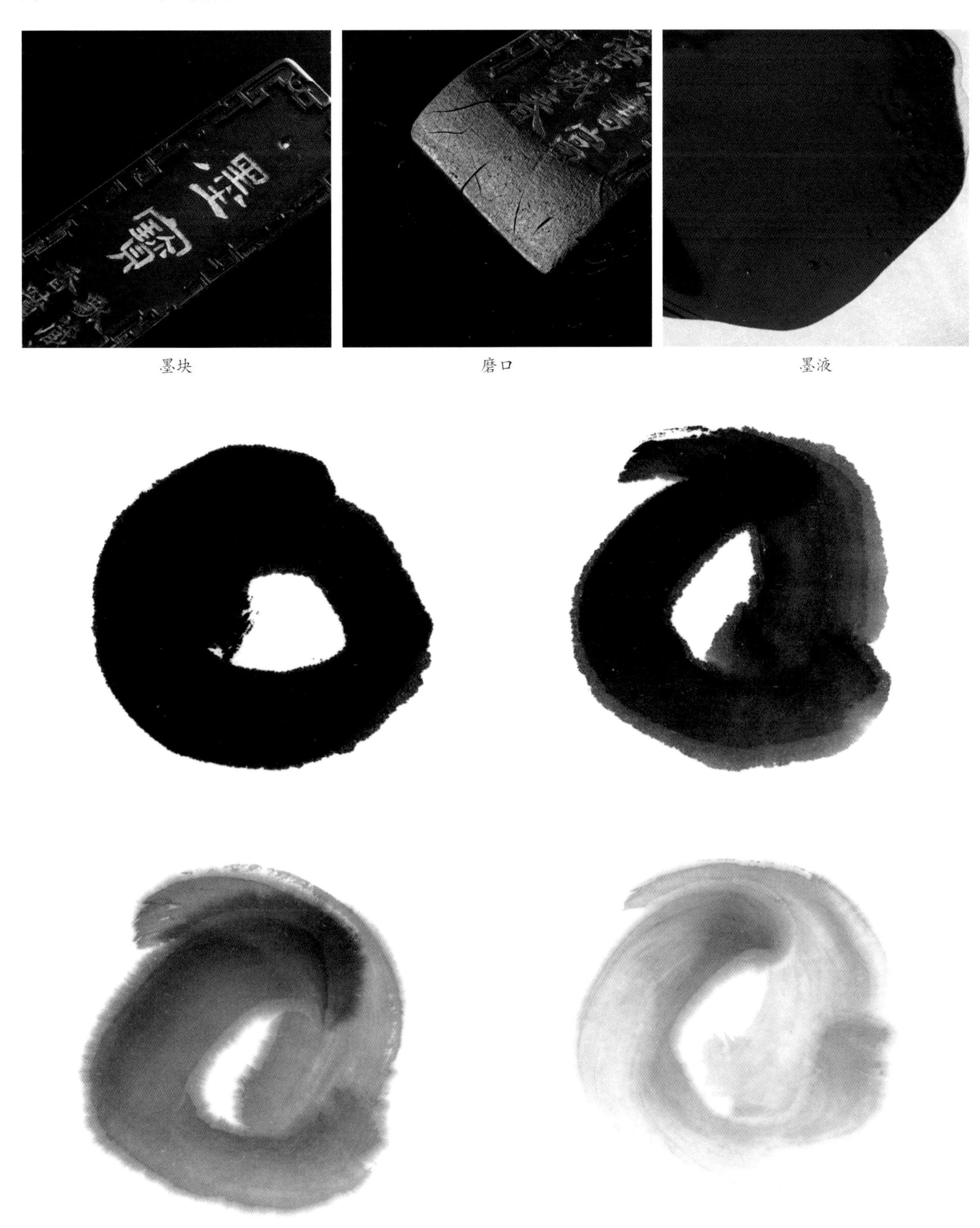

墨块　　磨口　　墨液

墨迹

御赐金莲

约 1840—1912 年 油烟

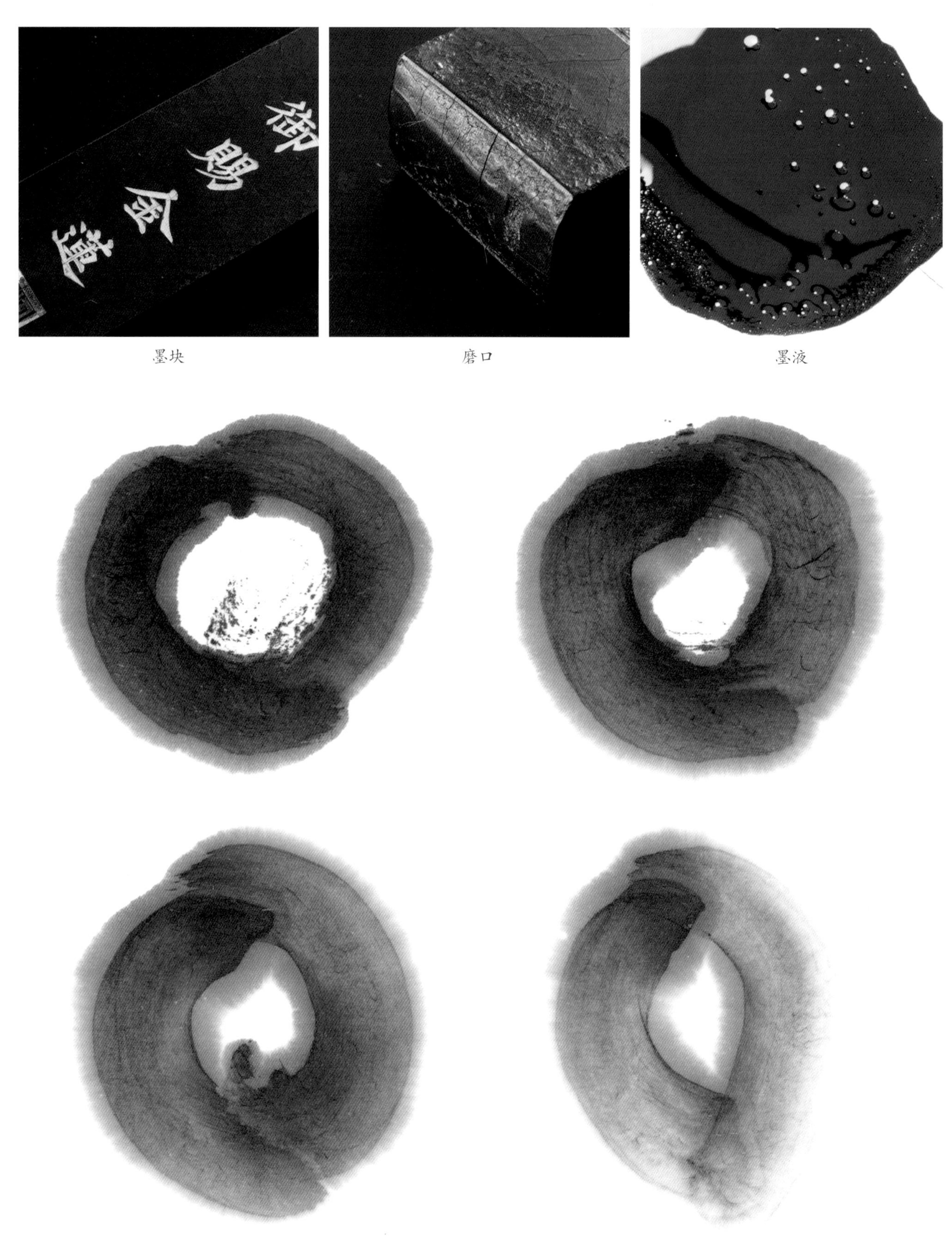

墨块 磨口 墨液

墨迹

御赐金莲

约 1912—1949 年 油烟

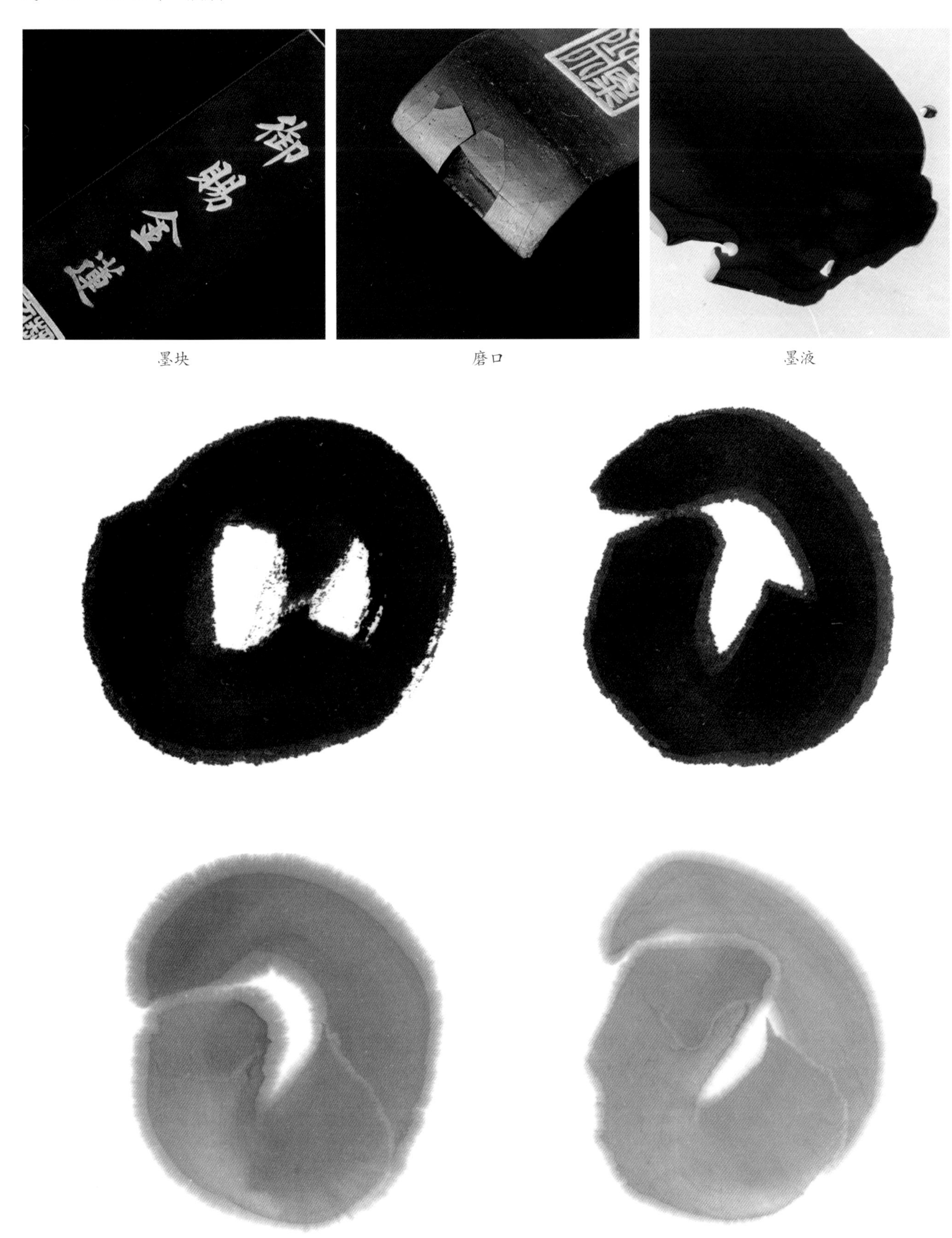

墨块　　磨口　　墨液

墨迹

玉池仙馆

约 1912—1949 年　油烟

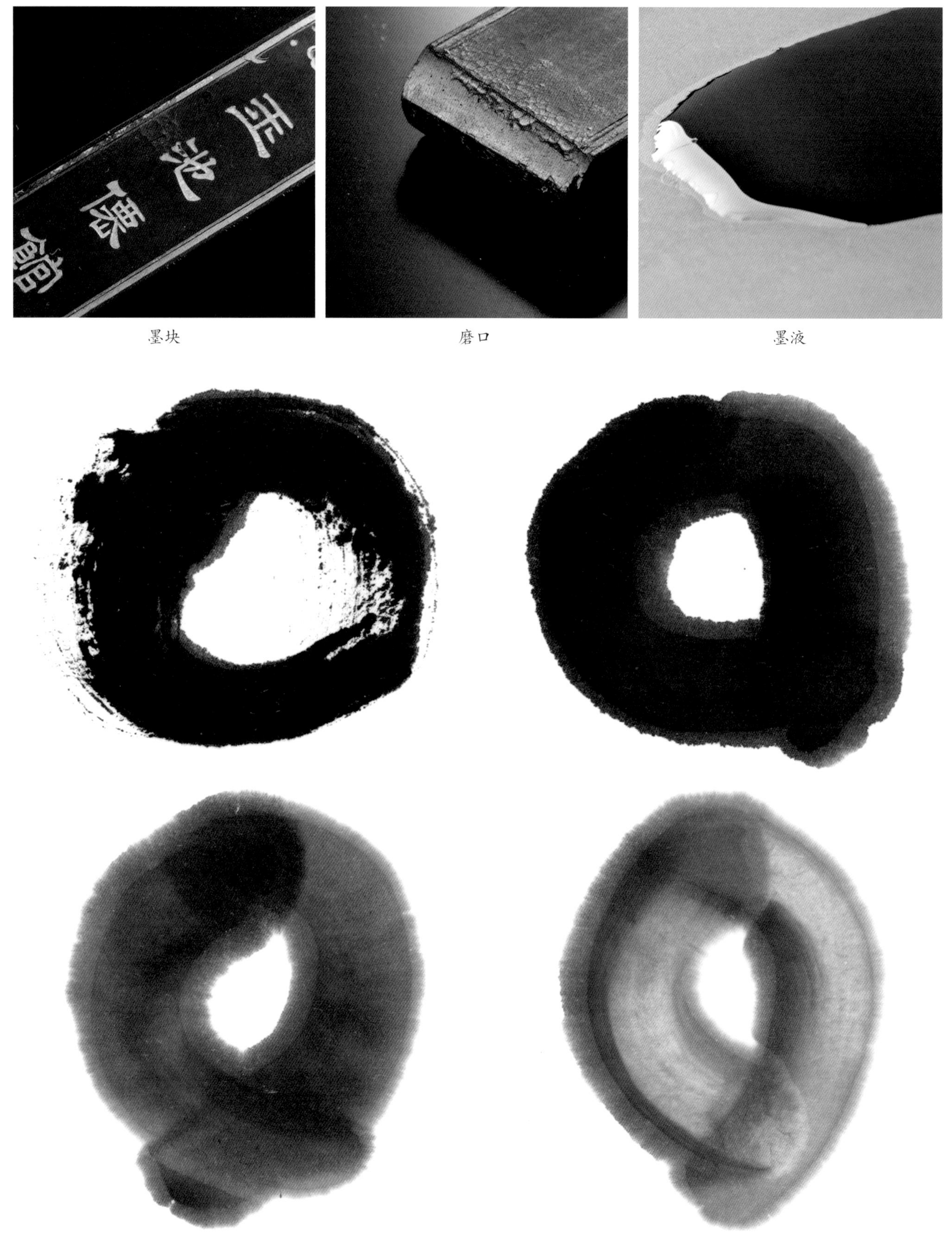

墨块　　磨口　　墨液

墨迹

龙翔凤舞

1949 年前后　油烟

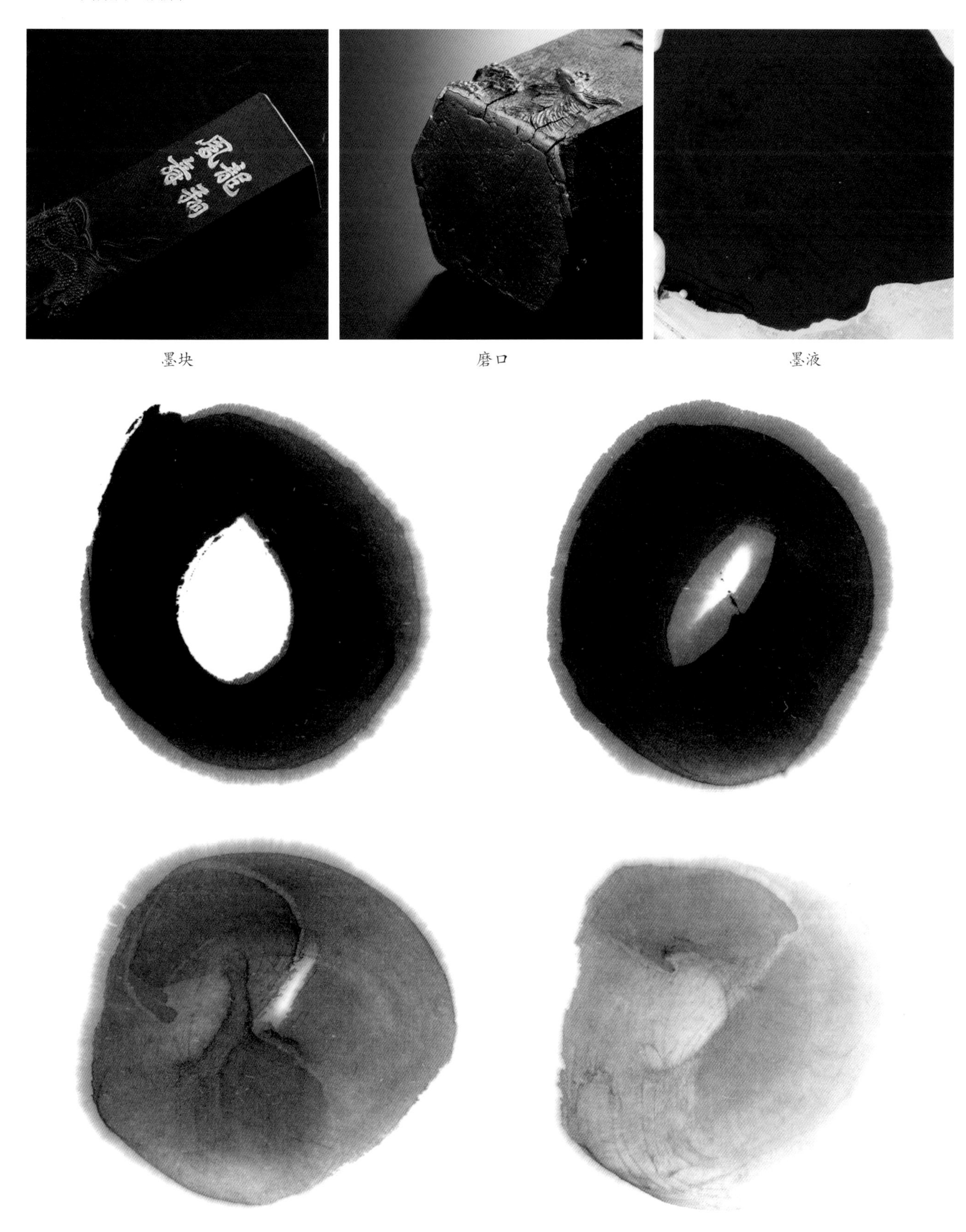

墨块　　磨口　　墨液

墨迹

玉池仙馆

1949 年前后　油烟

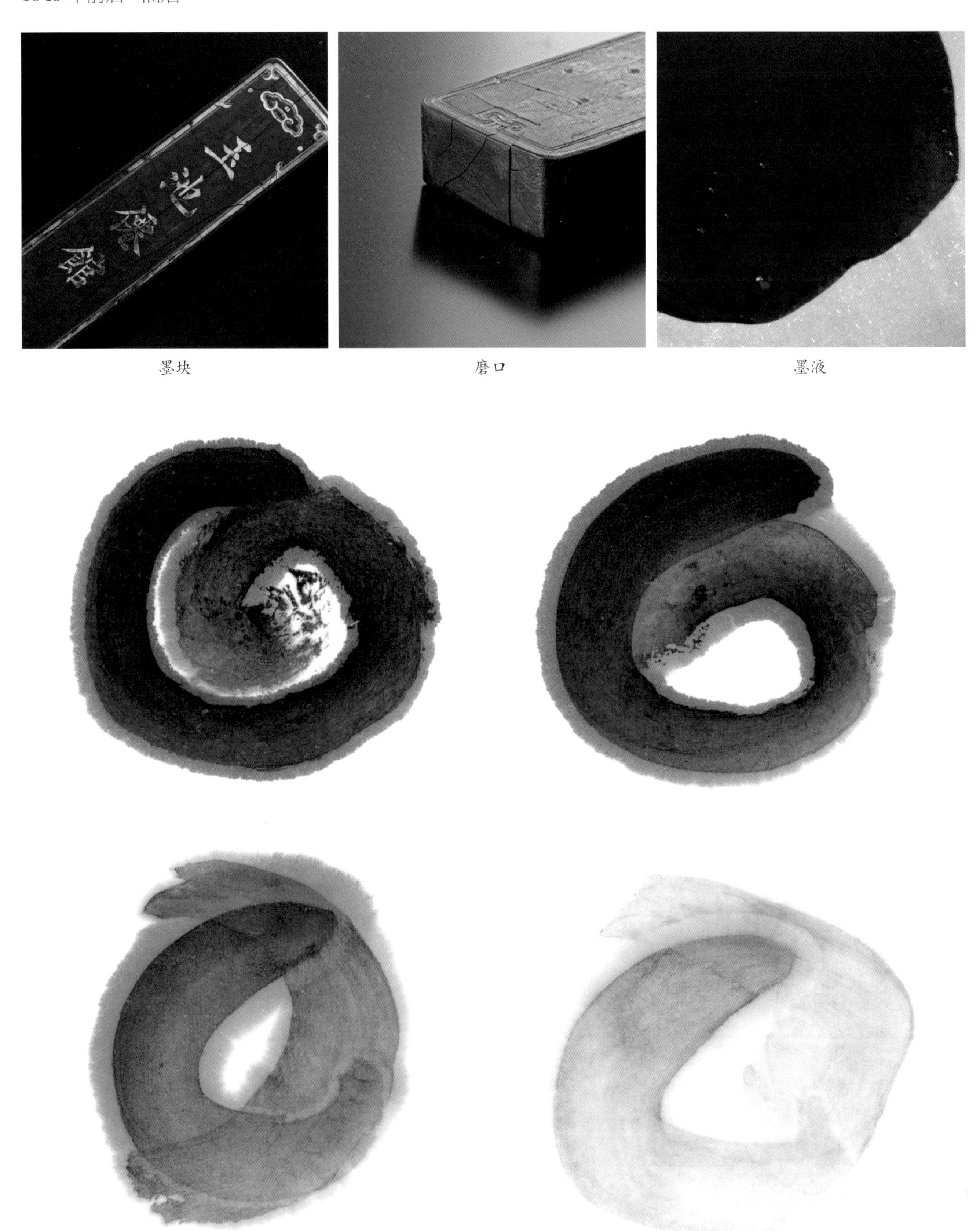

墨块　　磨口　　墨液

墨迹

大云

1949 年前后　油烟

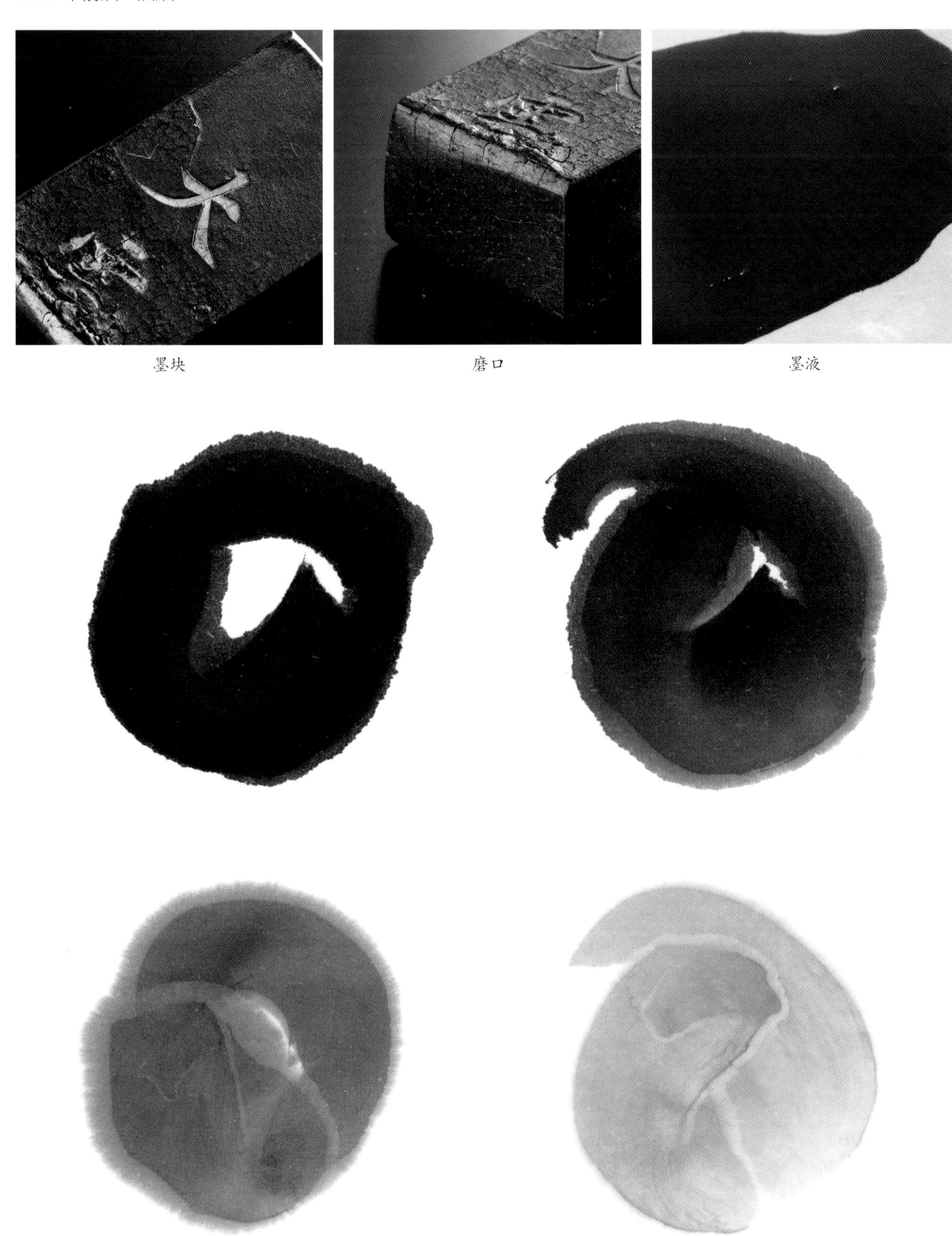

墨块　　磨口　　墨液

墨迹

凉乘竹有阴

20 世纪 50 年代　油烟

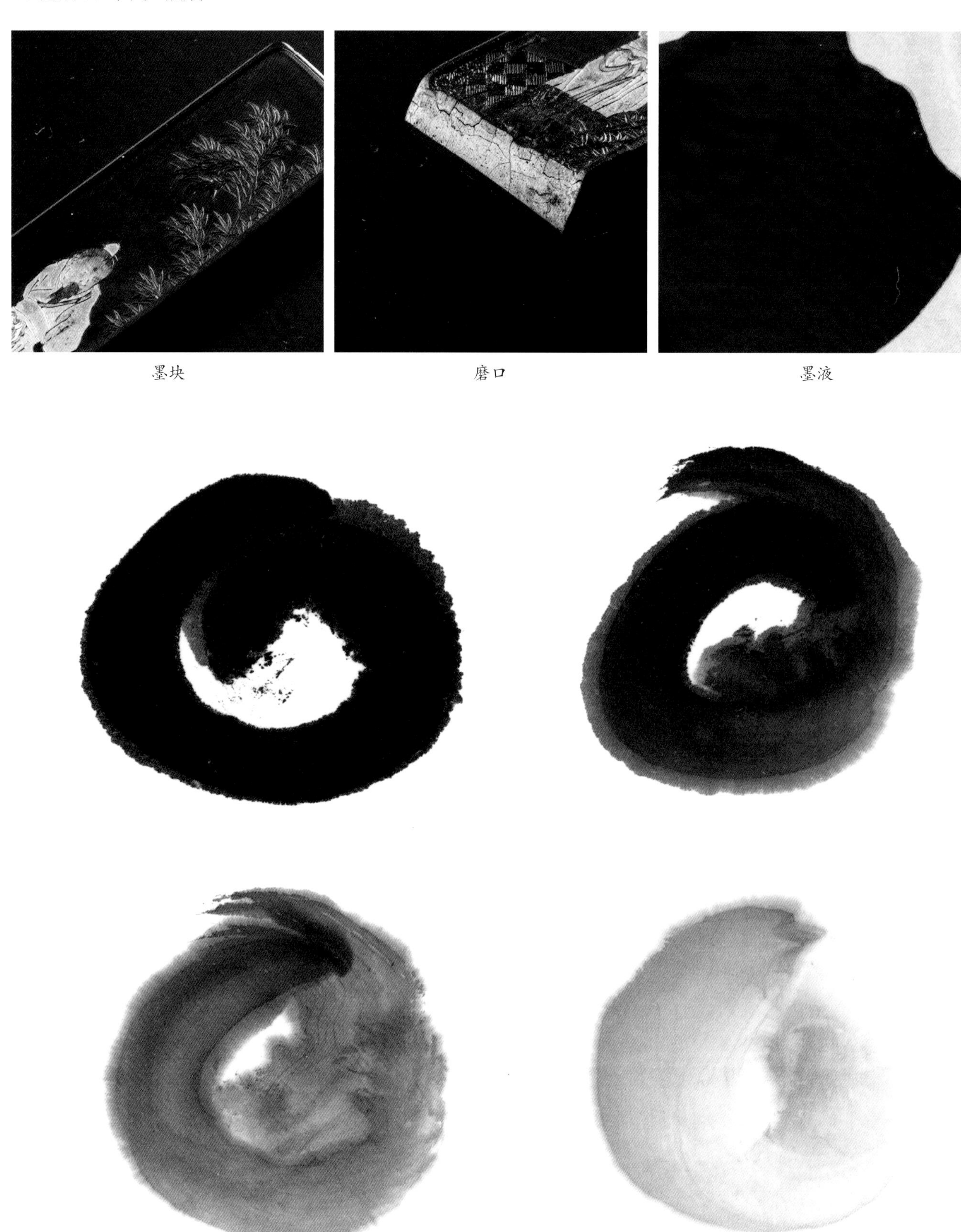

墨块　　磨口　　墨液

墨迹

漱香精舍珍藏

20 世纪 50 年代 油烟

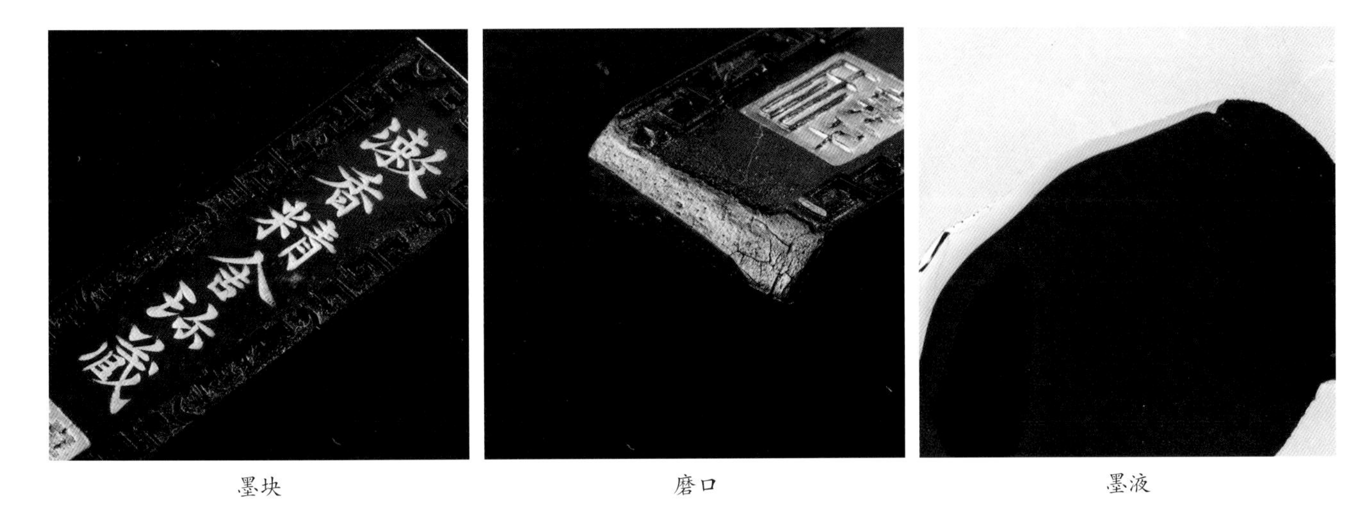

墨块 磨口 墨液

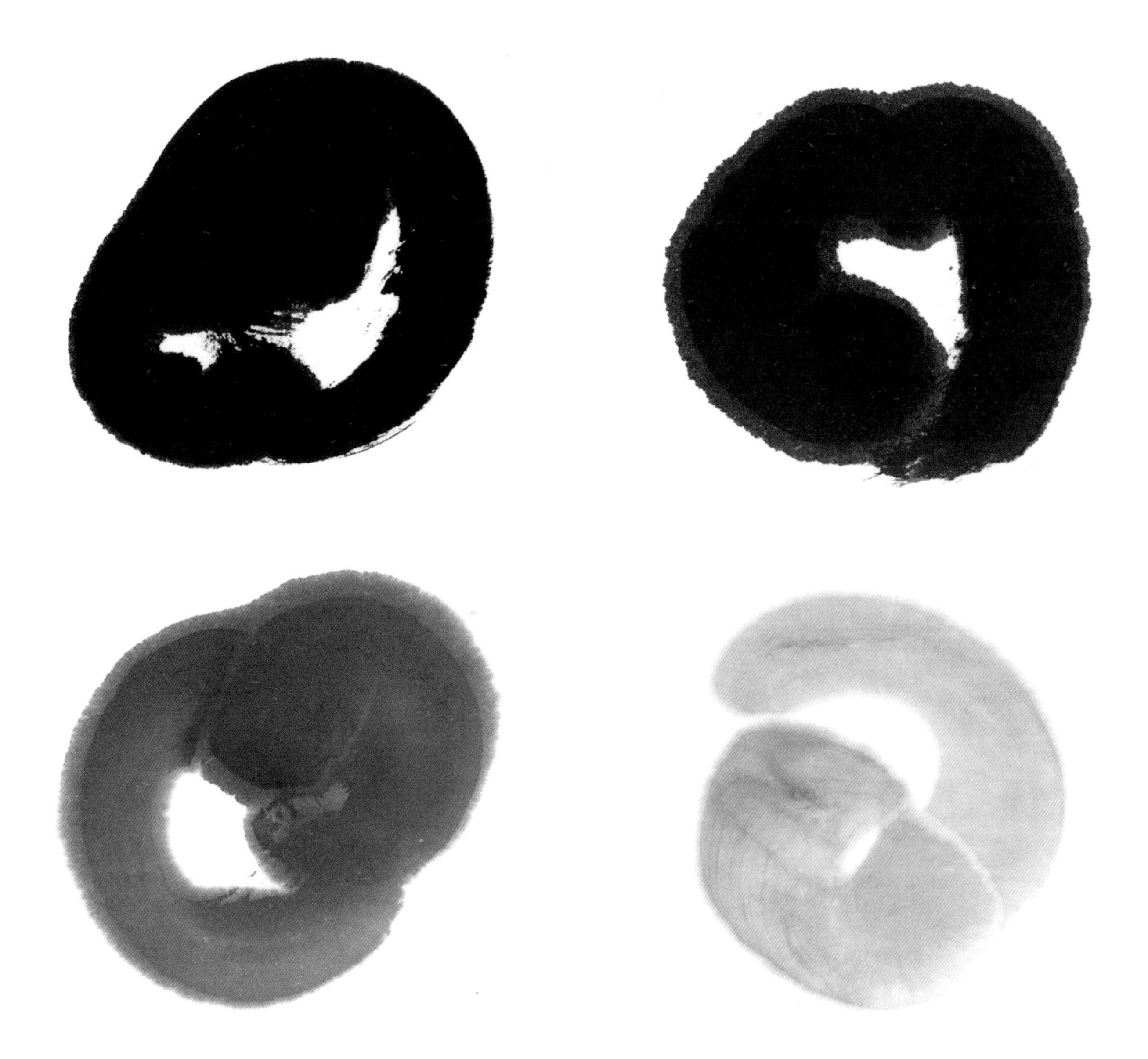

墨迹

法龙

20 世纪 50 年代　油烟

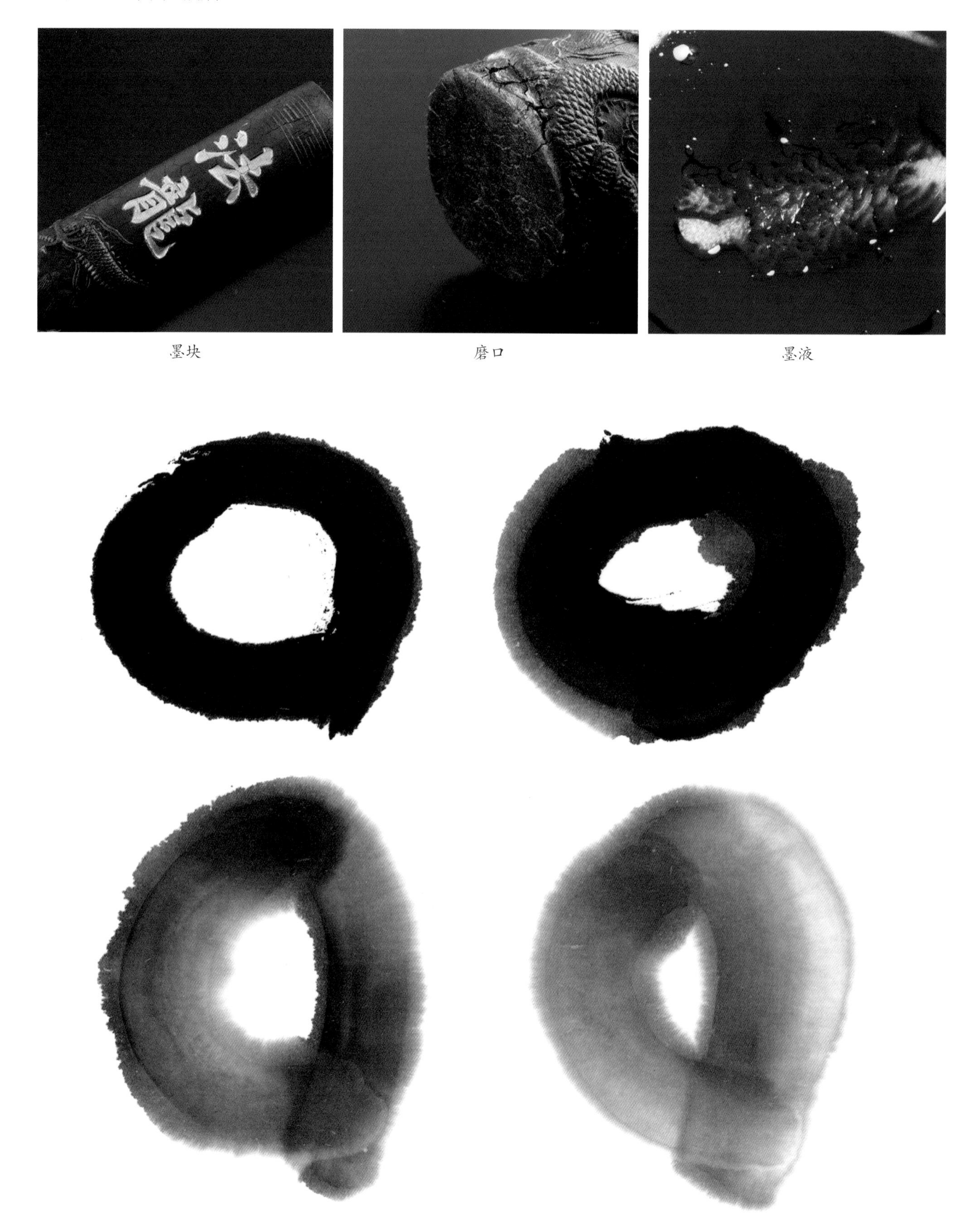

墨块　磨口　墨液

墨迹

金殿余香

20 世纪 50 年代末期　油烟

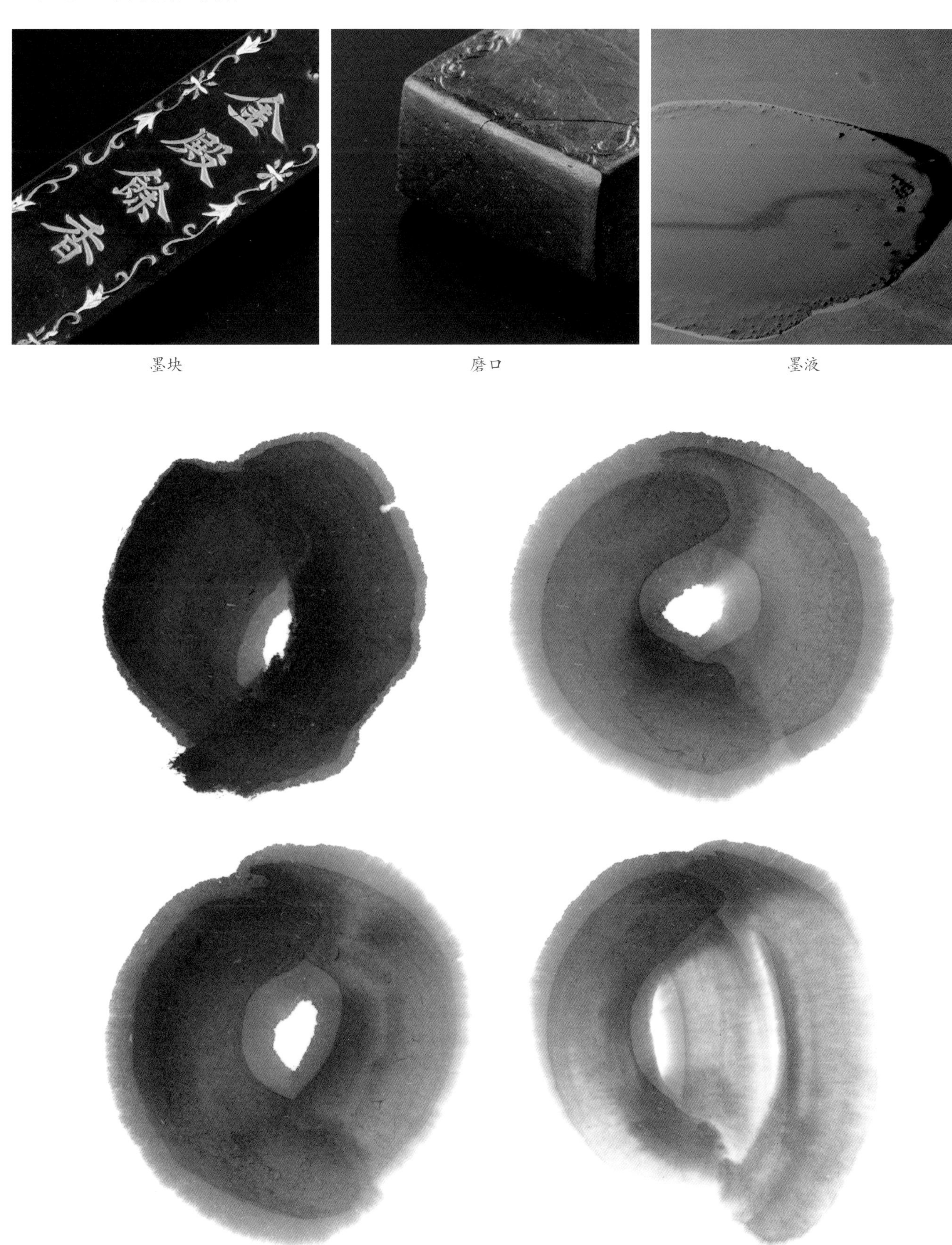

墨块　　磨口　　墨液

墨迹

周氏珍藏

20 世纪 60 年代早期　油烟

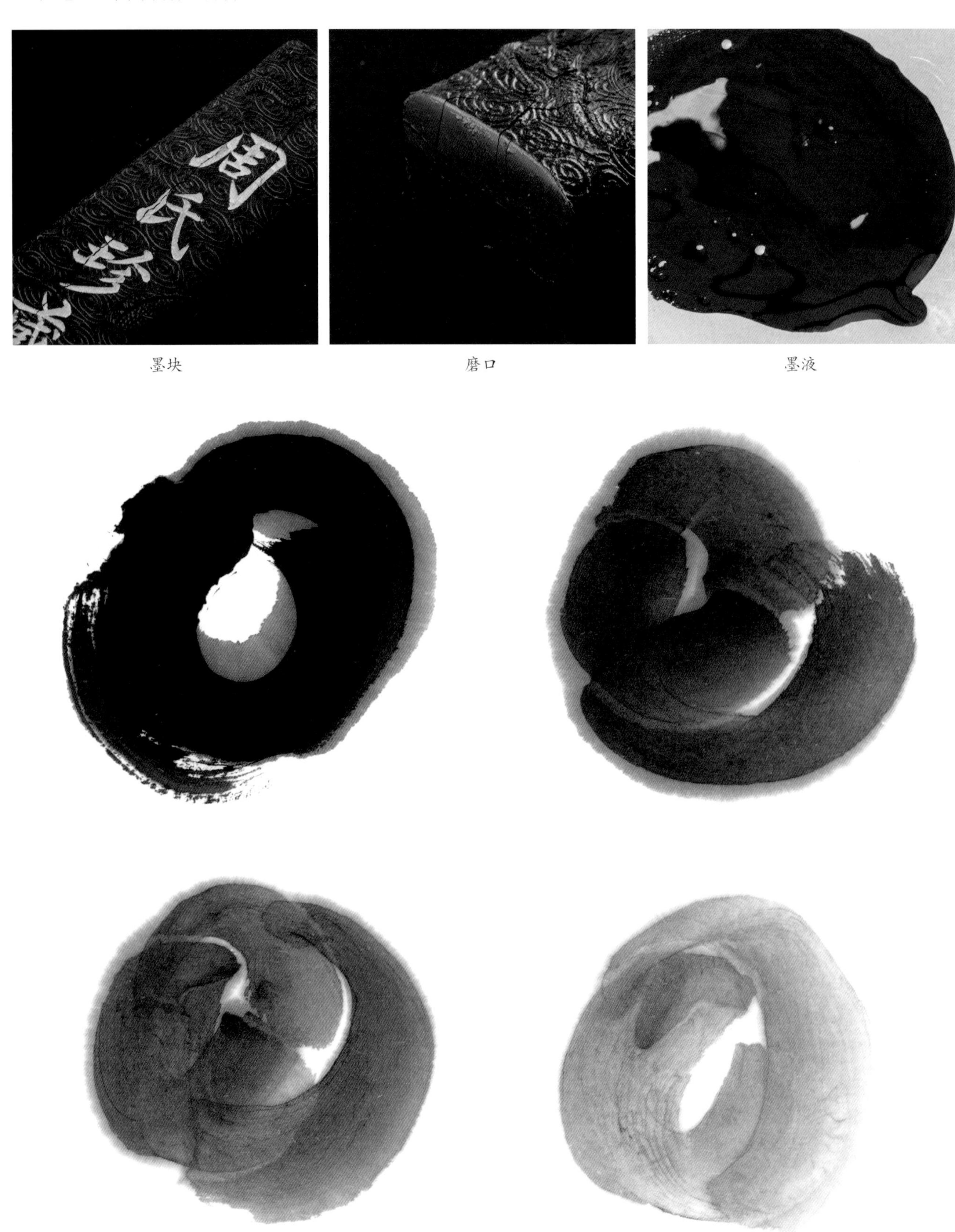

墨块　　磨口　　墨液

墨迹

无量寿佛

20 世纪 60 年代　油烟

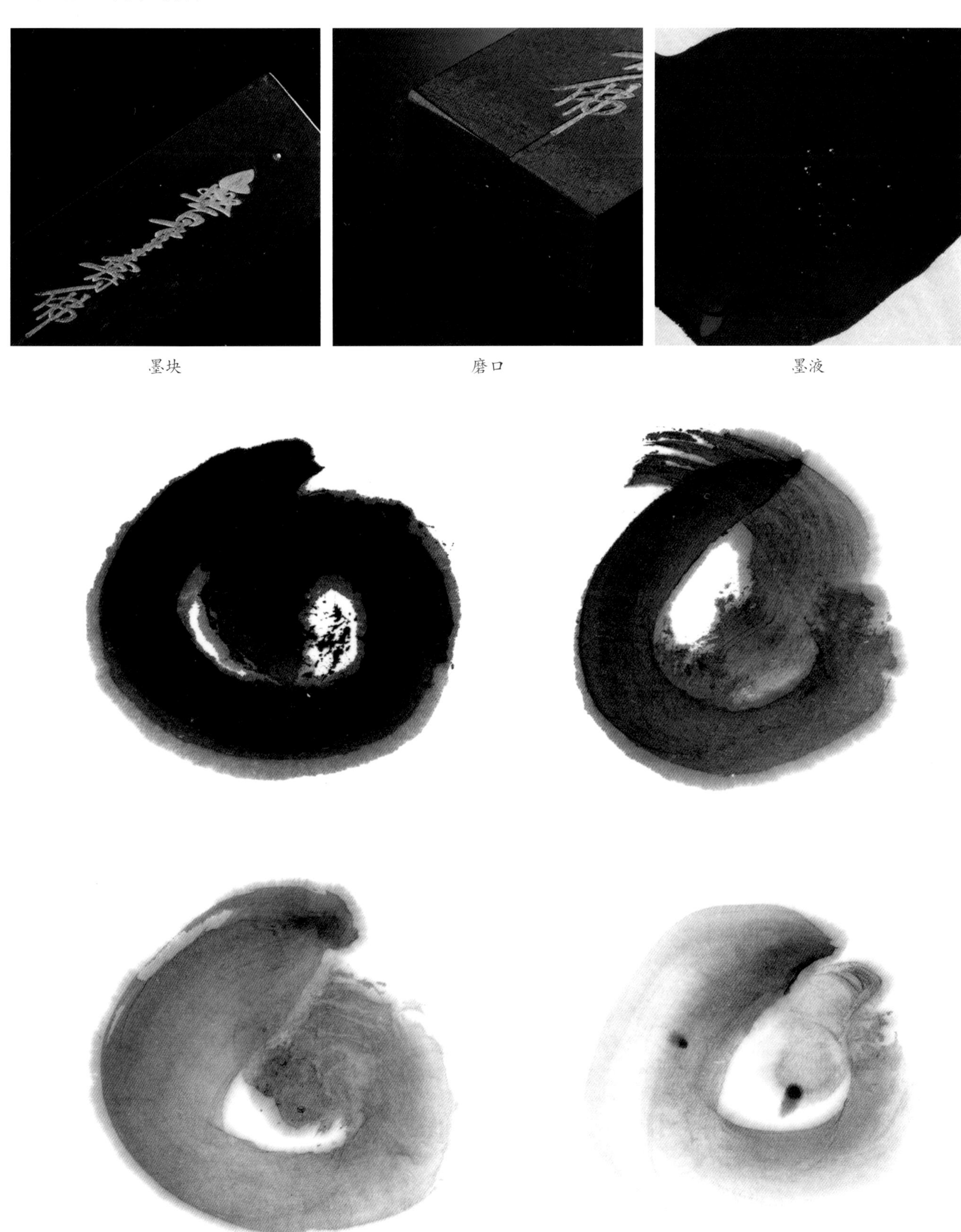

墨块　　磨口　　墨液

墨迹

换鹅

20 世纪 60 年代　油烟

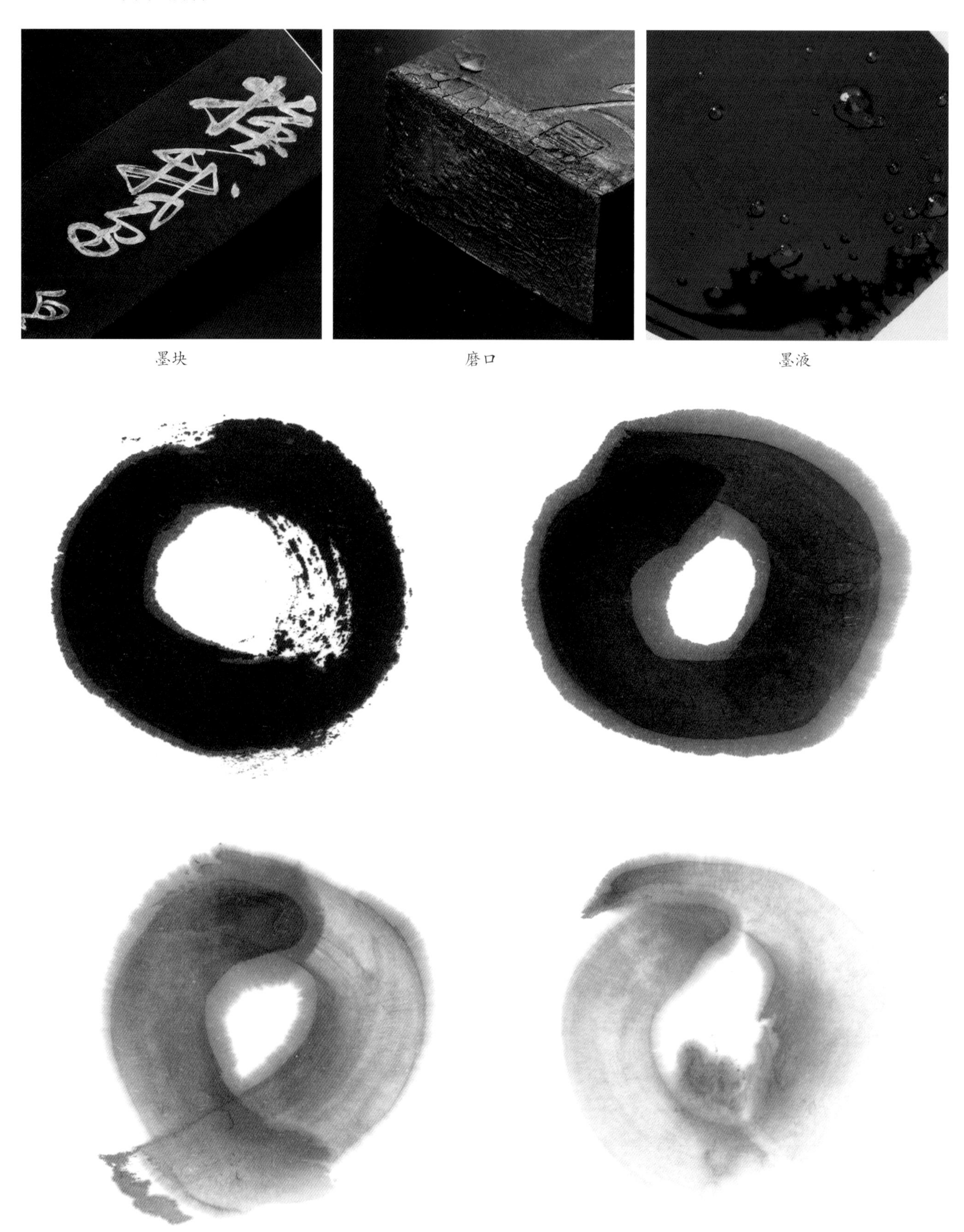

墨块　　磨口　　墨液

墨迹

百寿图

20 世纪 60 年代　油烟

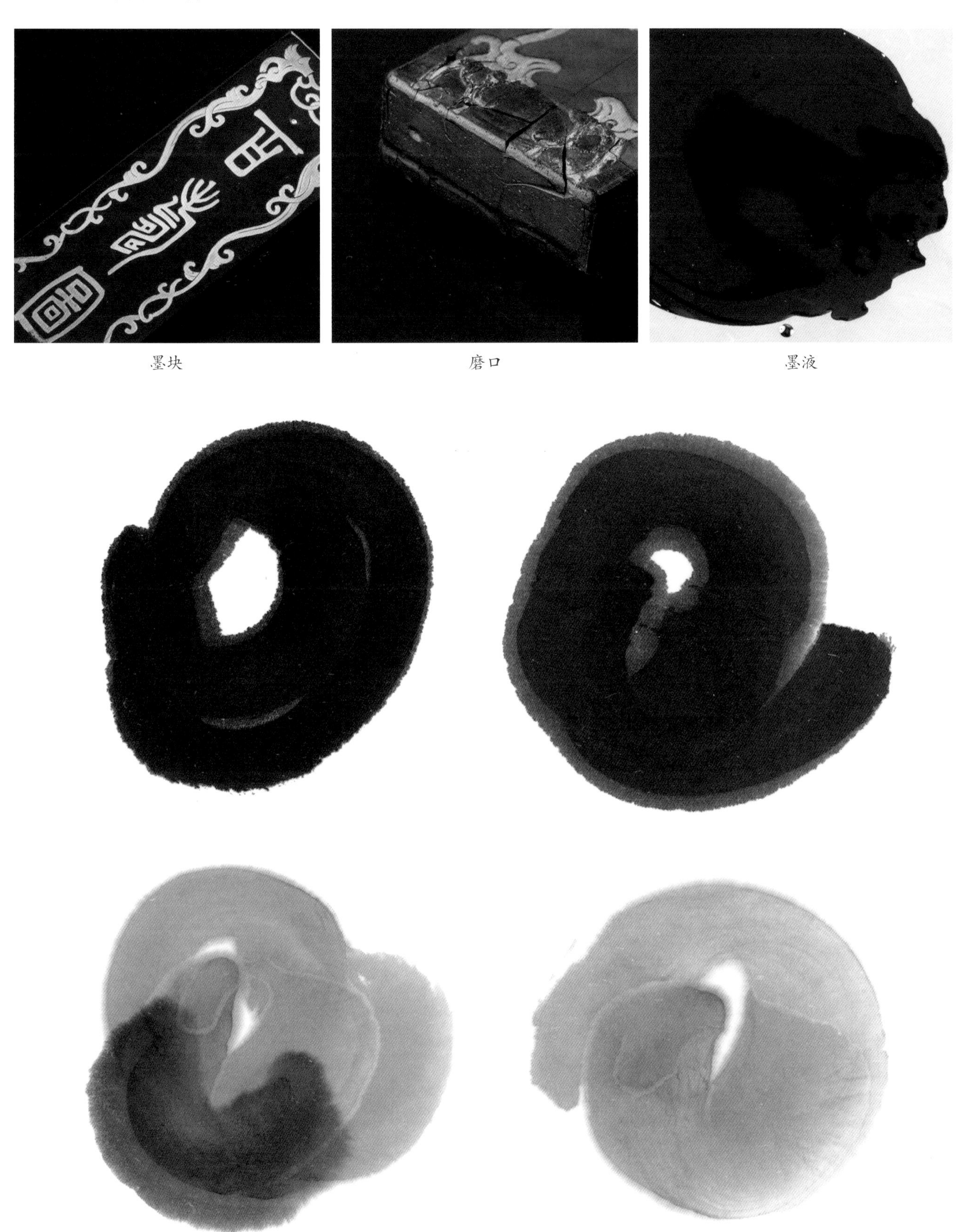

墨块　磨口　墨液

墨迹

万寿无疆

20 世纪 60 年代　油烟

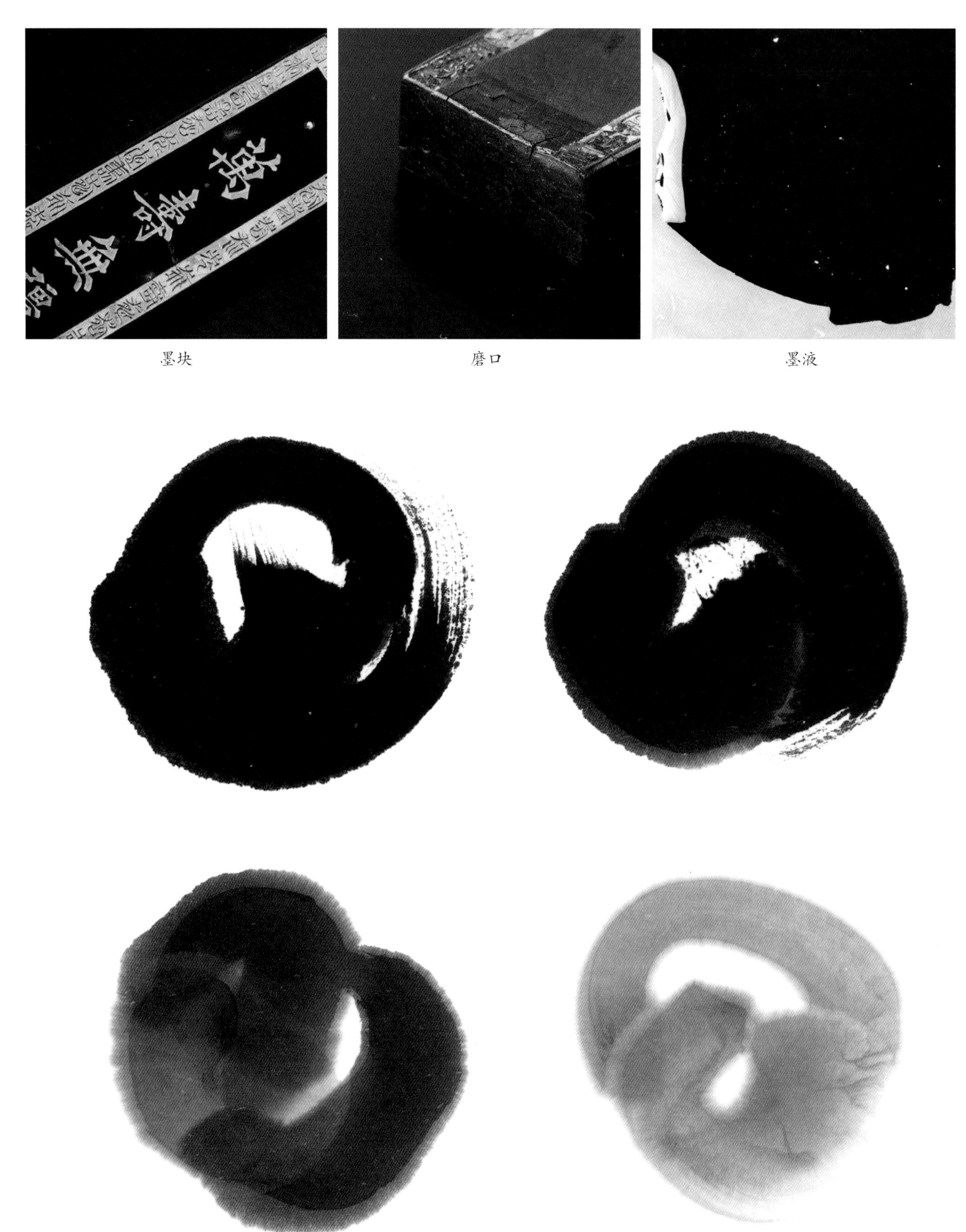

墨块　磨口　墨液

墨迹

周氏珍藏

20 世纪 80 年代中期　油烟

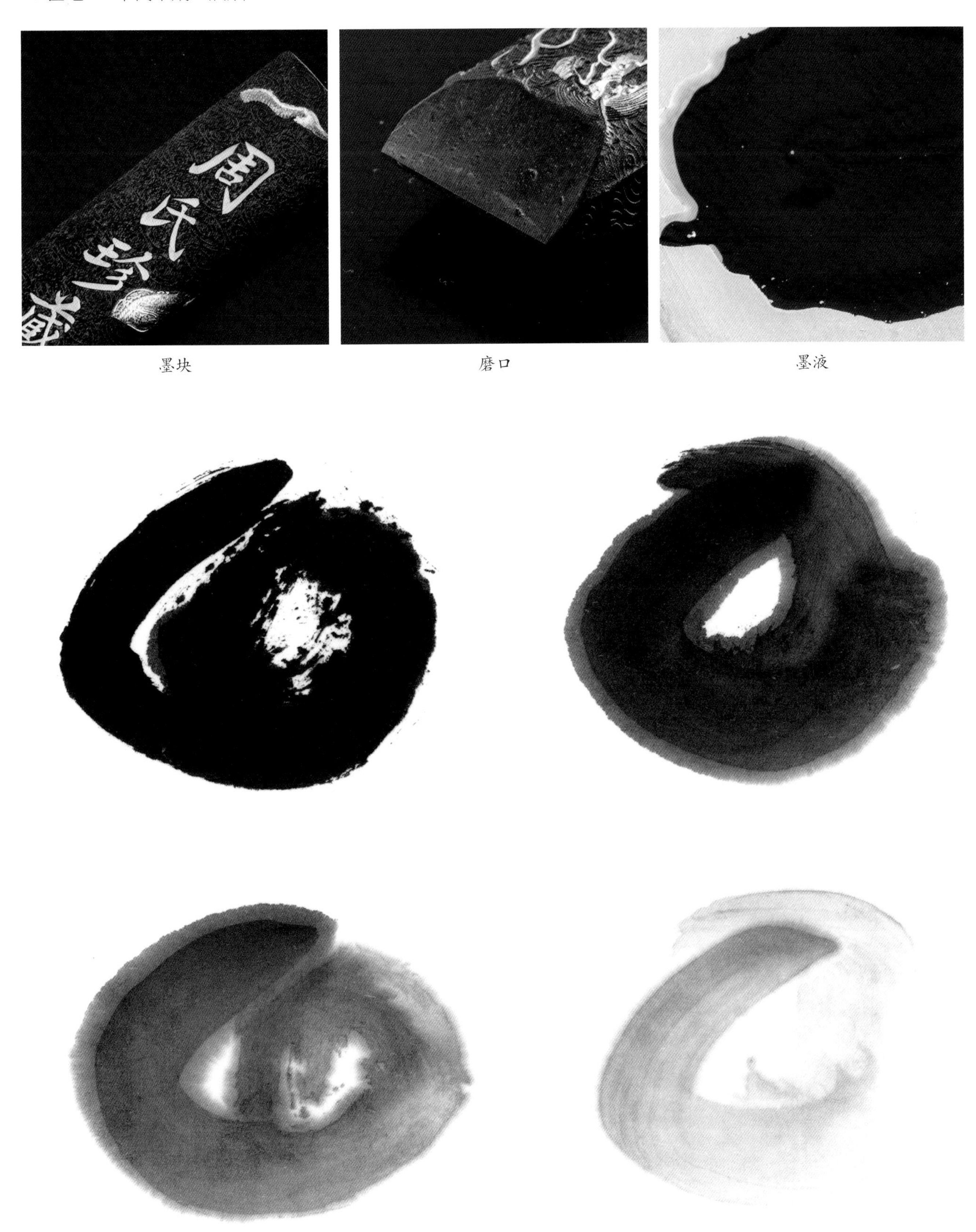

墨块　　磨口　　墨液

墨迹

枫桥夜泊

1985 年　油烟

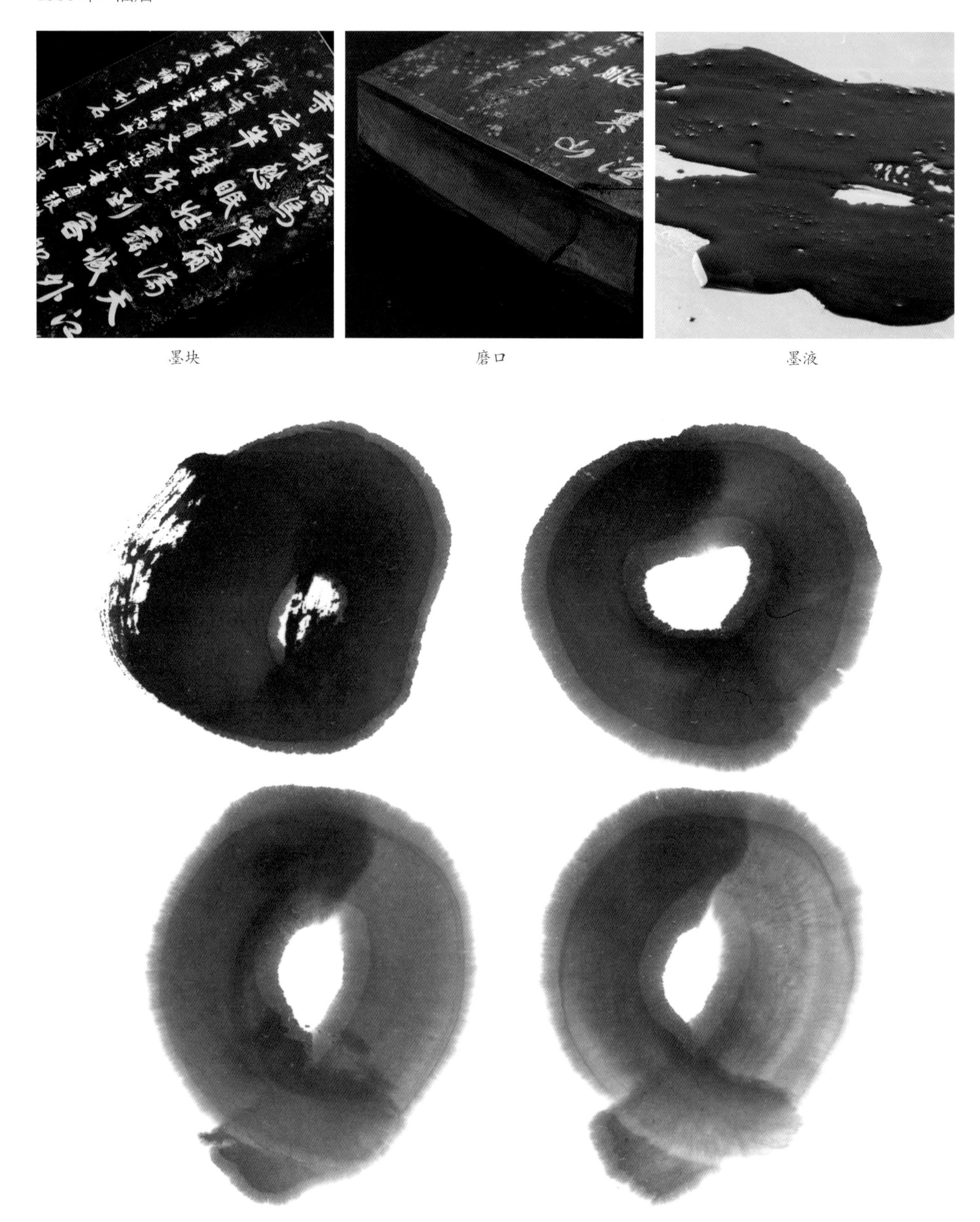

墨块　　磨口　　墨液

墨迹

换鹅

1988 年　油烟

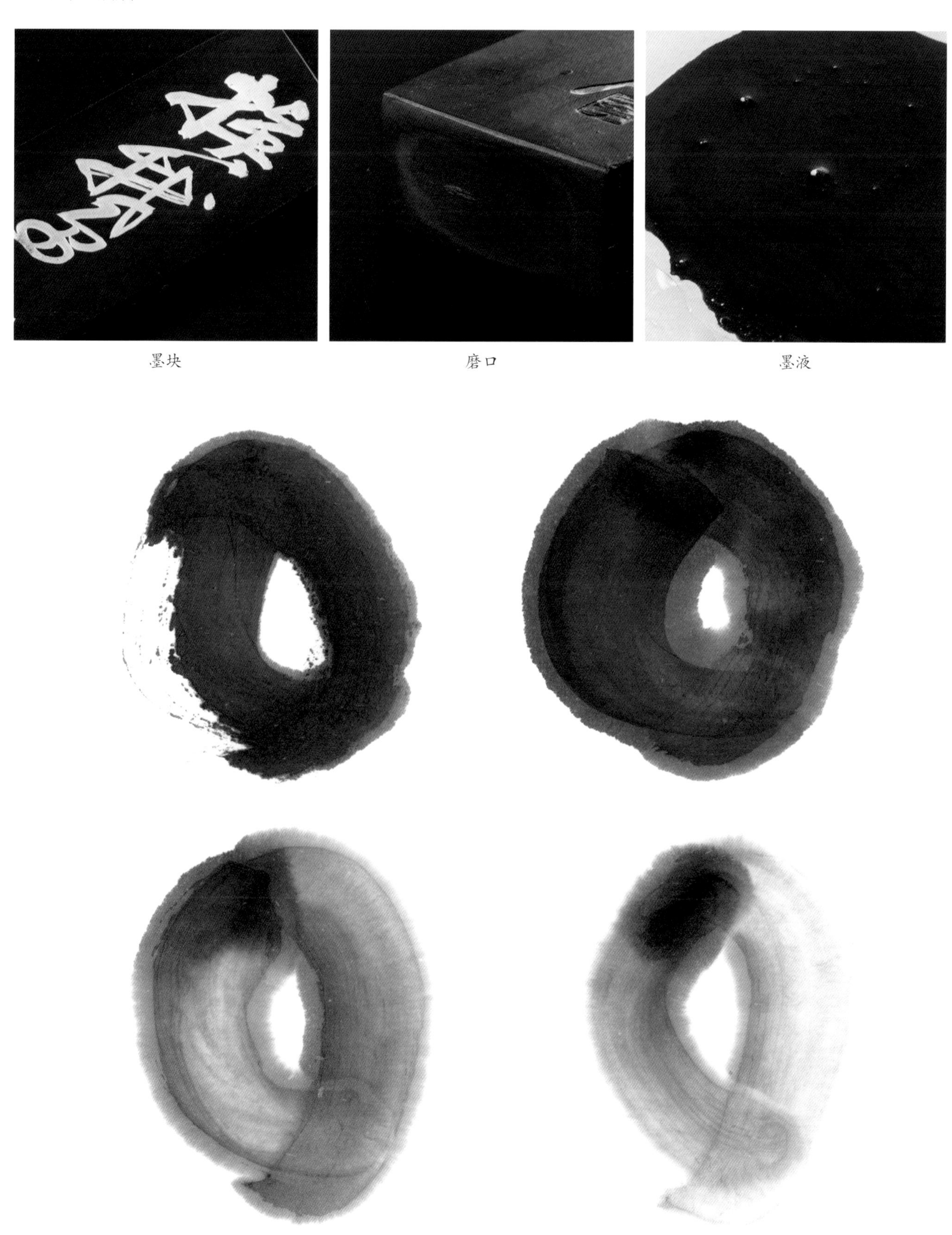

墨块　磨口　墨液

墨迹

醉墨淋漓

1994 年　油烟

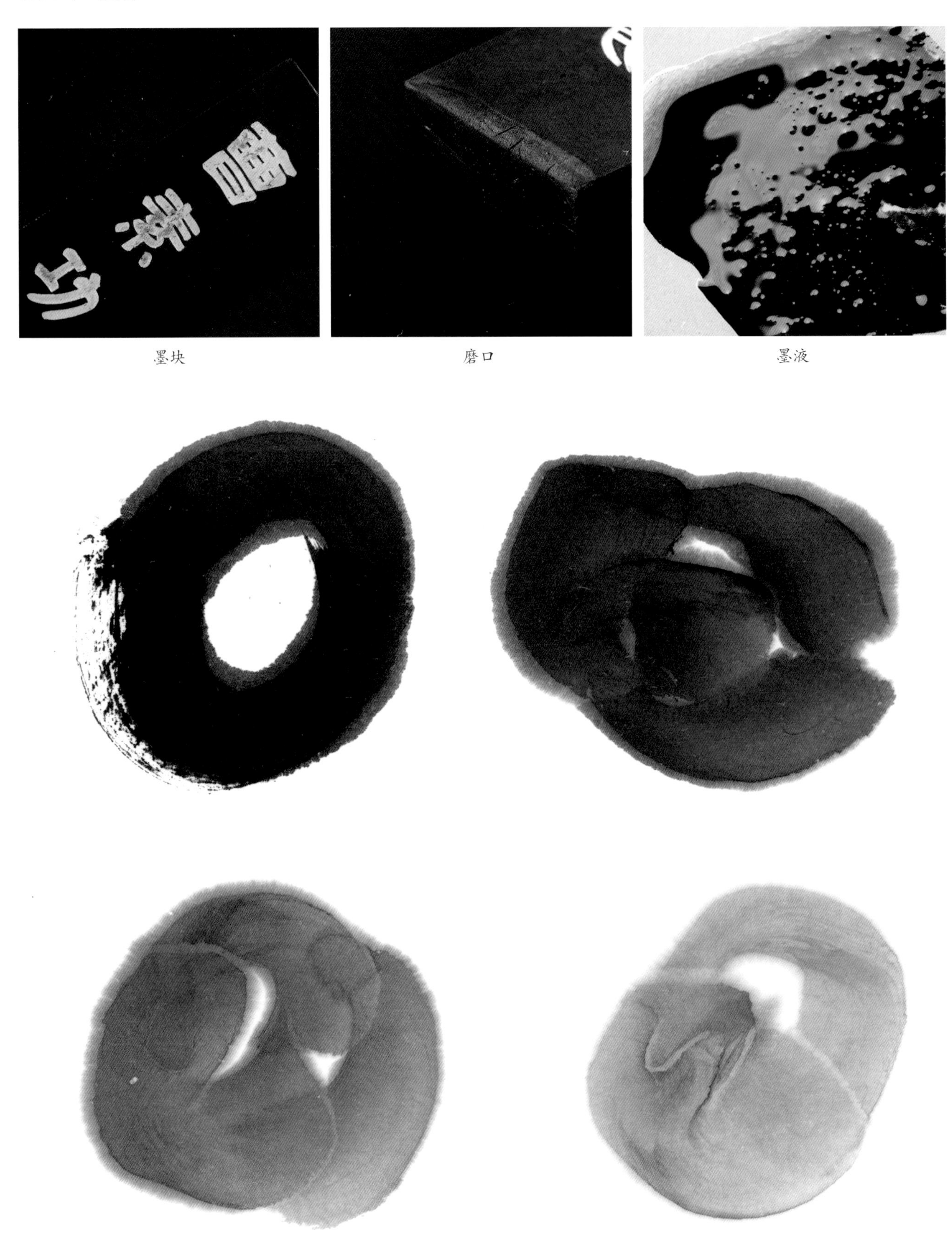

墨块　　磨口　　墨液

墨迹

气叶金兰

“气叶金兰”是曹素功名品之一。

气叶金兰　约 1840—1912 年

气叶金兰　约 1912—1949 年

气叶金兰　约 1912—1949 年

气叶金兰 1949 年前后

气叶金兰 1949 年前后

气叶金兰 20 世纪 50 年代

气叶金兰　20 世纪 60 年代早期

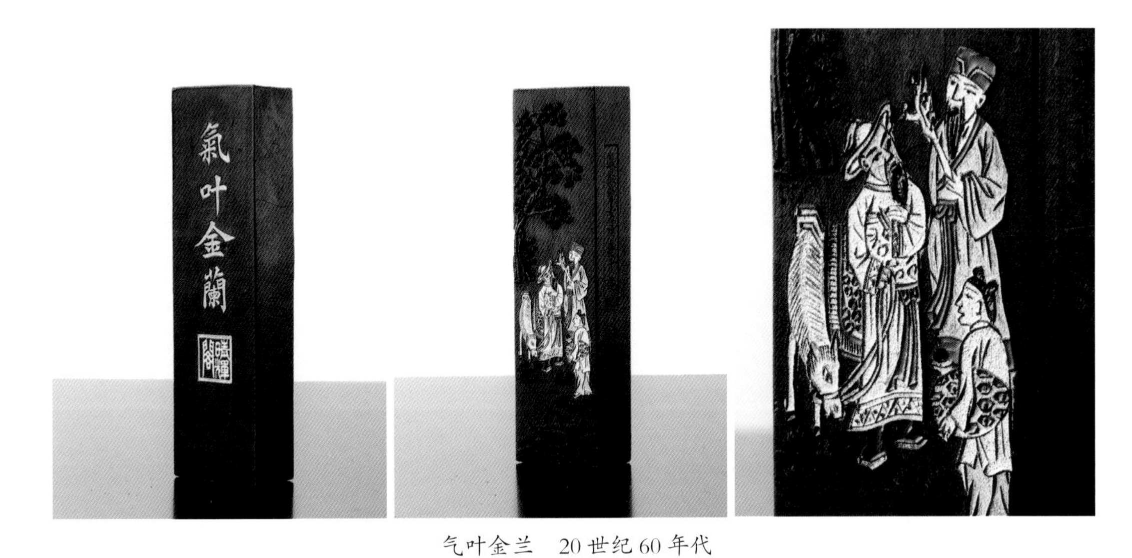

气叶金兰　20 世纪 60 年代

60 年代中晚期的“气叶金兰”，人物描金所用材料匮乏，精美程度略有下降。

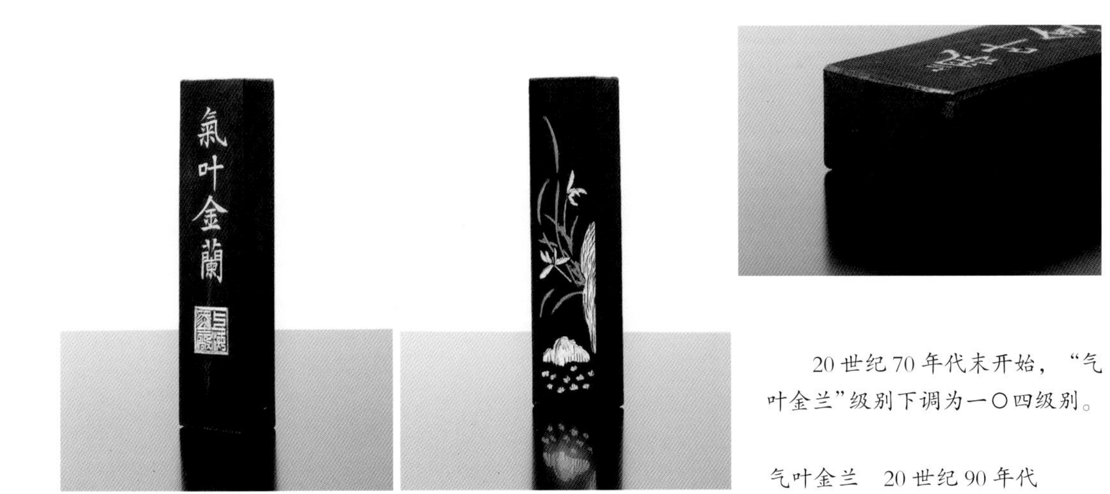

20 世纪 70 年代末开始，“气叶金兰”级别下调为一〇四级别。

气叶金兰　20 世纪 90 年代

气叶金兰

约 1840—1912 年　油烟

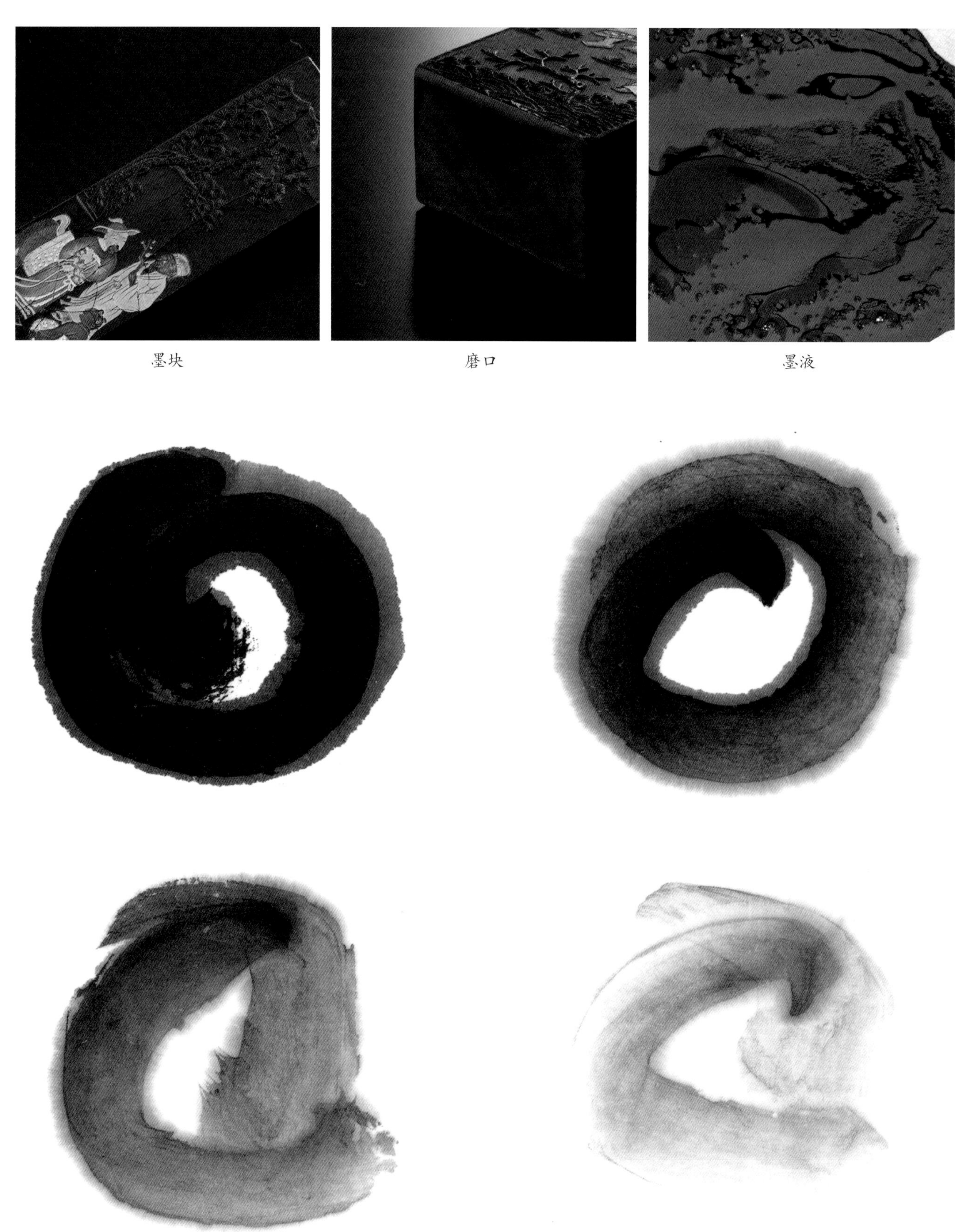

墨块　磨口　墨液

墨迹

气叶金兰

约 1912—1949 年　油烟

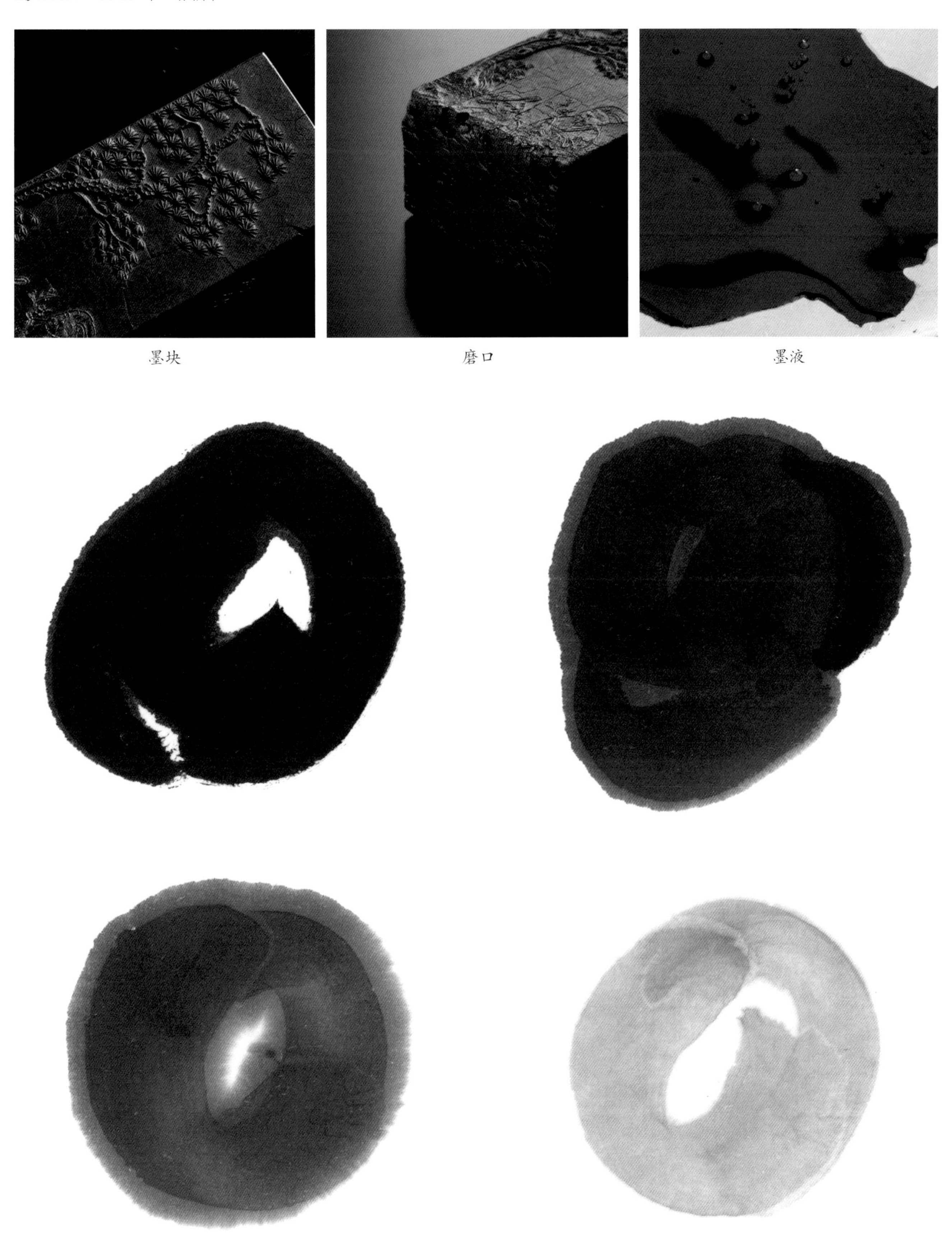

墨块　磨口　墨液

墨迹

气叶金兰

20 世纪 50 年代　油烟

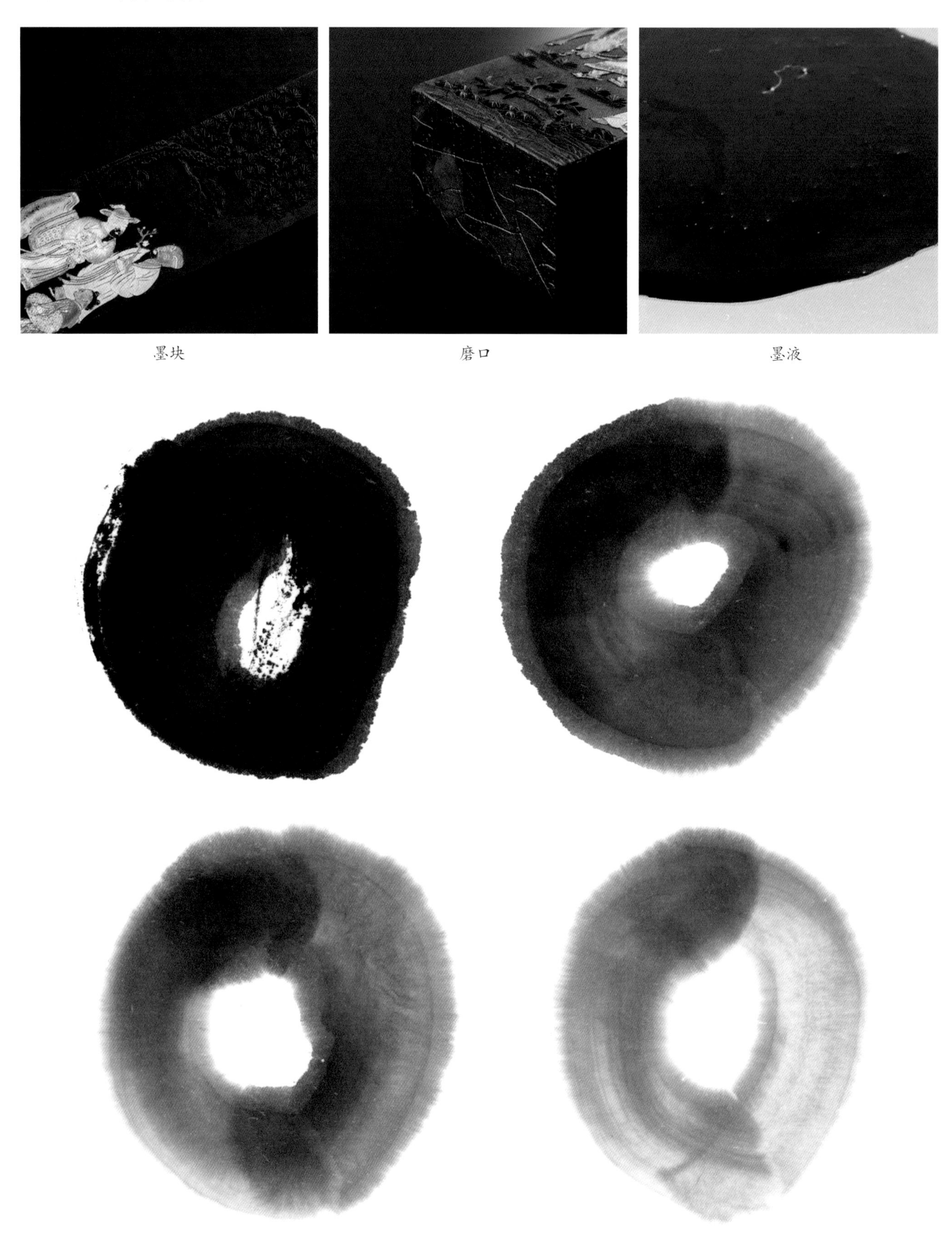

墨块　　磨口　　墨液

墨迹

气叶金兰

20 世纪 90 年代 油烟

墨块 磨口 墨液

墨迹

漱金

“漱金”为曹素功名品之一，20 世纪 70 年代中后期停产。

漱金　约 1912—1949 年

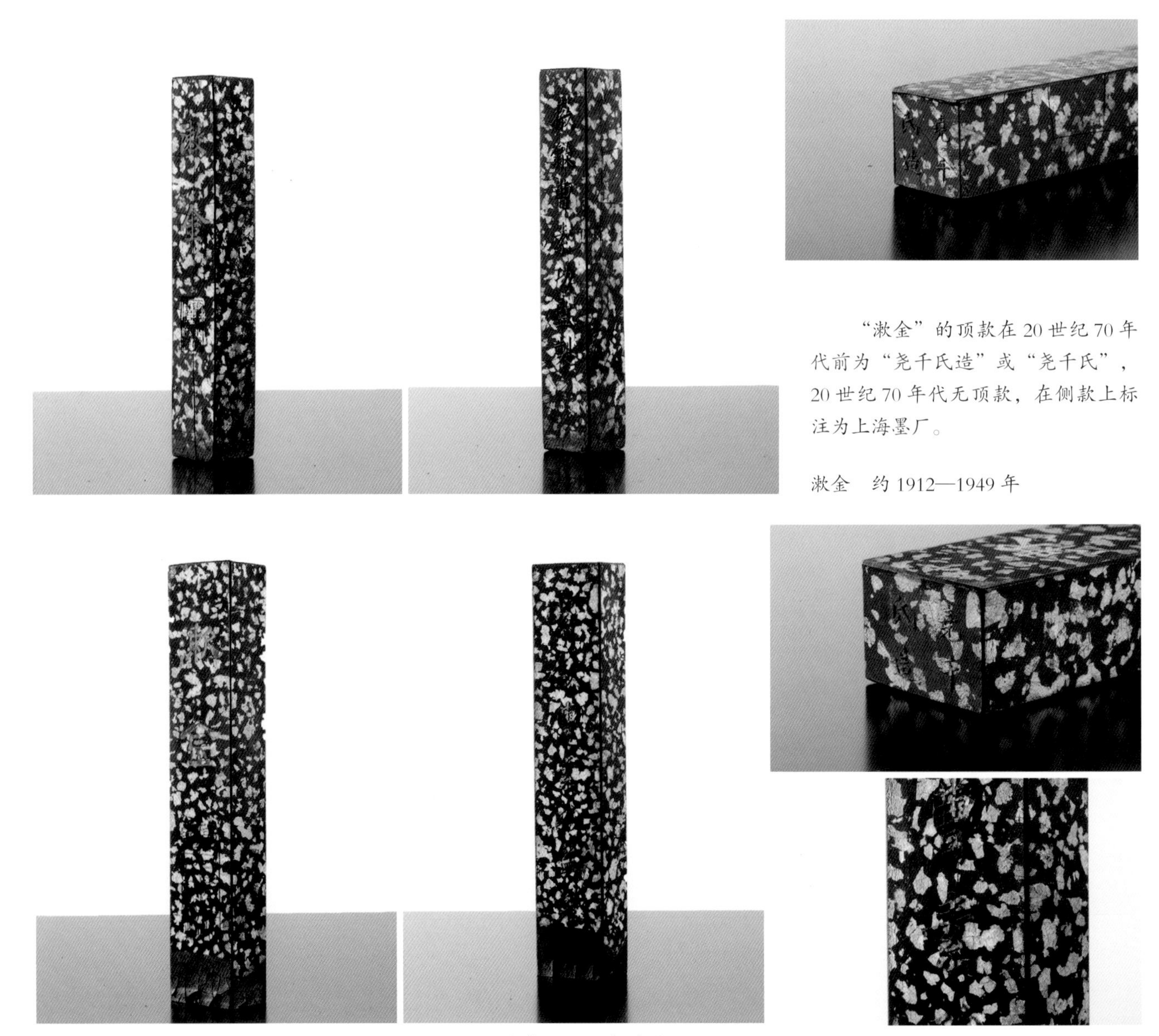

“漱金”的顶款在 20 世纪 70 年代前为“尧千氏造”或“尧千氏”，20 世纪 70 年代无顶款，在侧款上标注为上海墨厂。

漱金　约 1912—1949 年

漱金　1949 年前后

漱金　20 世纪 60 年代

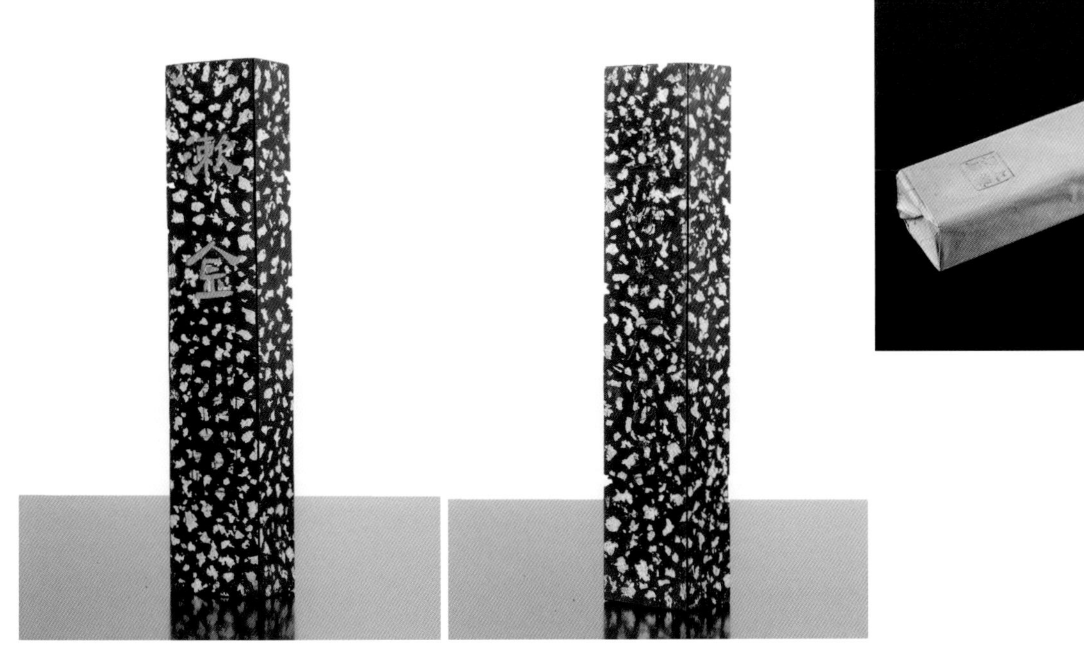

漱金　20 世纪 70 年代

漱金

约 1912—1949 年　油烟

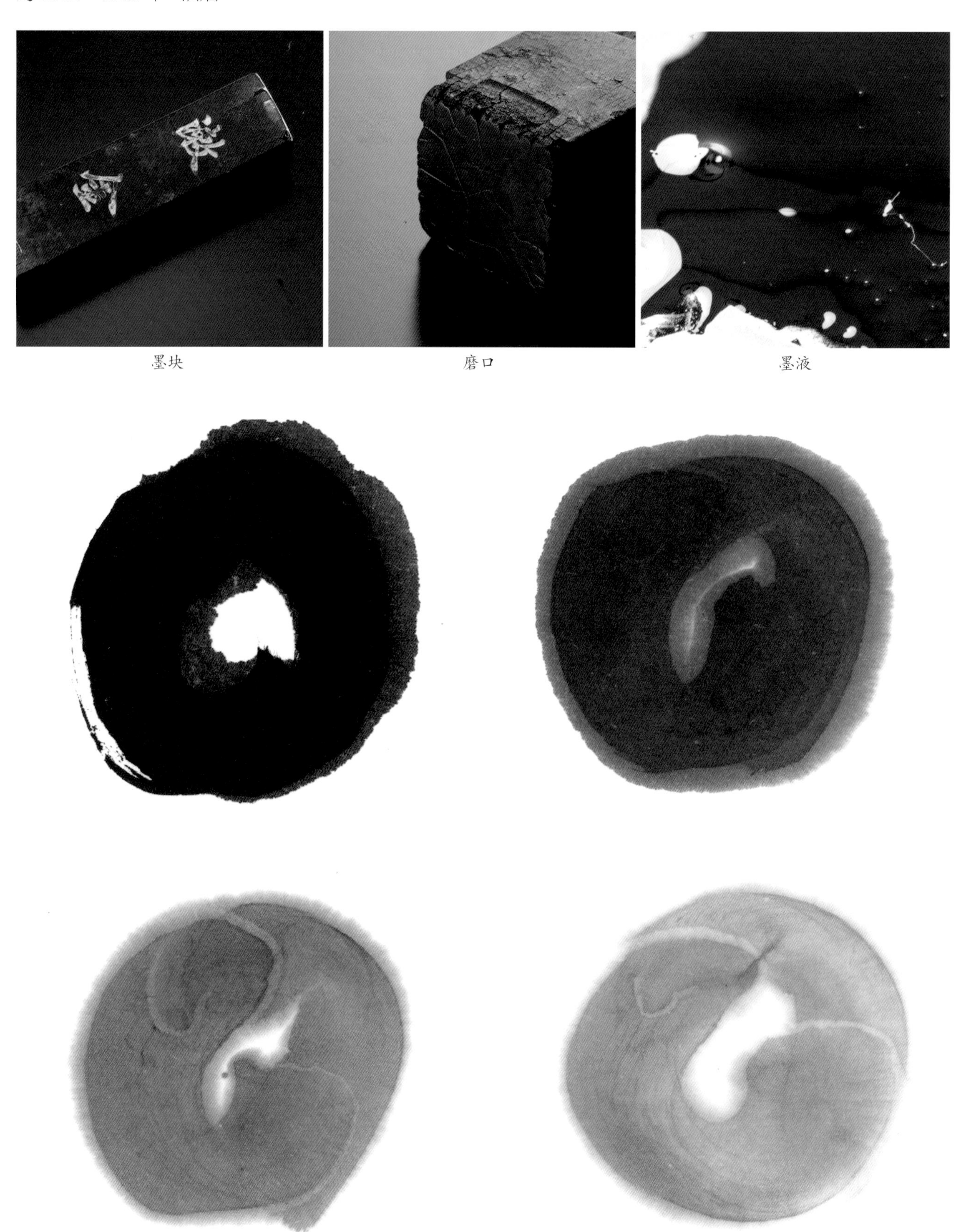

墨块　磨口　墨液

墨迹

漱金

1949年前后　油烟

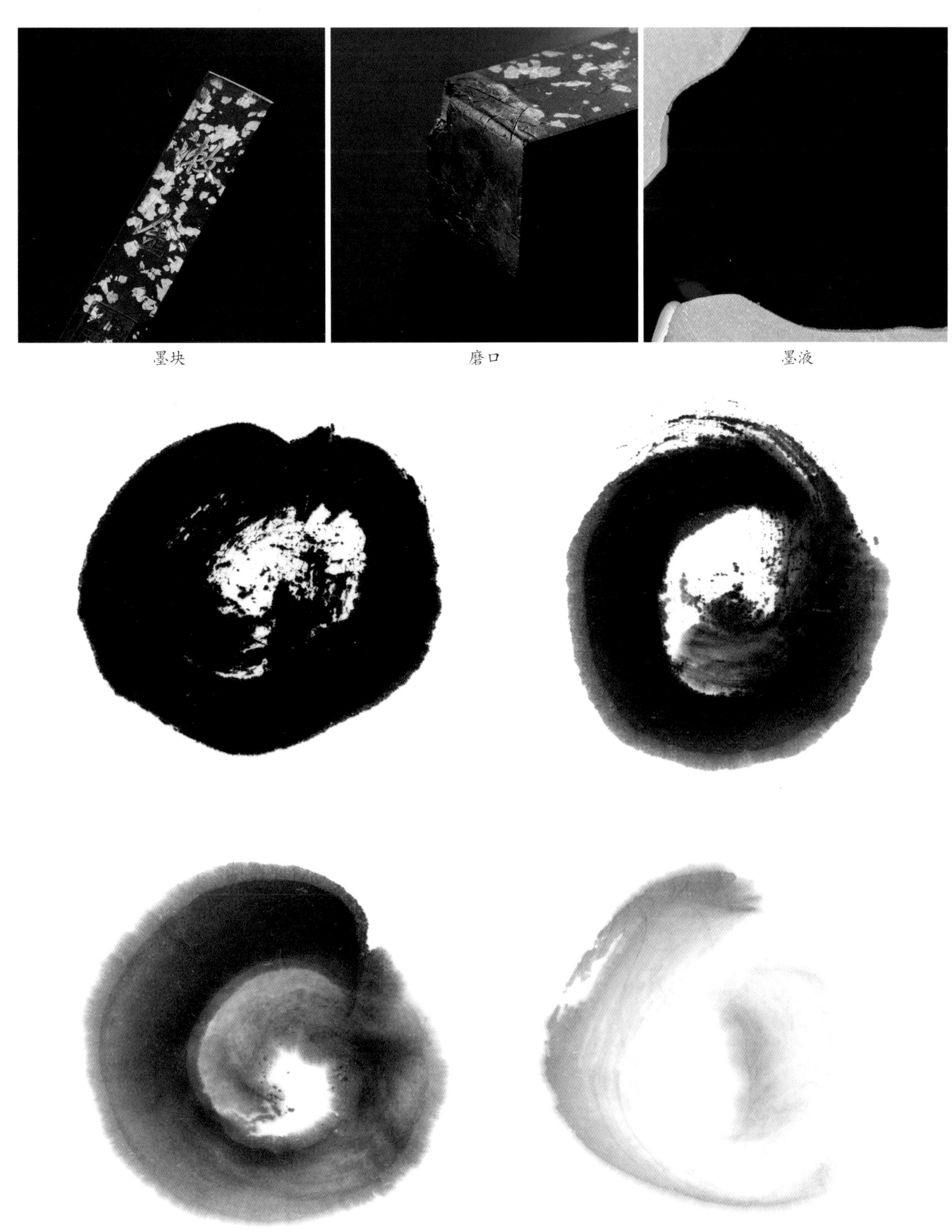

墨块　　磨口　　墨液

墨迹

漱金

20 世纪 50 年代　油烟

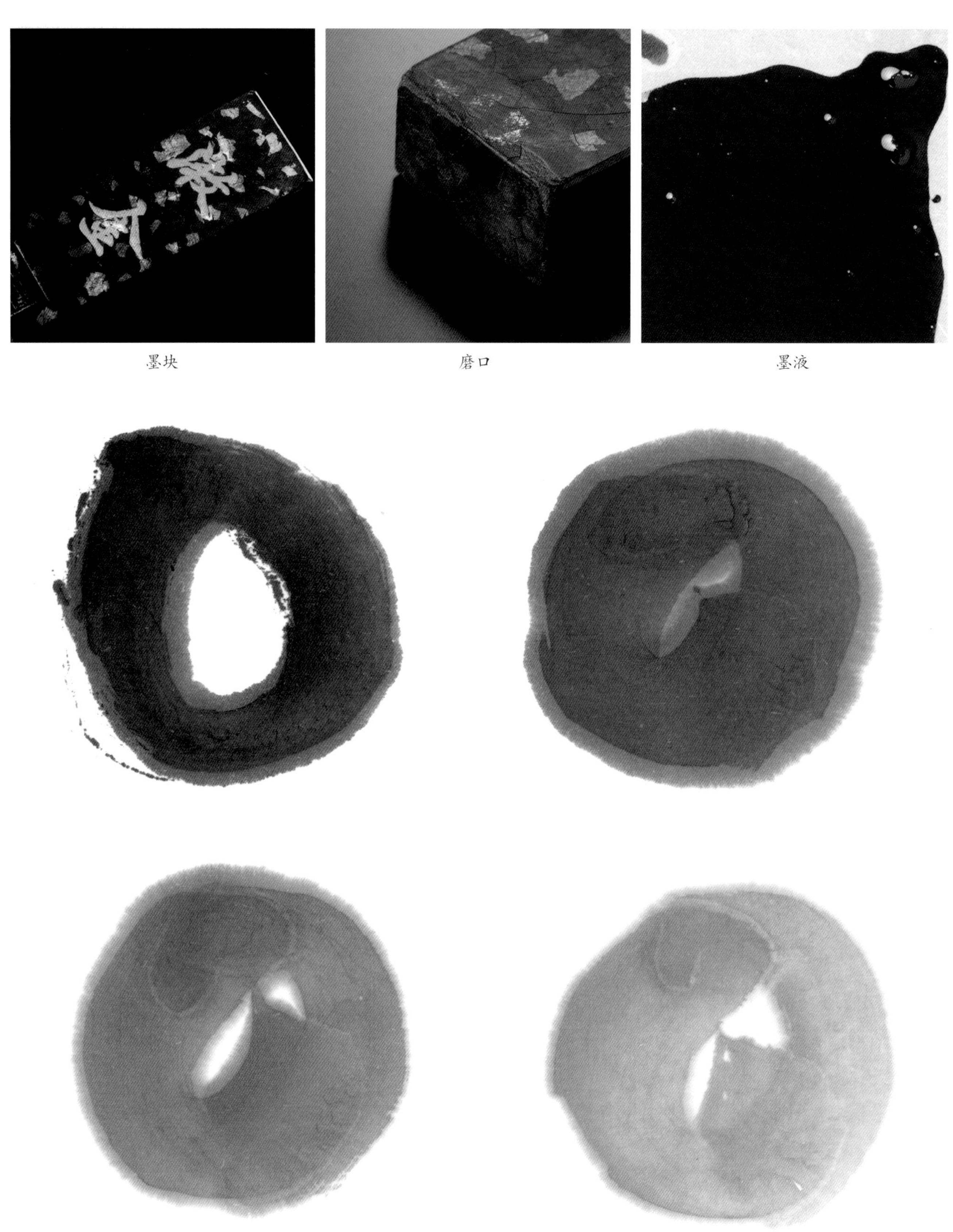

墨块　磨口　墨液

墨迹

漱金

20世纪60年代　油烟

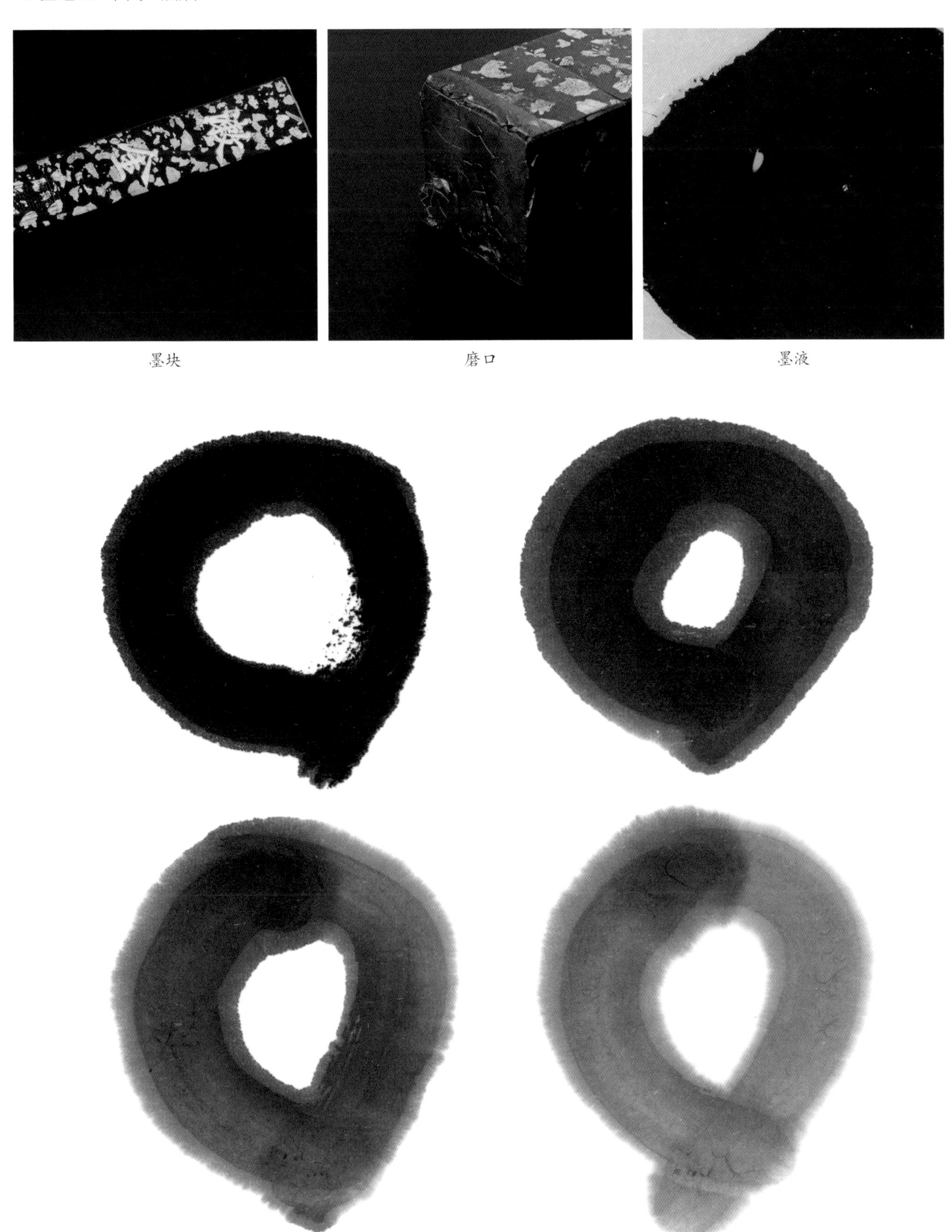

墨块　磨口　墨液

墨迹

漱金

20 世纪 70 年代　油烟

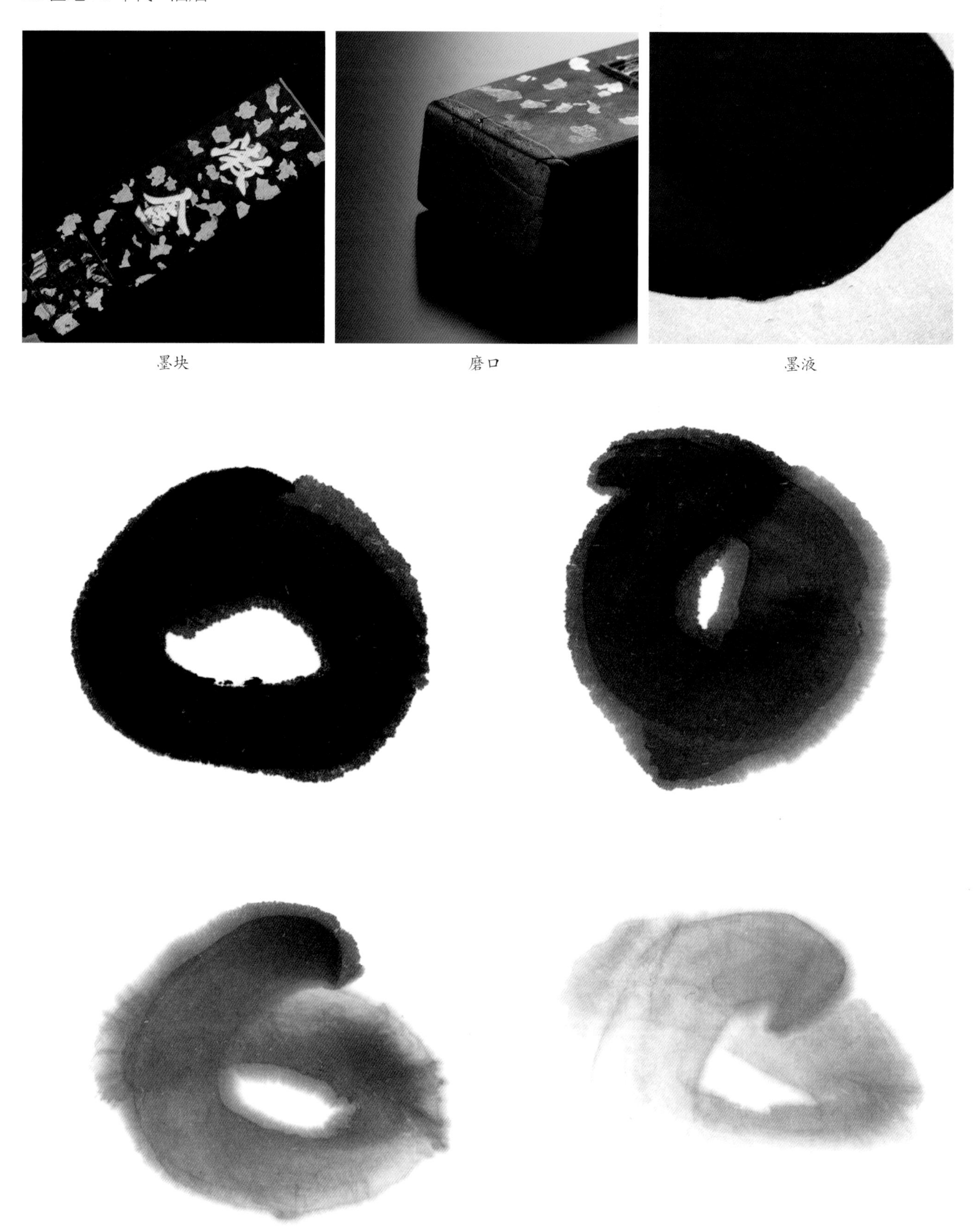

墨块　磨口　墨液

墨迹

紫玉光

“紫玉光”为曹素功名品之一。

紫玉光　约 1912—1949 年

紫玉光　1949 年前后

紫玉光　1949 年前后

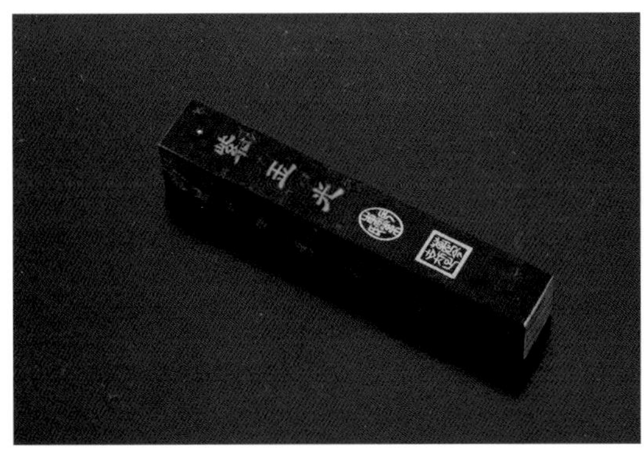

紫玉光　20 世纪 60 年代

“紫玉光”顶款有“尧千氏”“顶烟尧千氏”“顶烟”。尤其以六面型，镌刻云锦蝙蝠，顶款为“顶烟”者最为精美。惜 70 年代降为油烟一〇四。

紫玉光　20 世纪 60 年代

紫玉光

约 1912—1949 年　油烟

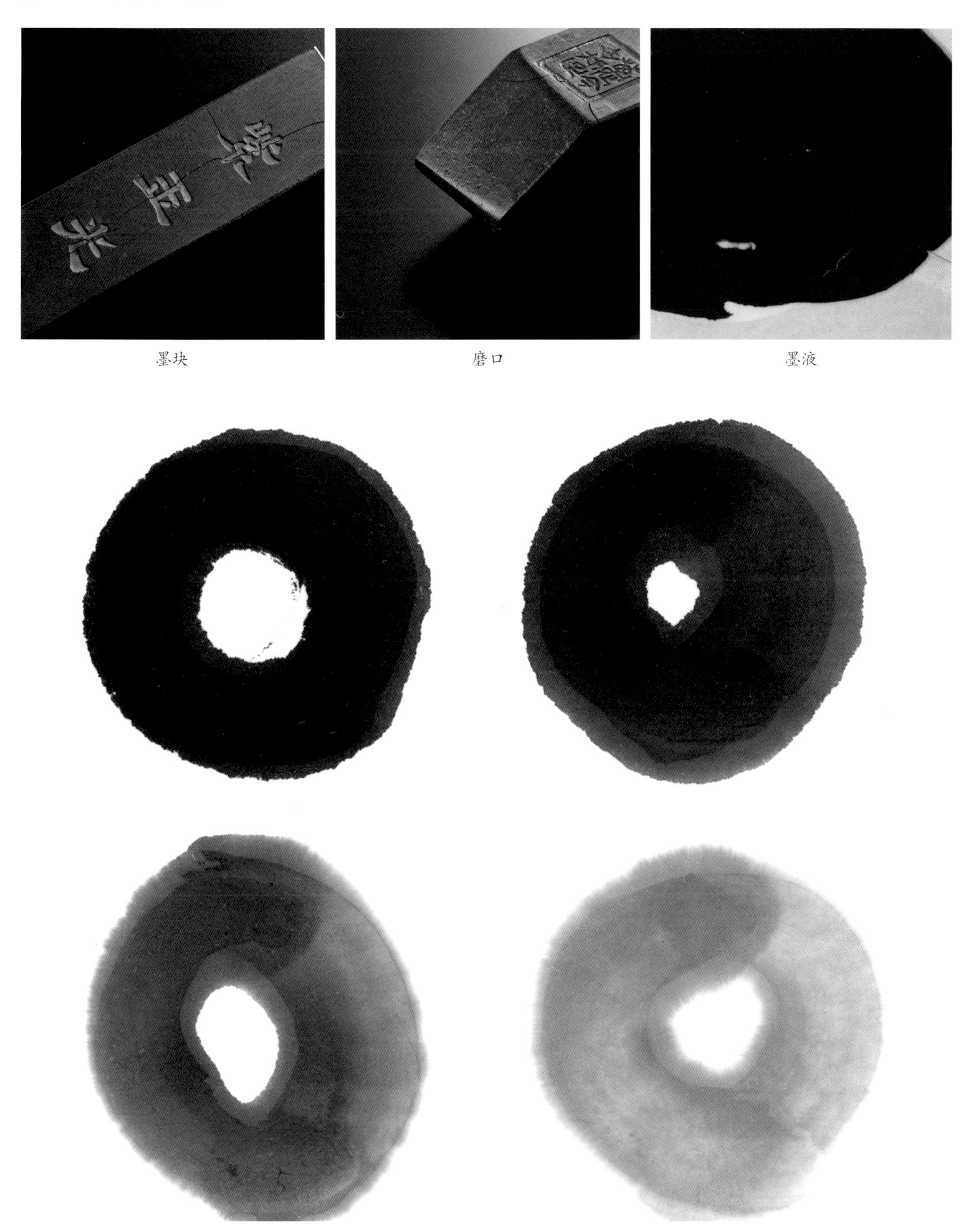

墨块　　磨口　　墨液

墨迹

紫玉光

1949 年前后　油烟

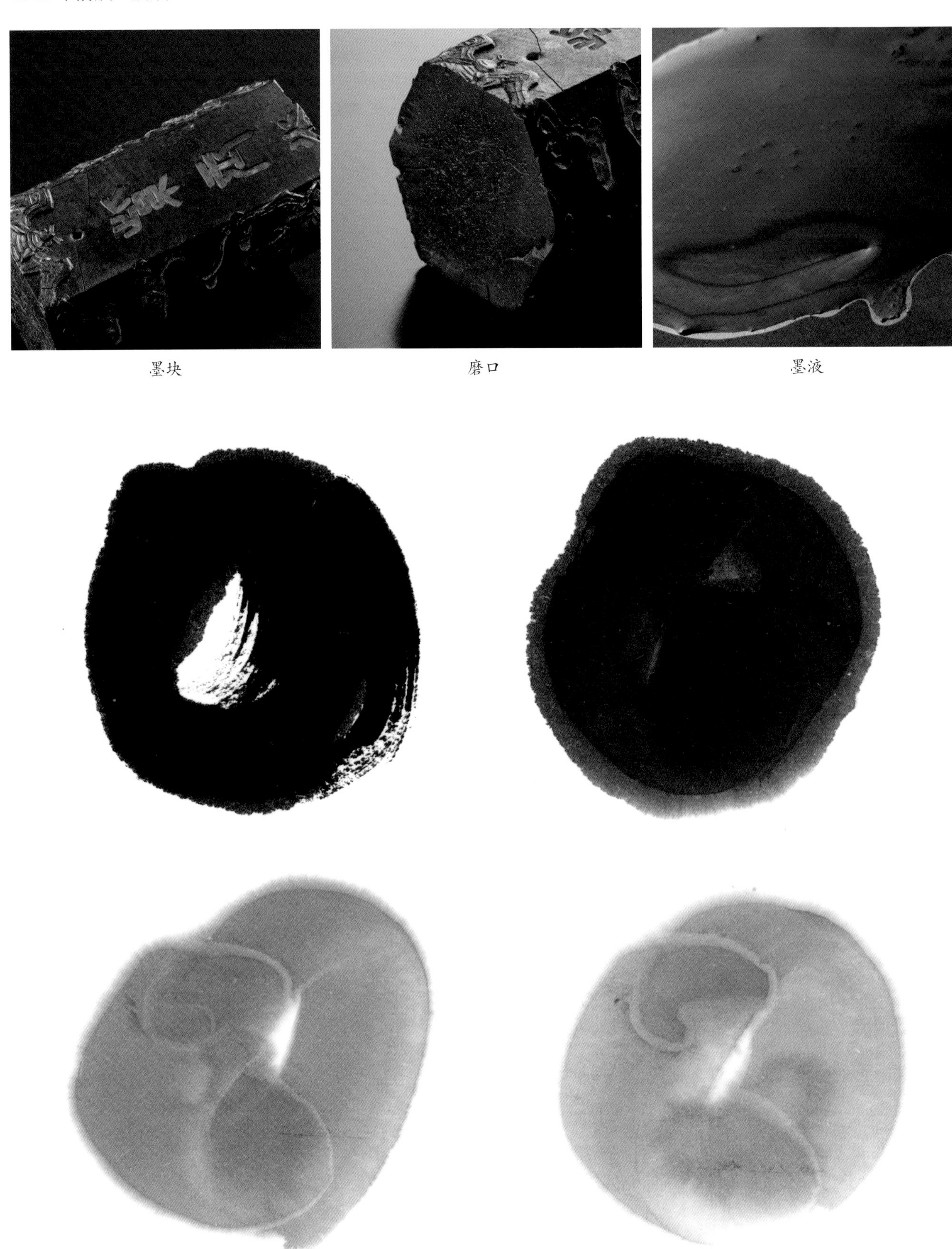

墨块　磨口　墨液

墨迹

紫玉光

20 世纪 50 年代　油烟

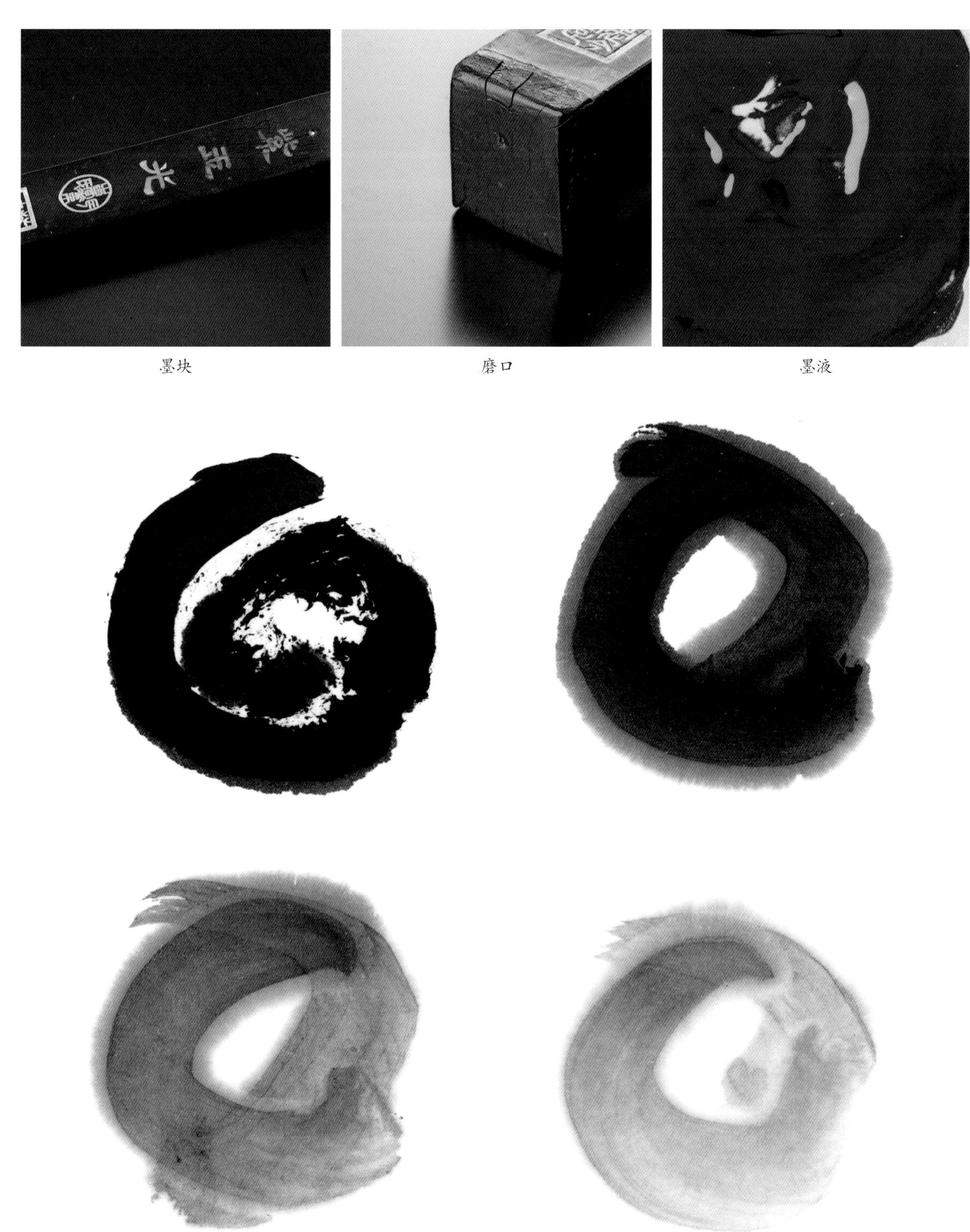

墨块　　磨口　　墨液

墨迹

紫玉光

20 世纪 60 年代　油烟

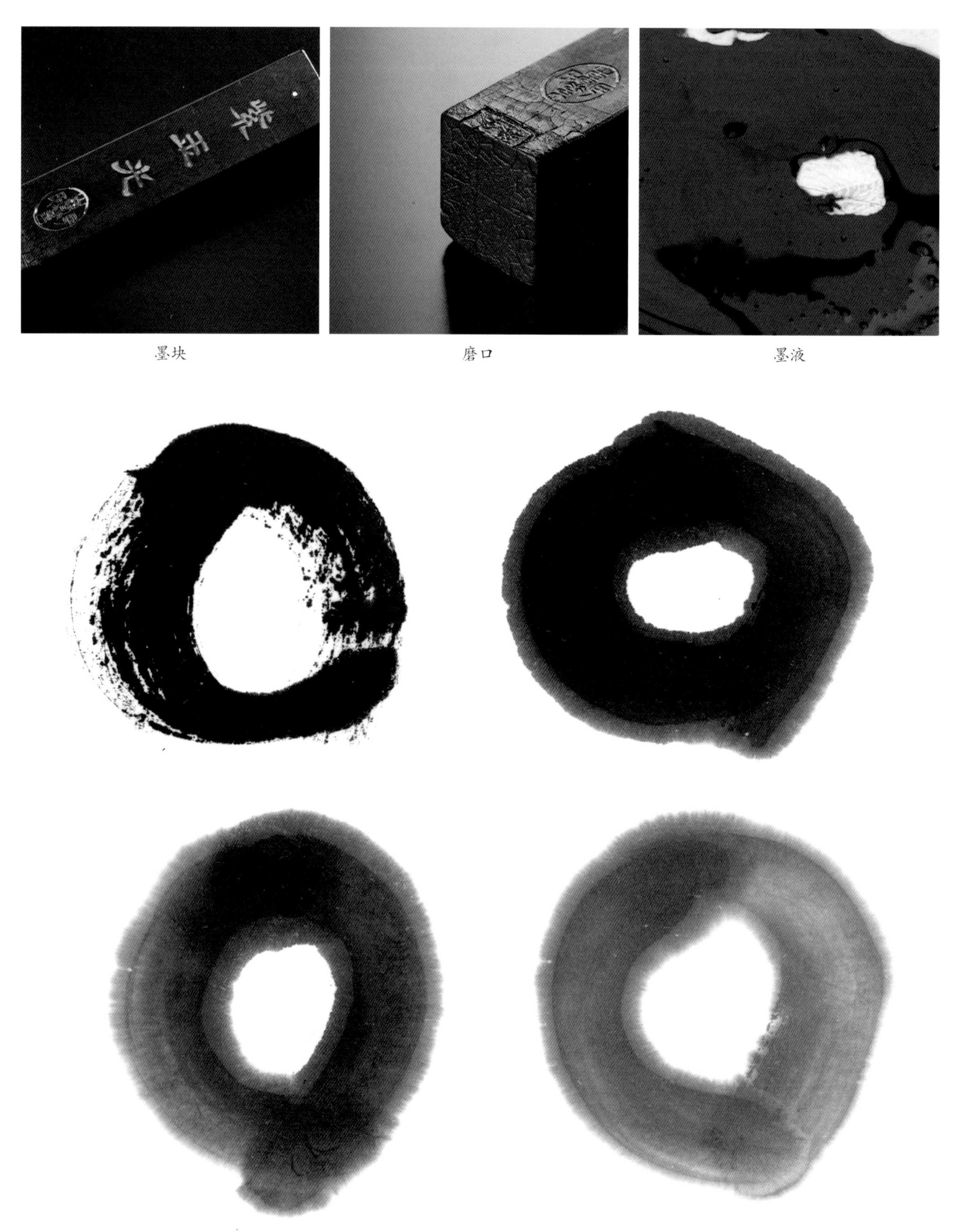

墨块　　磨口　　墨液

墨迹

存古堂

"存古堂"系列系曹素功名品之一，其特点为顶款有"存古堂"三字。

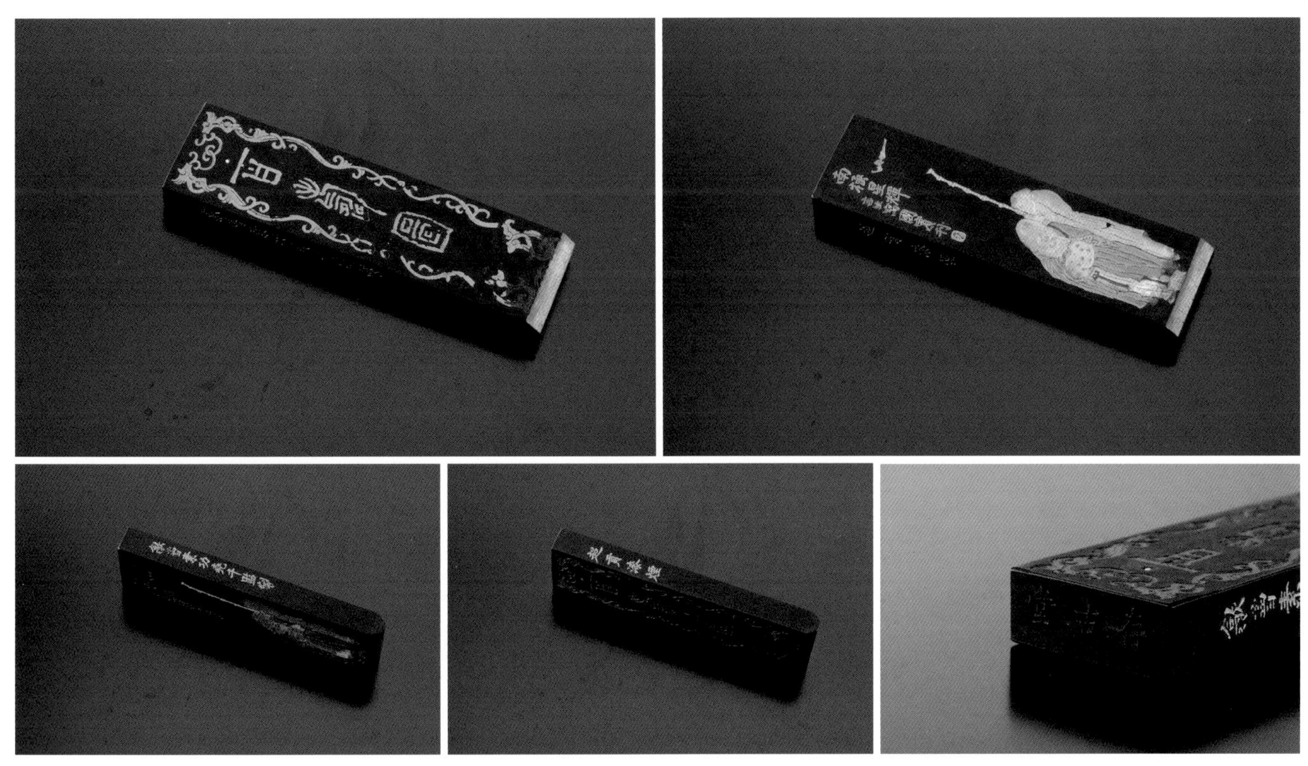

百寿图　约 1912—1949 年

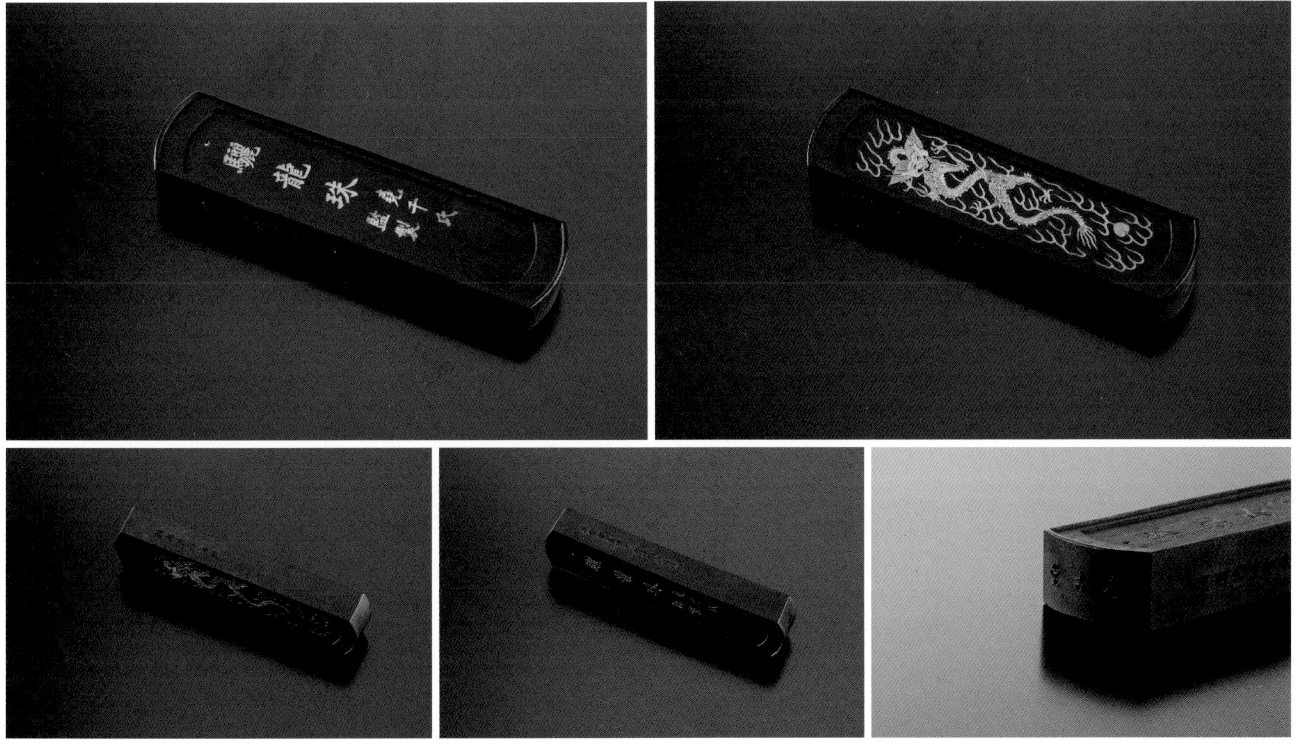

骊龙珠　20 世纪 60 年代

隃麋墨　20 世纪 60 年代

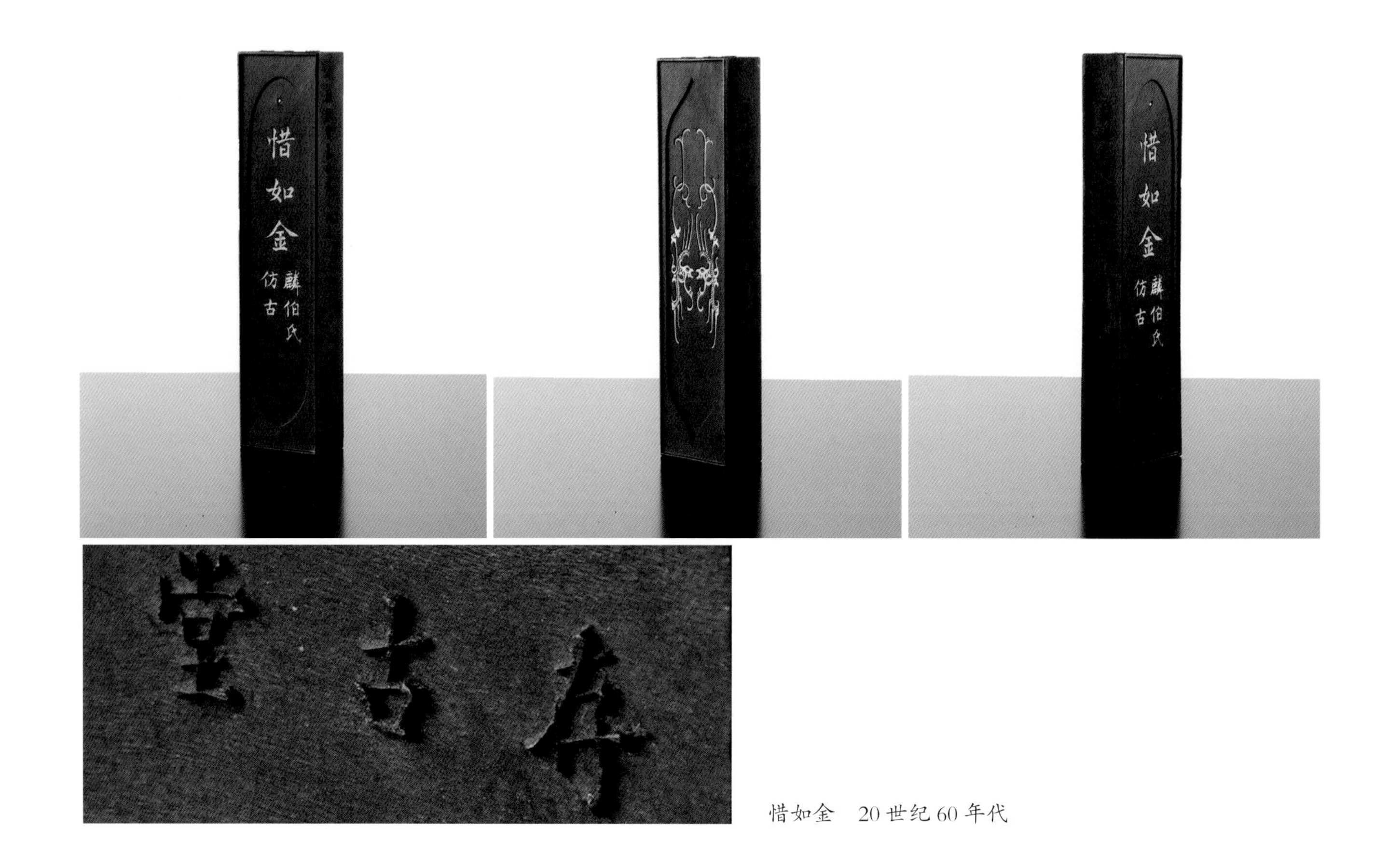

惜如金　20 世纪 60 年代

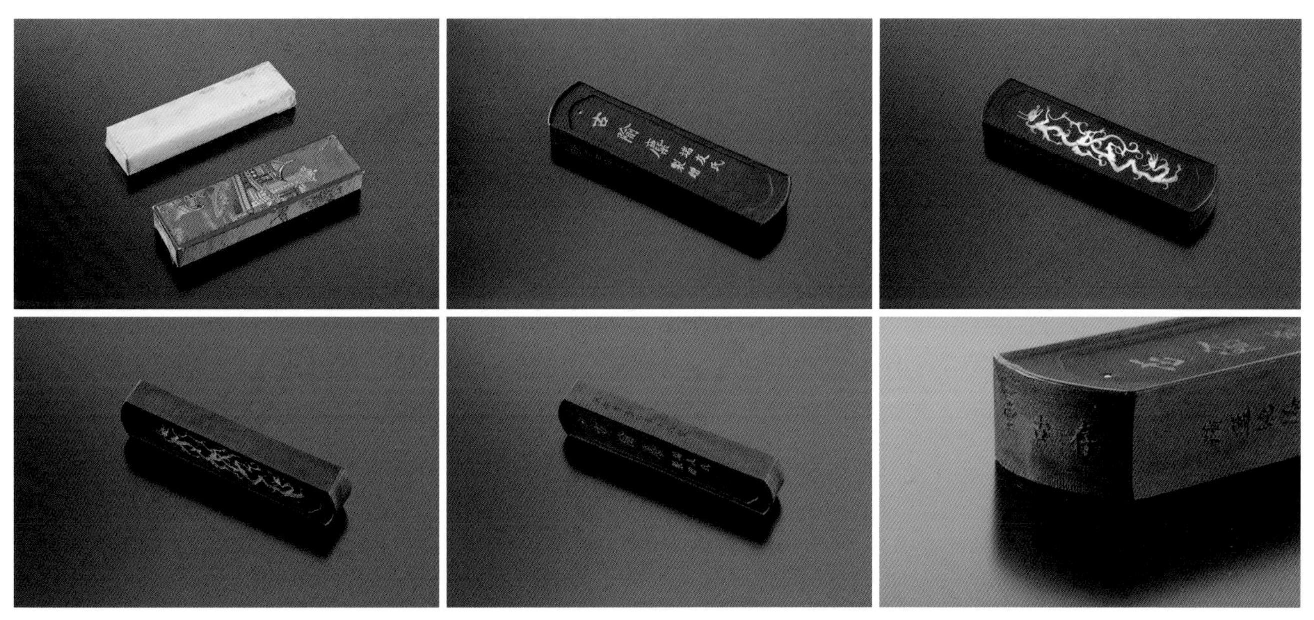

古隃麋　20 世纪 60 年代

岩寺山樵　20 世纪 60 年代

骊龙珠

20 世纪 60 年代　油烟

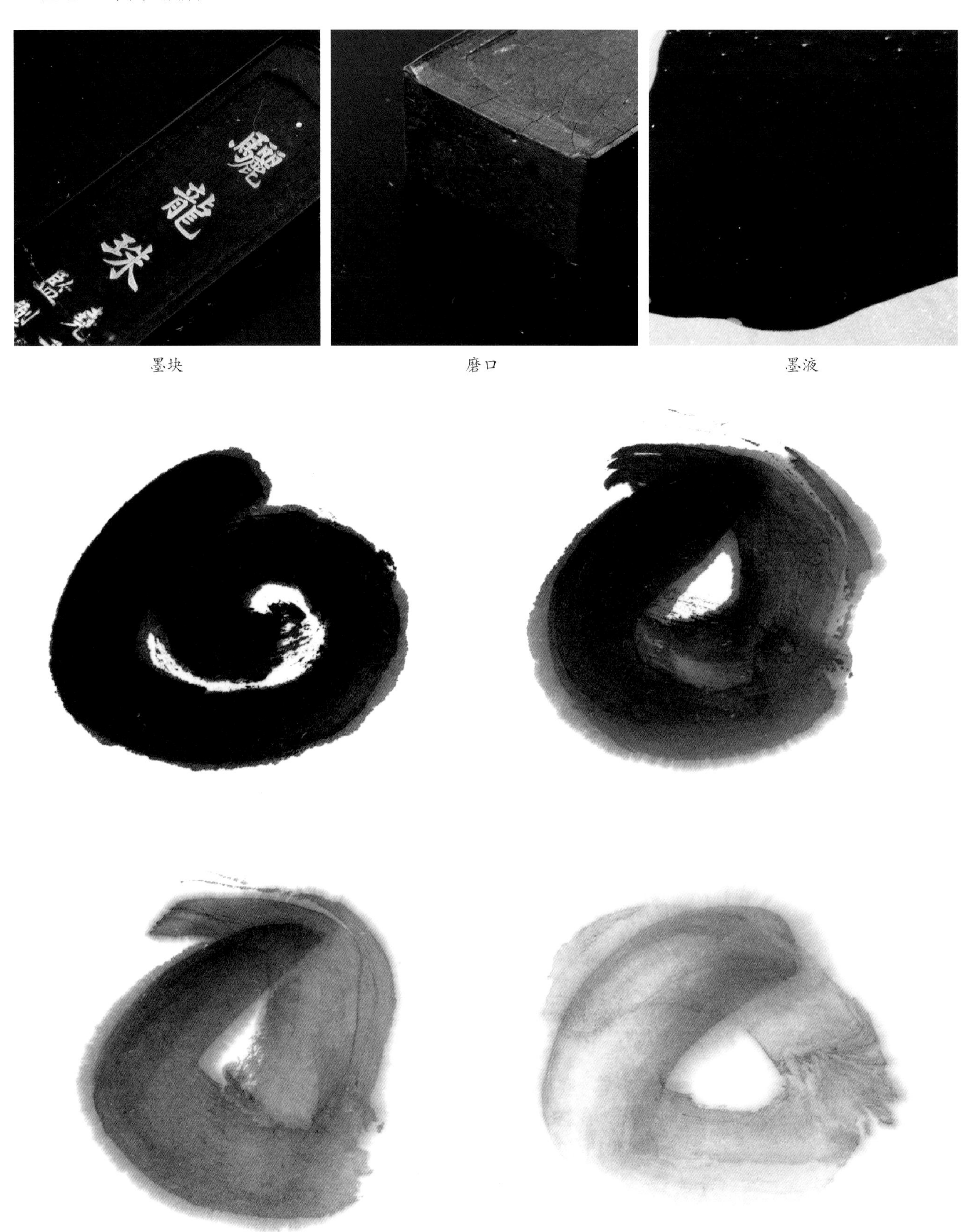

墨块　　磨口　　墨液

墨迹

隃麋墨

20 世纪 60 年代　油烟

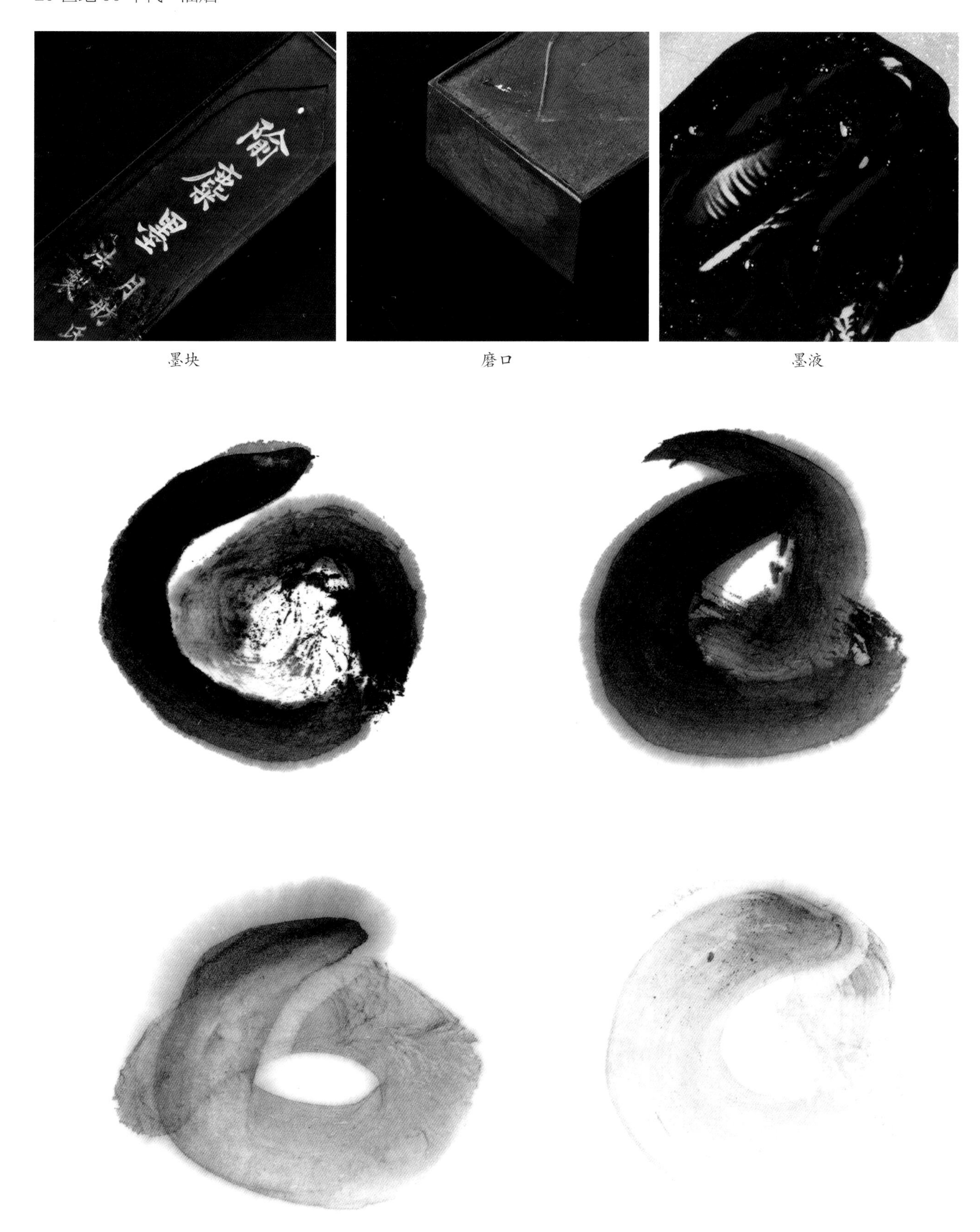

墨块　　磨口　　墨液

墨迹

铁斋翁

“铁斋翁”“大好山水”“鲁迅诗”这三款墨是上海墨厂20世纪七八十年代的主打产品，产量销量都非常高，是当时出口换汇的主力之一。这三款油烟除了墨版不同之外，其墨色风格也有些许小差异。

“铁斋翁”书画宝墨是上海墨厂销量最大、知名度最高的墨品之一。最初是日本文人画家富冈铁斋在20世纪初委托日本高岛屋商社在上海经商的友人与曹素功定制的定版墨，也是在日本最受欢迎的一款中国墨。初版的两边侧款分别为“中华民国元年徽歙曹素功墨局”和“尧千氏十一世孙曹叔琴督造”，墨的正反两面的书与画均出自富冈铁斋本人之手。自70年代起，上海墨厂“铁斋翁”便一直保持单一品种出口量之冠，在日本相当受欢迎，除了富冈铁斋在日本的地位外，也因为“铁斋翁”书画宝墨是物美价廉的好墨。之后各家大小墨厂均纷纷效仿，品质均无出其右。

铁斋翁　20世纪60年代

此曹叔琴版“铁斋翁”为20世纪60年代初所制精品，顶款为五石漆烟，70年代后改为油烟一〇一，20世纪80年代初期几年，二者并用。模板樱花上有“国华第一”四字，20世纪70年代生产的“铁斋翁”樱花上无“国华第一”四字，1981年开始，新制“铁斋翁”模板，樱花上方全有“国华第一”四字，一直沿用至今。上海墨厂从1976年开始在侧款上打码。

铁斋翁　20世纪60年代

此20世纪60年代“铁斋翁”侧款为“徽歙曹素功尧千氏选烟”单面款，无“壬子曹叔琴监制”侧款，亦为20世纪60年代“铁斋翁”的特点之一。

铁斋翁　20世纪70年代早期

此为20世纪70年代早期“铁斋翁”，顶款已改为“油烟一〇一”，樱花上无“国华第一”四字，侧款为大工版“上海墨厂出品”。

铁斋翁 20世纪70年代中早期

铁斋翁 20世纪70年代中期

从20世纪70年代中早期开始，边款出现行书样式的“上海墨厂出品”，但“大工版”继续使用。

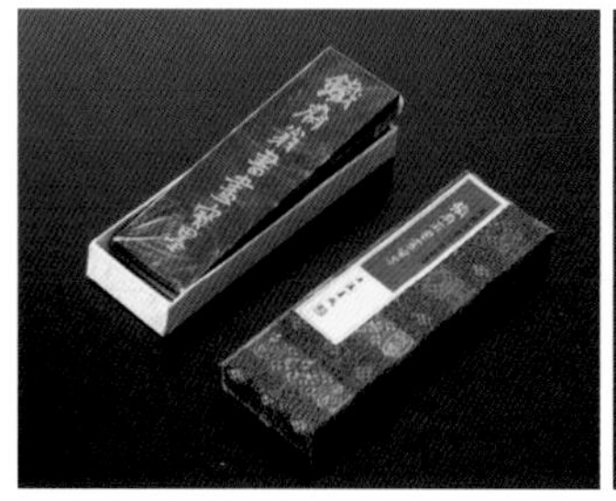

铁斋翁 20世纪70年代中期

铁斋翁 1976 年

铁斋翁 1976 年

铁斋翁 1977 年

从 1976 年开始，上海墨厂所制墨品开始打码，1976 年和 1977 年的码只有一个数字。

铁斋翁　1978 年

从 1978 年开始，上海墨厂打年份确切码，数字长短不一。打码位置不一定在“上海墨厂出口”的正下方。

从 20 世纪 70 年代开始，部分产品配硬塑料壳，利于保存。

铁斋翁　1979 年

图中打码“79 5 月 10”，即 1979 年 5 月 10 日制作，码中带有“月”字。

铁斋翁　1979 年

铁斋翁　1981 年

铁斋翁　1981 年

此方“铁斋翁”边款“徽歙曹素功尧千氏造”，为边款的过渡形式。

铁斋翁　1981 年

此方“铁斋翁”边款为“徽歙曹素功尧千氏”，及樱花上有“国华第一”的形式，一直沿用至 1991 年。

铁斋翁　1982 年

此老版“上海墨厂出品”行书款，樱花上无“国华第一”四字，在 1982 年后不再使用。

铁斋翁　1982 年

此新版铁斋翁，从 1982 年确立，一直沿用至今，并附有墨票。

铁斋翁　1983 年

铁斋翁　1985 年

铁斋翁　1988 年

铁斋翁　1992 年

从 1991 年开始，新版铁斋翁底款“曹素功®”，顶款“油烟一〇一”，边款“徽歙曹素功尧千氏”，及樱花上有“国华第一”的形式，此模板一直沿用至今。

铁斋翁

20 世纪 60 年代中早期　油烟

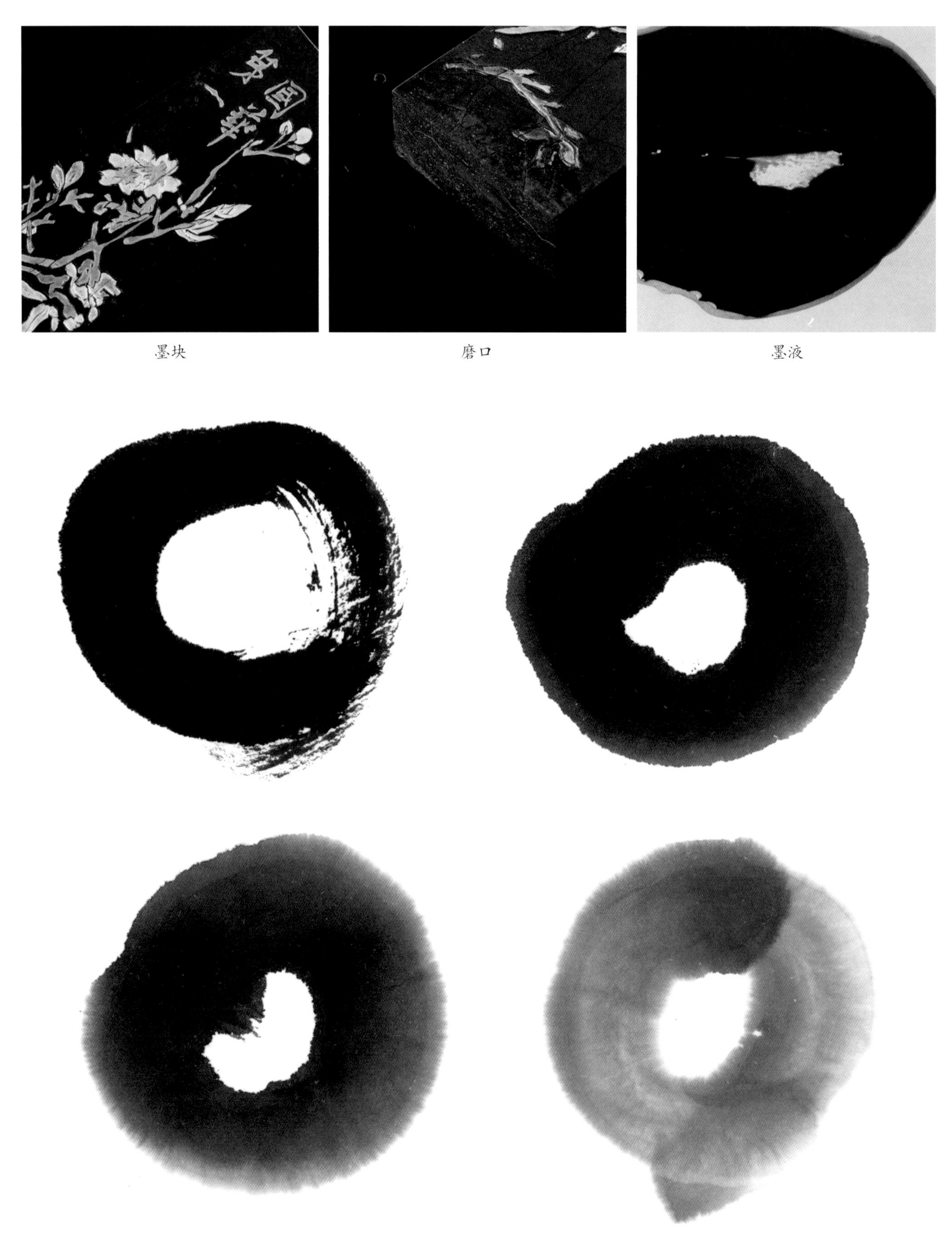

墨块　　磨口　　墨液

墨迹

铁斋翁

20 世纪 60 年代　油烟

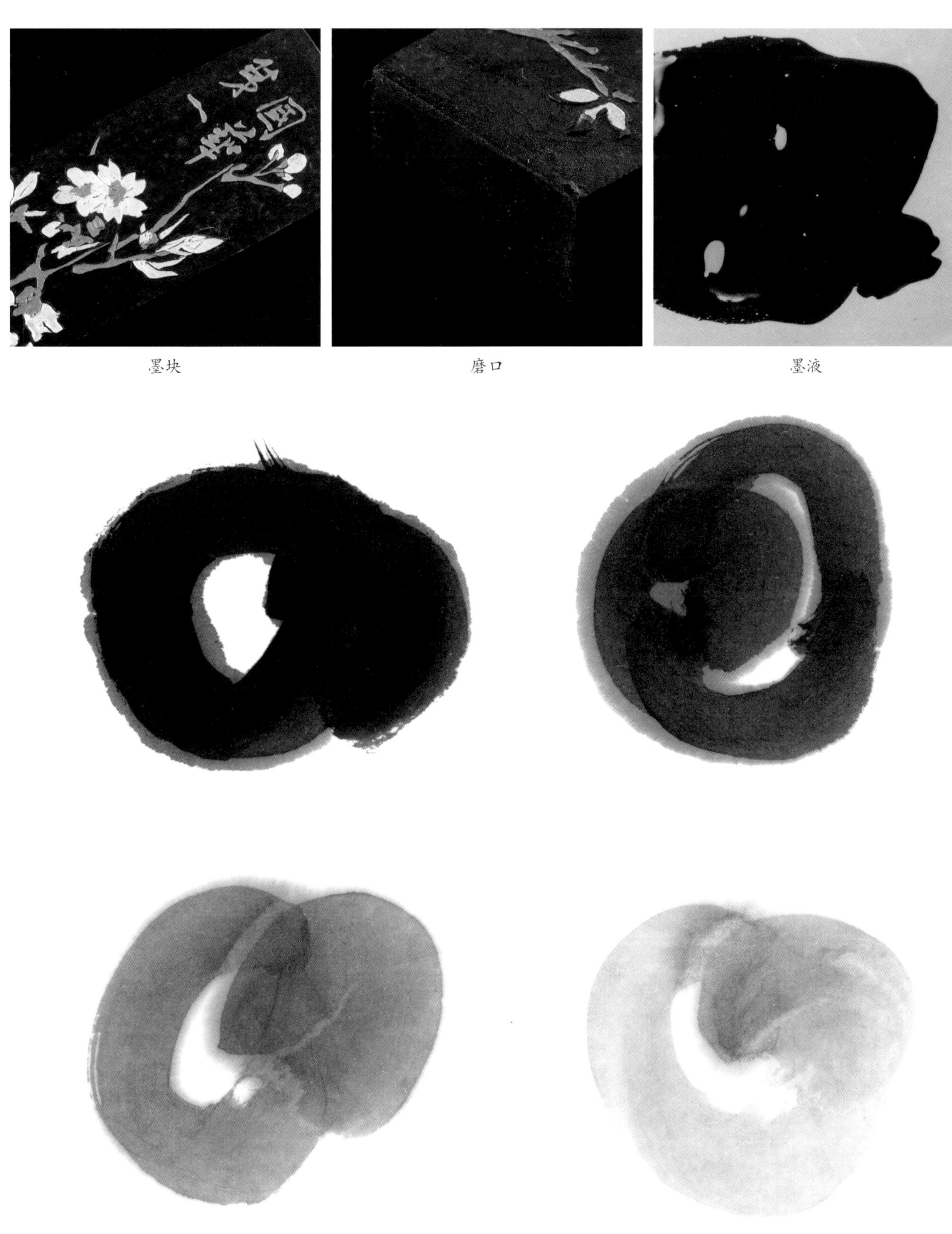

墨块　　磨口　　墨液

墨迹

铁斋翁

20 世纪 70 年代早期　油烟

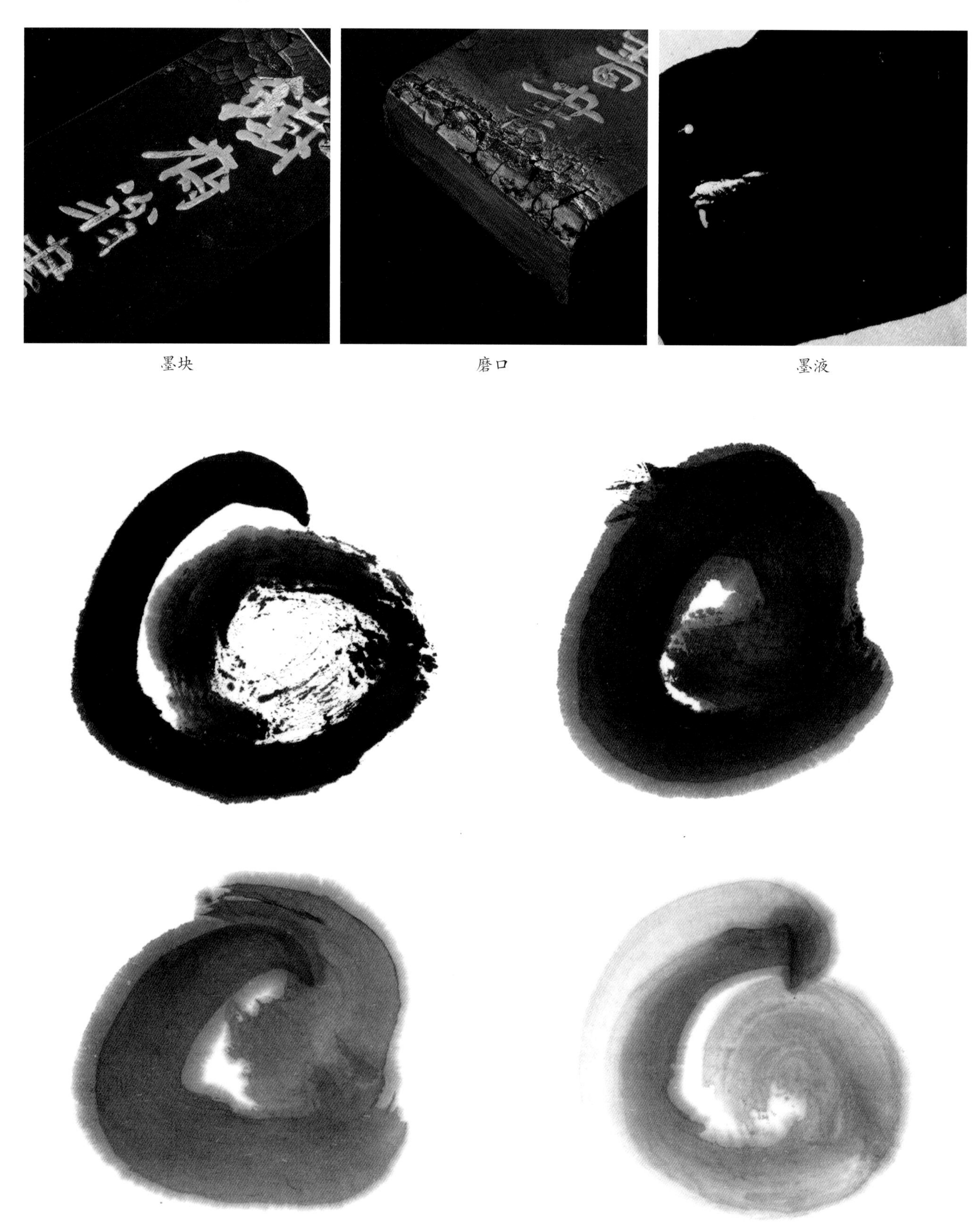

墨块　　磨口　　墨液

墨迹

铁斋翁

20 世纪 70 年代中期　油烟

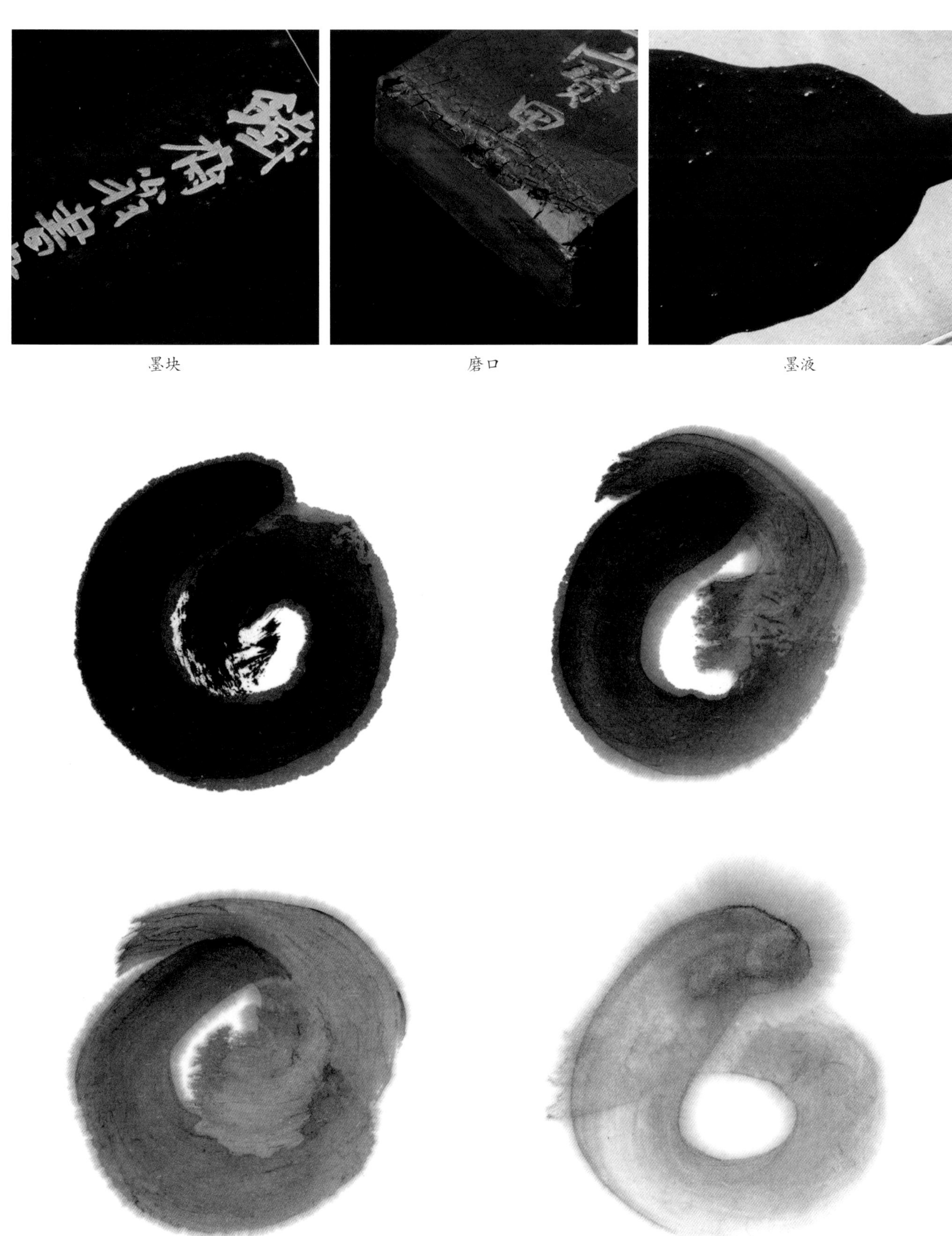

墨块　　磨口　　墨液

墨迹

铁斋翁

1979 年　油烟

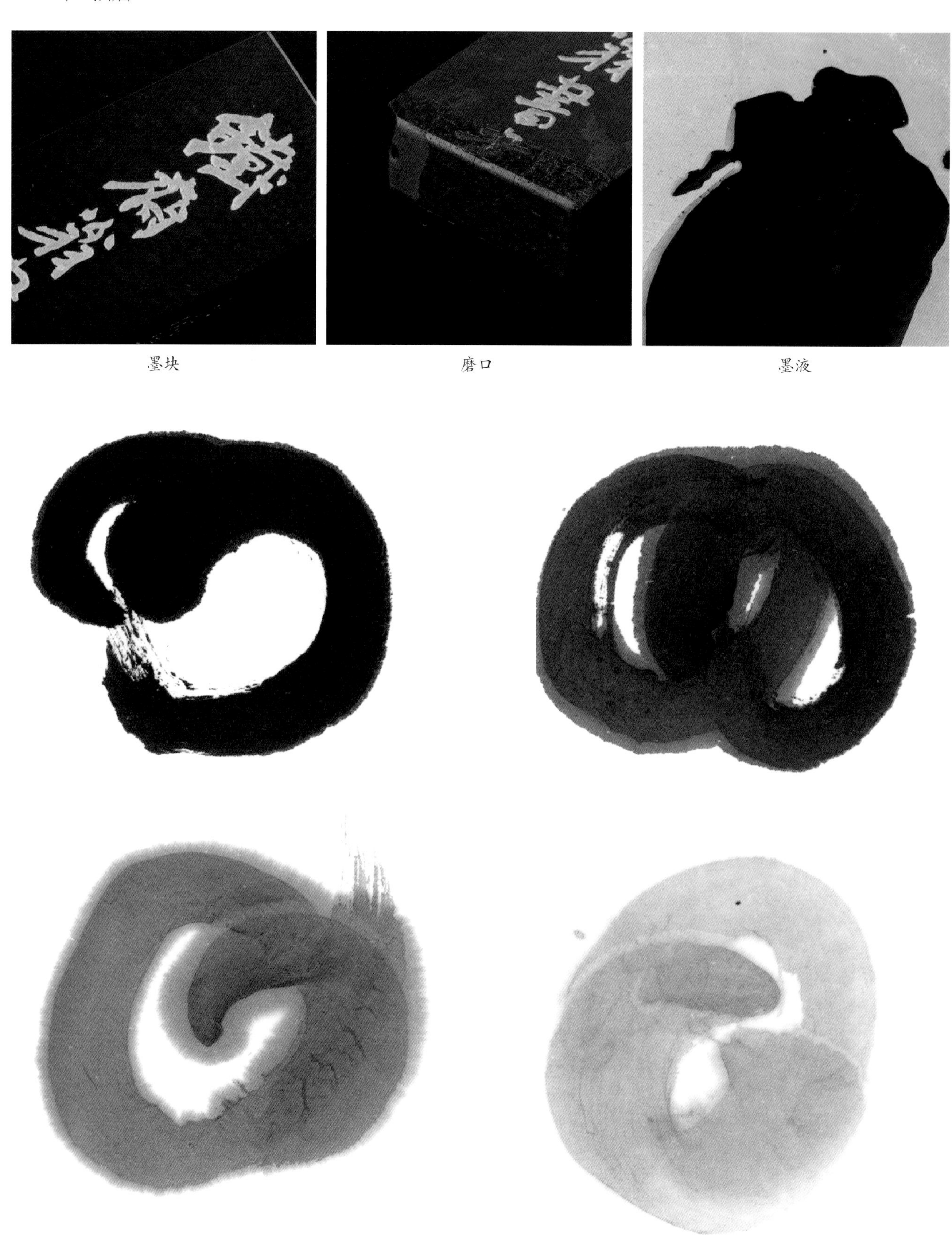

墨块　　磨口　　墨液

墨迹

铁斋翁

1985 年　油烟

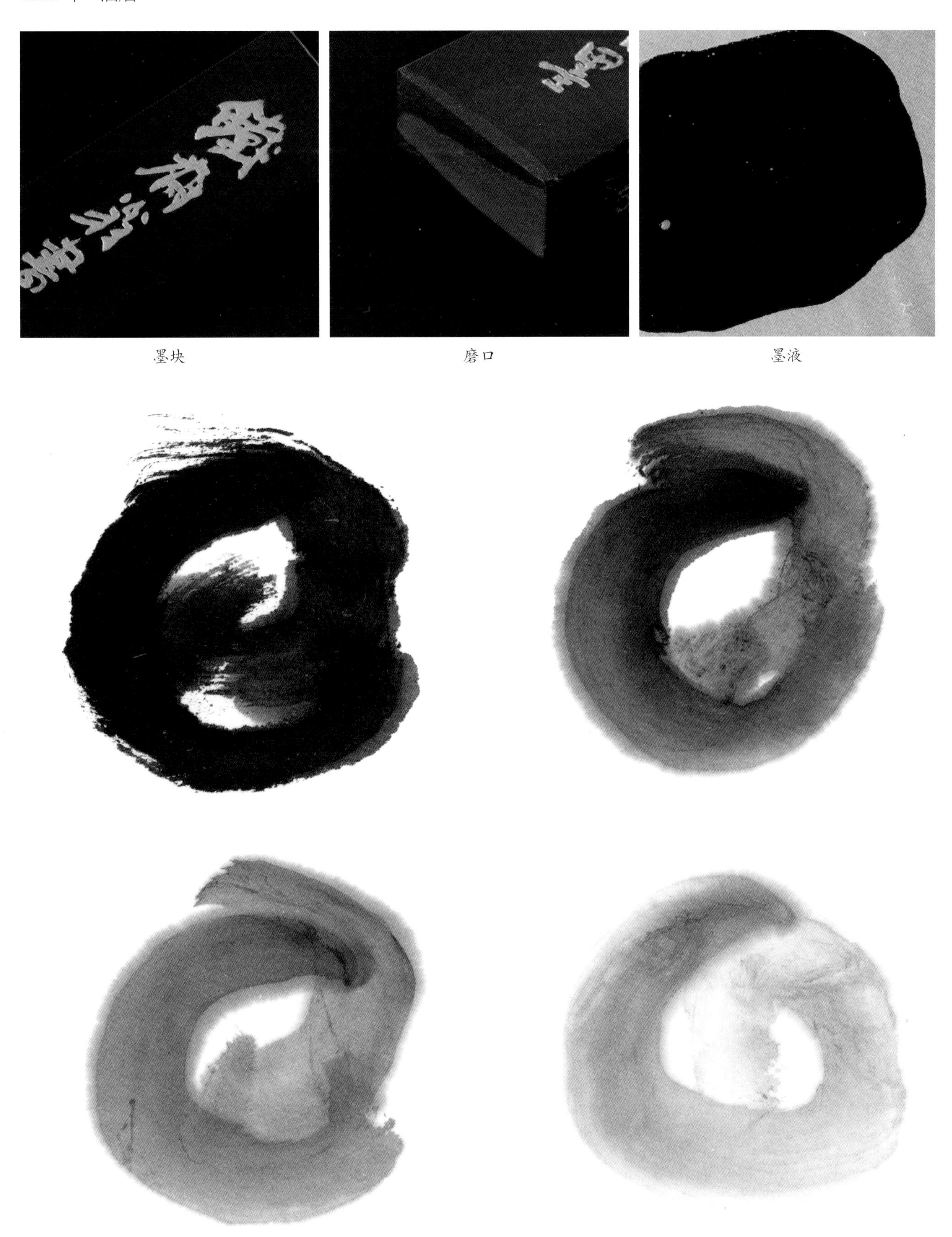

墨块　　磨口　　墨液

墨迹

铁斋翁

1986 年　油烟

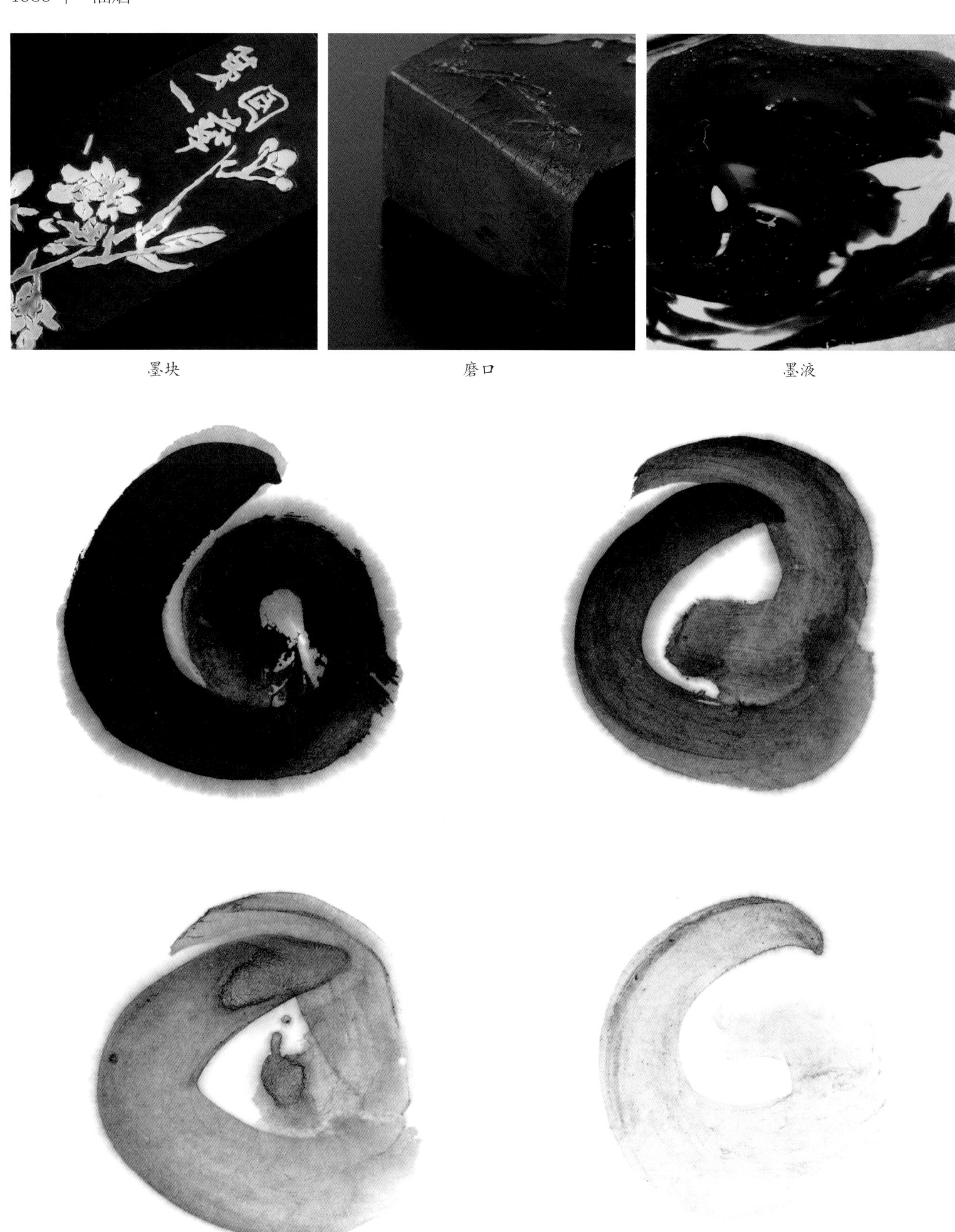

墨块　磨口　墨液

墨迹

铁斋翁

1989 年　油烟

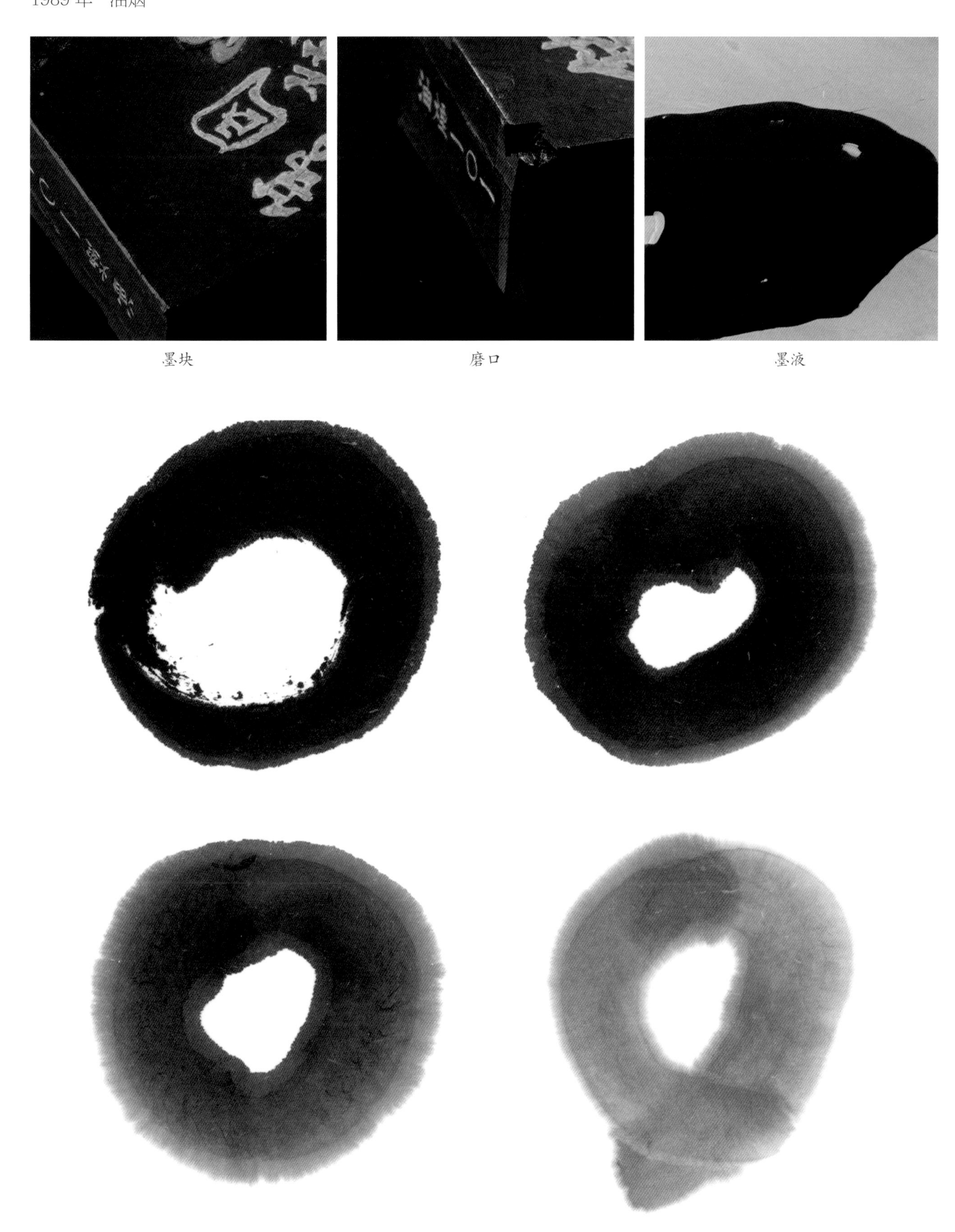

墨块　　磨口　　墨液

墨迹

铁斋翁

1991 年　油烟

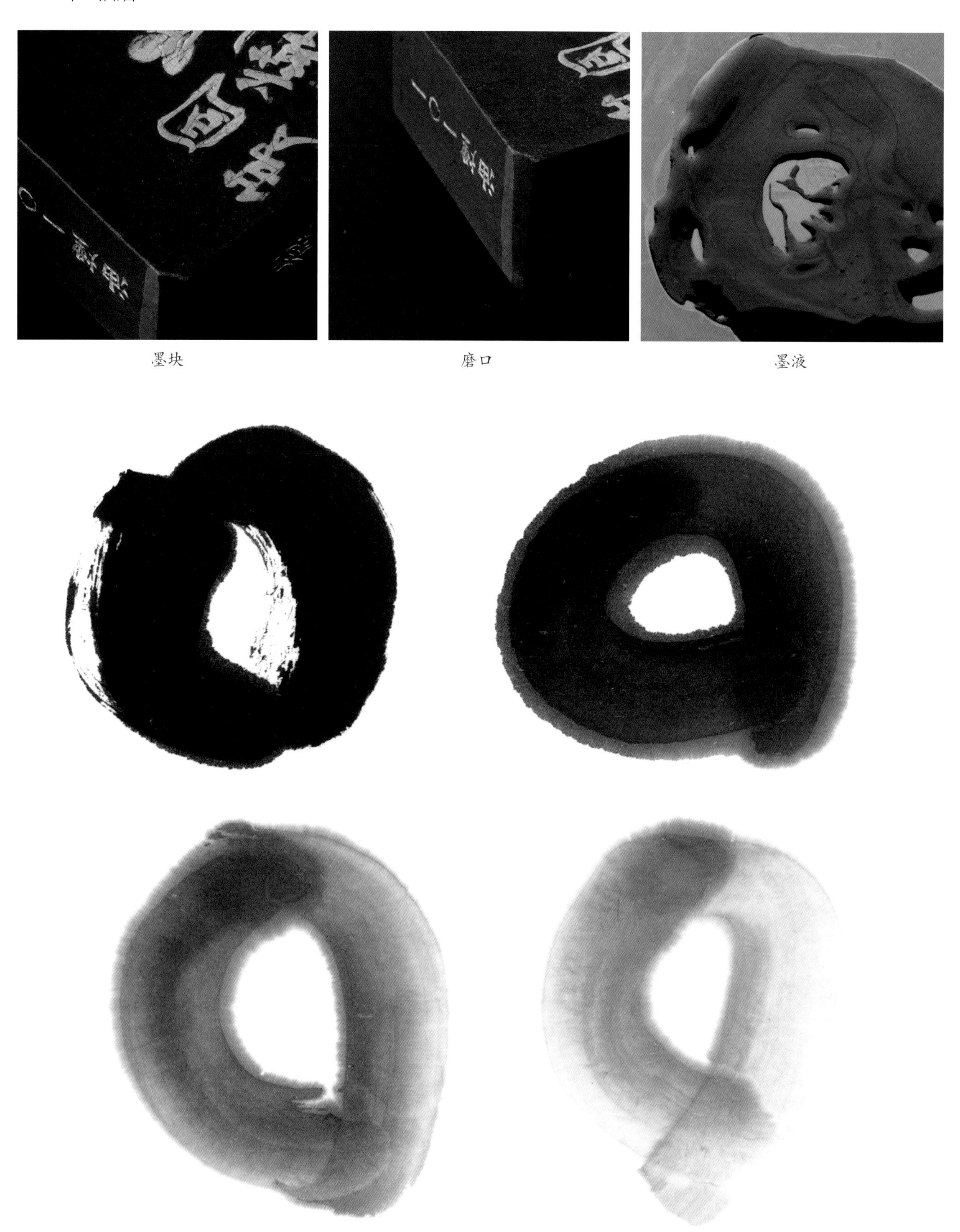

墨块　磨口　墨液

墨迹

铁斋翁

1999 年　油烟

墨块　　磨口　　墨液

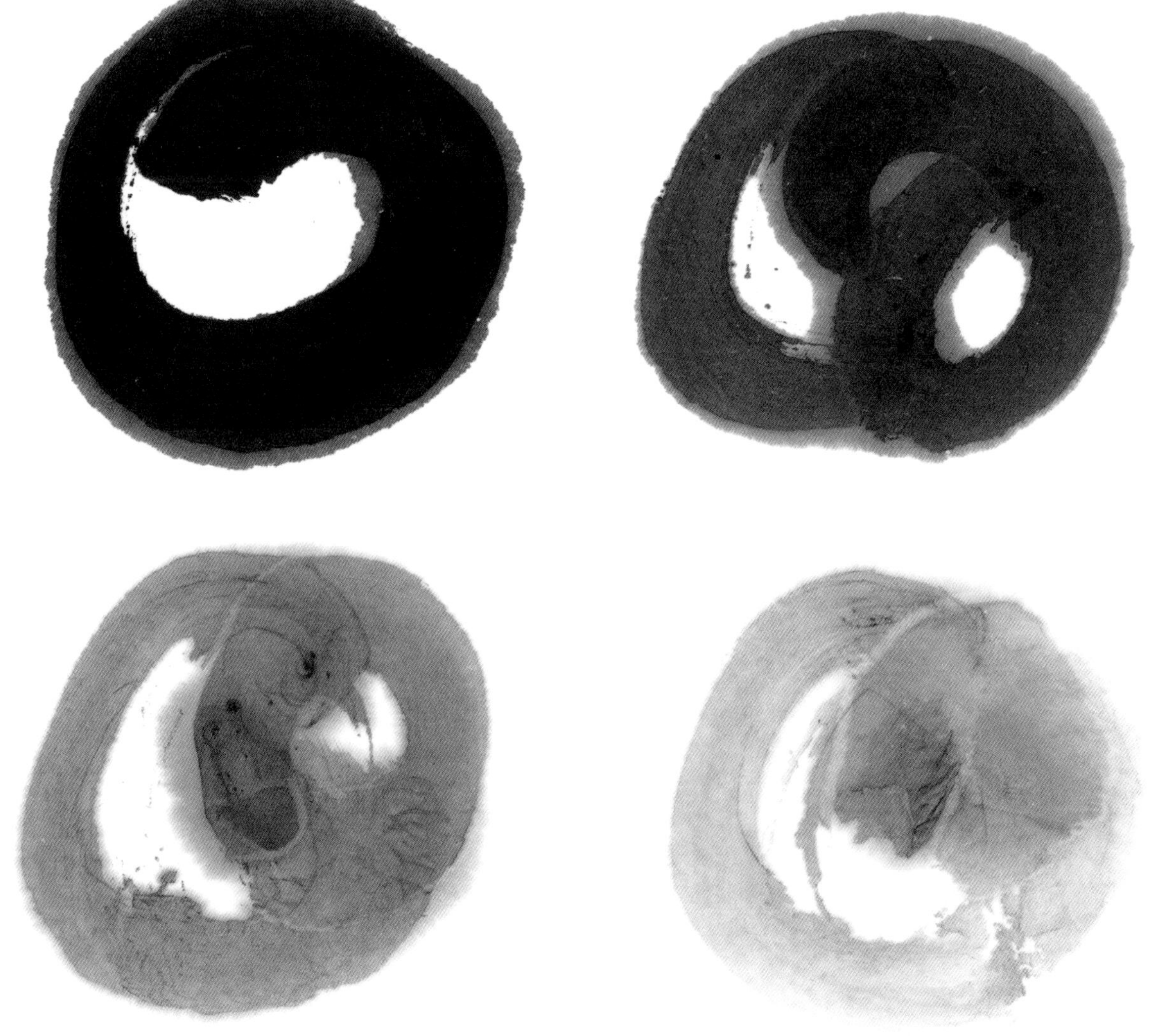

墨迹

大好山水

“大好山水”，正面双色边框，顶部三朵葵花，楷书墨名“大好山水”，墨名上边有镶珠，下半部分是上海墨厂出品的楷书款识和上墨的两字印鉴，顶款“油烟一〇一”。“大好山水”背面图案均为山水图，有三种。分别是“春到人间草木知”“一片春光一叶浮”，为仿宋人山水所制，“绿荫藏屋壑藏舟”为仿八大山人法，同样是双色边款。“大好山水”原是龙头纹饰，20世纪70年代将龙头替换成了葵花头，曹素功的款识也换成了上海墨厂出品。龙头版“大好山水”的款识有两种，一是“徽州曹素功按易水法”，另一种是“徽州曹素功十一世孙裕衡氏按易水法”。初版的“大好山水”就是裕衡所制，裕衡氏是曹素功九世孙曹端友的孙子曹麟伯。曹麟伯不仅精通墨品，还精于刻模，“大好山水”就是其代表作。曹端友、曹麟伯通过不懈努力重振了原本山穷水尽的曹素功墨业，也逐渐形成了海派徽墨的风格。

此20世纪60年代夔龙版“大好山水”，做工极其精良，富有文人气息，顶款“五石漆烟”及侧款“徽歙曹素功尧千氏选烟”系20世纪60年代产品所独有。

大好山水 20世纪60年代

20世纪70年代“大好山水”不再使用夔龙版，而使用葵花版，顶款改用“油烟一〇一”，俗称葵头山水。

大好山水　1972年

大好山水　20世纪70年代中早期

大好山水　20世纪70年代中期

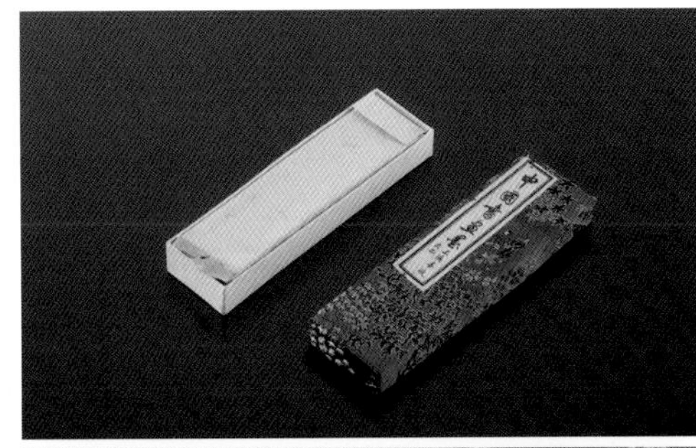

大好山水　1976年

大好山水 1980 年

“大好山水”从 1976 年开始打短码，70 年代末开始重新使用夔龙版模板，但葵花版仍在继续使用，顶款“油烟一〇一”和“五石漆烟”混合使用。1983 年后，葵花版“大好山水”不再生产。

大好山水 1981 年

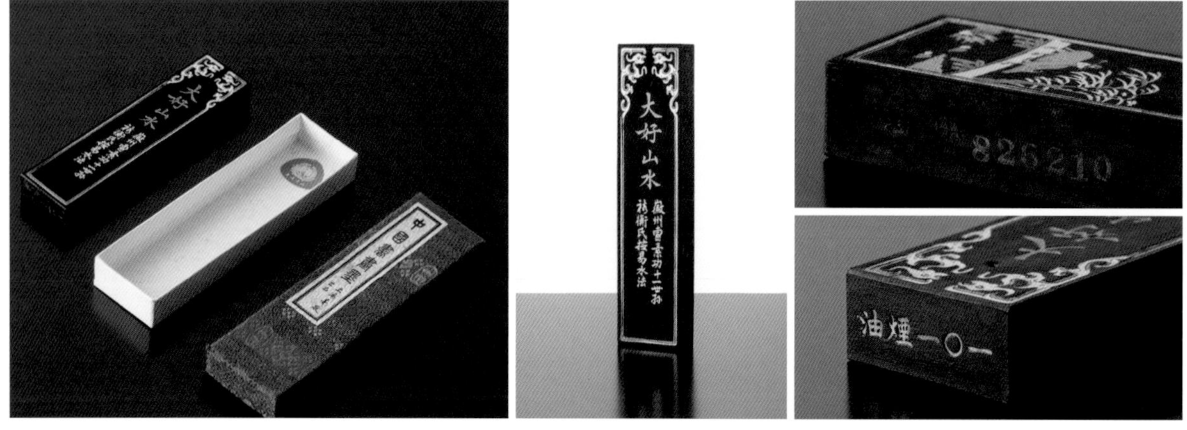

大好山水 1982 年

大好山水　1983 年

大好山水　1985 年

从 1991 年开始，“大好山水”底款加有“曹素功®”，一直沿用至今。

大好山水　1996 年

大好山水

20 世纪 60 年代　油烟

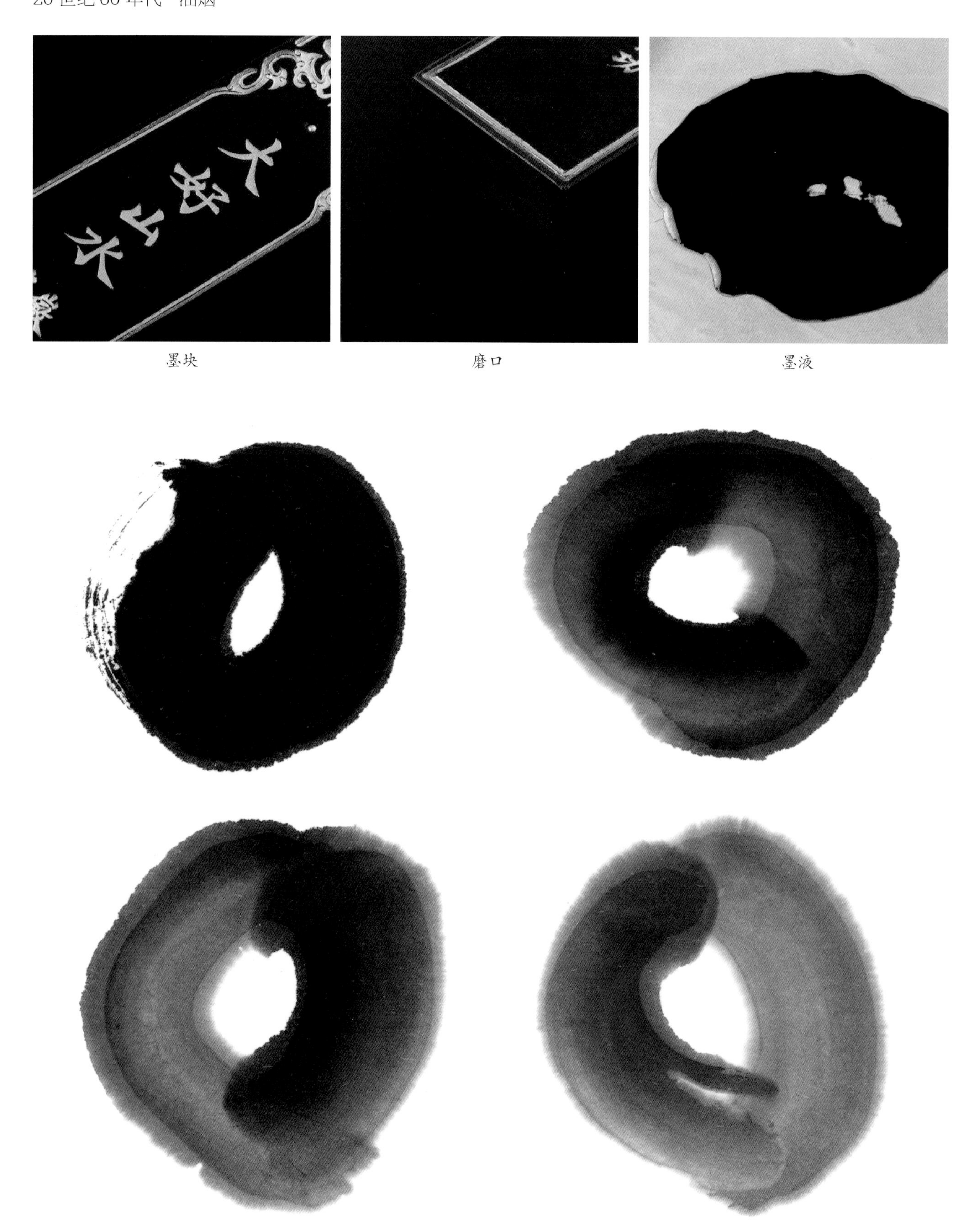

墨块　　磨口　　墨液

墨迹

大好山水

20 世纪 70 年代早期　油烟

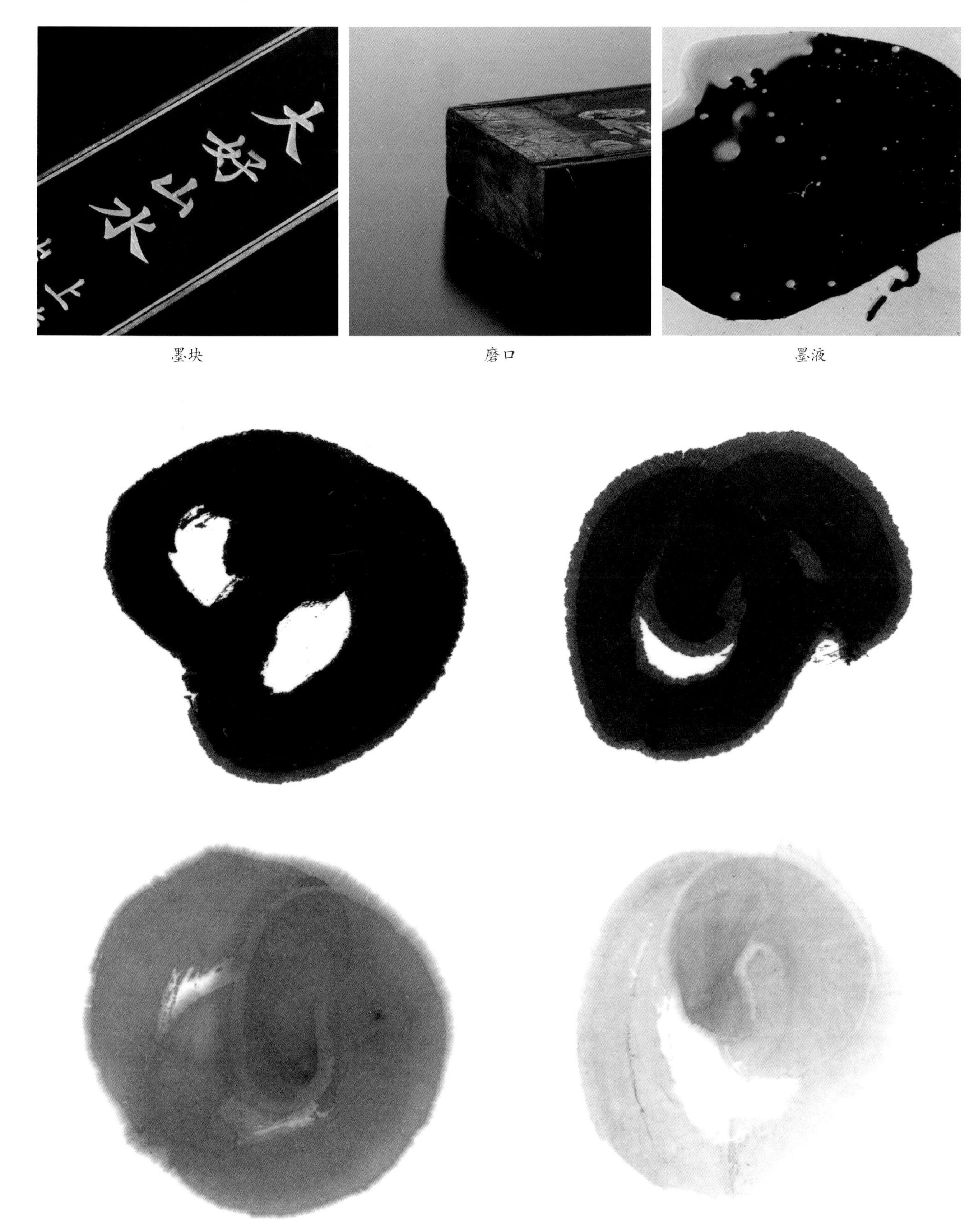

墨块　　磨口　　墨液

墨迹

大好山水

20 世纪 70 年代中期　油烟

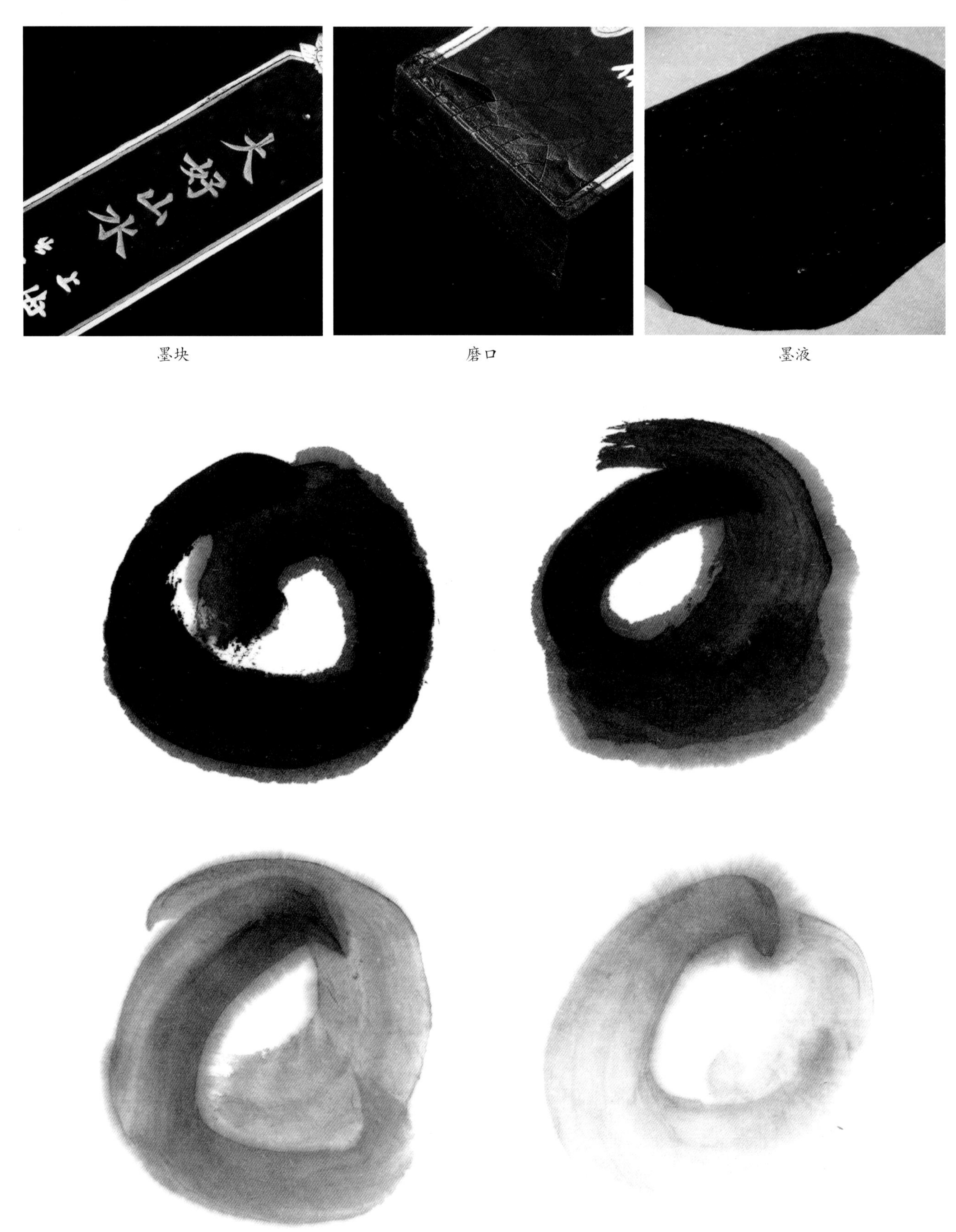

墨块　　磨口　　墨液

墨迹

大好山水

1979 年　油烟

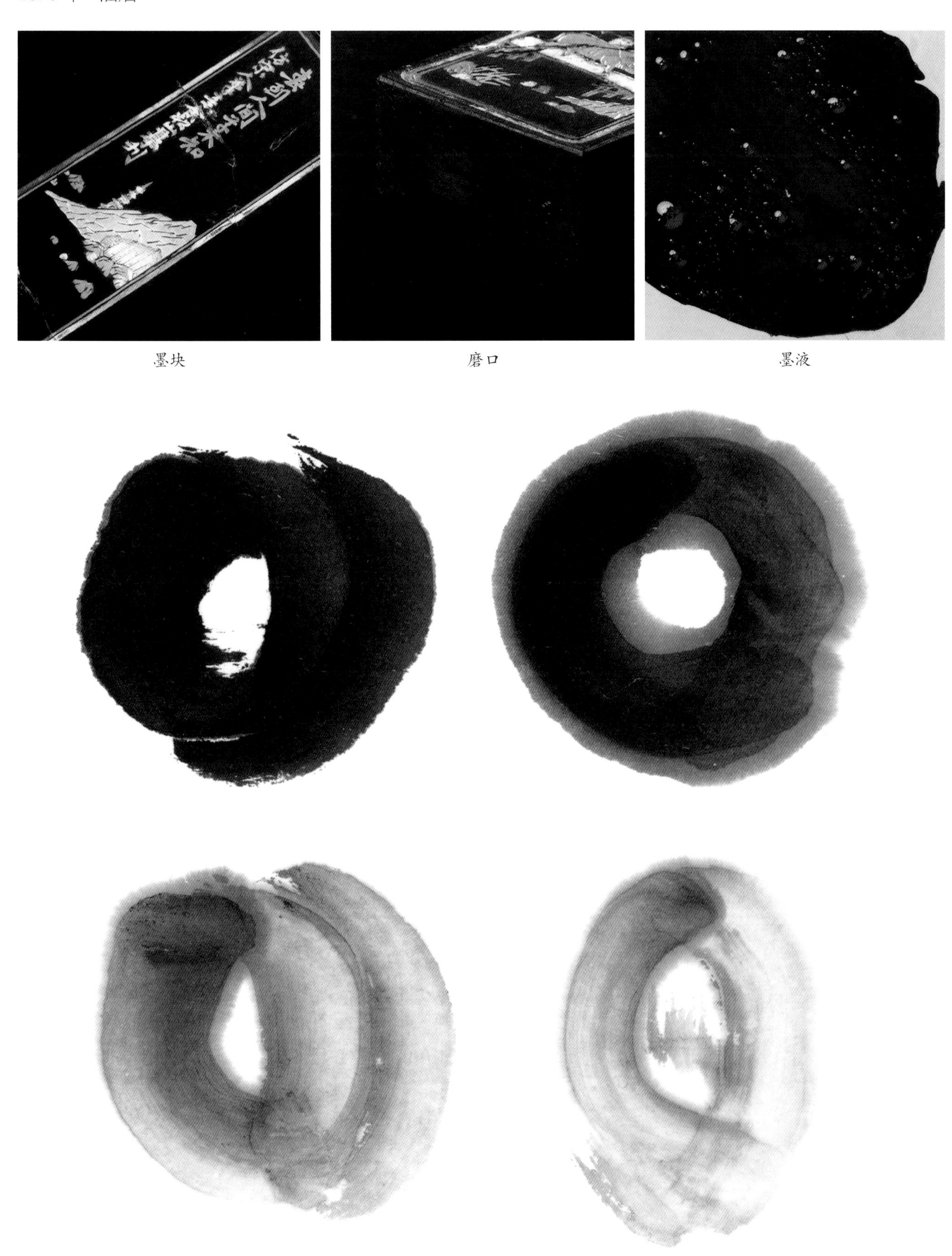

墨块　　磨口　　墨液

墨迹

大好山水

1980 年　油烟

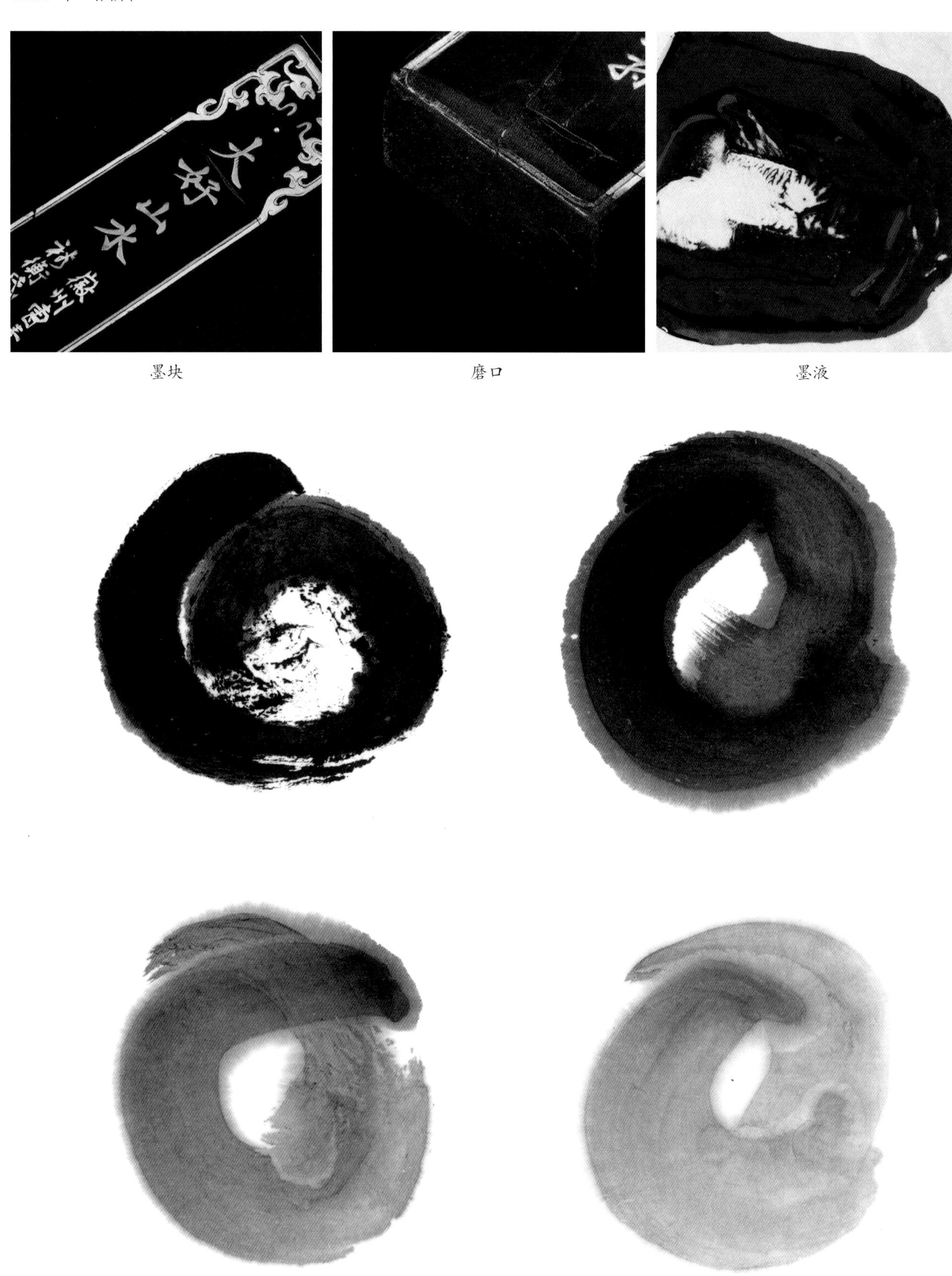

墨块　　磨口　　墨液

墨迹

大好山水

1986 年　油烟

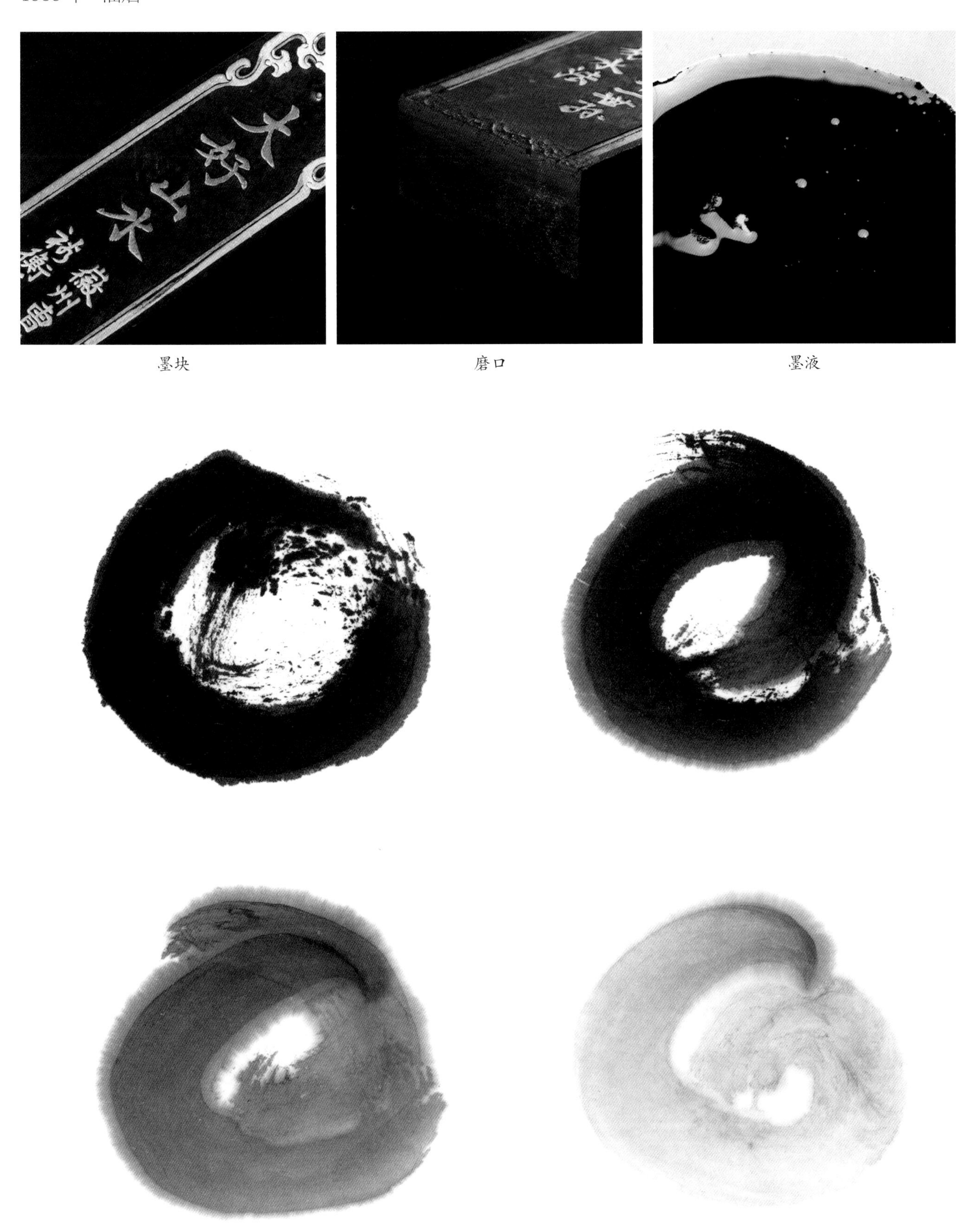

墨块　　磨口　　墨液

墨迹

大好山水

1987 年　油烟

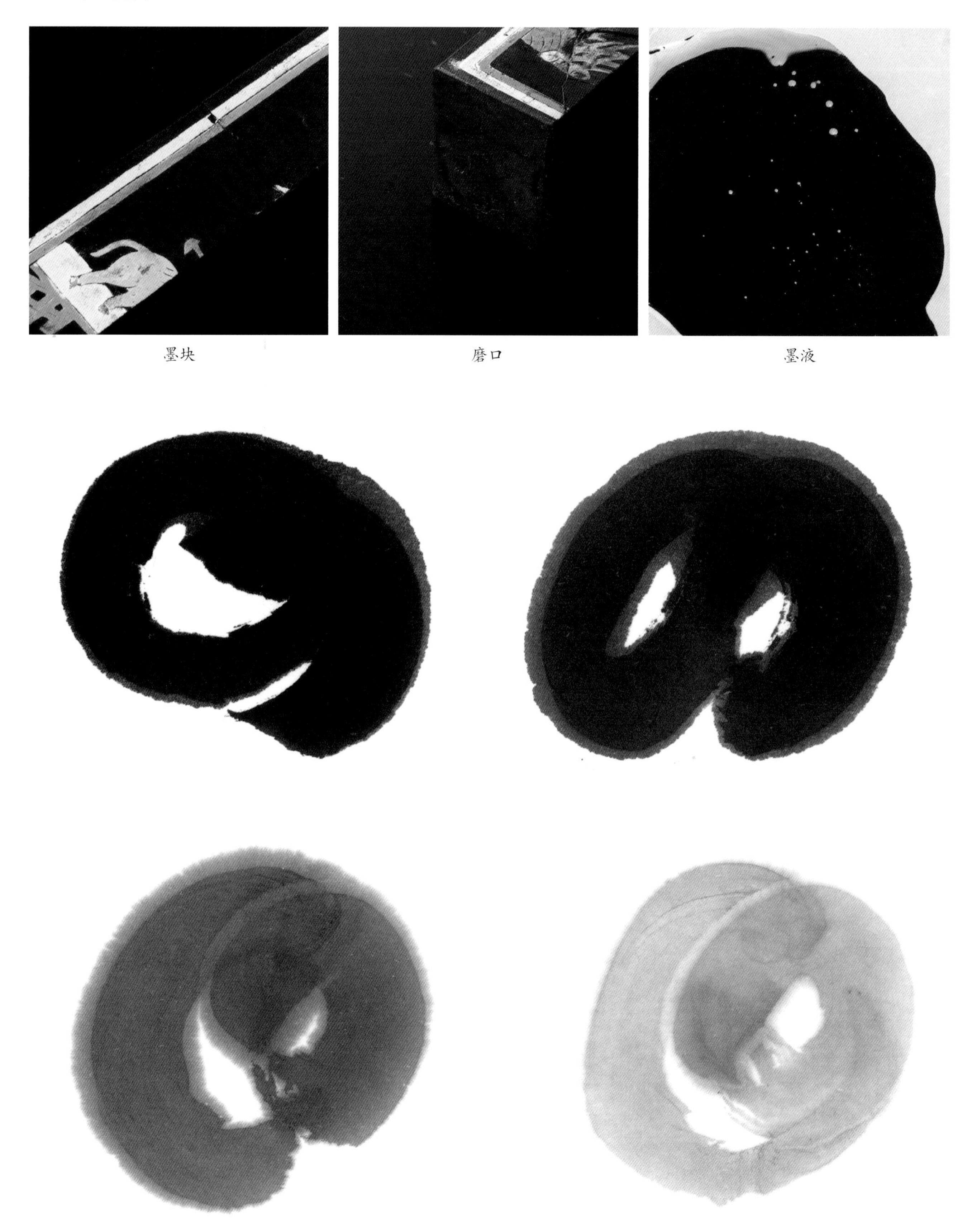

墨块　　磨口　　墨液

墨迹

鲁迅诗

墨的正面为“鲁迅诗”，墨背面摹刻“横眉冷对千夫指，俯首甘为孺子牛”的诗句，侧边有数字打码编号，边款“上海墨厂出品”，顶款油烟一〇一，底款曹素功。

鲁迅诗　20 世纪 70 年代初期　油烟

“鲁迅诗”墨板变化较少，样式相对统一，顶款样式只有“油烟一〇一”，从 1976 年开始打码。

鲁迅诗　20 世纪 70 年代中期　油烟

鲁迅诗　1987 年　油烟

从 1991 年开始，“鲁迅诗”底款样式加上“曹素功®”，一直沿用至今。

鲁迅诗　20 世纪 90 年代　油烟

鲁迅诗　2010 年　油烟

鲁迅诗

20 世纪 70 年代　油烟

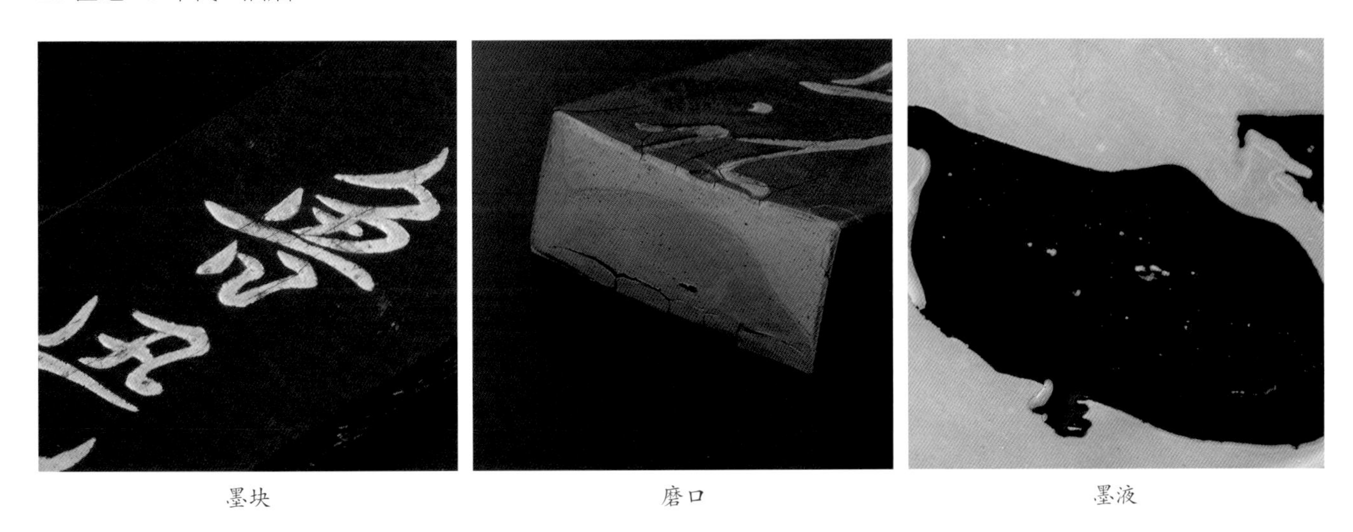

墨块　　磨口　　墨液

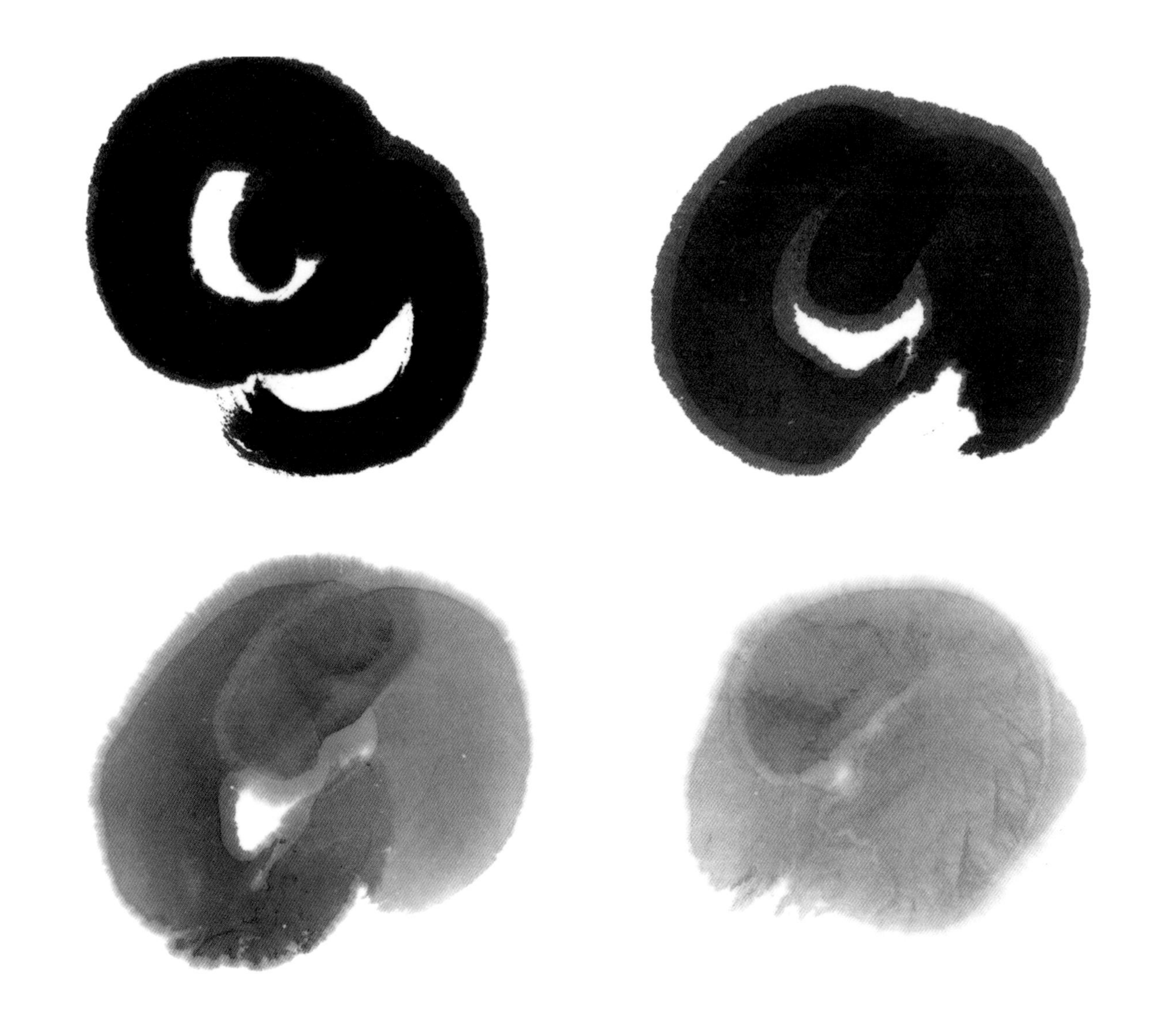

墨迹

鲁迅诗

1988 年　油烟

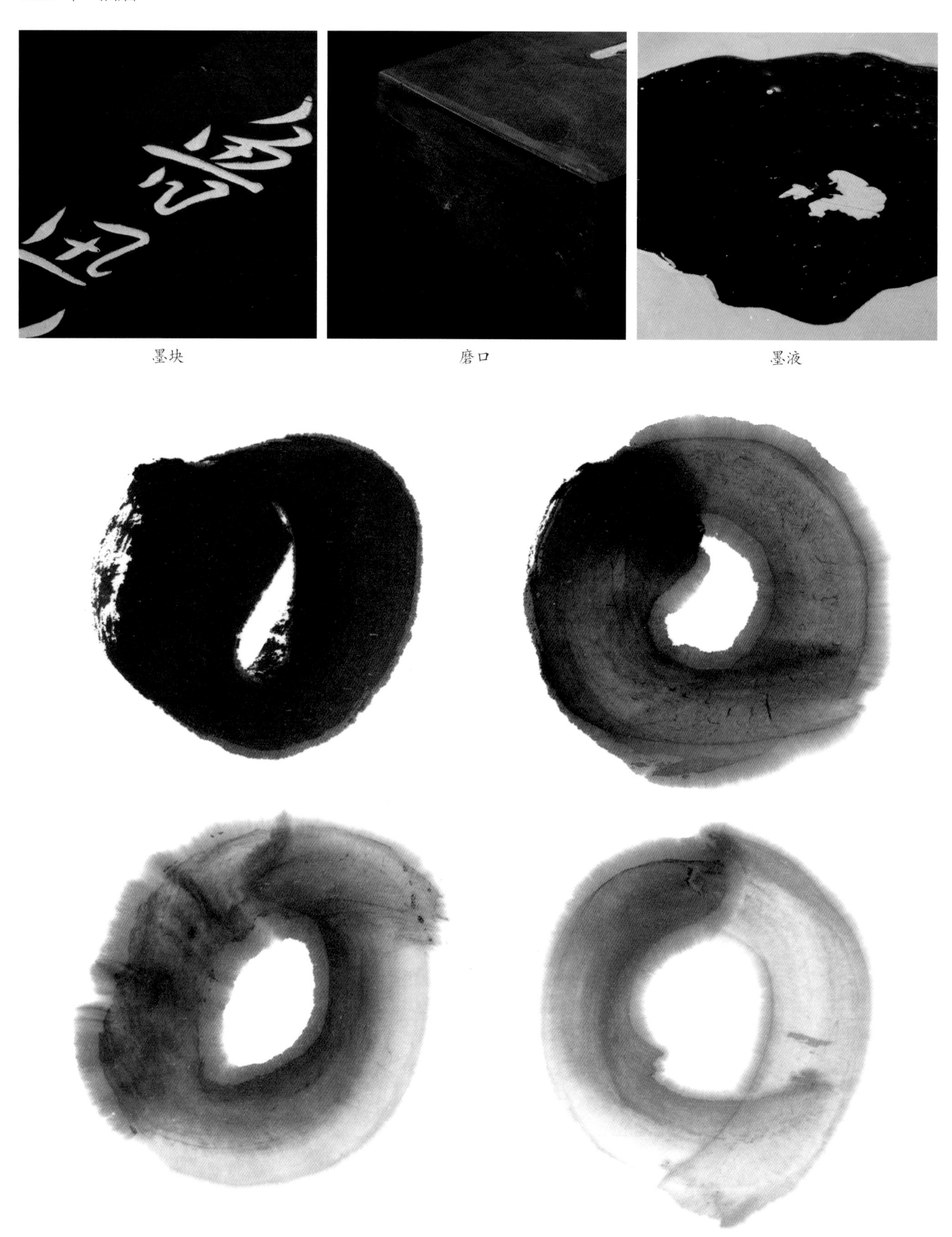

墨块　磨口　墨液

墨迹

鲁迅诗

20 世纪 90 年代　油烟

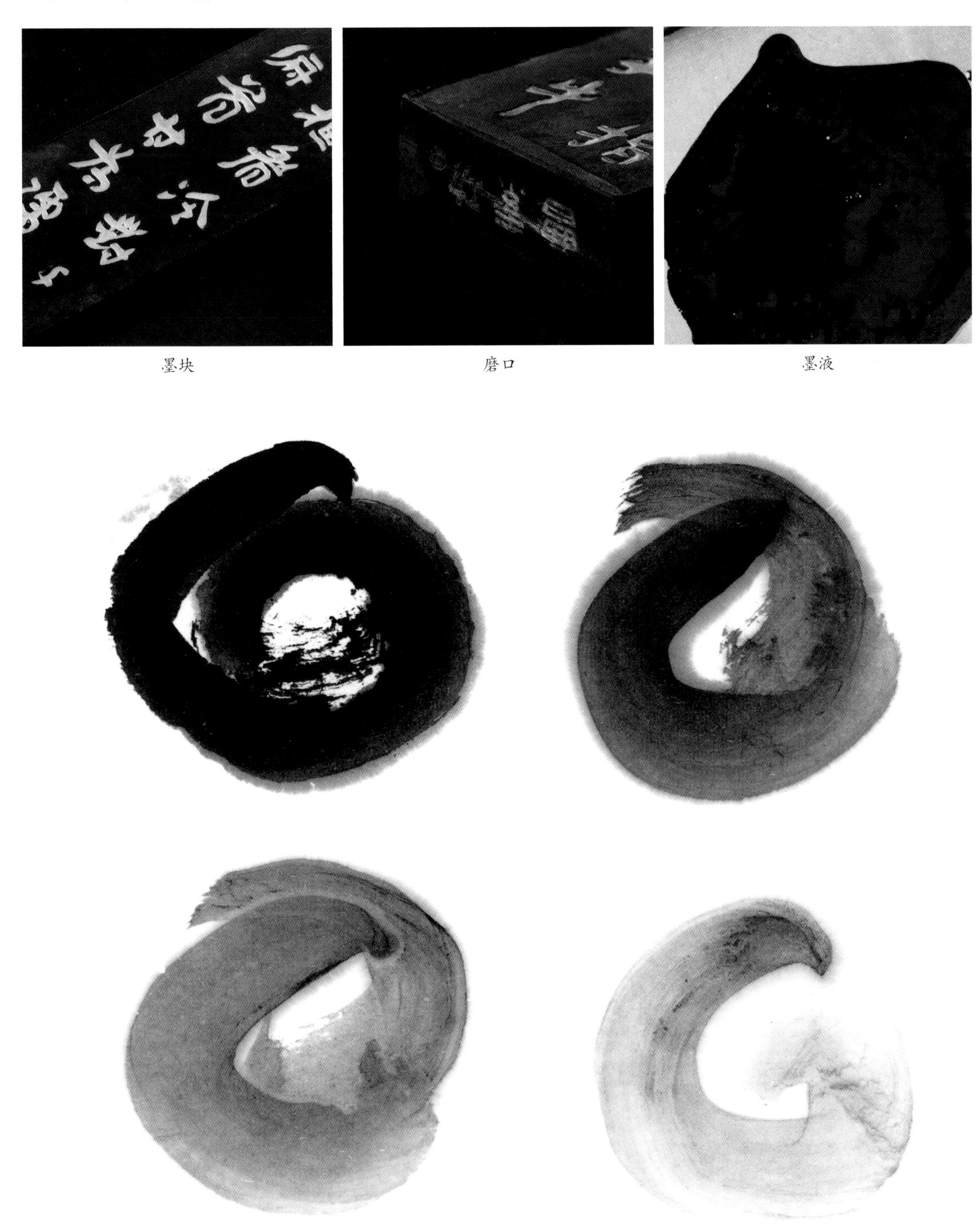

墨块　　磨口　　墨液

墨迹

二、曹素功与上海墨厂　松烟

南海轻胶松烟　约 1912—1949 年

黄山松烟　约 1912—1949 年

黄山松烟
20 世纪 50 年代

南海轻胶松烟　20 世纪 50 年代

20 世纪 60 年代黄山松烟侧款为“徽歙曹素功尧千氏制”，20 世纪 70 年代改为“上海墨厂出品”，20 世纪 80 年代后二者并用。也有部分墨品的侧款有“殿试策墨”。

黄山松烟　20 世纪 60 年代

黄山松烟　20 世纪 60 年代

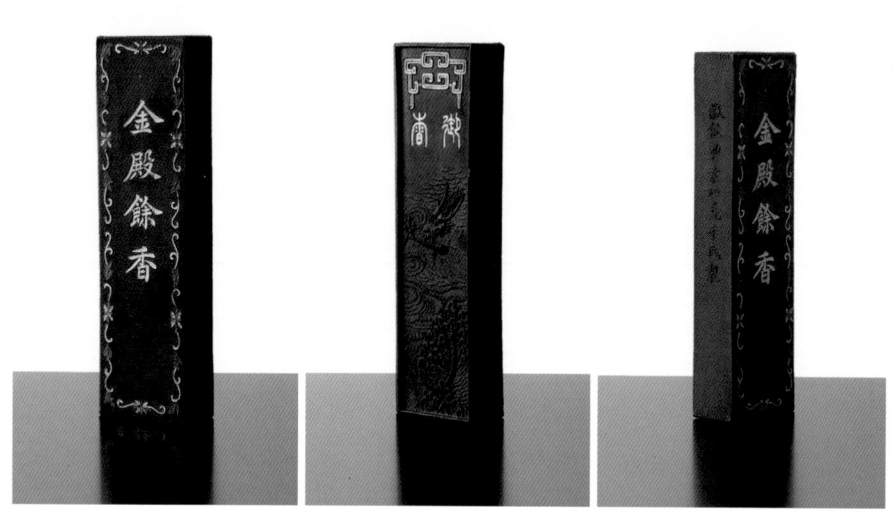

“金殿余香”的松烟墨与油烟墨模板一致，唯一区别在顶款，松烟墨顶款为“松烟”，油烟墨则为“顶烟”。“松烟”顶款只在一部分墨品中使用。

金殿余香　20 世纪 60 年代

“黟川点漆”是上海墨厂松烟墨常用模板之一，60 年代此墨正面为“红荔山庄主人藏烟”，70 年代改为“上海墨厂出品”，背面在 70 年代改为篆书“采芷”二字。

黟川点漆　20 世纪 60 年代

南海轻胶松烟墨，从曹素功到上海墨厂顶款皆为“轻胶松烟”。

南海轻胶松烟　20 世纪 70 年代初期

黔川点漆　20 世纪 70 年代初期

黄山松烟　20 世纪 70 年代中期

黄山松烟　20 世纪 70 年代中期

黄山松液　20 世纪 70 年代中期

“黄山松烟”亦为上海墨厂常用模板之一，只有极少数写为“黄山松液”。

黄山松烟　1977 年

上海墨厂松烟墨从 1976 年开始打码。

黄山松烟　1977 年

20 世纪 70 年代末期，打码数字逐渐增长，信息更为完善。

黄山松烟　1982 年

南海轻胶松烟　1983 年

黟川点漆　1984 年

从 1991 年开始，上海墨厂松烟墨底款开始镌刻“曹素功®”，一直沿用至今。

黄山松烟　20 世纪 90 年代初期

南海轻胶松烟

约 1912—1949 年　松烟

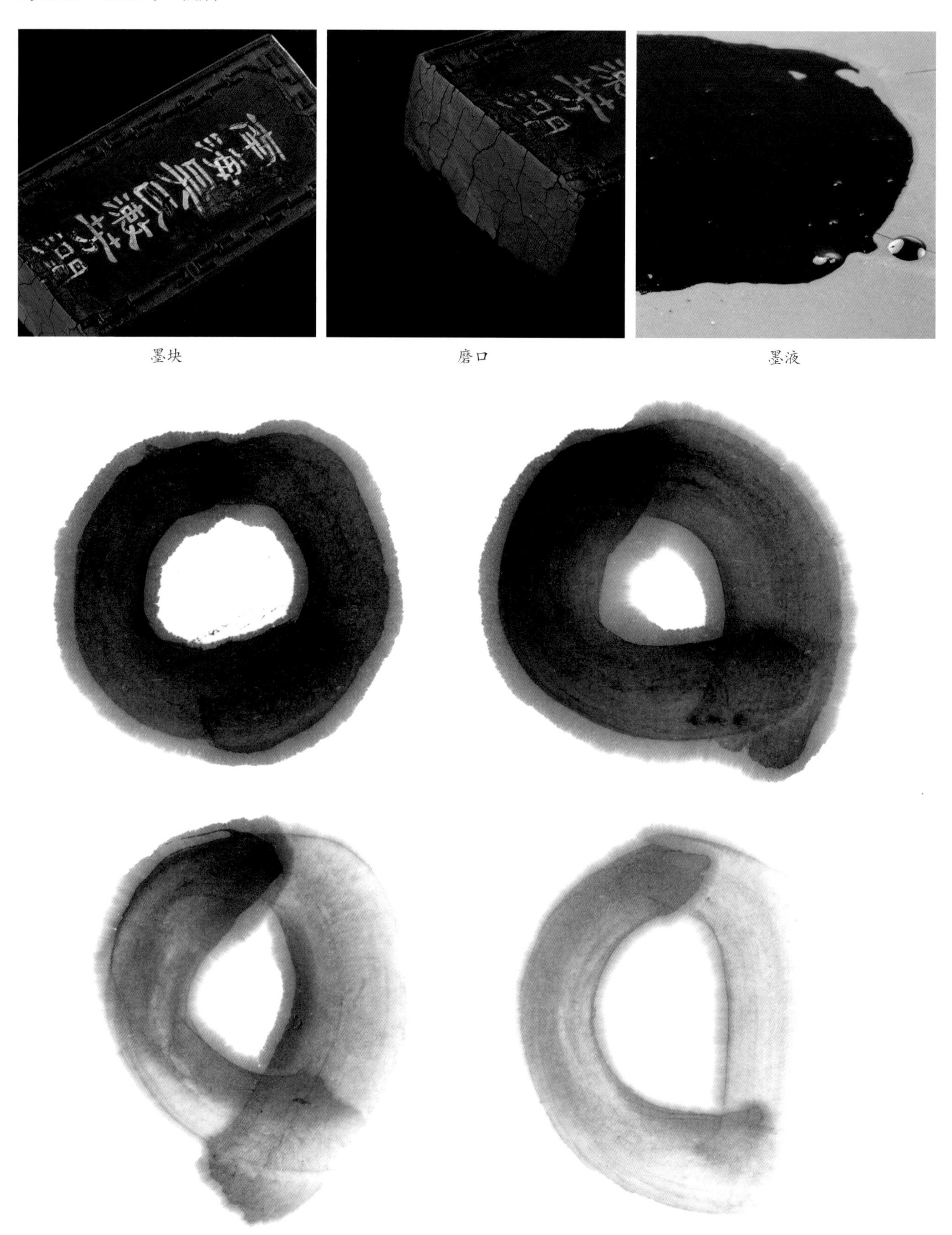

墨块　磨口　墨液

墨迹

黄山松烟

约 1912—1949 年　松烟

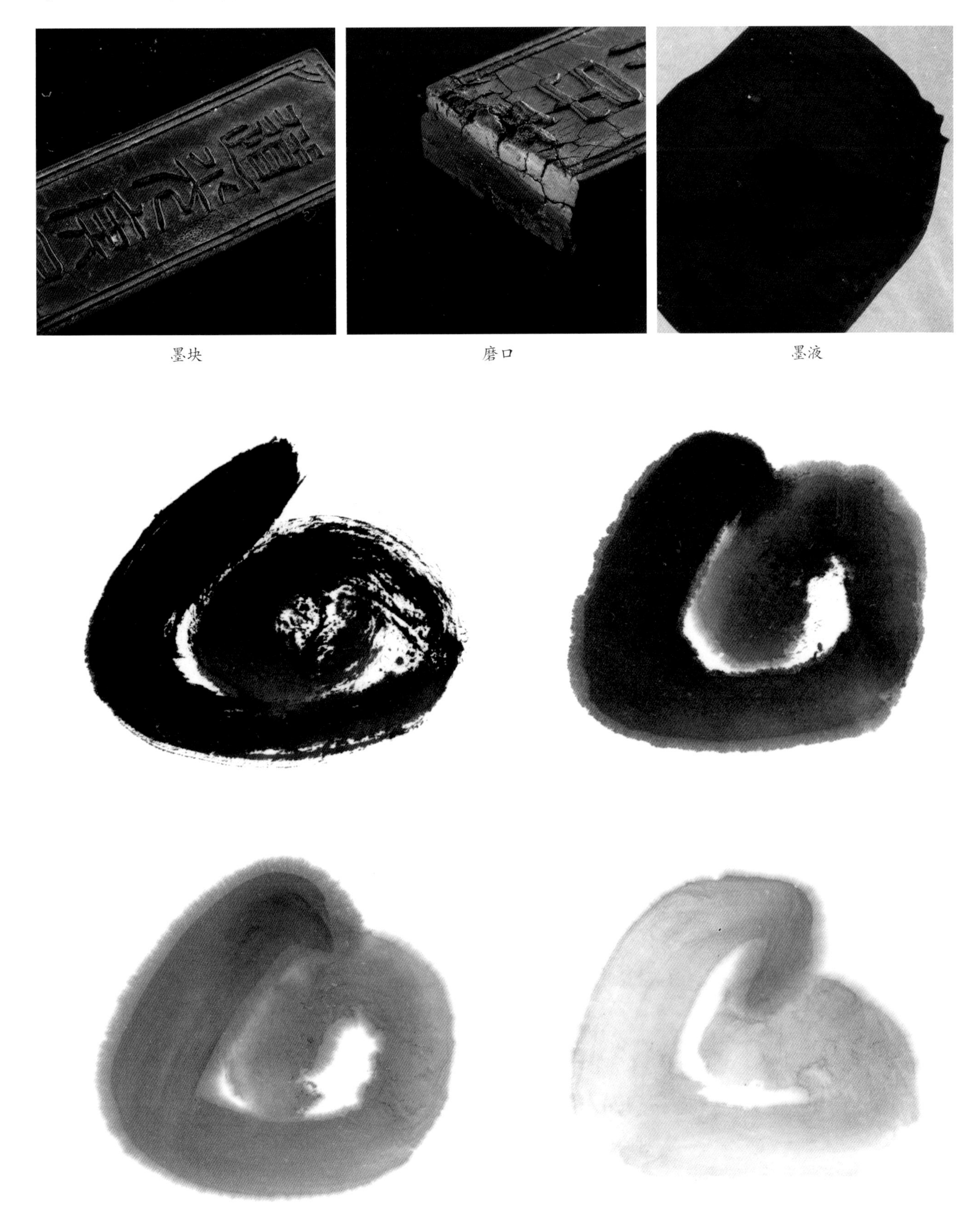

墨块　　磨口　　墨液

墨迹

南海轻胶松烟

20 世纪 50 年代　松烟

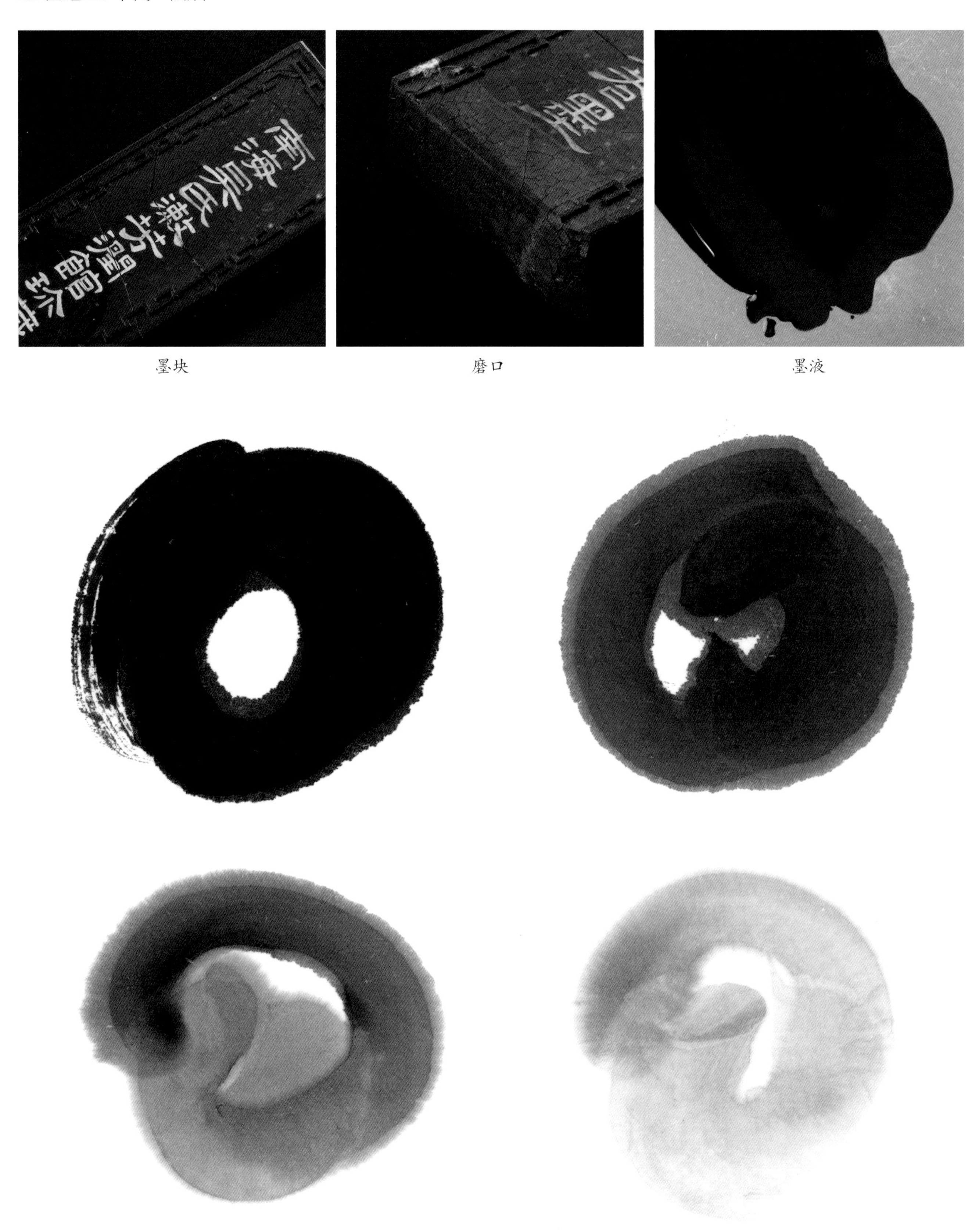

墨块　　磨口　　墨液

墨迹

黄山松烟

20 世纪 50 年代　松烟

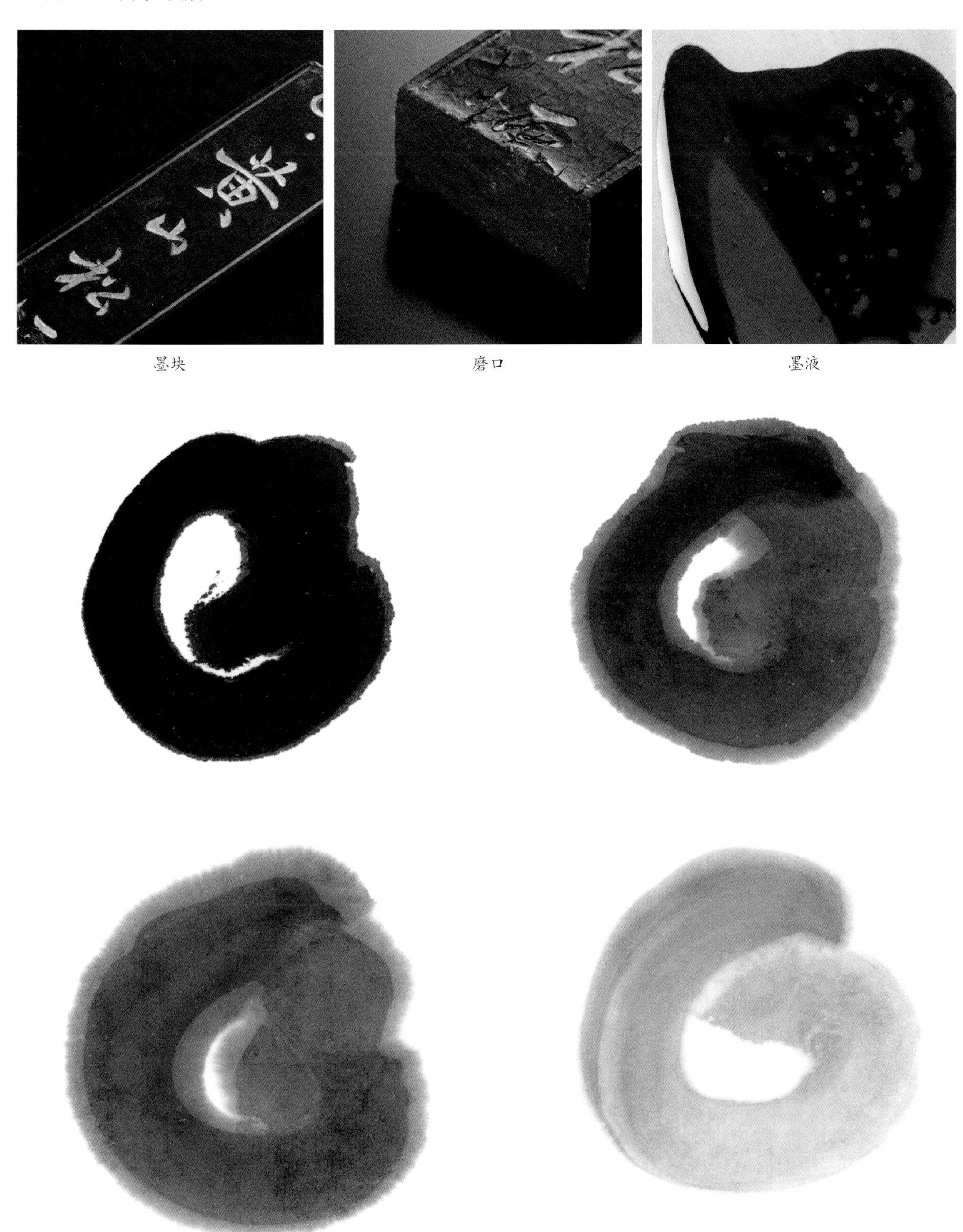

墨块　　磨口　　墨液

墨迹

金殿余香

20 世纪 60 年代 松烟

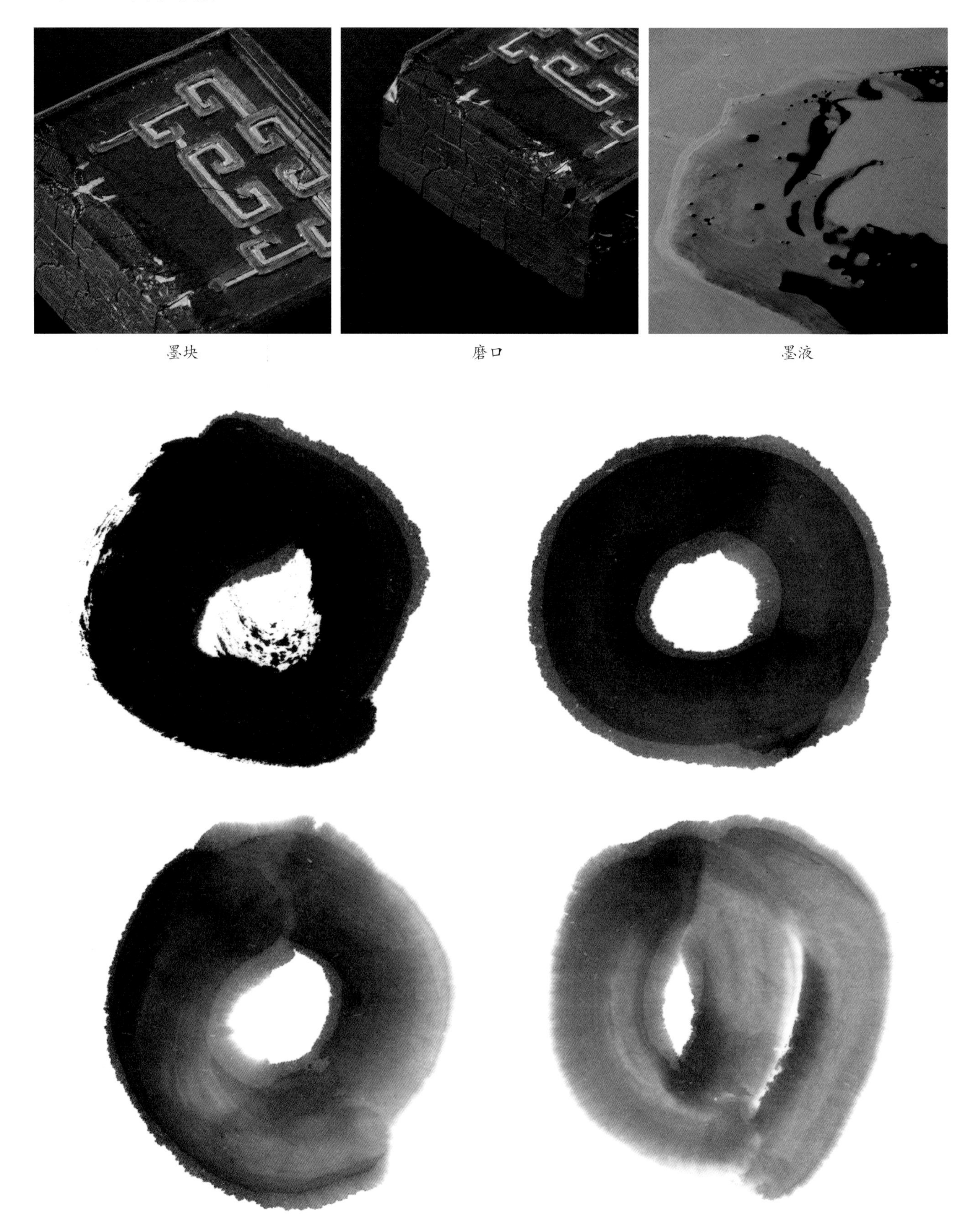

墨块 磨口 墨液

墨迹

金殿余香

20 世纪 60 年代　松烟

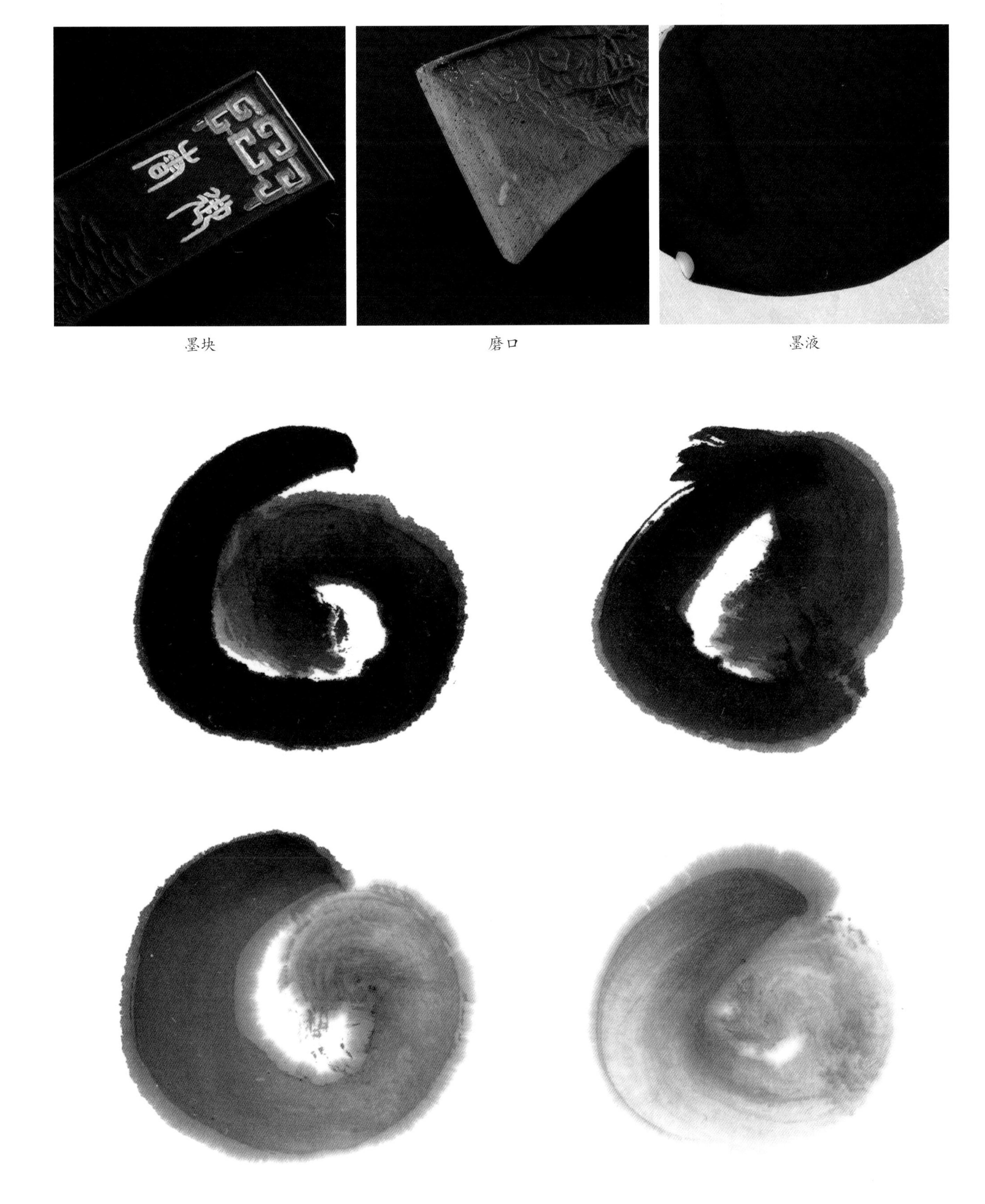

墨块　　磨口　　墨液

墨迹

黄山松烟

20 世纪 70 年代 松烟

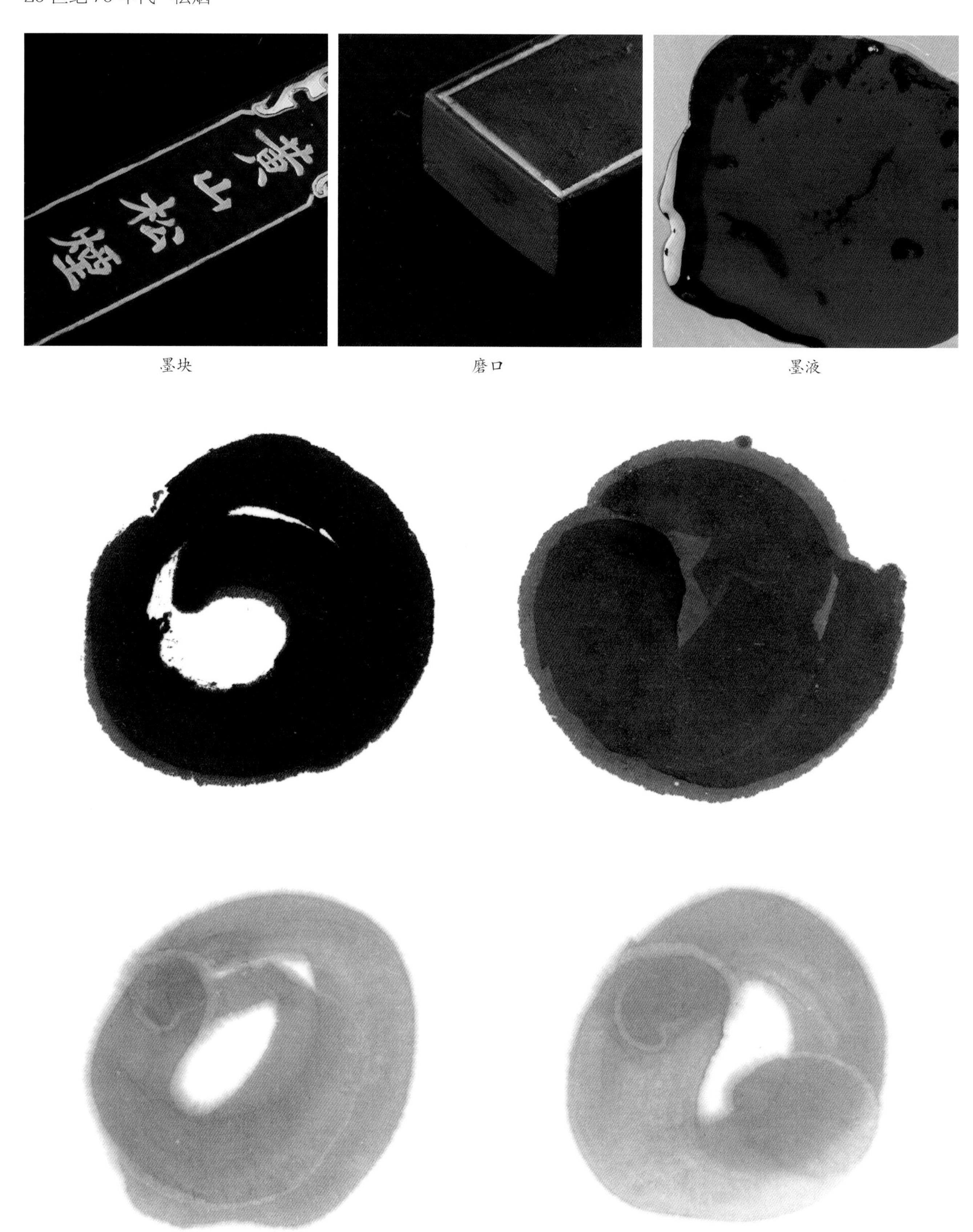

墨块 磨口 墨液

墨迹

黄山松烟

20 世纪 70 年代　松烟

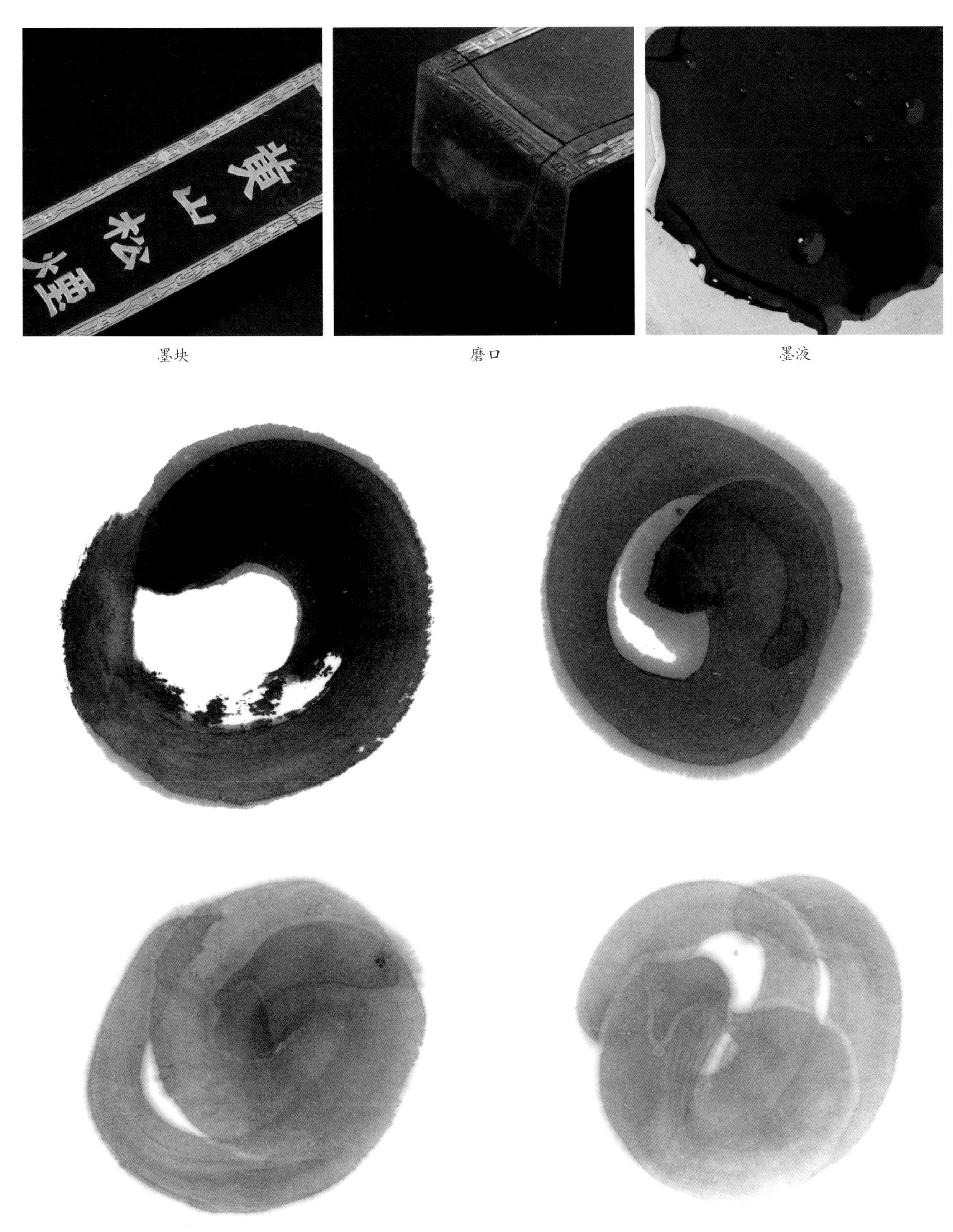

墨块　　磨口　　墨液

墨迹

黄山松烟

20 世纪 70 年代　松烟

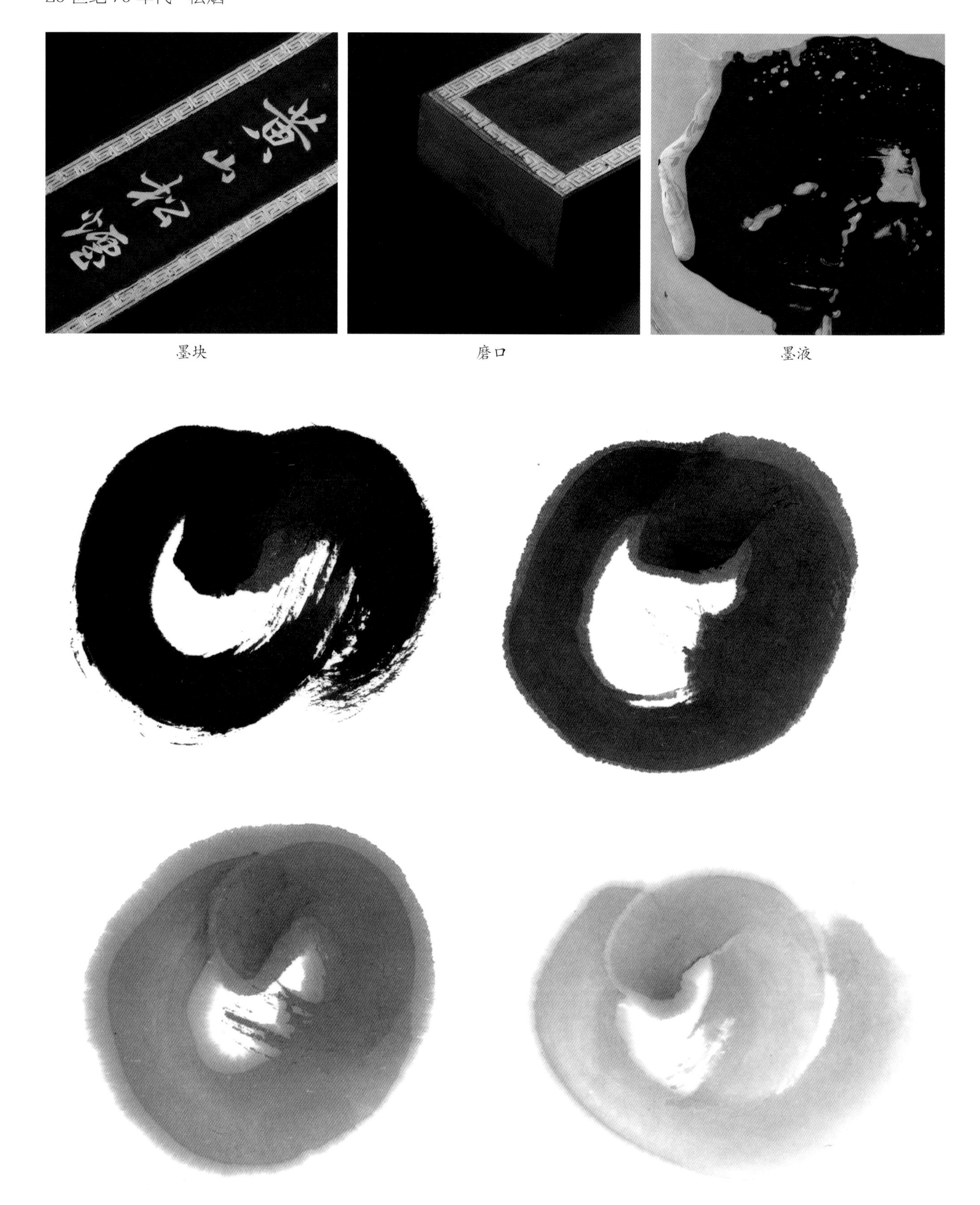

墨块　　磨口　　墨液

墨迹

黄山松烟

1981 年　松烟

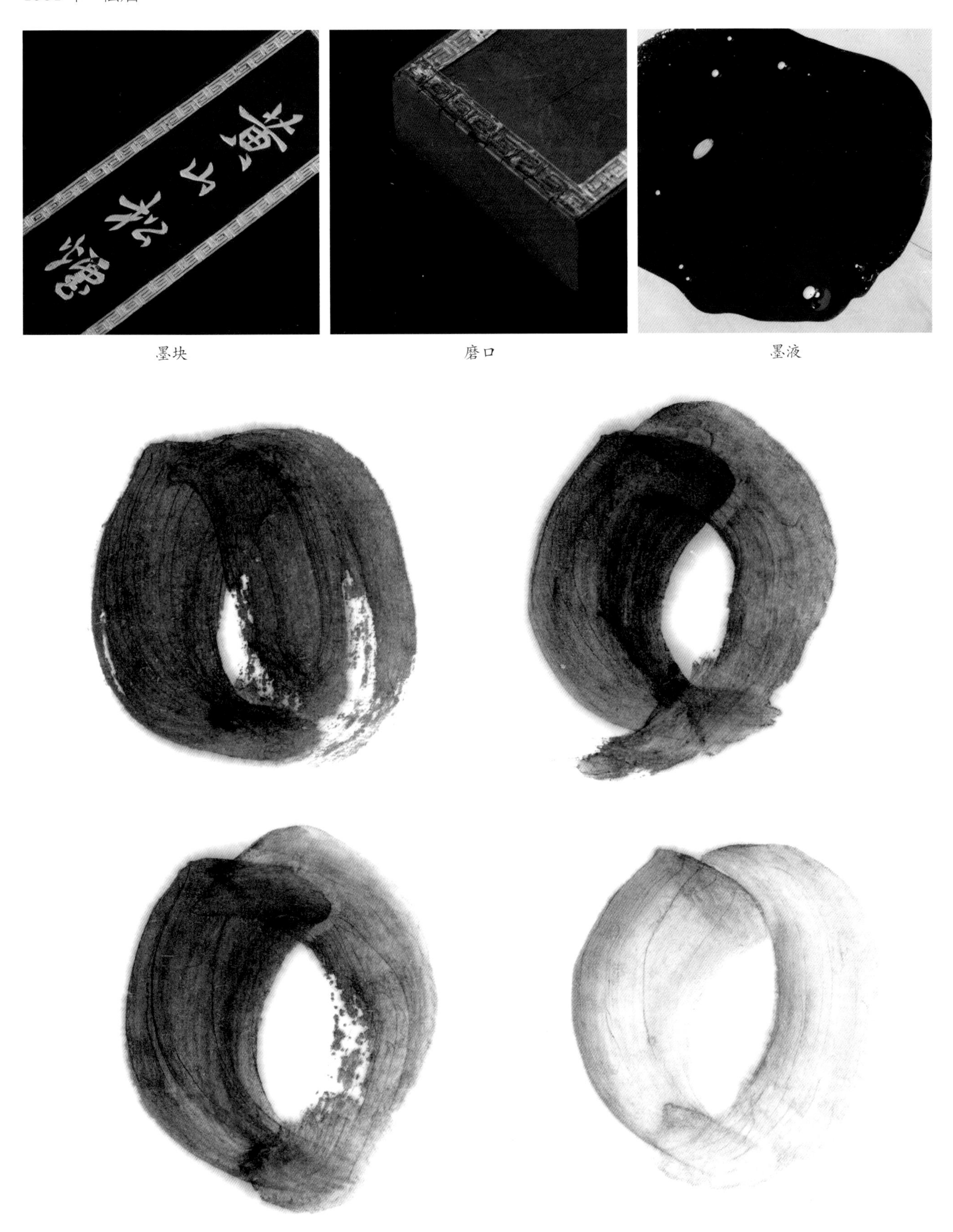

墨块　　磨口　　墨液

墨迹

南海轻胶松烟

1983 年　松烟

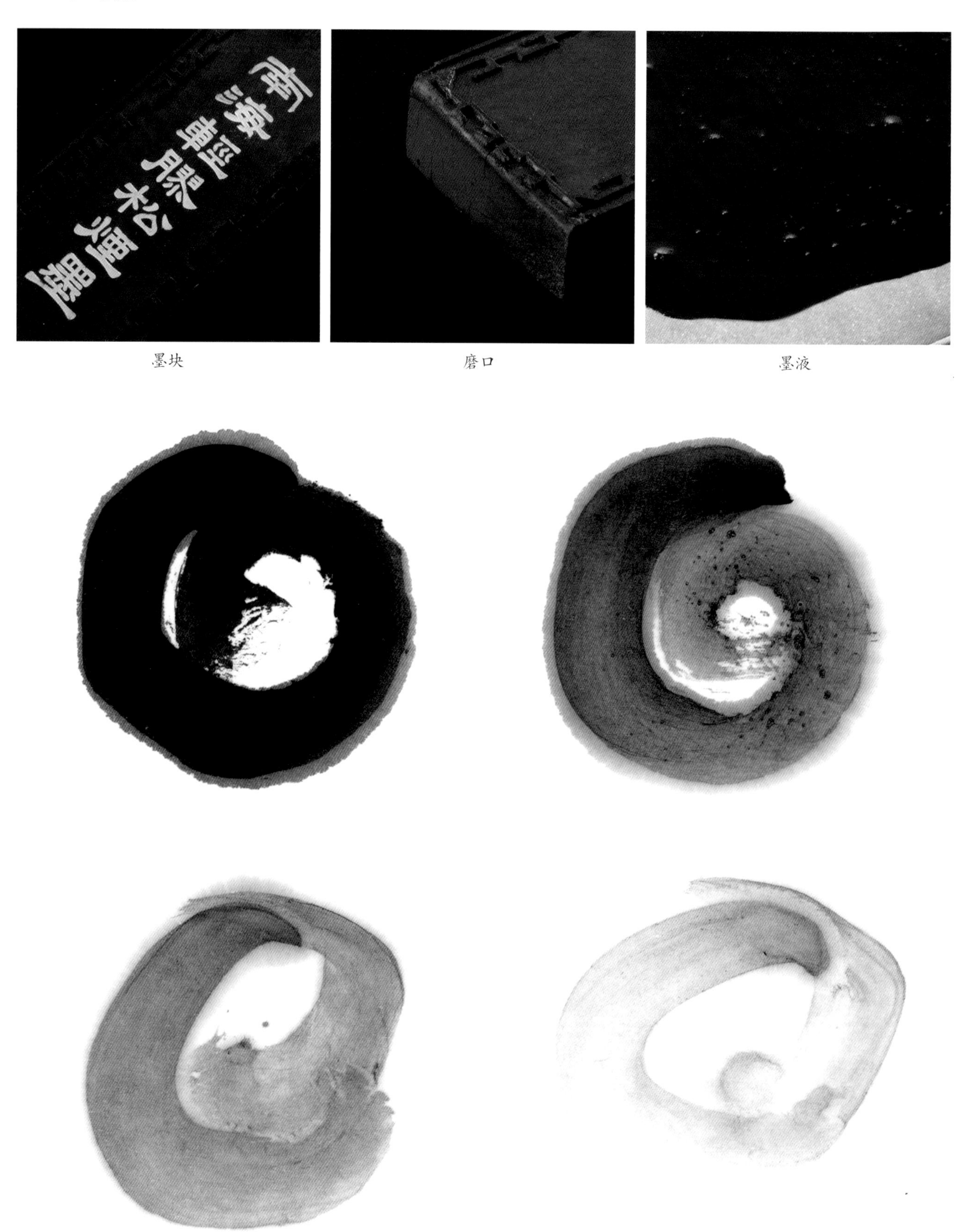

墨块　　磨口　　墨液

墨迹

黟川点漆

1985 年　松烟

墨块　　磨口　　墨液

墨迹

上海墨厂锦盒集锦

第二节 胡开文与歙县胡开文

歙县胡开文的前身为胡开文正记，1956 年由胡开文正记、胡开文顺记、胡开文仁山氏等合营改造。歙县胡开文早期的墨非常少见，填金描彩风格非常有特色，与之前及之后的墨上金色都不相同。至“文革”开始，歙县胡开文与屯溪胡开文出现了截然不同的命运，屯溪胡开文因墨模反映封建帝王才子佳人而停产。歙县胡开文在这一时期新刻了大量“文革”题材的墨模，得以发展壮大。大约在 1977—1983 年，也是歙县胡开文佳墨频出的年代。歙县胡开文开始大量出口，并启用了很多老墨模，很多仿古墨也是在这一时期被大量生产，并且在产品上也开始创新，比如为迎合日本市场推出的青墨、特级松烟墨等。同时引入了打码，另外墨体嵌入珍珠也是 80 年代初期的特征，后期部分墨也有嵌珍珠。这时期的歙县胡开文顶级产品超漆烟也供出口，同期还有略高档次的桐油烟，反应也不错。1981—1983 年，歙县胡开文还制作了 20 世纪七八十年代三大厂的薄弱项——松烟墨，以供出口。80 年代中期，歙县胡开文研制的古法油烟，也曾是个小亮点。1986 年江苏省国画院古法油烟定版“四明山庄”一度成为当时的佳墨。但至 80 年代末，古法油烟基本上没落了。在歙县胡开文诸多产品中，特级松烟最有特色，据说是在松烟中加入了油烟，使墨色更滋润，色阶更宽。

一、胡开文与歙县胡开文　油烟

龙门　约 1912—1949 年　油烟

一生知己
约 1840—1912 年
油烟

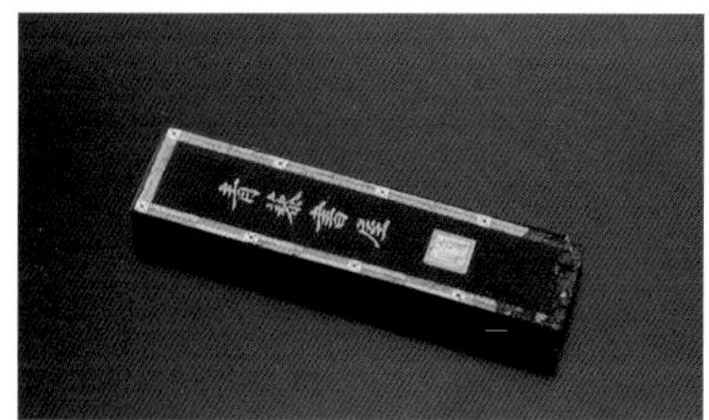

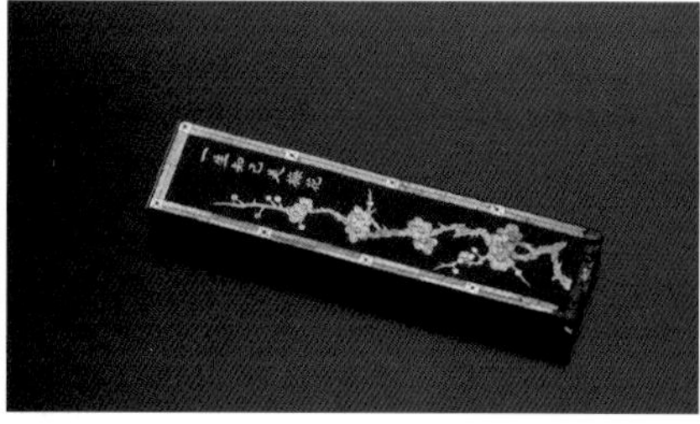

青藜书屋　20 世纪 60 年代末 70 年代初　油烟

迎客松　20 世纪 70 年代初期　油烟

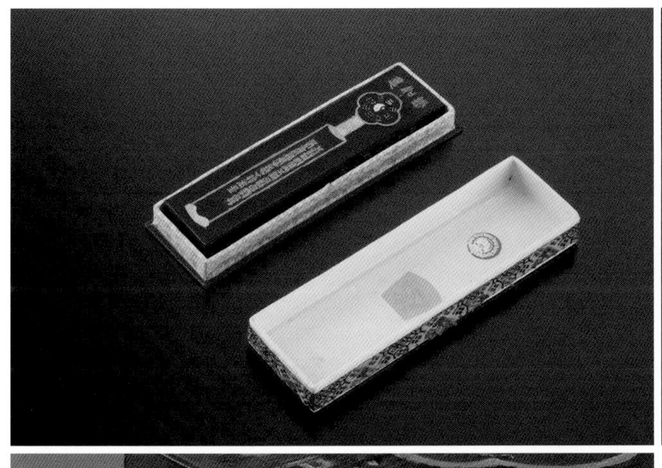

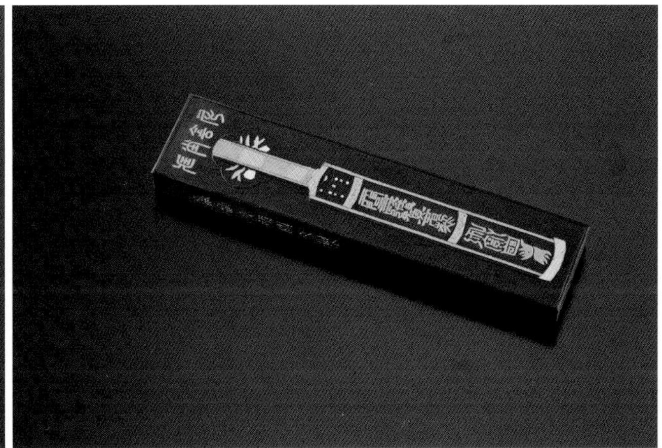

歙县胡开文出口墨中，墨盒往往会有标贴，一种是歙胡的标记，还有一种是国家优质产品奖章。

超漆烟是歙县胡开文所制油烟墨中最高级别。

铁如意　20 世纪 70 年代末期　油烟

歙县胡开文在 20 世纪 70 年代出口墨中，经常会使用所藏旧墨版来制作新墨。

大富贵　20 世纪 70 年代末期　油烟

歙县胡开文由于地理位置的优越性，经常会使用纯桐油来制作油烟墨，所制桐油漆烟墨黑度更佳。

涵春书屋珍藏　20 世纪 70 年代　油烟

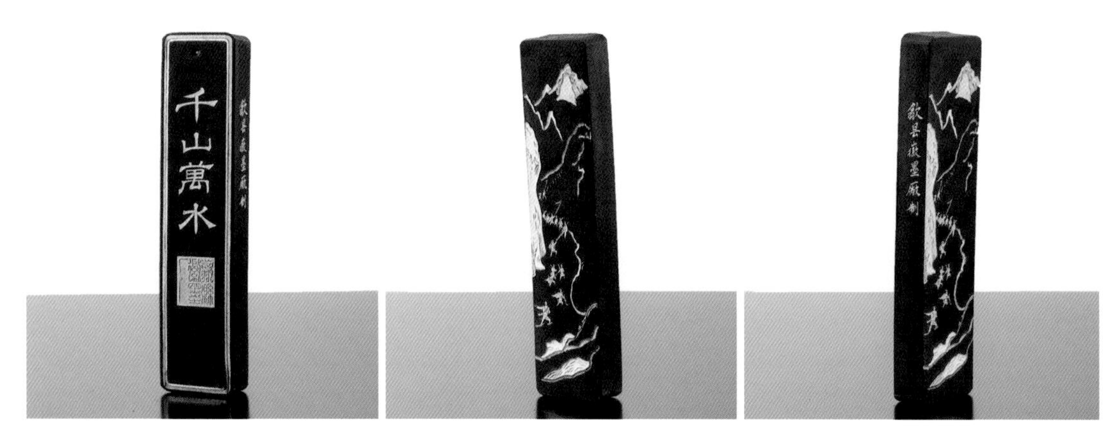

千山万水　20 世纪 70 年代　油烟

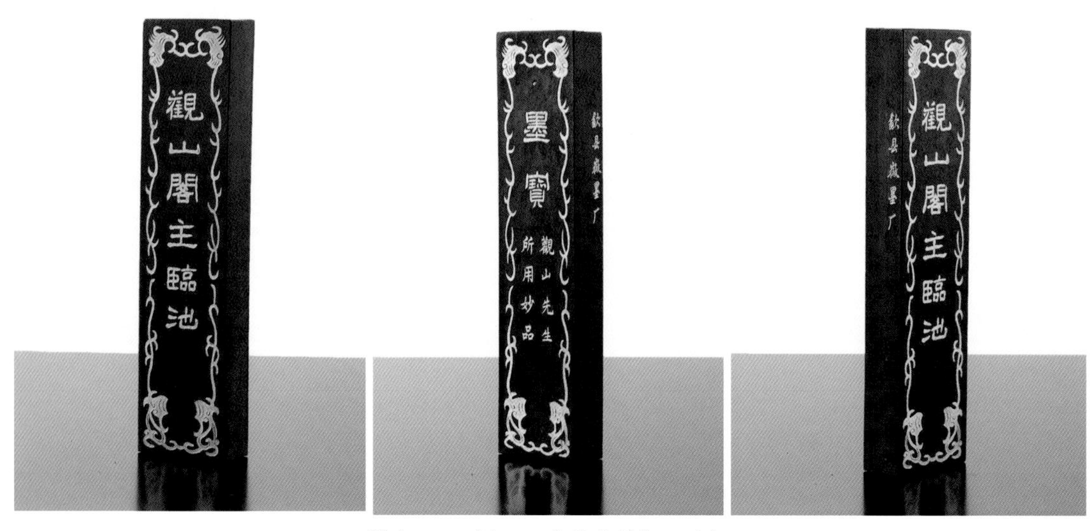

墨宝　20 世纪 70 年代中早期　油烟

大好山水　20 世纪 70 年代中期　油烟

大好山水　20 世纪 80 年代初期　油烟

“大好山水”是 20 世纪七八十年代出口的拳头产品，歙县胡开文也多有制作，墨版样式与上海墨厂的“大好山水”较为接近。同为歙县胡开文的“大好山水”，70 年代与 80 年代的正面略有不同。

铁斋翁　20 世纪 80 年代　油烟

歙县胡开文在80年代集聚技术人员与老工匠，开发研究恢复了古法油烟，墨色变化更为丰富。

铁斋翁　20世纪80年代　油烟

70年代末期开始，日本文房用品商店会经常到中国来定制墨品，亮宣墨宝即为70年代末80年代初日本亮和堂在歙县胡开文定制的山茶油漆烟墨，做工精良，整体包金，在当时价格不菲。

亮宣墨宝　20世纪80年代早期　油烟

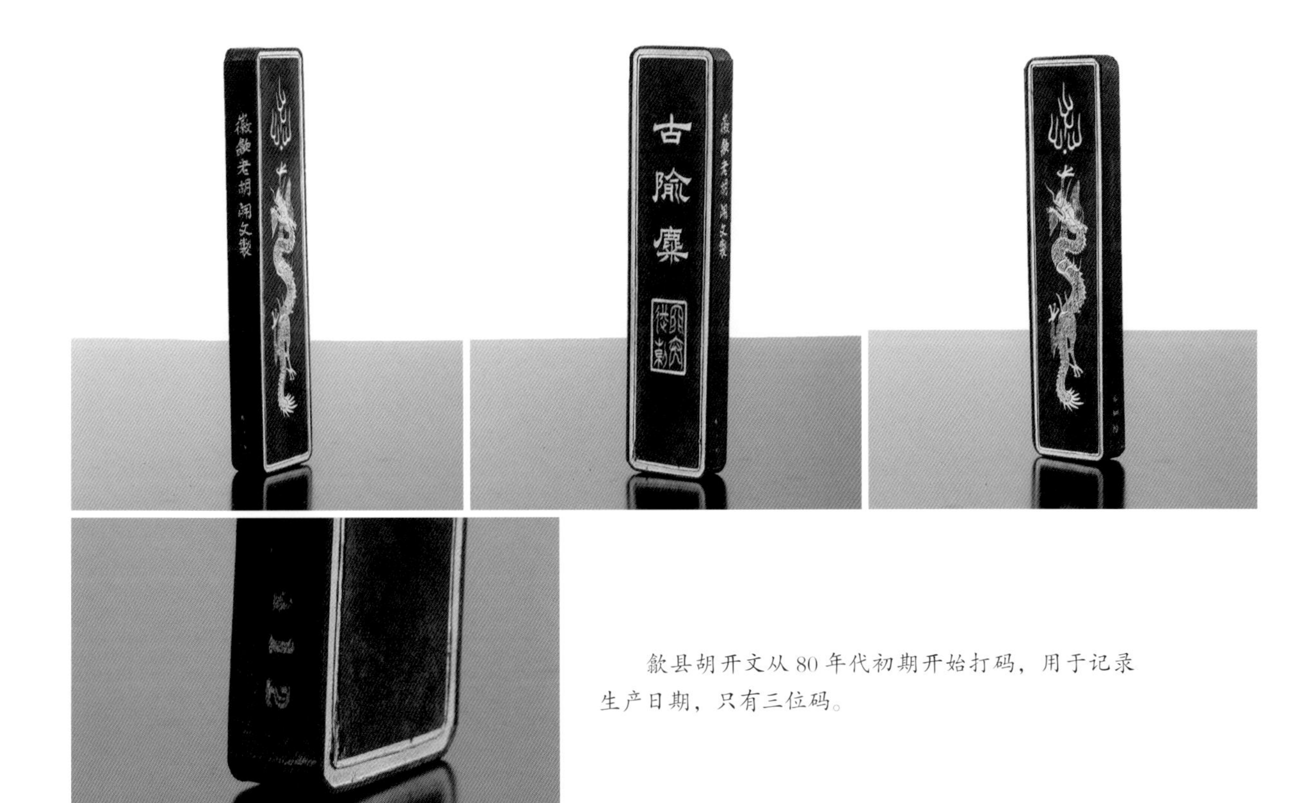

歙县胡开文从80年代初期开始打码，用于记录生产日期，只有三位码。

古隃麋　20世纪80年代初期　油烟

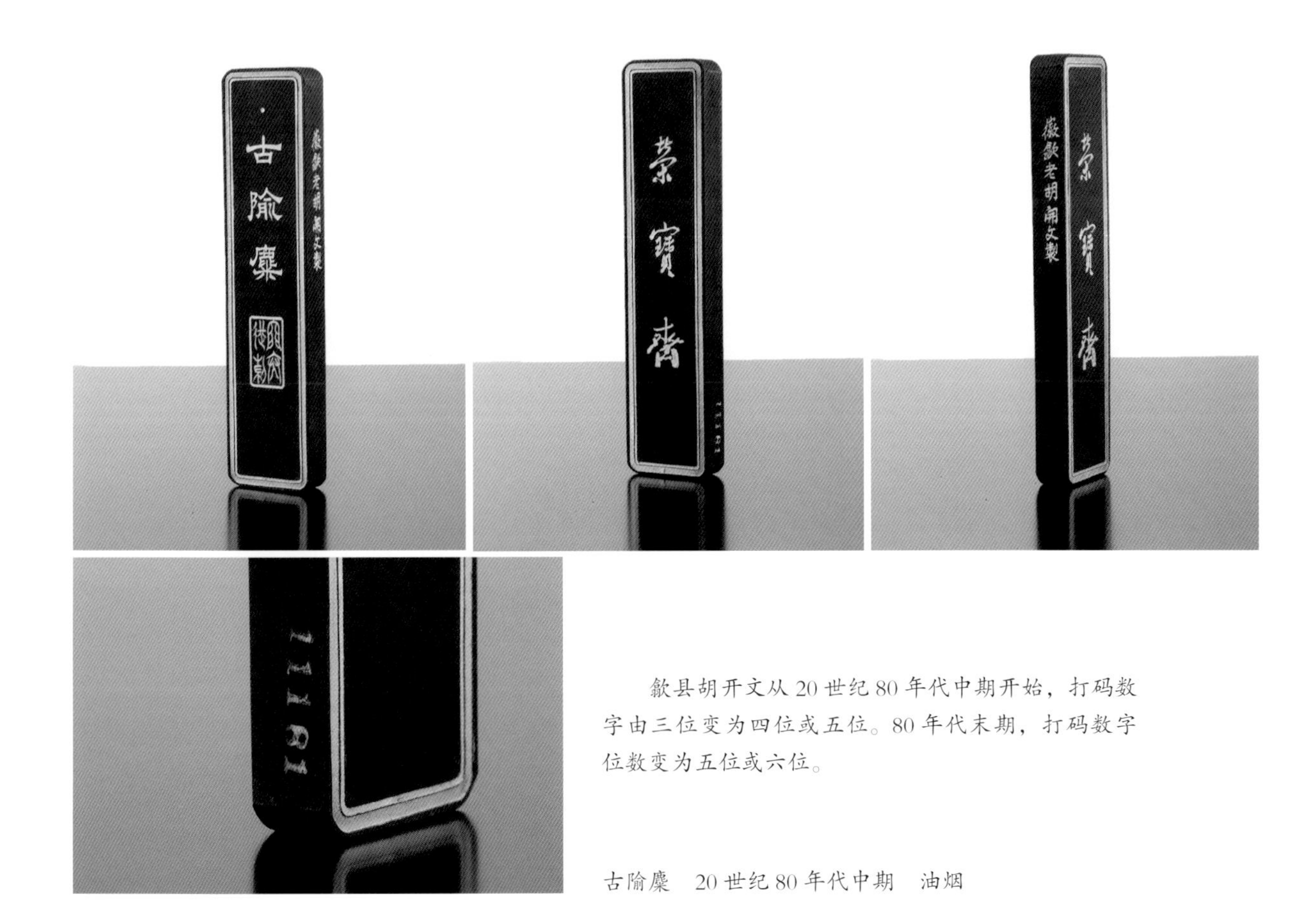

歙县胡开文从20世纪80年代中期开始，打码数字由三位变为四位或五位。80年代末期，打码数字位数变为五位或六位。

古隃麋　20世纪80年代中期　油烟

金殿余香　20 世纪 80 年代中期　油烟

骊龙珠　20 世纪 80 年代中期　油烟

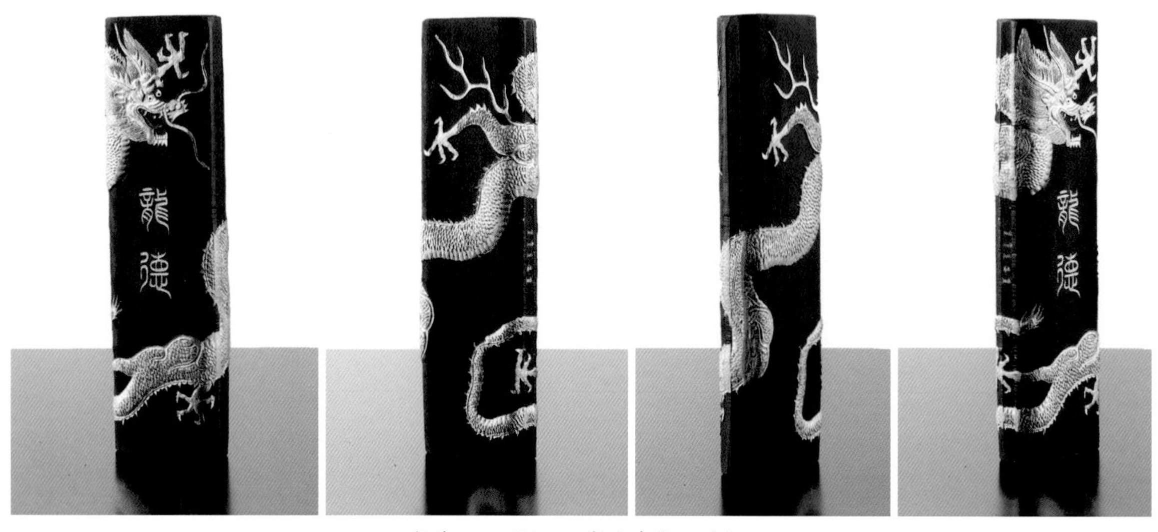

龙德　20 世纪 80 年代中期　油烟

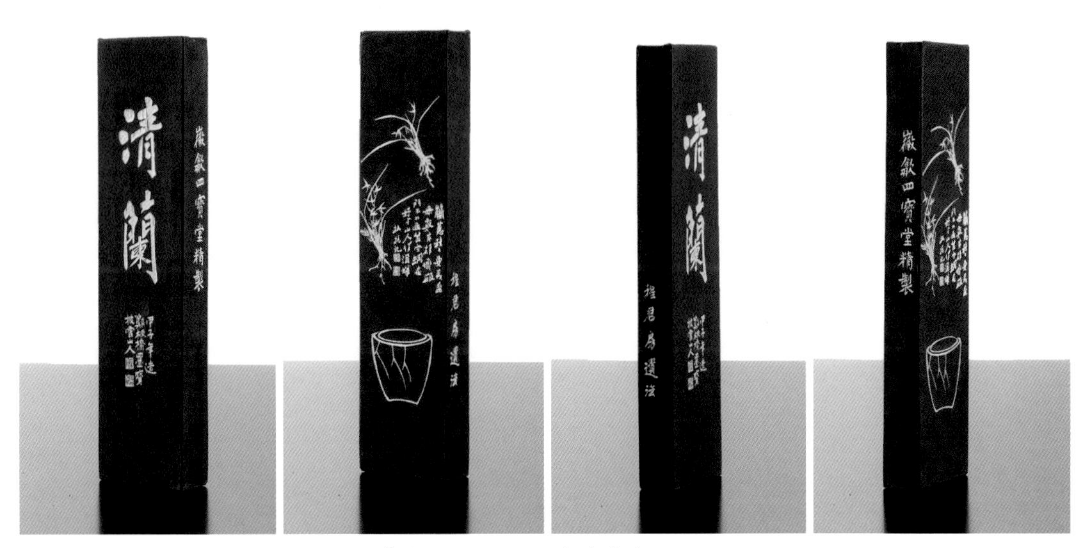

清兰　20 世纪 80 年代中期　油烟

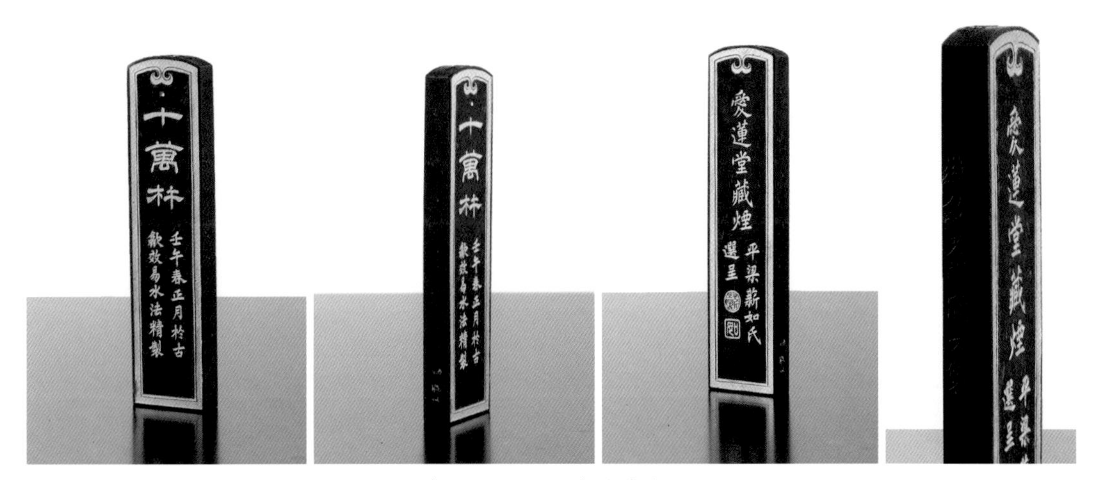

十万株　20 世纪 80 年代中期　油烟

历史人物图　1982 年　油烟

一生知己

约 1840—1912 年 油烟

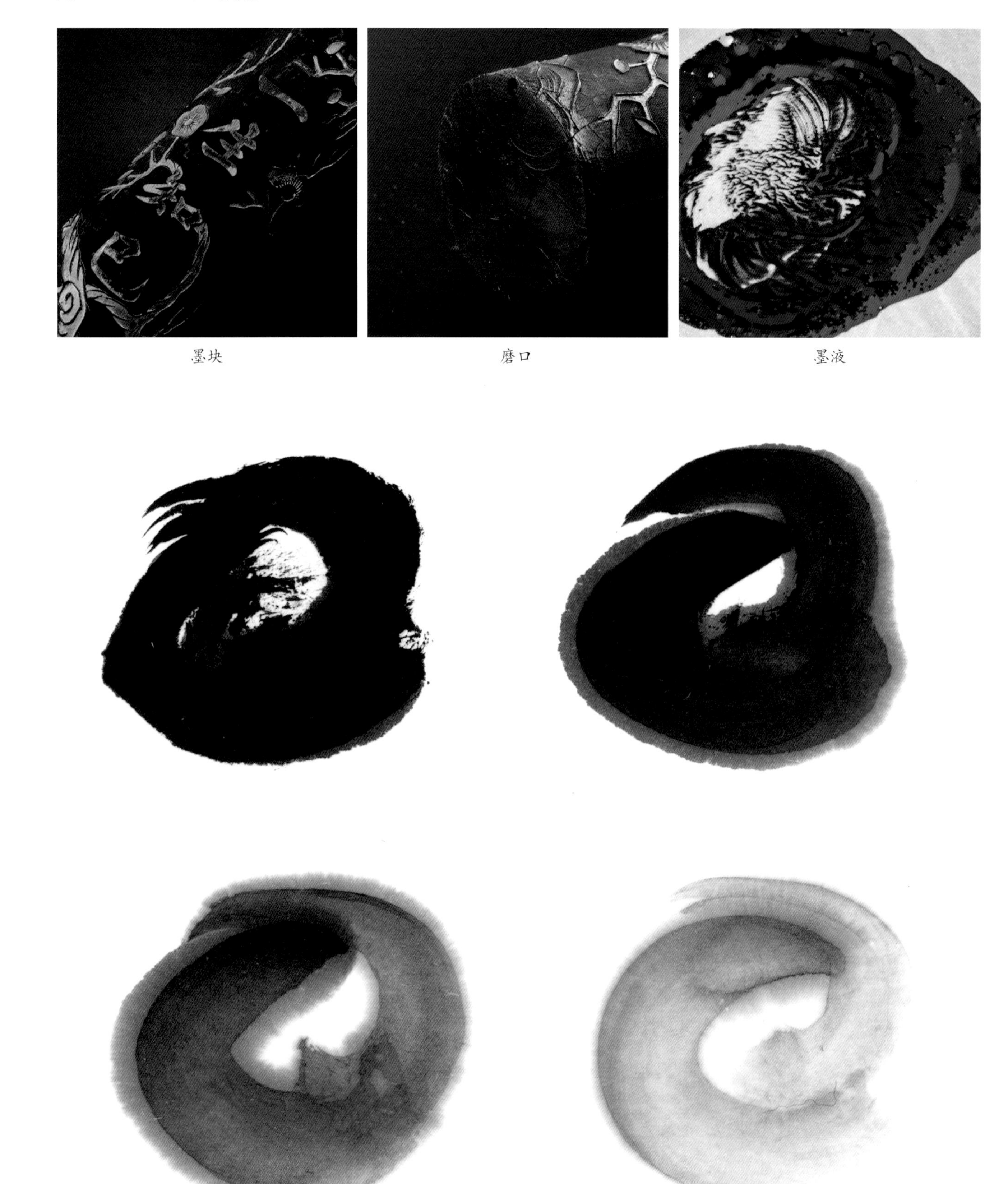

墨块 磨口 墨液

墨迹

龙门

约 1912—1949 年　油烟

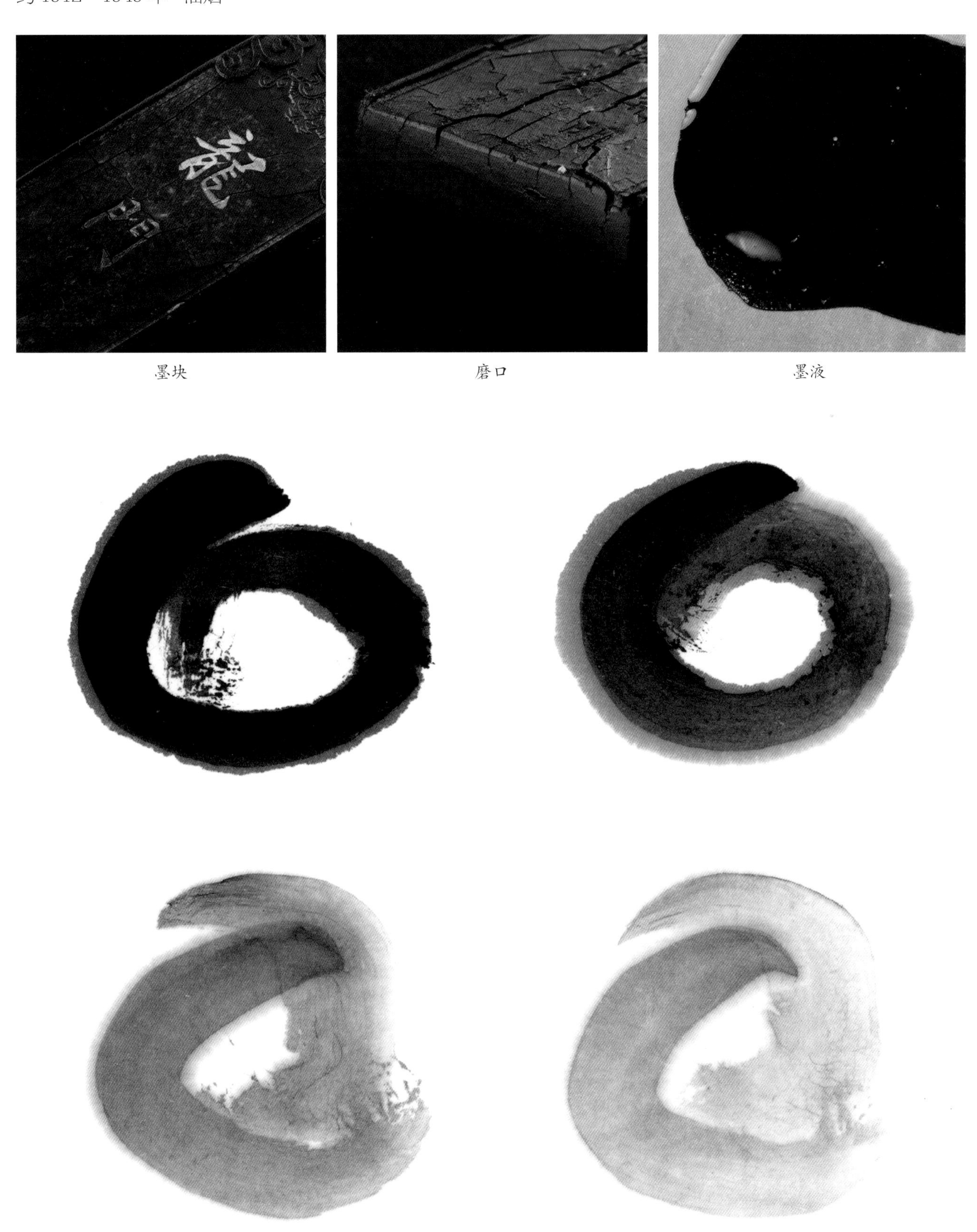

墨块　　磨口　　墨液

墨迹

青藜书屋

20 世纪 60 年代　油烟

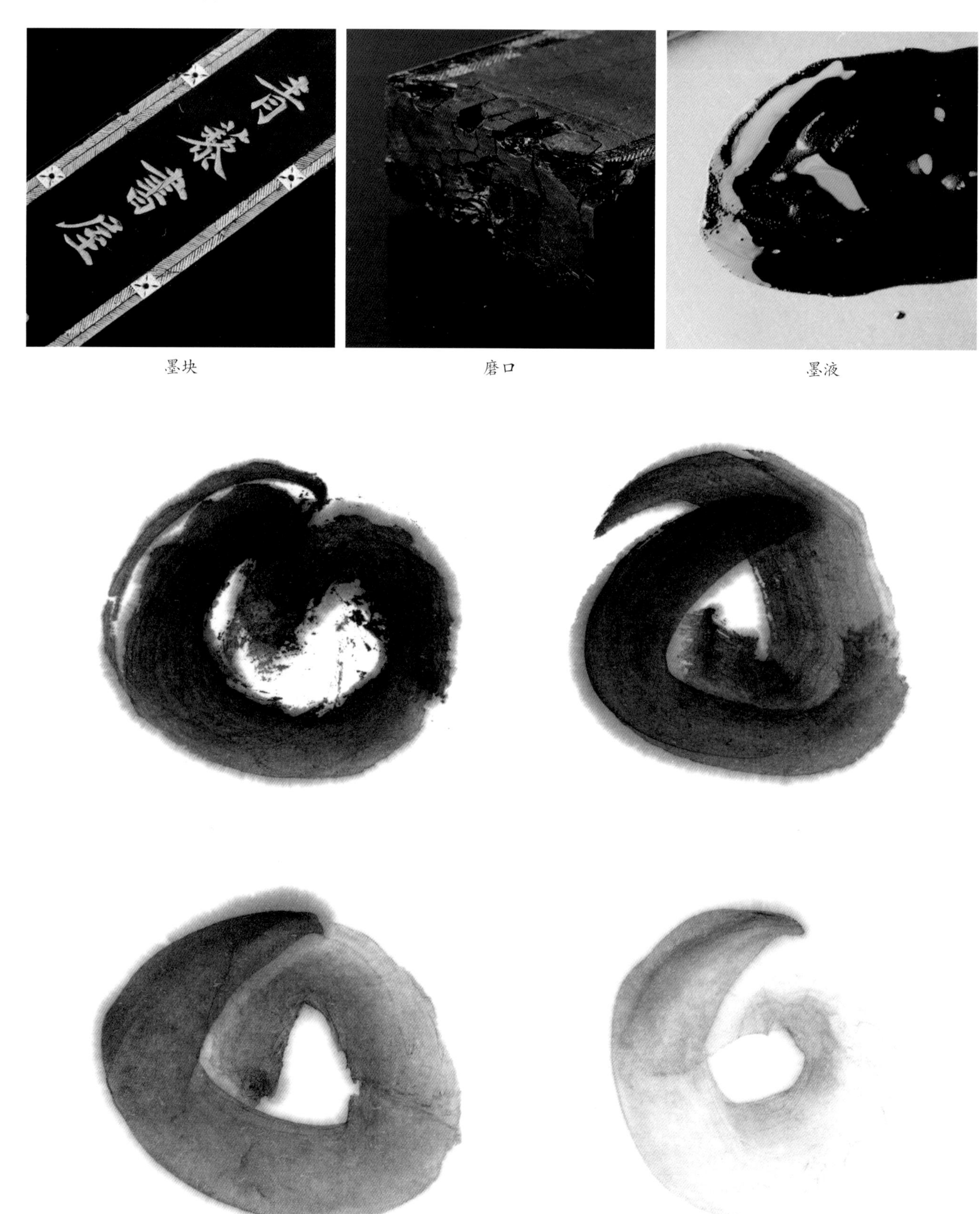

墨块　　磨口　　墨液

墨迹

大寨精神

1972 年　油烟

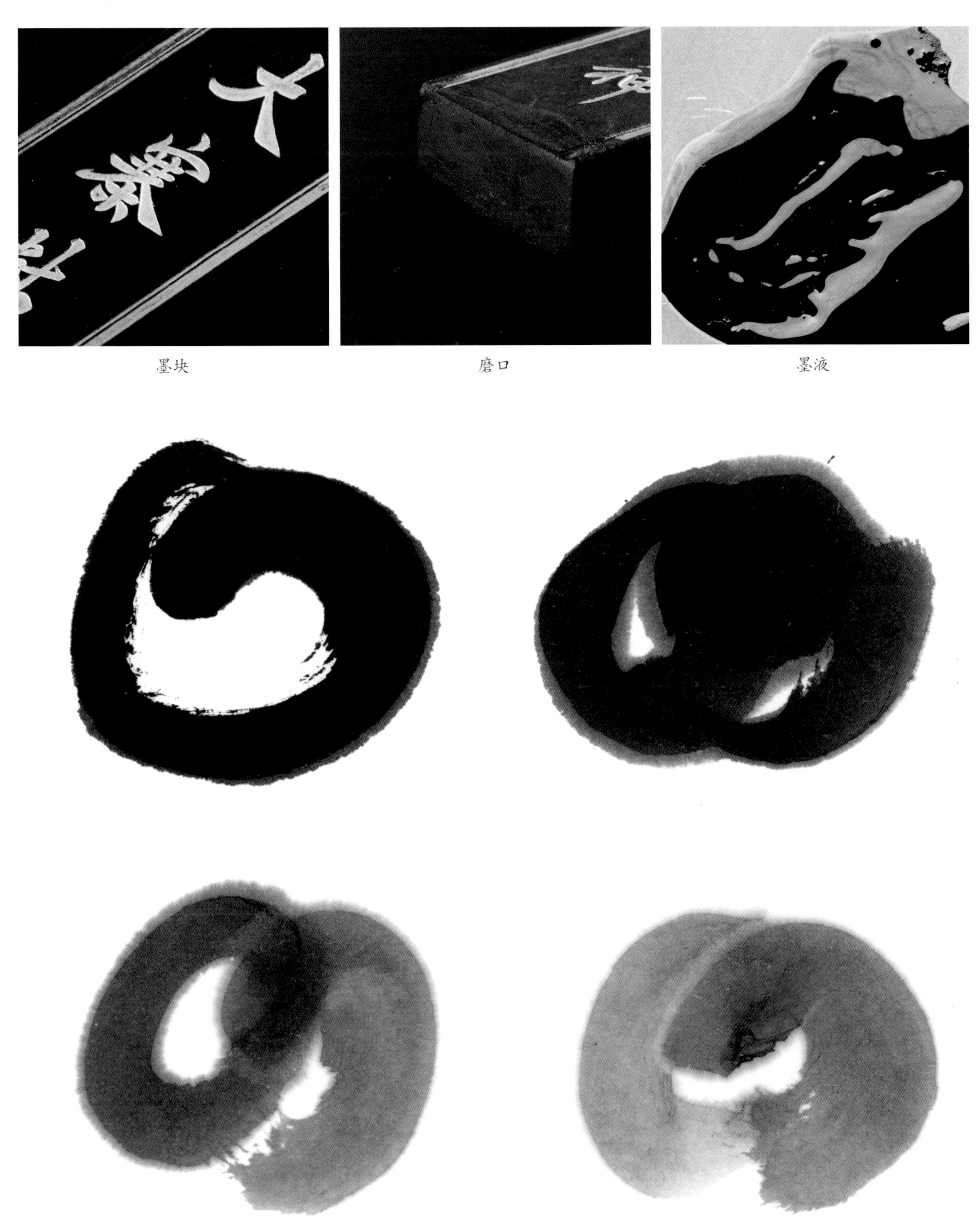

墨块　　磨口　　墨液

墨迹

亮宣墨宝

20 世纪 80 年代早期　山茶漆烟

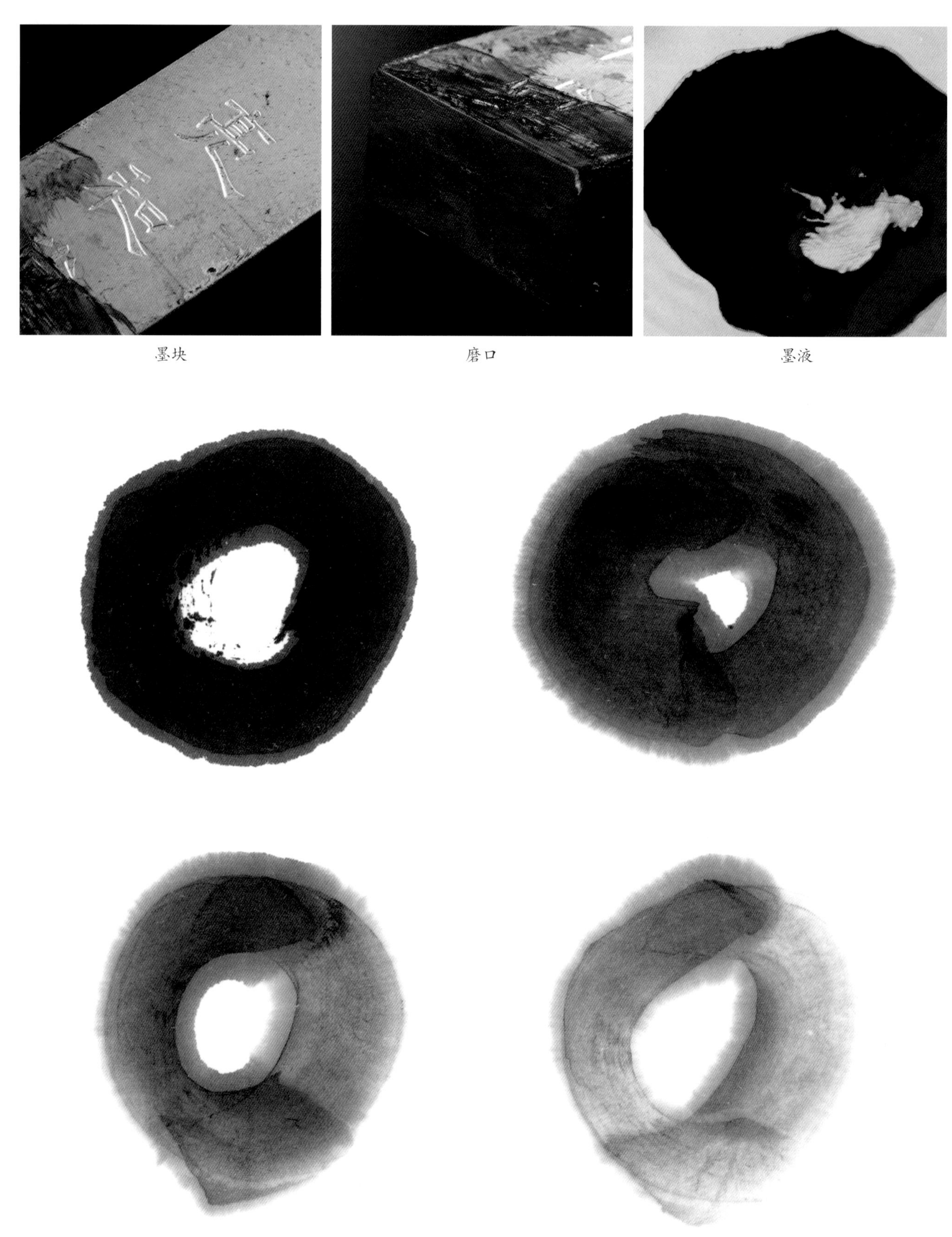

墨块　磨口　墨液

墨迹

百寿图

1982 年　油烟

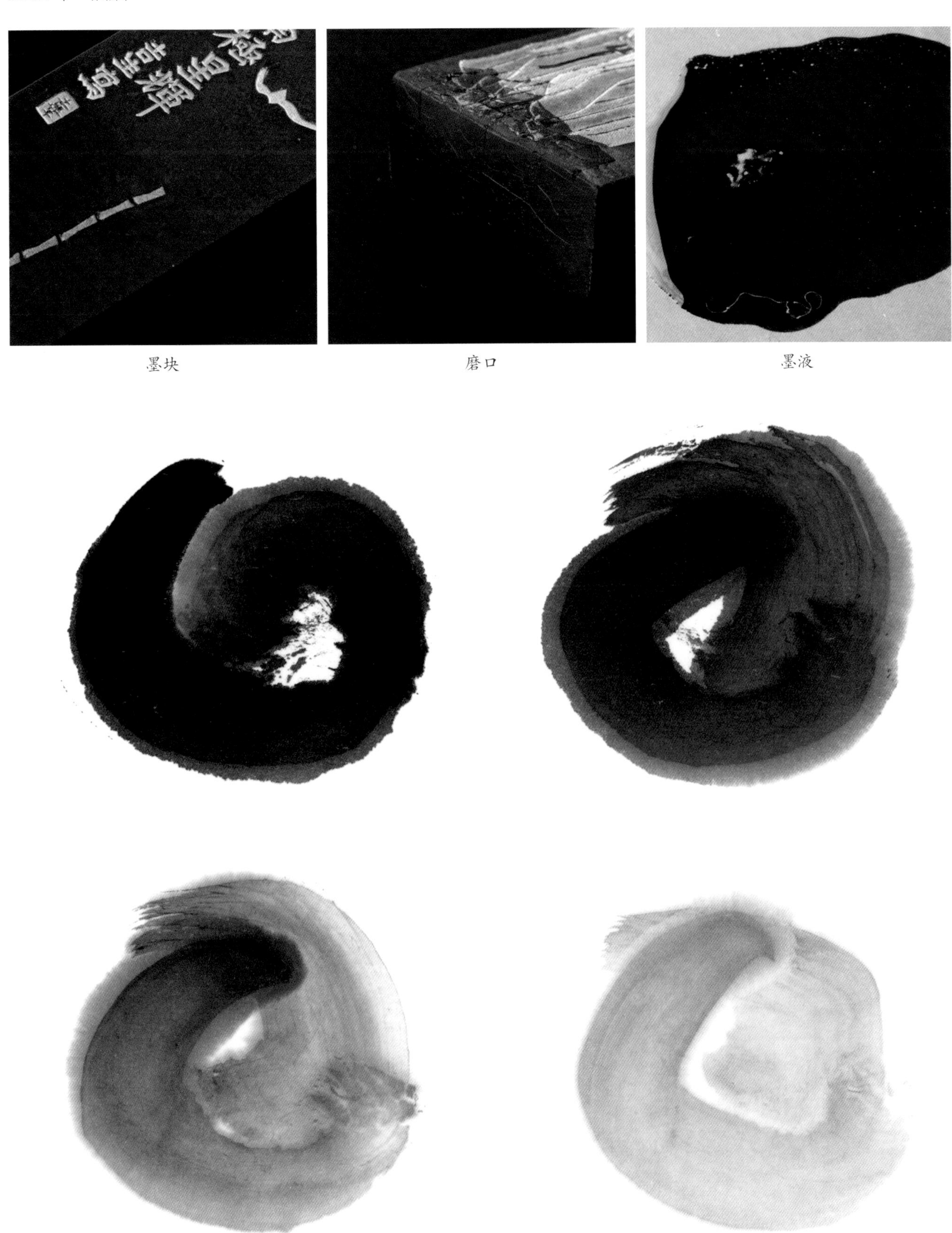

墨块　　磨口　　墨液

墨迹

墨宝

20 世纪 80 年代初期　油烟

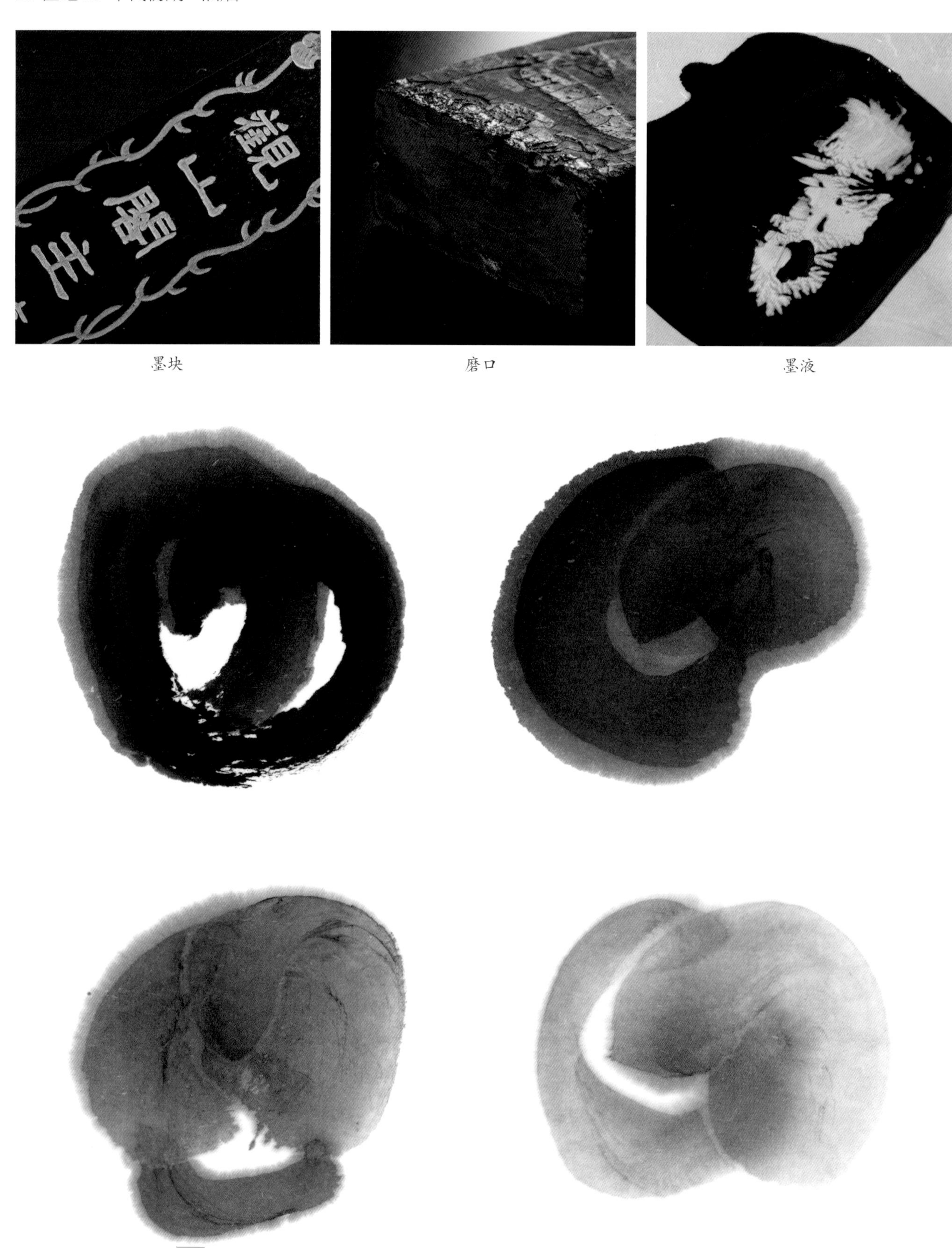

墨块　　磨口　　墨液

墨迹

大好山水

20 世纪 80 年代中期　油烟

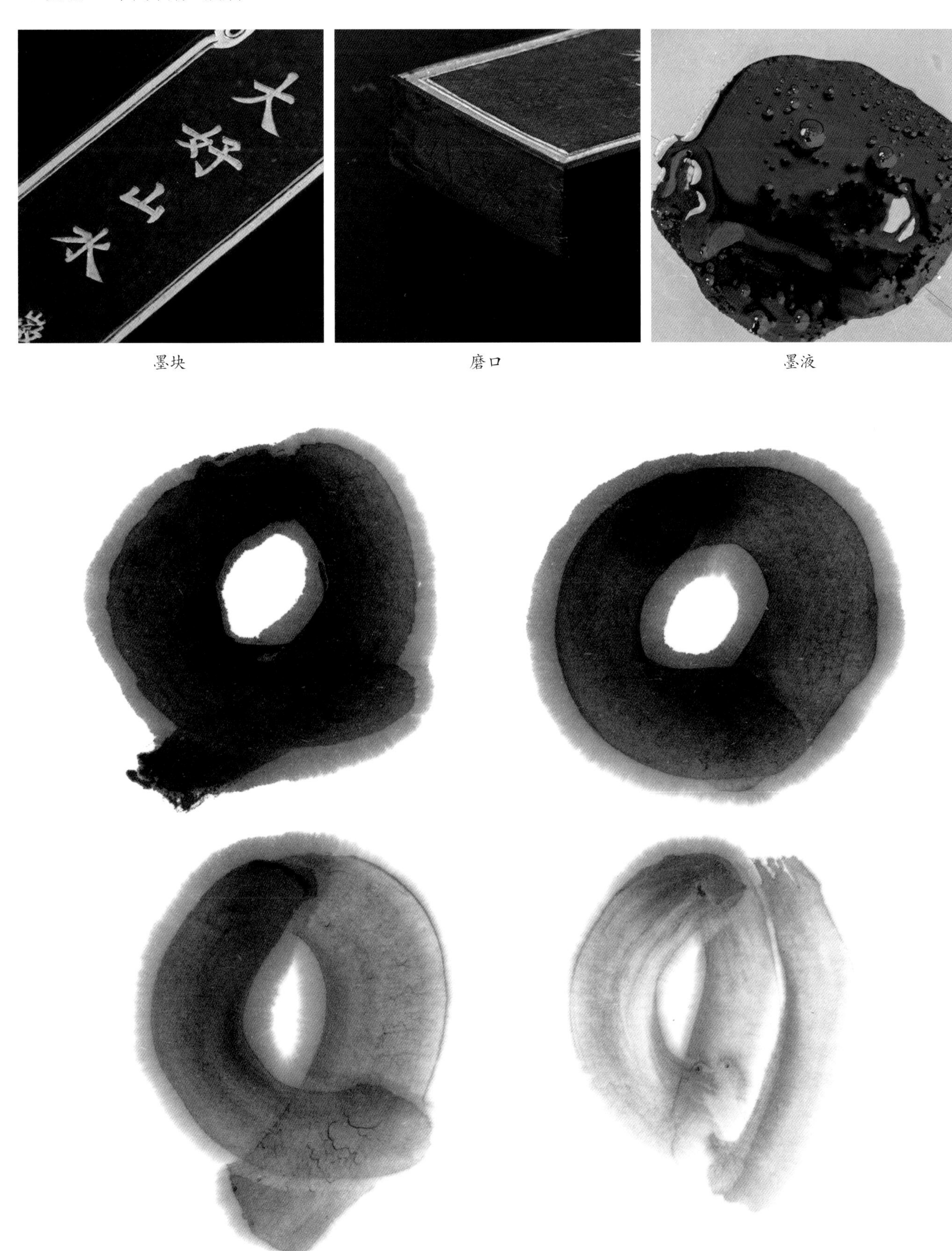

墨块　　磨口　　墨液

墨迹

铁斋翁

20 世纪 80 年代中期 油烟

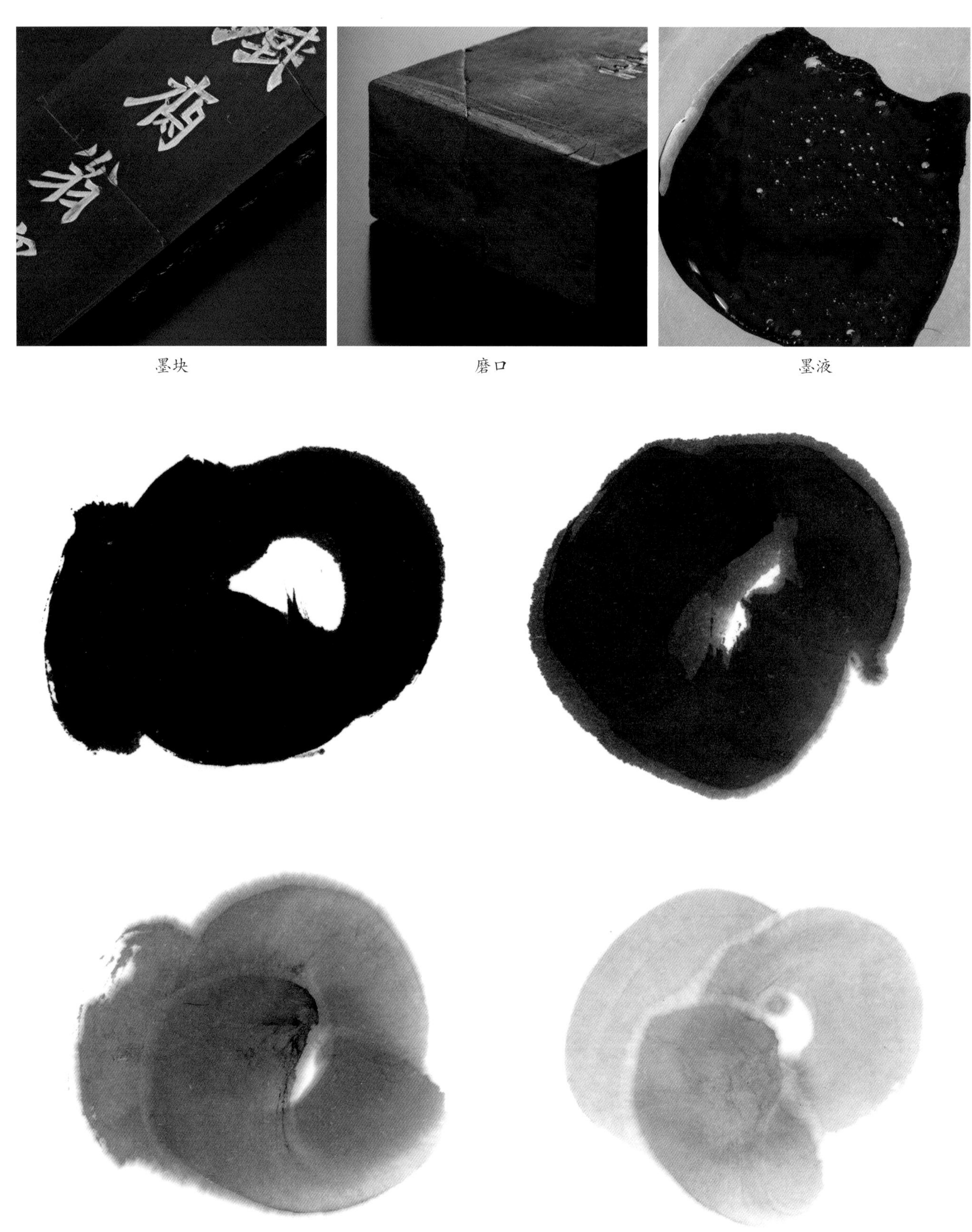

墨块　　磨口　　墨液

墨迹

金不易

20 世纪 80 年代中期　油烟

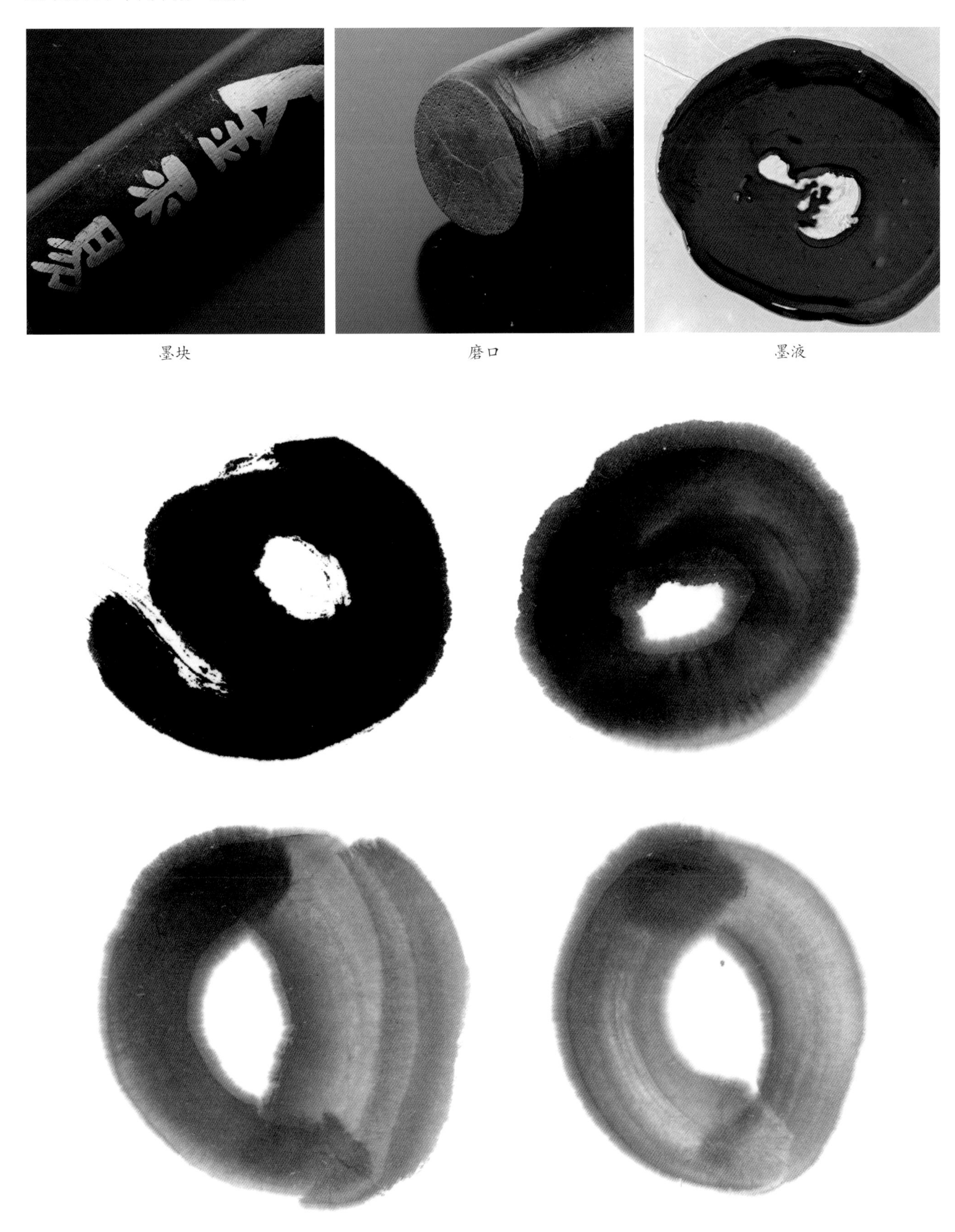

墨块　　磨口　　墨液

墨迹

惜如金

20 世纪 80 年代中期　油烟

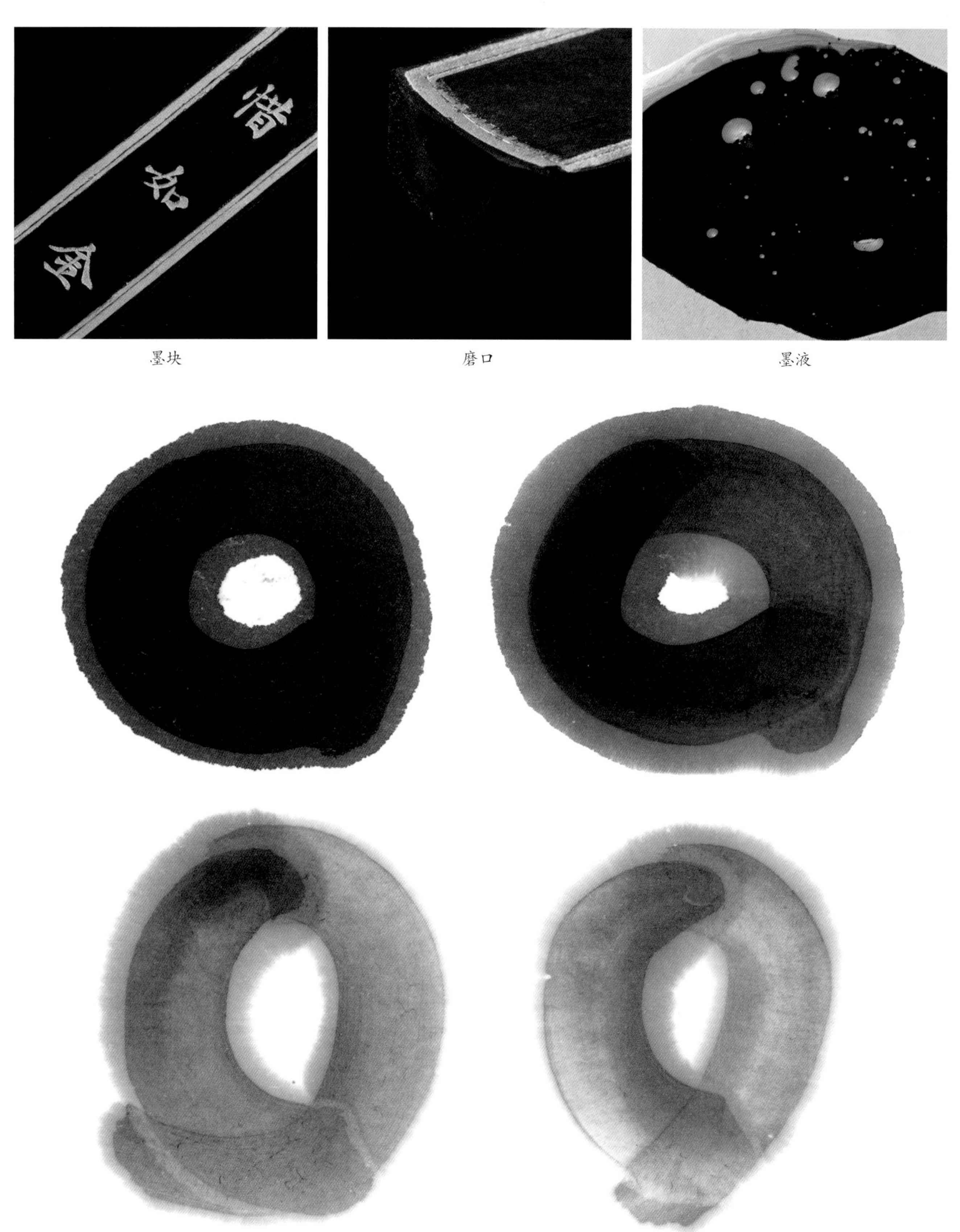

墨块　　磨口　　墨液

墨迹

程十发作品墨

20 世纪 80 年代中期　油烟

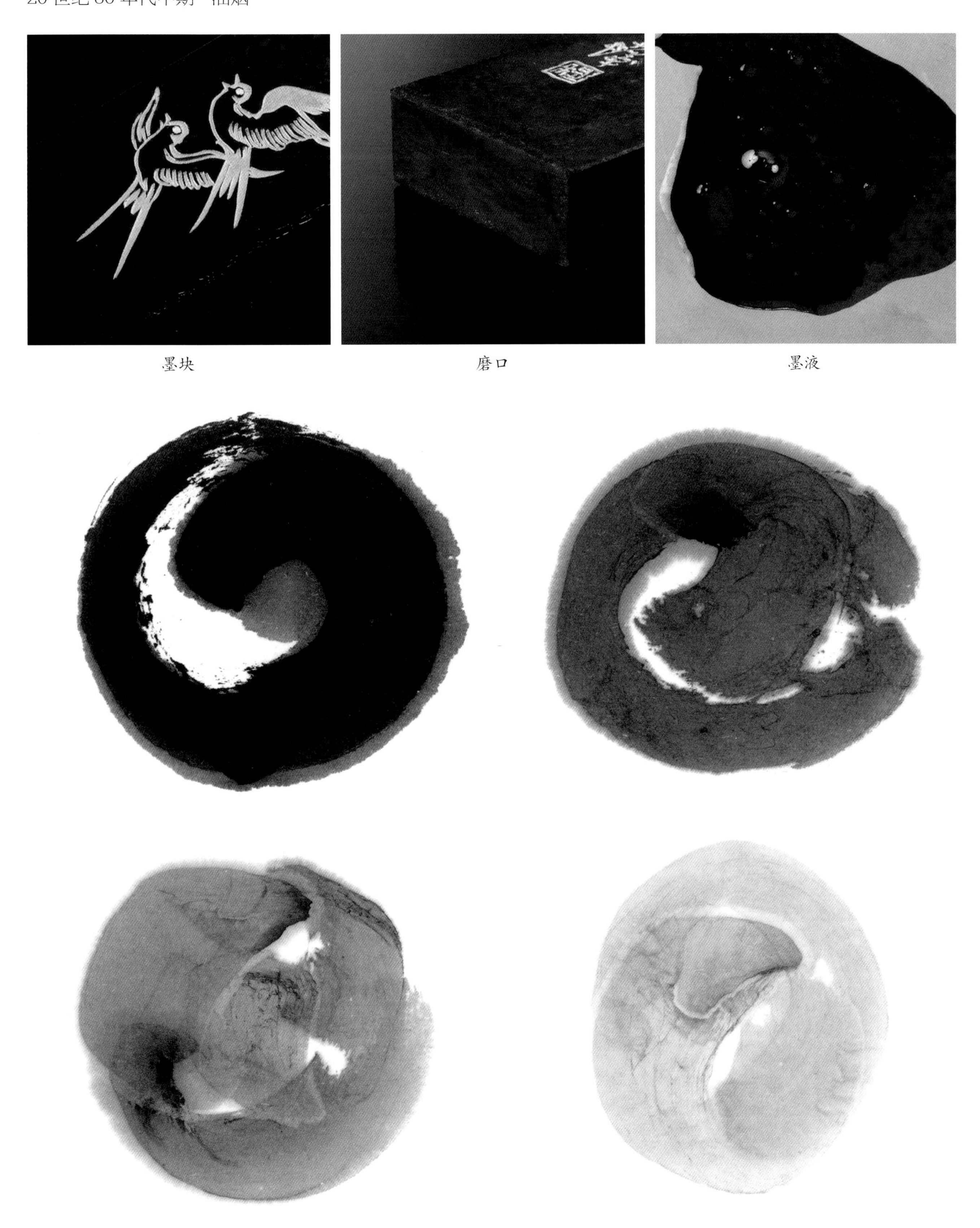

墨块　　磨口　　墨液

墨迹

清兰

20 世纪 80 年代中期　漆烟

墨块　　磨口　　墨液

墨迹

铁斋翁

20 世纪 80 年代　油烟

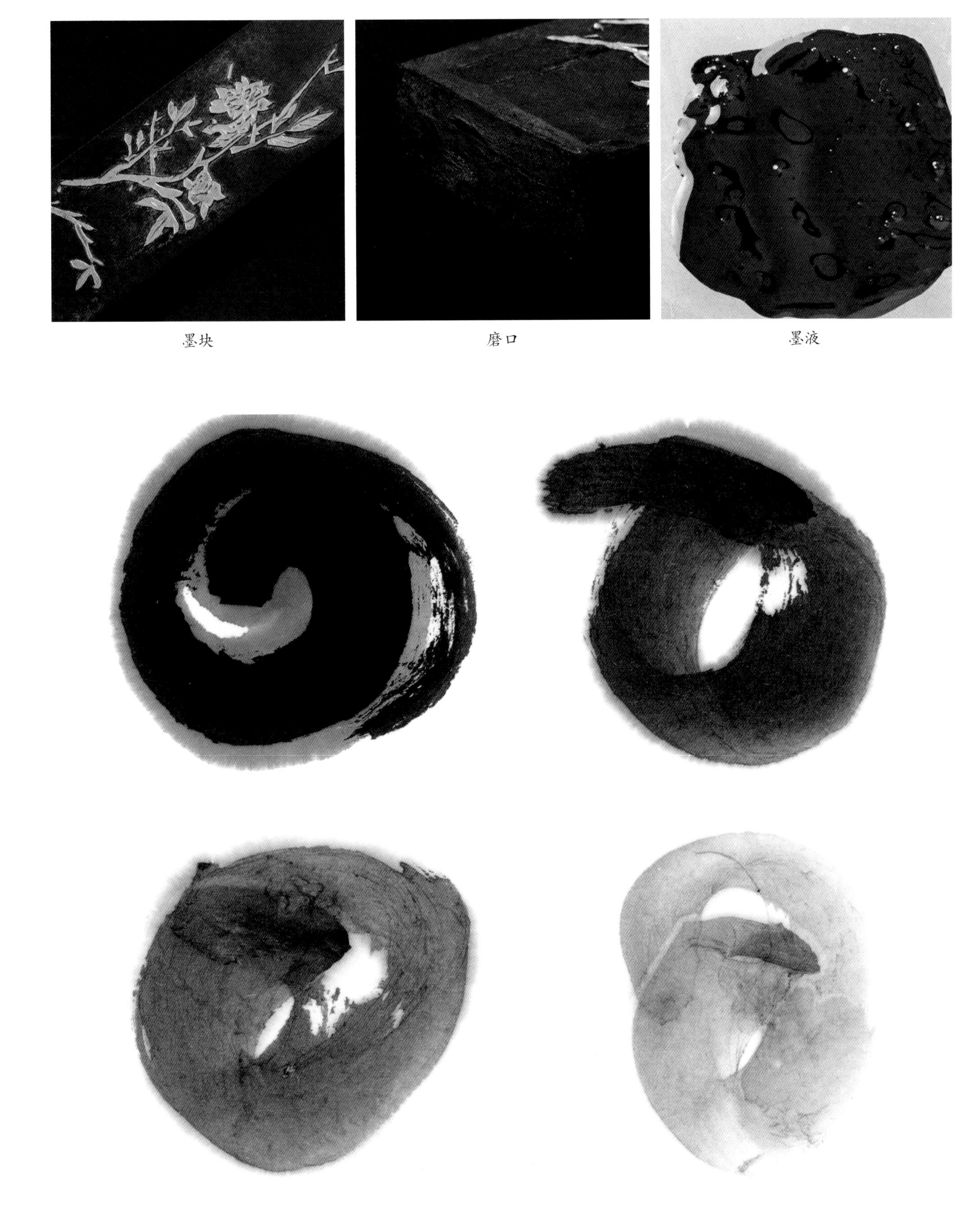

墨块　　磨口　　墨液

墨迹

名花十友

20 世纪 90 年代　油烟

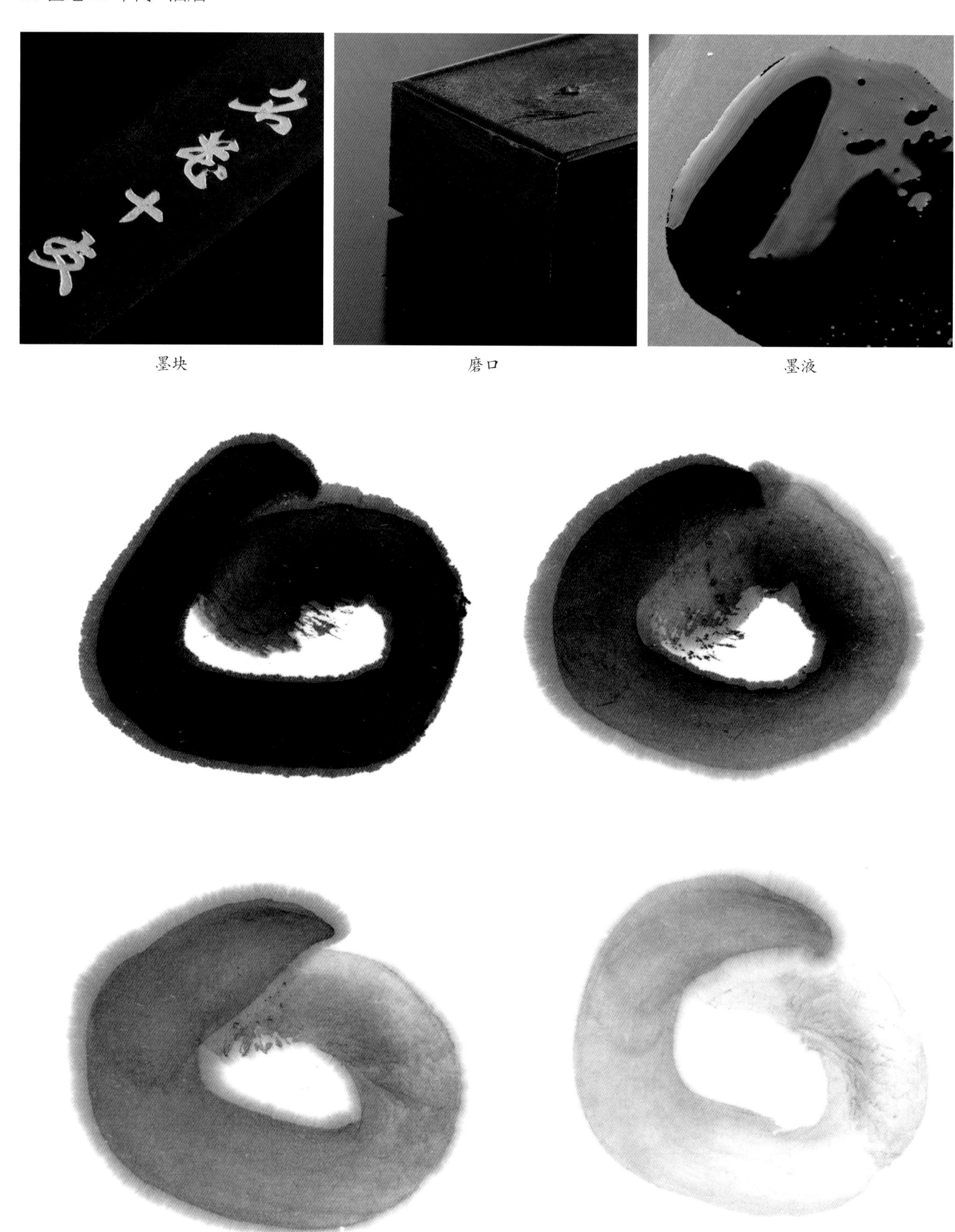

墨块　　磨口　　墨液

墨迹

二、胡开文与歙县胡开文　松烟

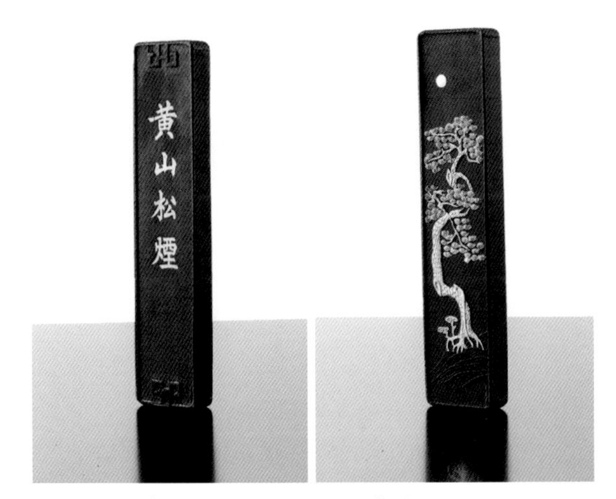

黄山松烟　20 世纪 70 年代　松烟

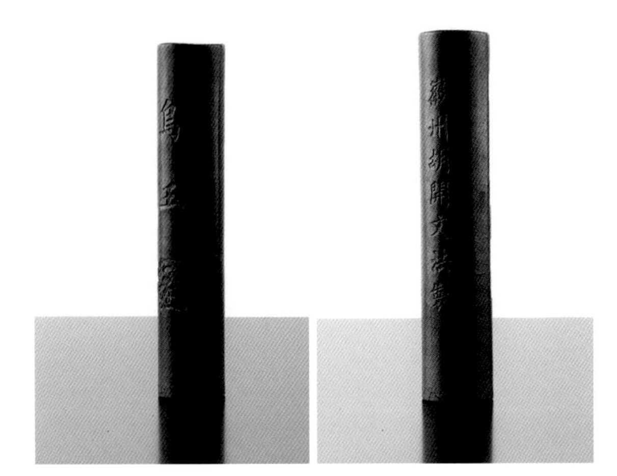

乌玉　20 世纪 70 年代　松烟

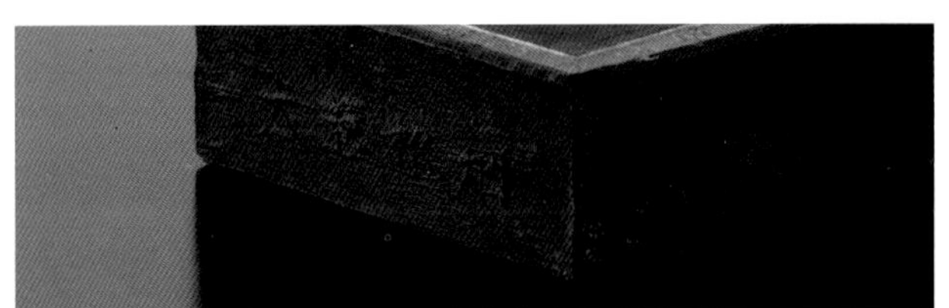

“大卷松烟”和“黄山松烟”是松烟墨最常见的两种称呼，不同厂家制作的松烟墨，都使用“大卷松烟”或“黄山松烟来”命名。

黄山松烟　20 世纪 70 年代　松烟

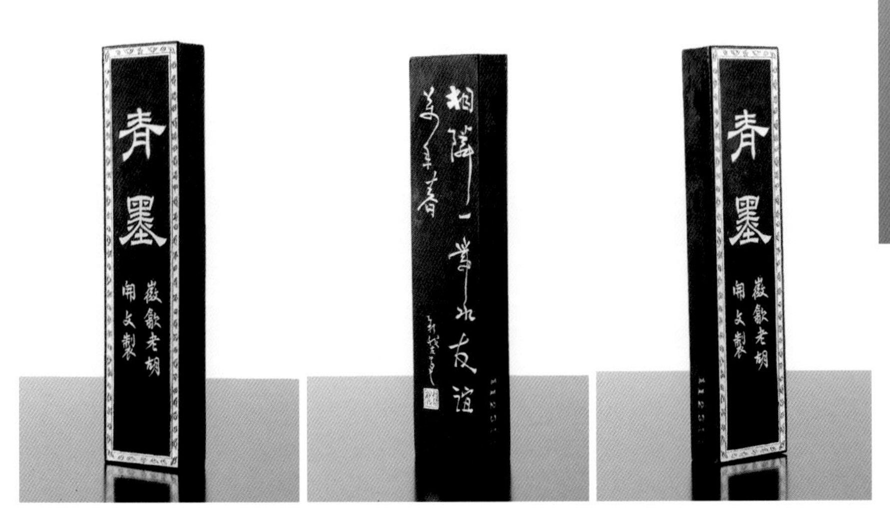

歙县胡开文在出口松烟中会加入花青，制成青墨，墨色黑中带青。

青墨　20 世纪 80 年代　松烟

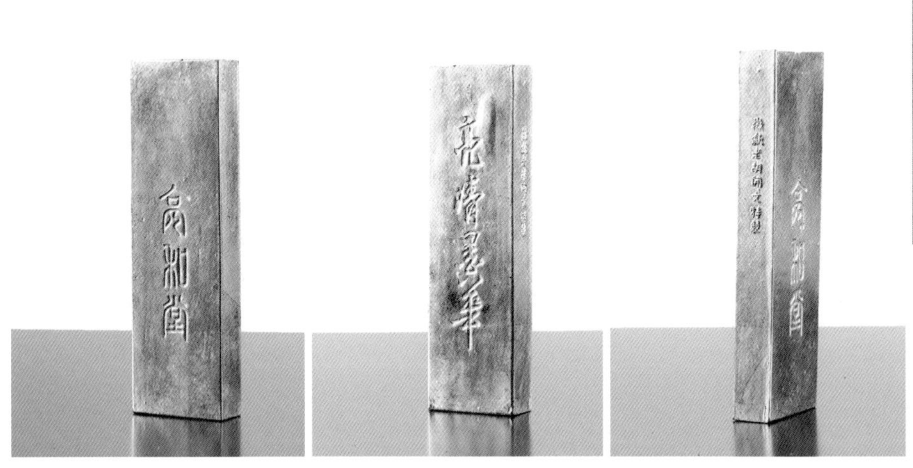

亮清墨华　20 世纪 80 年代早期　松烟

“亮清墨华”是歙县胡开文 20 世纪 70 年代末 80 年代初定制的出口松烟墨。用松柏烧烟而成，加入生漆，较一般松烟更为黑亮，兼具油烟特色。

大观宝墨
20 世纪 80 年代中期
松烟

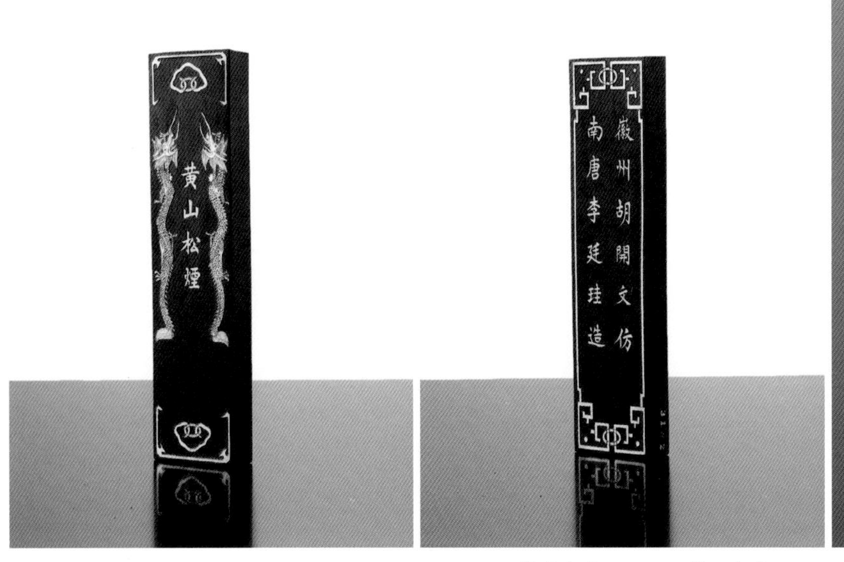

黄山松烟　1982 年　松烟

四明山庄　20 世纪 80 年代中期　松烟

20 世纪七八十年代开始，中国的艺术团体或艺术家个人开始根据使用途径及要求定制墨品。“四明山庄”即江苏省国画院定制、由林散之先生题字所制墨品。

黄山松烟　20 世纪 90 年代　松烟

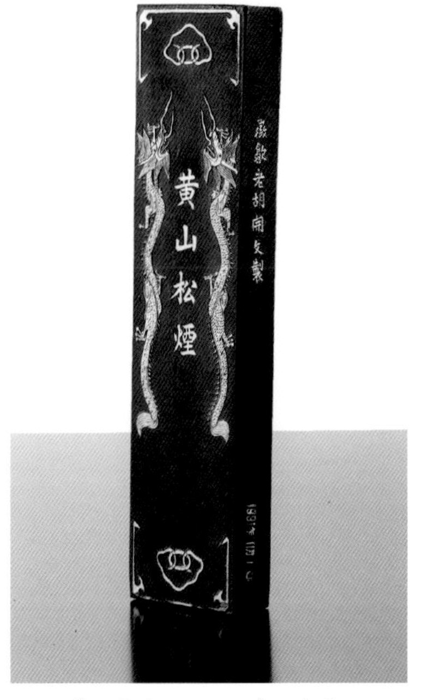

黄山松烟　1991 年　松烟

布浆

20 世纪 60 年代　松烟

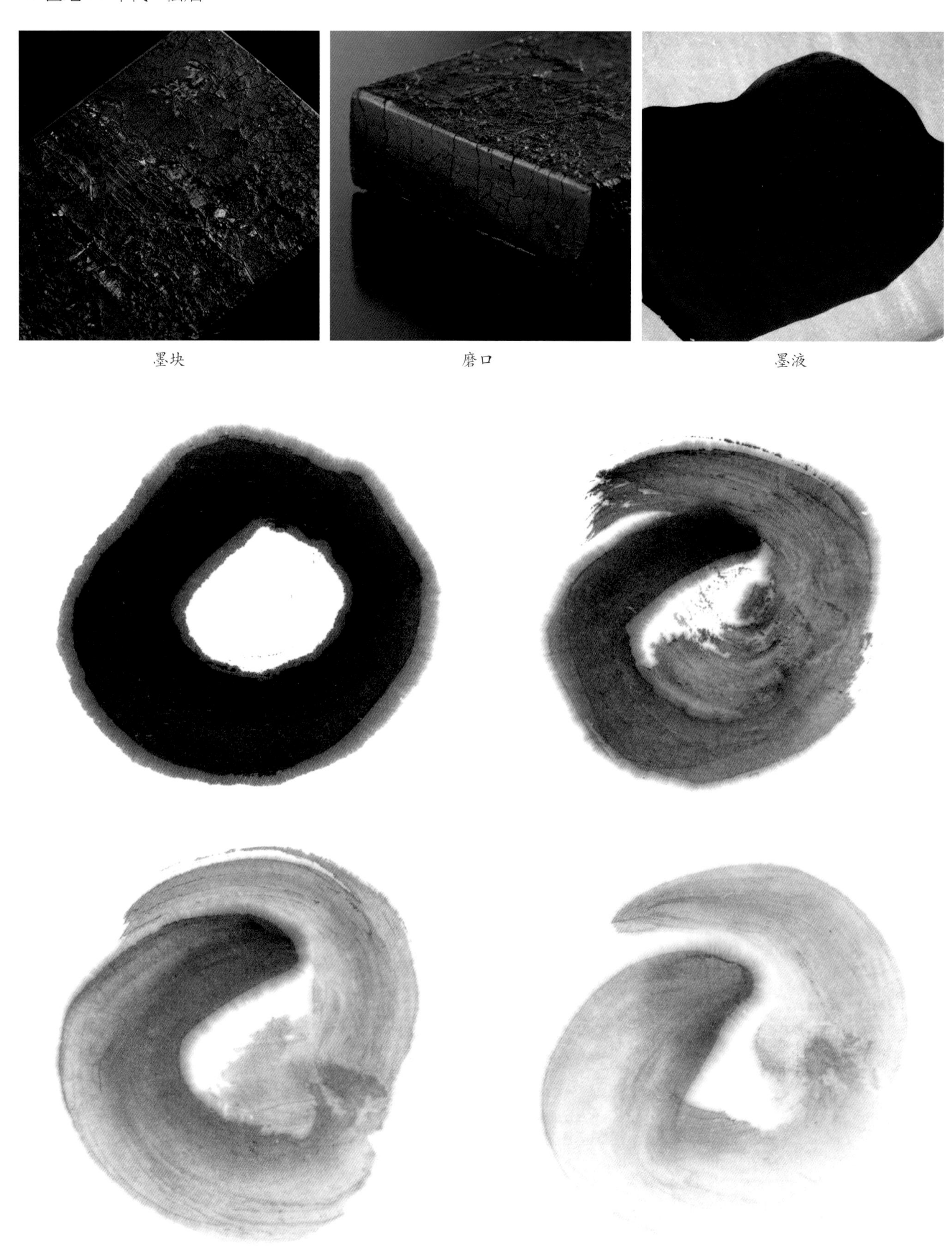

墨块　　磨口　　墨液

墨迹

乌玉

20 世纪 70 年代　松烟

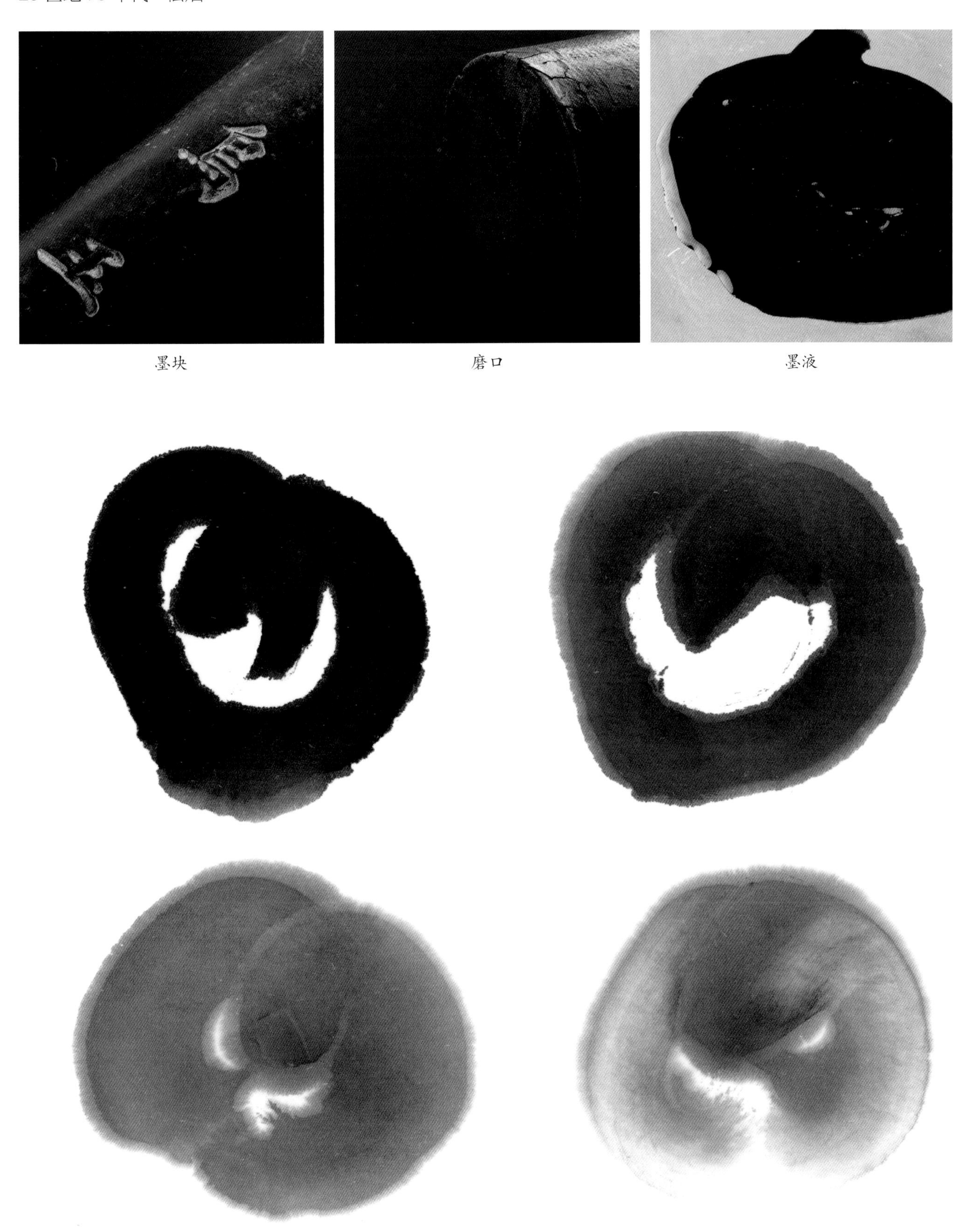

墨块　　磨口　　墨液

墨迹

黄山松烟

20 世纪 70 年代　松烟

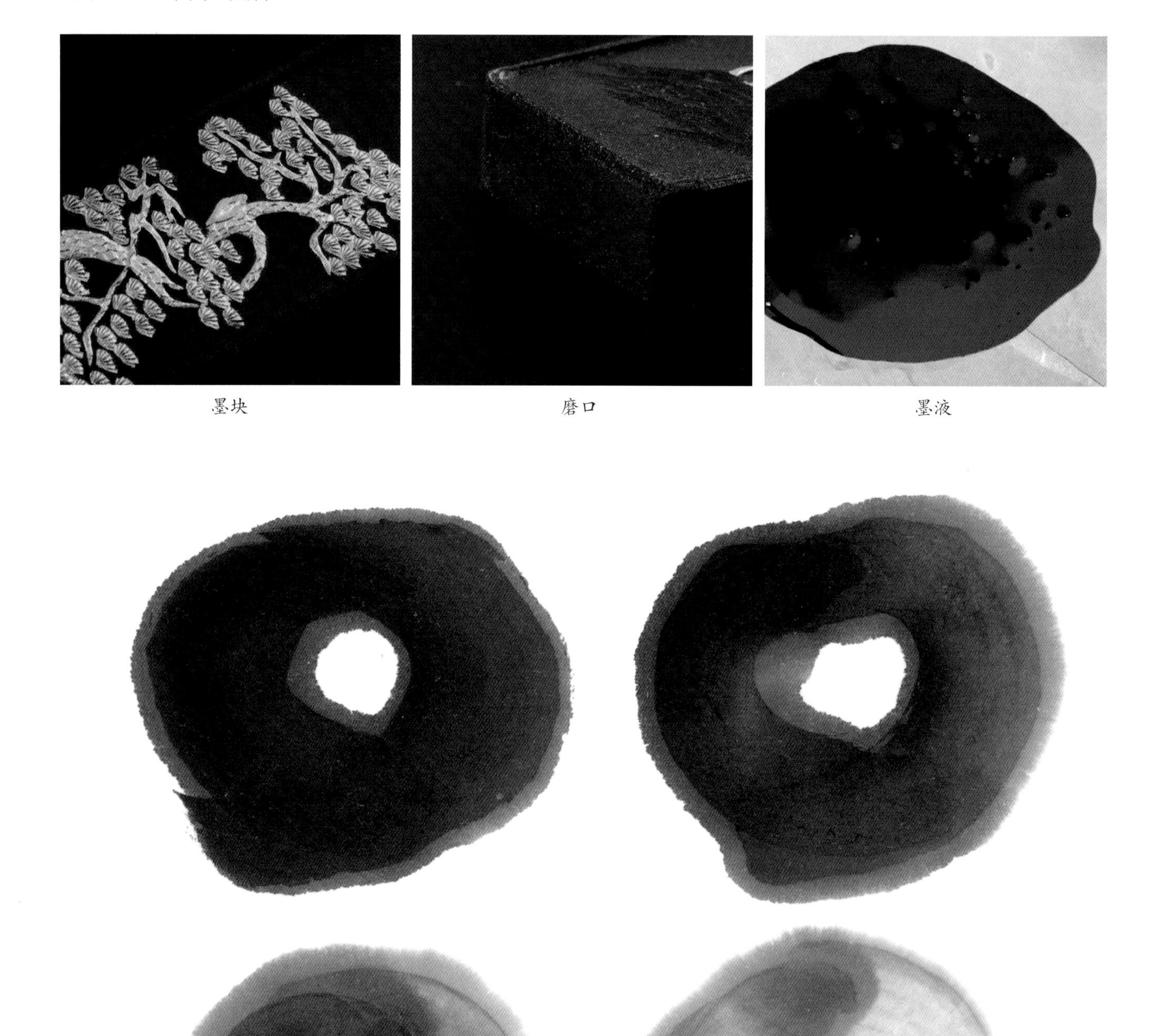

墨块　　磨口　　墨液

墨迹

亮清墨华

20 世纪 80 年代早期　松柏漆烟

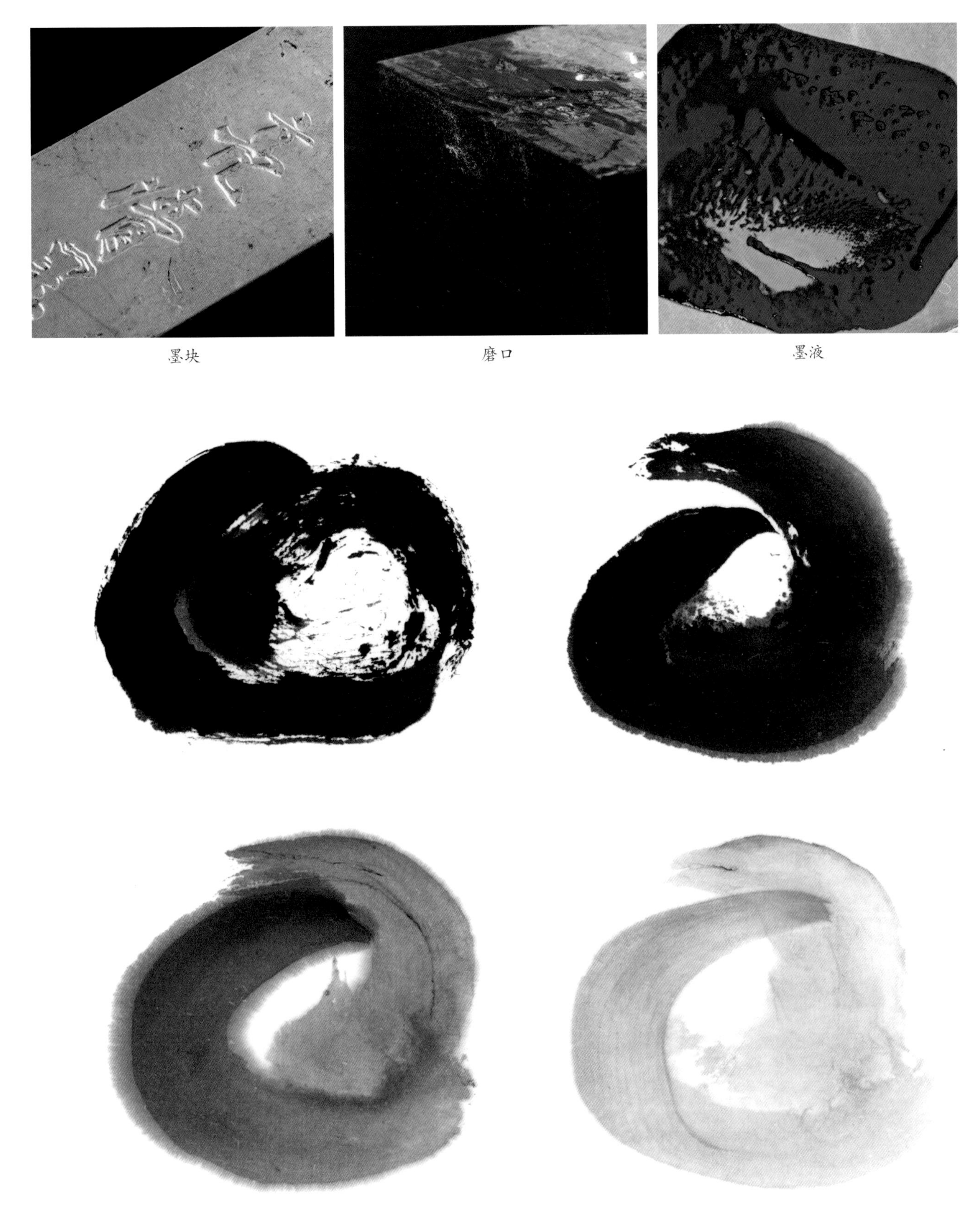

墨块　磨口　墨液

墨迹

黄山松烟

20 世纪 80 年代中期　松烟

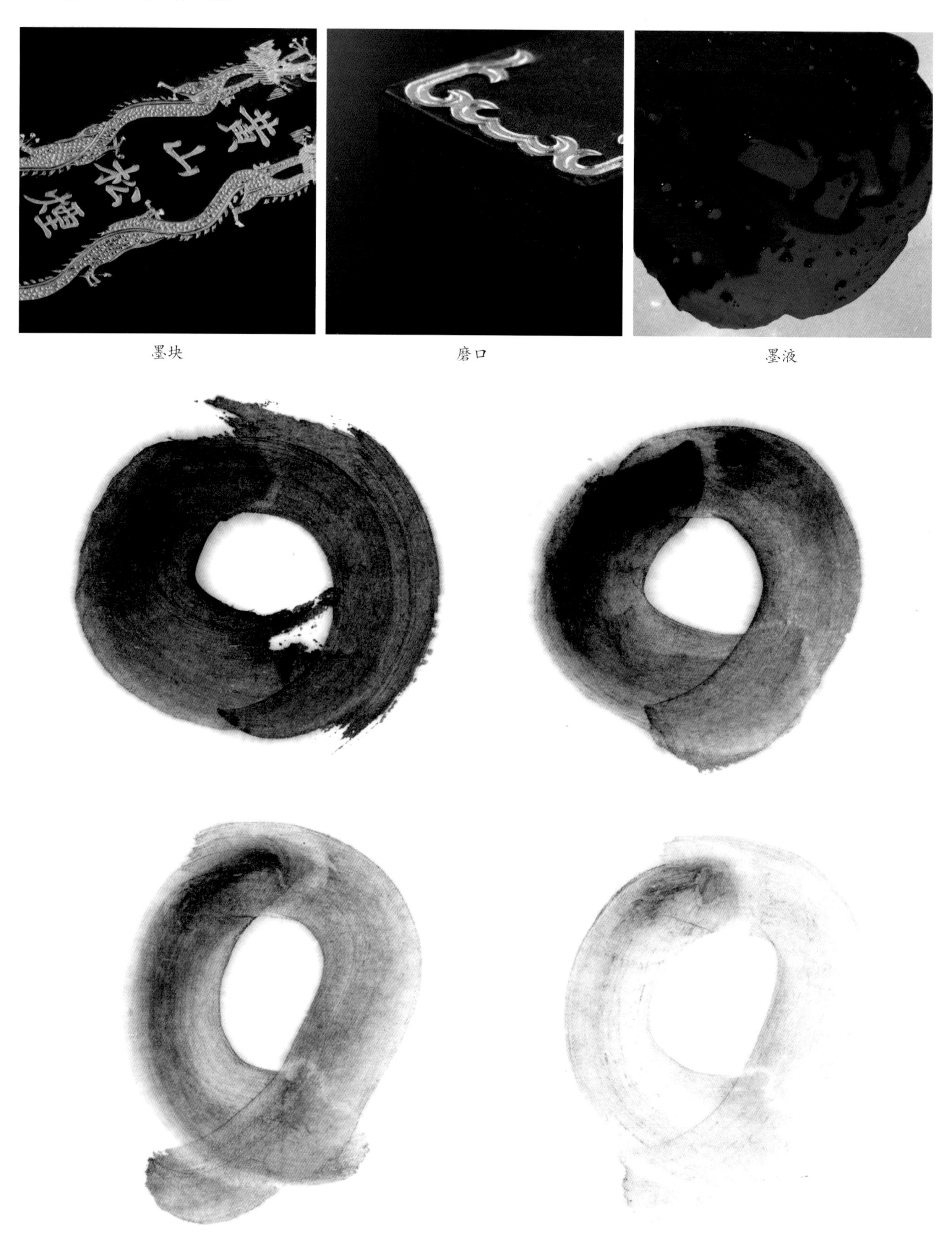

墨块　　磨口　　墨液

墨迹

青墨

20 世纪 80 年代中期　松烟

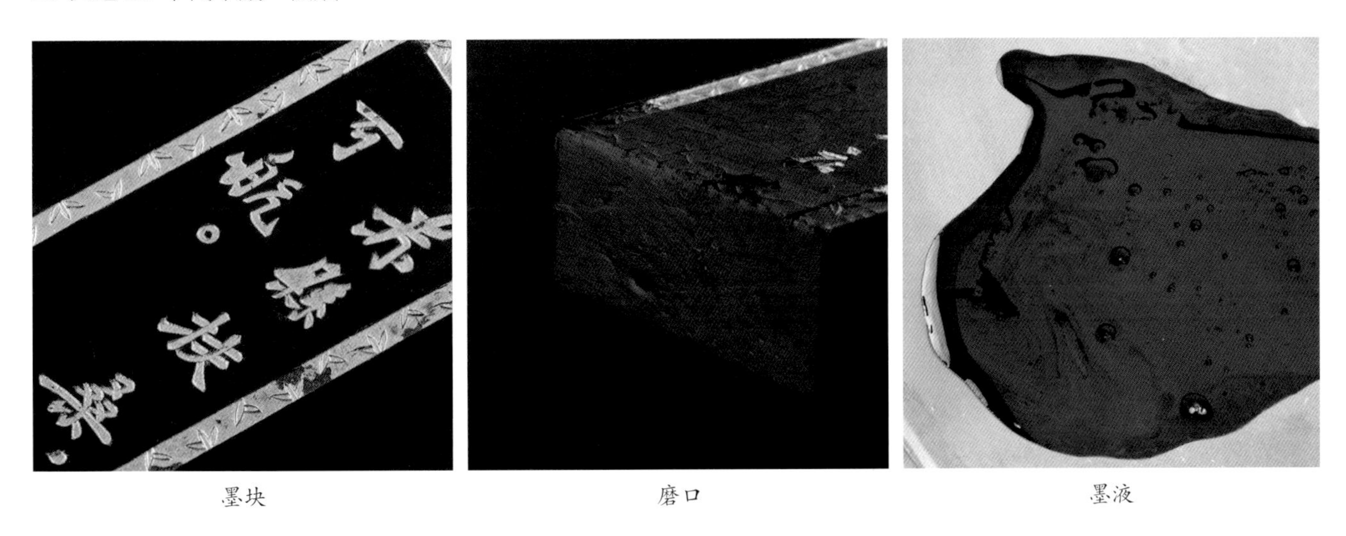

墨块　　磨口　　墨液

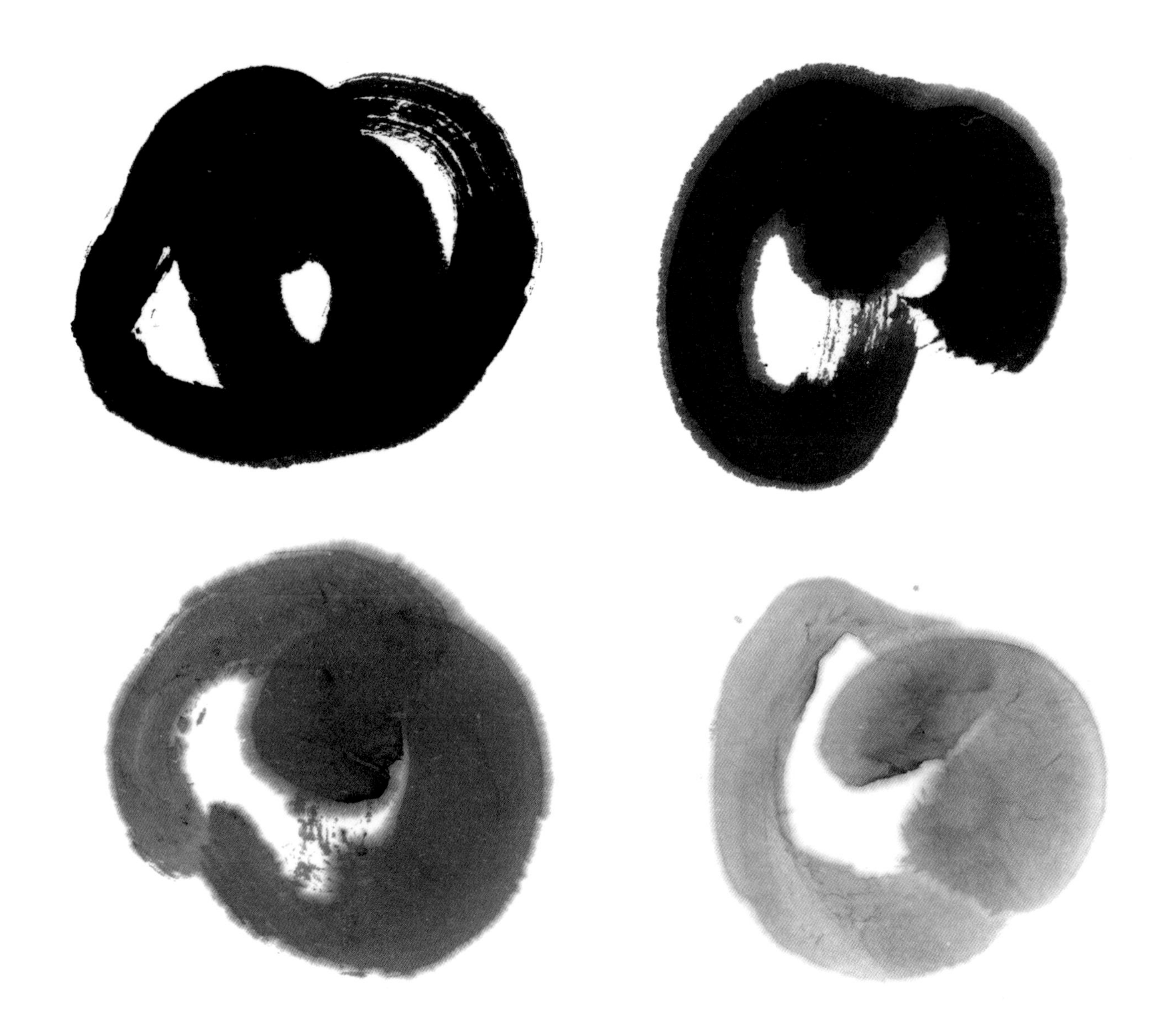

墨迹

青墨

20 世纪 80 年代晚期　松烟

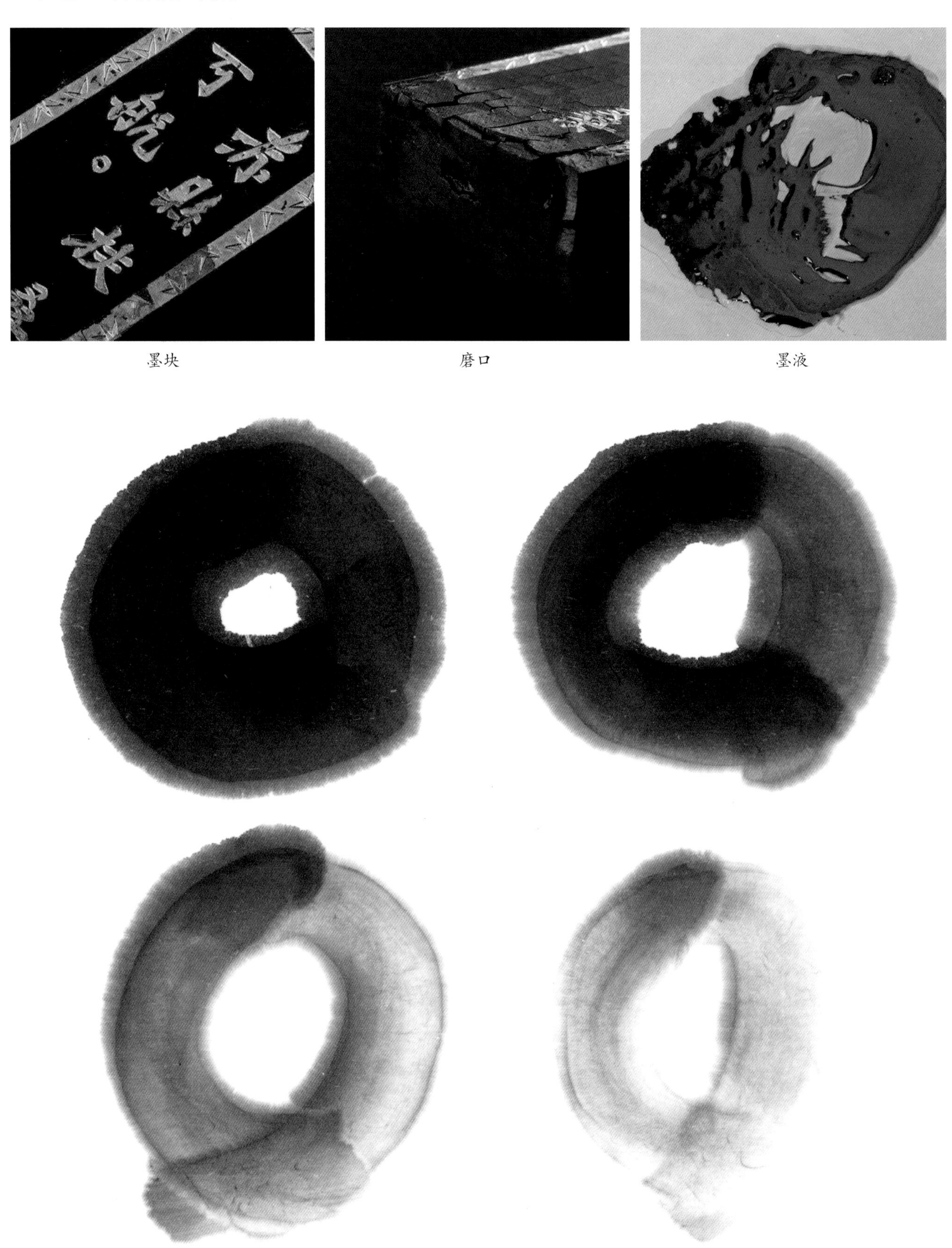

墨块　　磨口　　墨液

墨迹

黄山松烟

20 世纪 90 年代　松烟

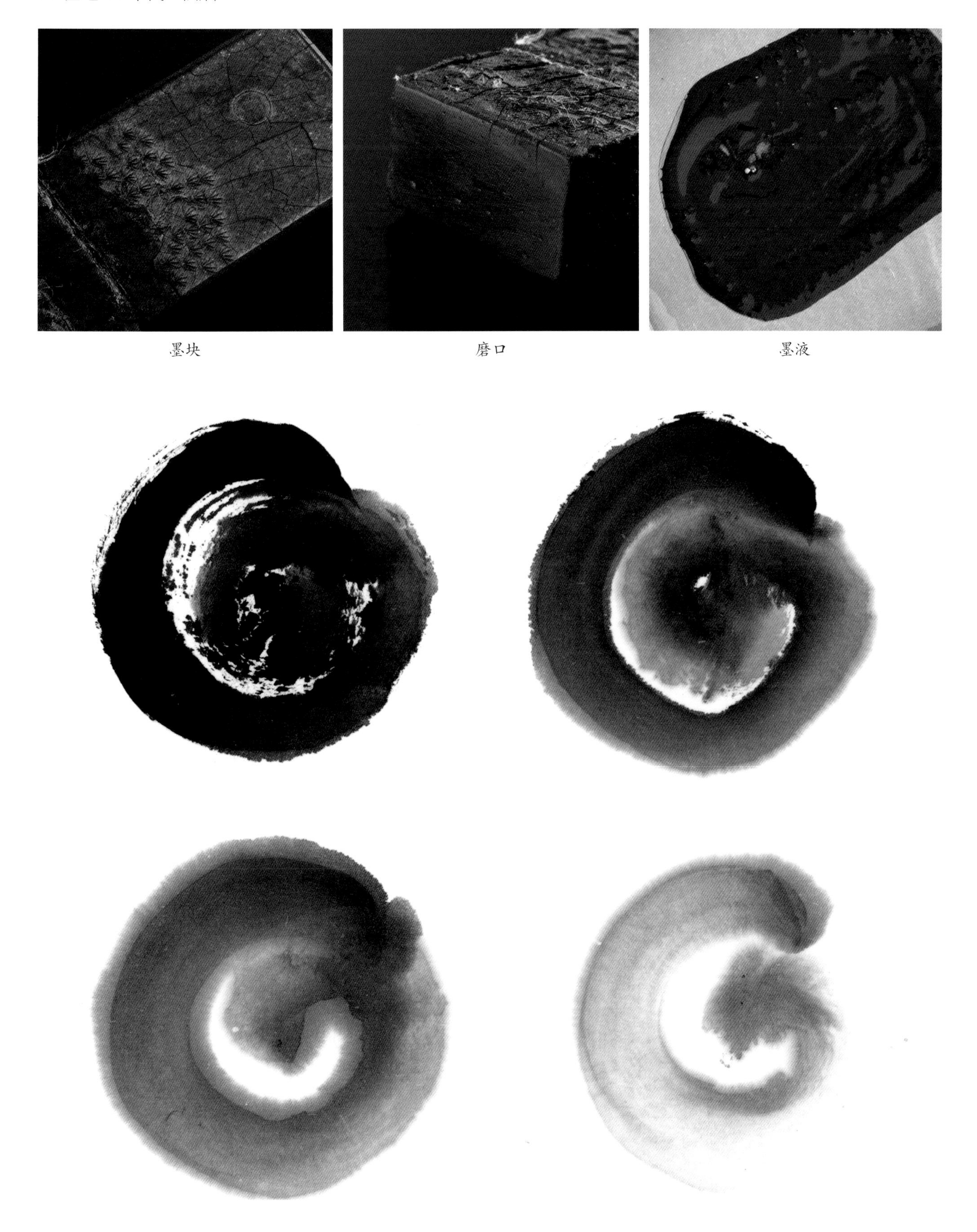

墨块　磨口　墨液

墨迹

黄山松烟

20 世纪 90 年代　松烟

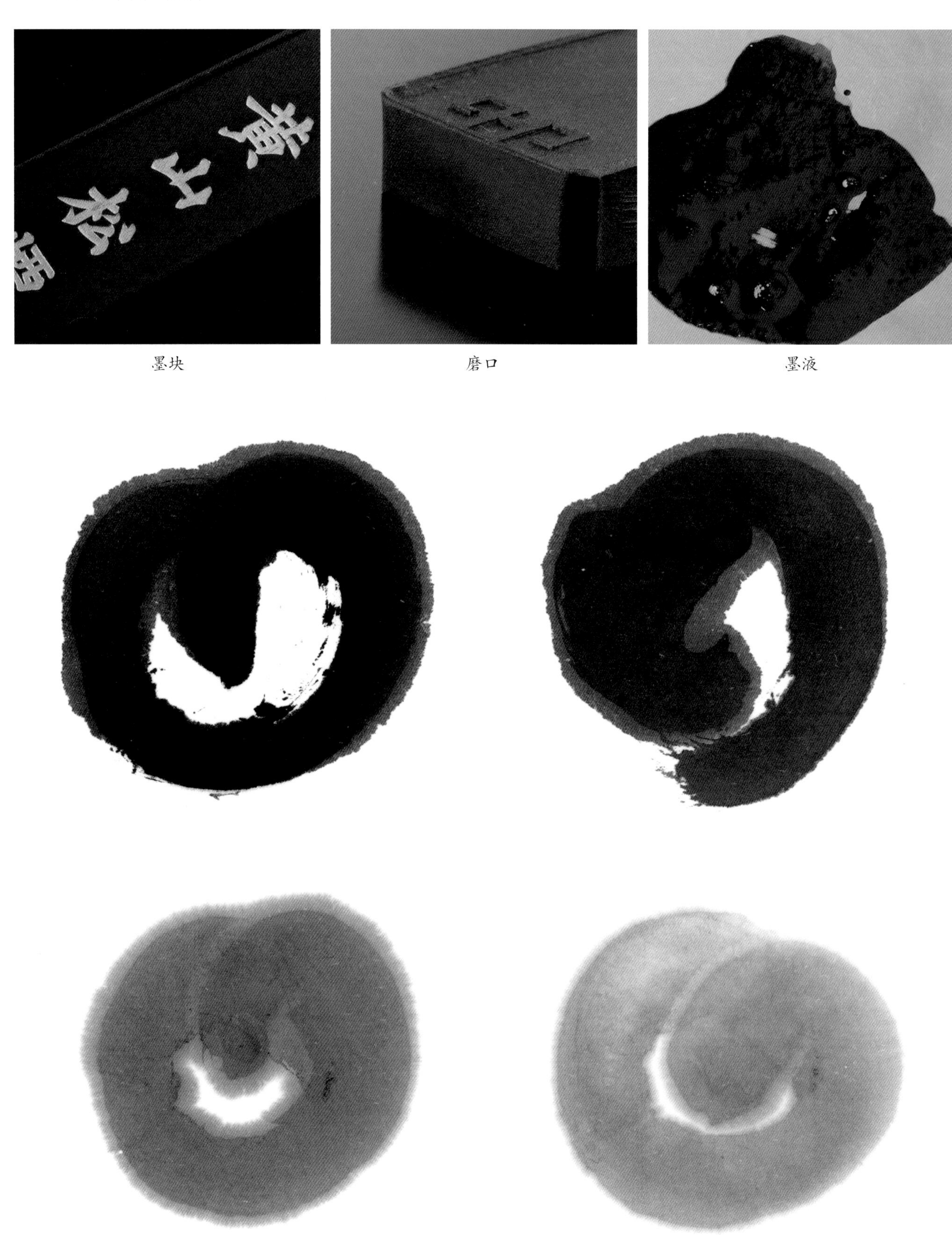

墨块　　磨口　　墨液

墨迹

第三节 胡开文与屯溪胡开文

屯溪徽州胡开文墨厂集各家之长，既坚持按易水法制，又有所创新；既重经济效益，也重质量。其前身即“起首胡开文老店”，由徽州各胡开文墨庄、字号和作坊公私合营组成，1956 年正式更名为公私合营屯溪胡开文墨厂。屯溪胡开文墨厂在 20 世纪六七十年代因囤有数万件清代模板而被树立为“封资修”典型，受到非常大的冲击，大量珍贵墨模及古墨被付之一炬，几近停产。其墨多用真银混入化学金填描，这样的银粉在空气中氧化较慢，不会很快氧化成黑色，60 年代的墨体更油润细黑。

1973 年，屯溪胡开文墨厂复产。70 年代末，得到国家支持，实行了工业化改造，生产能力得到大幅提高，恢复了高档墨的生产。这一时期典型的特点是除少数墨品，如铁斋翁等，其他款产品不再填银粉，此时的代表性产品有为荣宝斋出口套装定制的墨品。1977—1983 年，是屯溪胡开文佳墨频出的时期。因屯溪比上海落后，机器点烟要晚 2—3 年，因此手烟要比上海墨厂多延续几年，这时期的屯溪胡开文顶级产品超顶漆烟也供出口。80 年代因出口需要，屯溪胡开文墨厂使用清代墨模生产了大量仿古墨。1994 年，新墨超细油烟研制成功，成为 90 年代墨业最大的亮点。1994—1996 年，大量的超细油烟供出口日、韩和东南亚，之后由于出口及国内需求的减少，超细油烟品质也出现变化。

现今屯溪胡开文墨厂全厂设有雕模、点烟、制墨、晾墨、打磨、描金等十多个生产工序和一个设备齐全的墨锭理化检测中心，不但保留着传统工艺精华——古法手工点烟技术，还注重以现代科技成果为徽墨生产服务，拥有明清以来历代名家创作雕刻的珍贵墨模 7800 多个品种。

一、胡开文与屯溪胡开文　油烟

骊龙珠　清末民国初　油烟

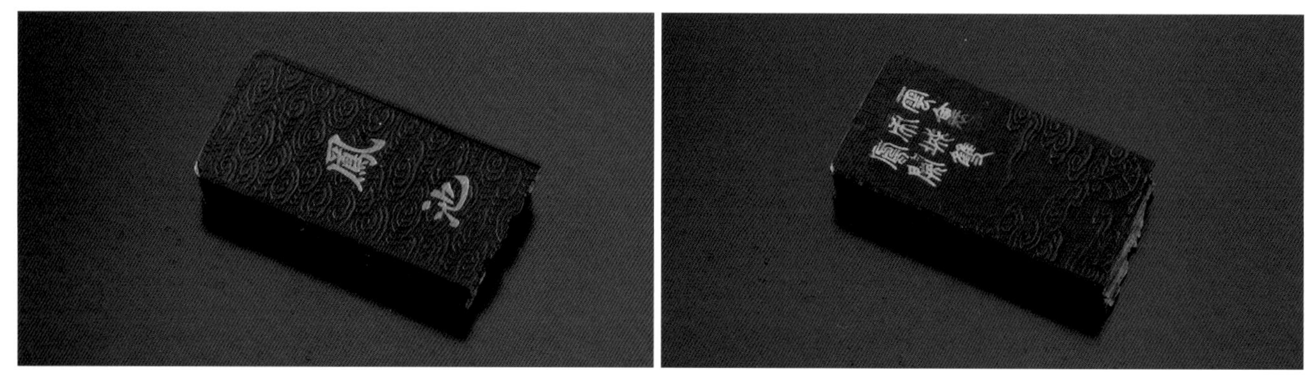

凤池春　约 1840—1912 年　油烟

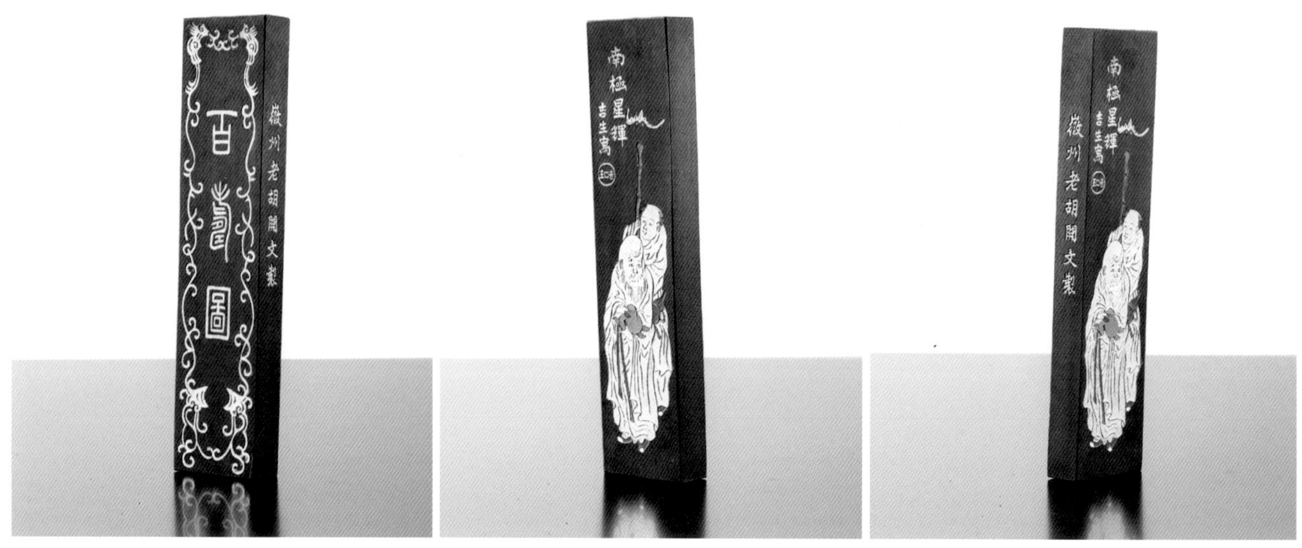

百寿图　20 世纪 70 年代末 80 年代初　油烟

超顶漆烟是屯溪胡开文油烟墨品中最高等级。

古隃麋　20 世纪 70 年代末 80 年代初　油烟

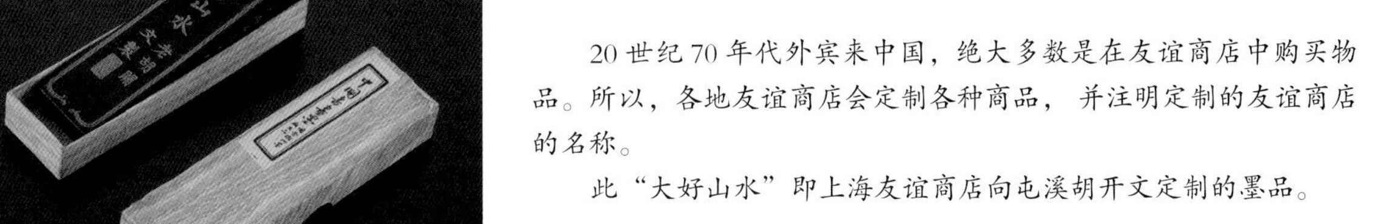

20 世纪 70 年代外宾来中国，绝大多数是在友谊商店中购买物品。所以，各地友谊商店会定制各种商品，并注明定制的友谊商店的名称。

此“大好山水”即上海友谊商店向屯溪胡开文定制的墨品。

大好山水　20 世纪 70 年代　油烟

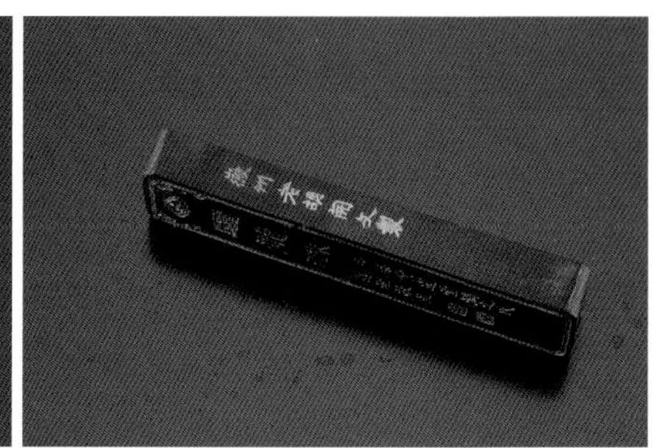

骊龙珠　20 世纪 70 年代　油烟

鑫斯羽　20 世纪 70 年代　油烟

“鑫斯羽”是屯溪胡开文在 70 年代出口创汇的主打墨品，其使用的独家所藏清代模板，精美绝伦。

廷珪遗法　20 世纪 70 年代　油烟

墨体外包金，会形成一种自然的保护层，抗氧化性更好。使用时，金箔融入墨液中，增强了墨液的质感。

枫桥夜泊　20世纪80年代初期　油烟

铁斋翁
20世纪80年代初期
油烟

屯溪胡开文旧藏墨模，别具特色，此瓦当墨即为其中之一，取汉瓦当文字，别具中国特色。

瓦当　20世纪80年代　油烟

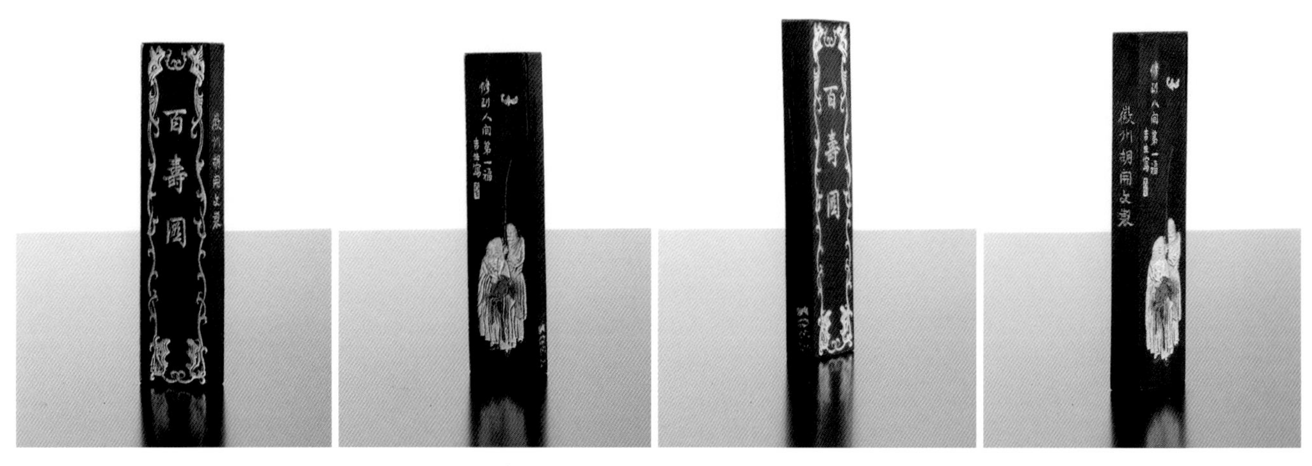

百寿图　20 世纪 80 年代中期　油烟

屯溪胡开文所制“大好山水”，与上海墨厂及歙县胡开文大相径庭。

大好山水
20 世纪 80 年代中期
油烟

屯溪胡开文与歙县胡开文一样，打码较上海墨厂晚，为 80 年代初期，起初也是三位码，后逐渐增多。

寒山寺　20 世纪 80 年代中期　油烟

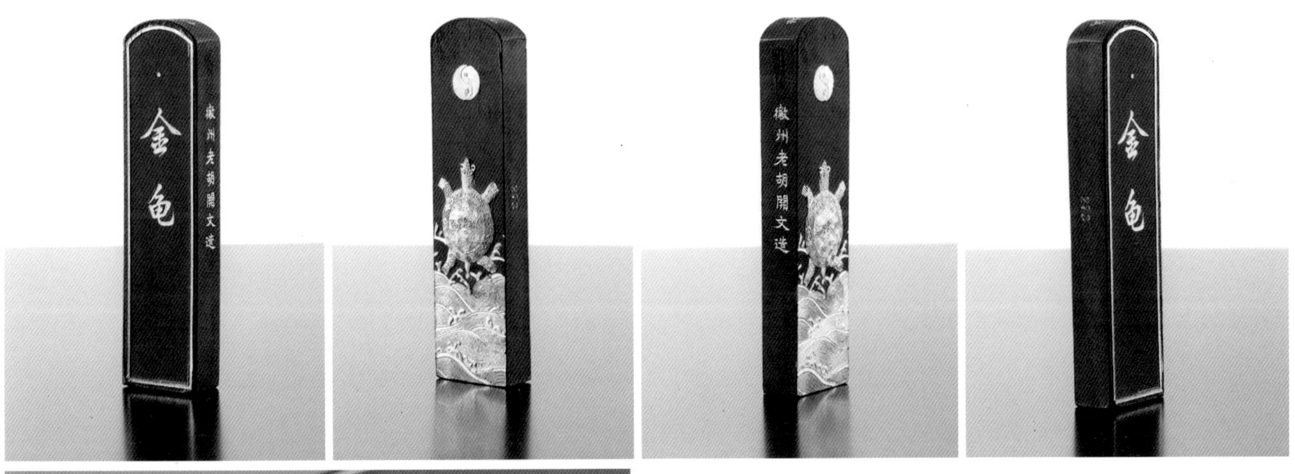

“金龟”是屯溪胡开文名品之一。此为翻刻版，神品是当时胡开文最高等级墨品。

金龟　20世纪80年代中期　油烟

骊龙珠　20世纪80年代中期　油烟

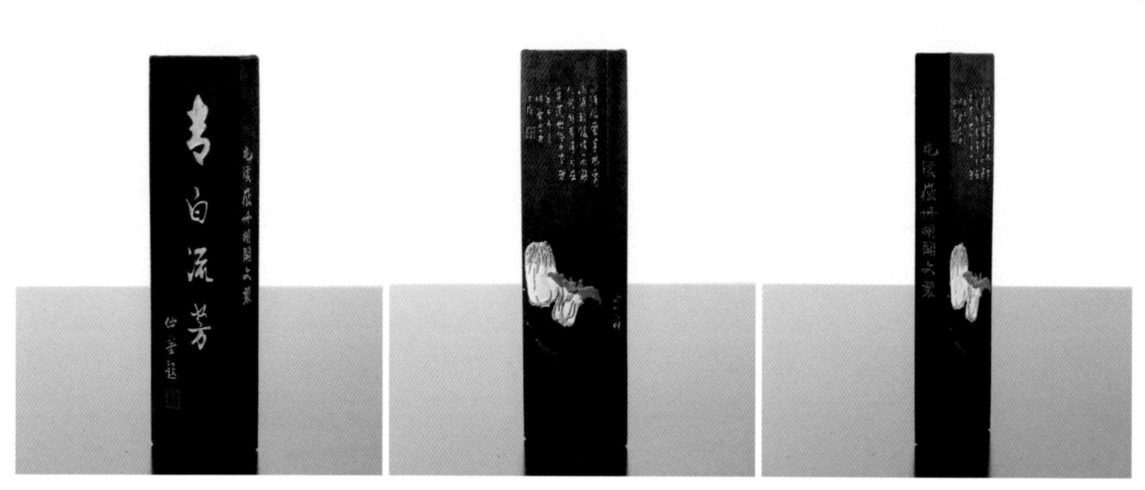

青白流芳　20 世纪 80 年代中期　油烟

铁斋翁　20 世纪 80 年代中期　油烟

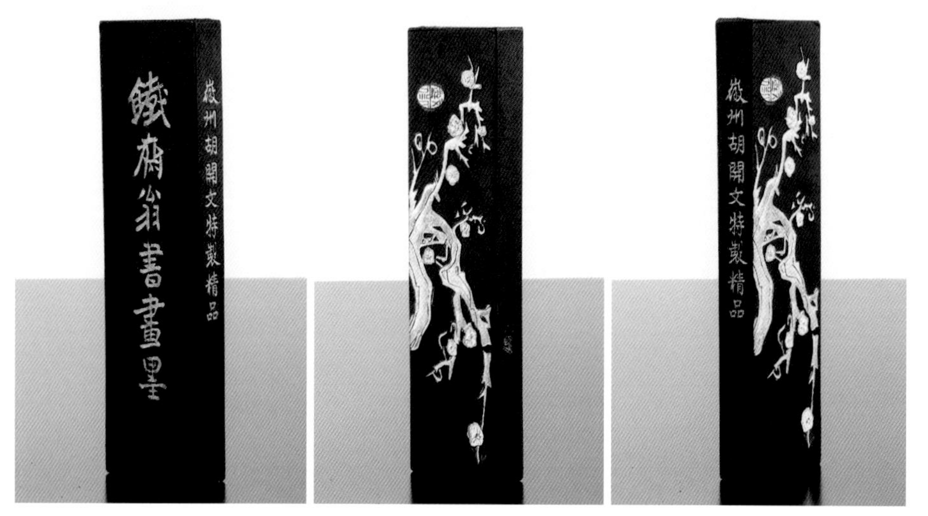

铁斋翁　20 世纪 80 年代中期　油烟

屯溪胡开文也制作了大量的“铁斋翁”系列墨品，以特制精品为最佳。

枫桥夜泊　20 世纪 80 年代中早期　油烟

骊龙珠　20 世纪 80 年代中早期　油烟

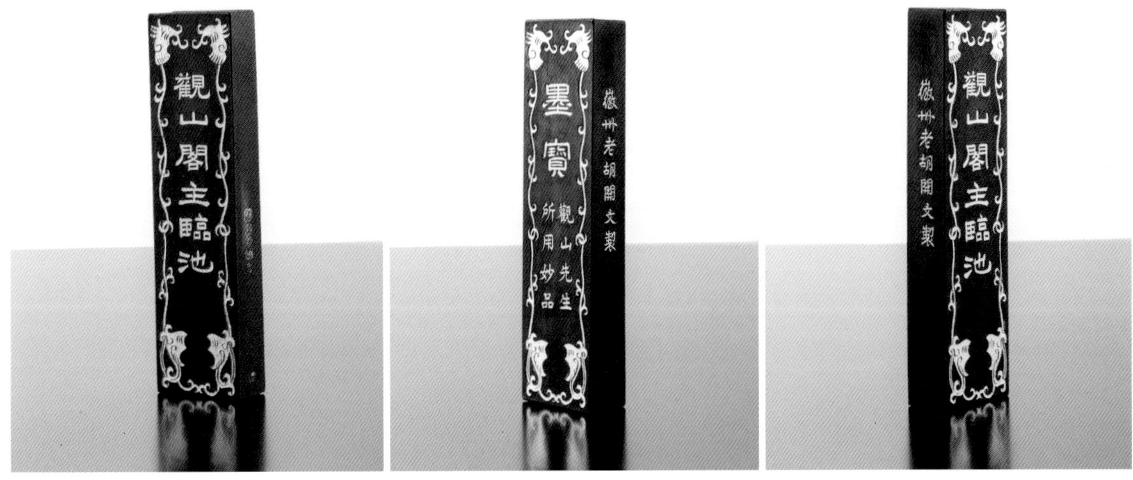

墨宝　1983 年　油烟

凤池春

约 1912—1949 年　油烟

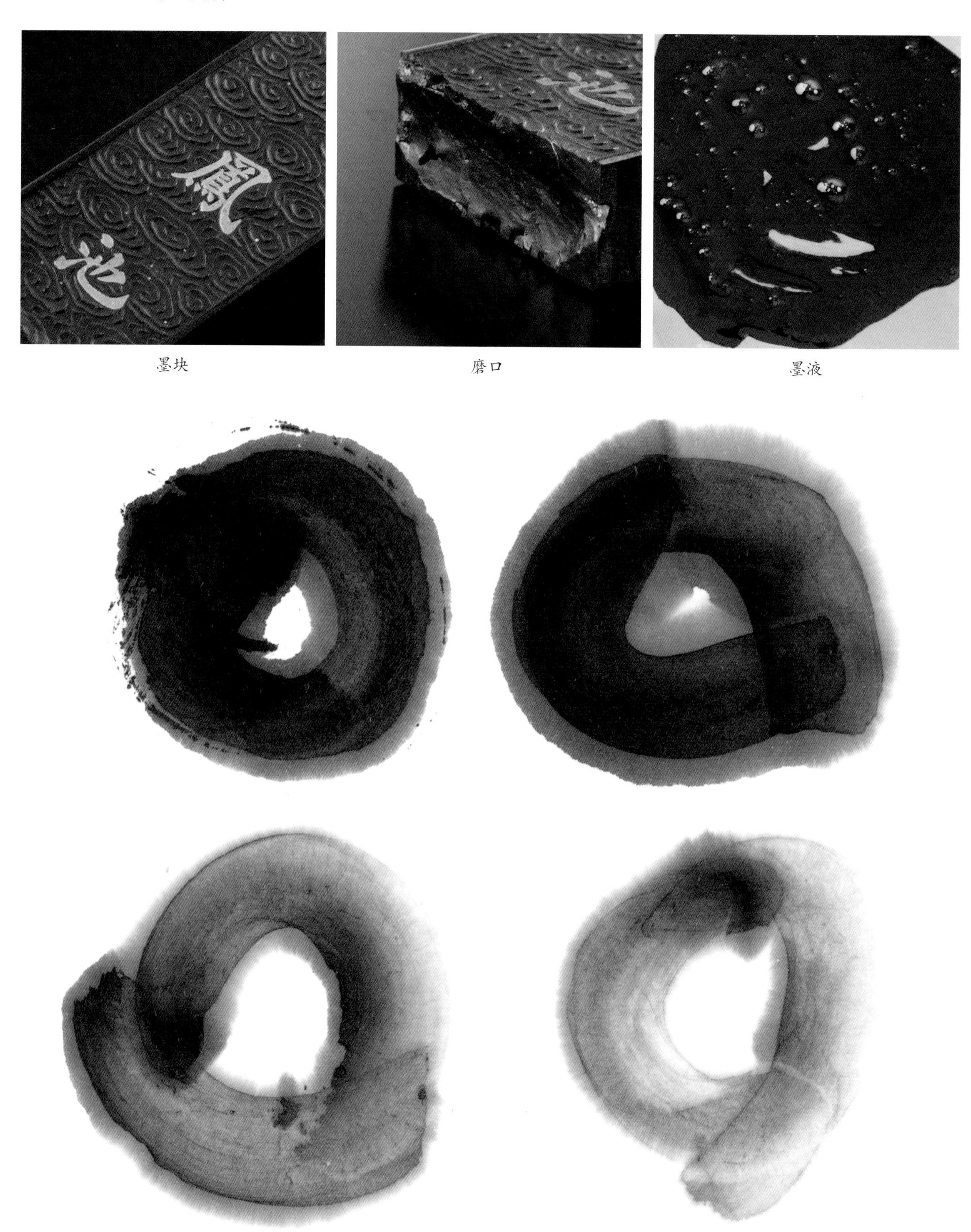

墨块　　磨口　　墨液

墨迹

廷珪遗法

20 世纪 70 年代　油烟

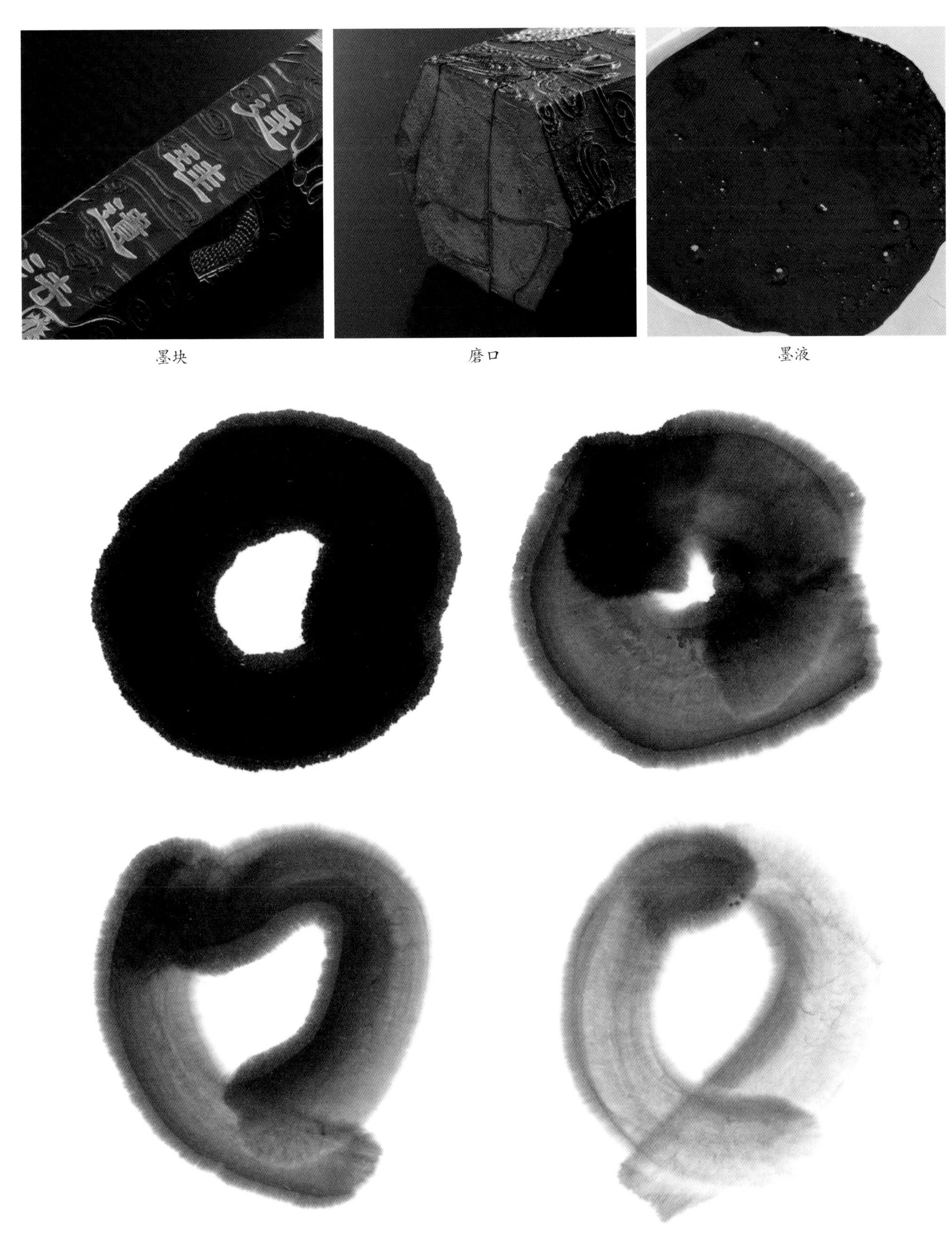

墨块　　磨口　　墨液

墨迹

金龟

20 世纪 70 年代中期　油烟

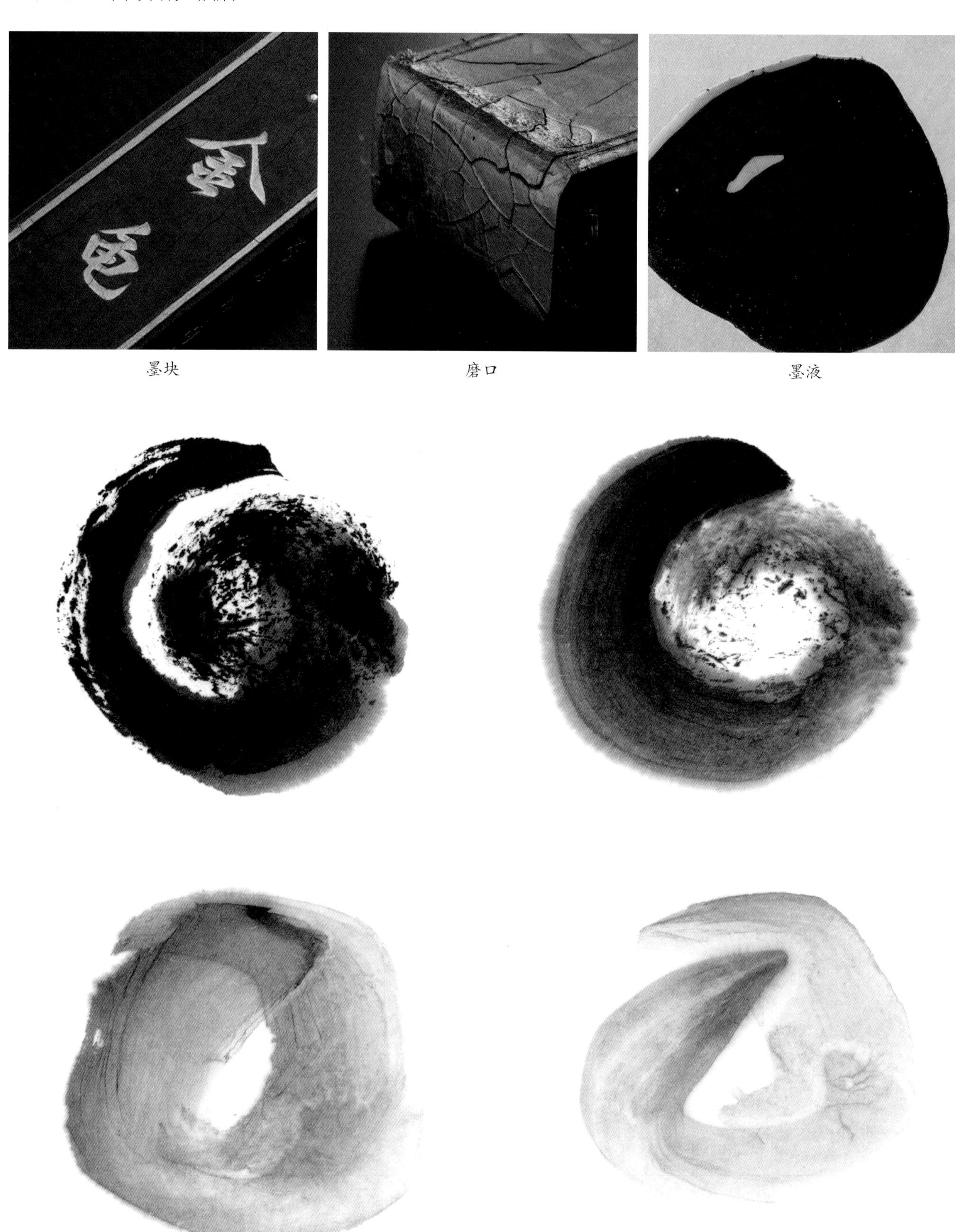

墨块　磨口　墨液

墨迹

古険麋

20 世纪 70 年代　油烟

墨块　　磨口　　墨液

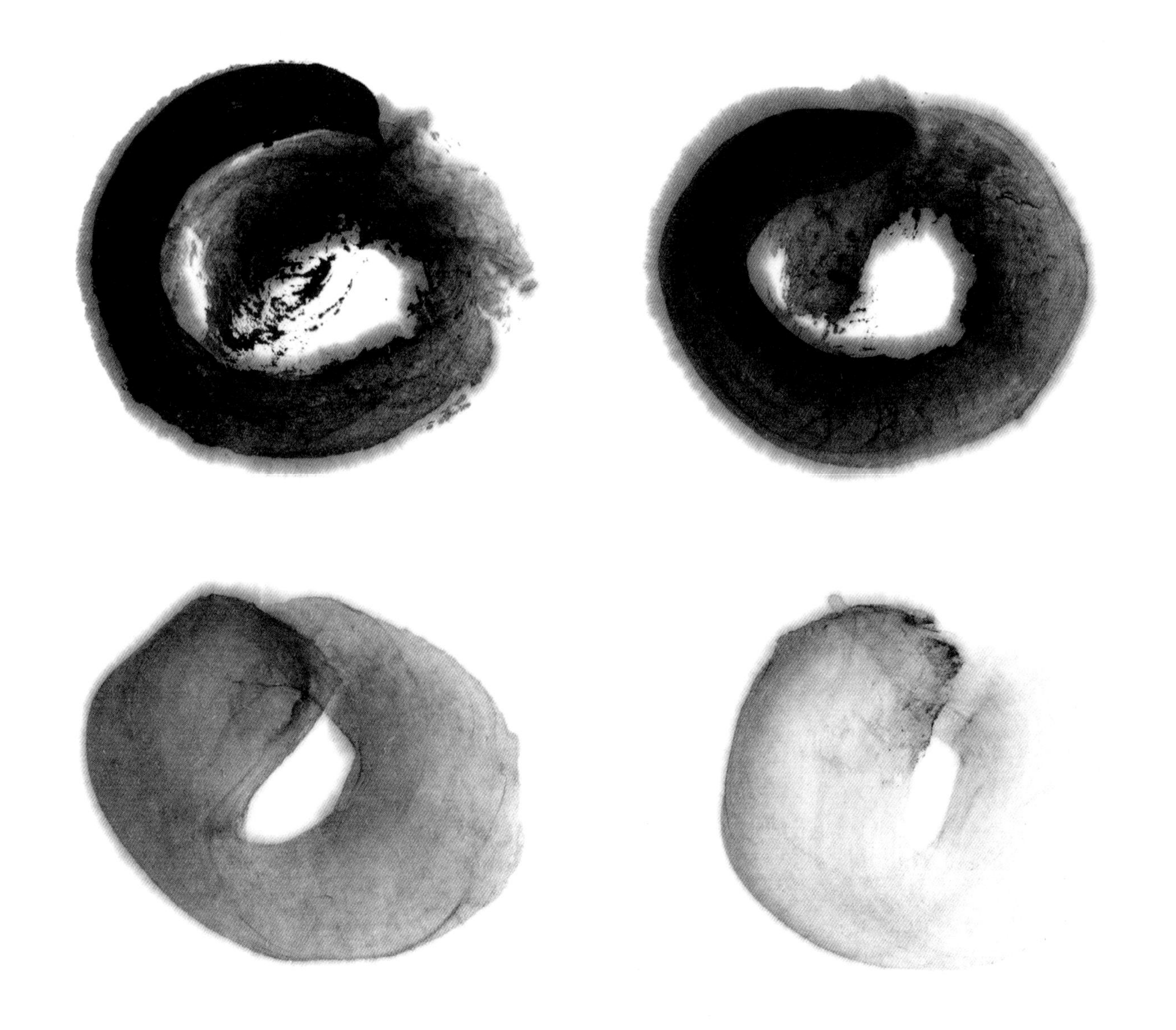

墨迹

吉兆图

20 世纪 80 年代早期 油烟

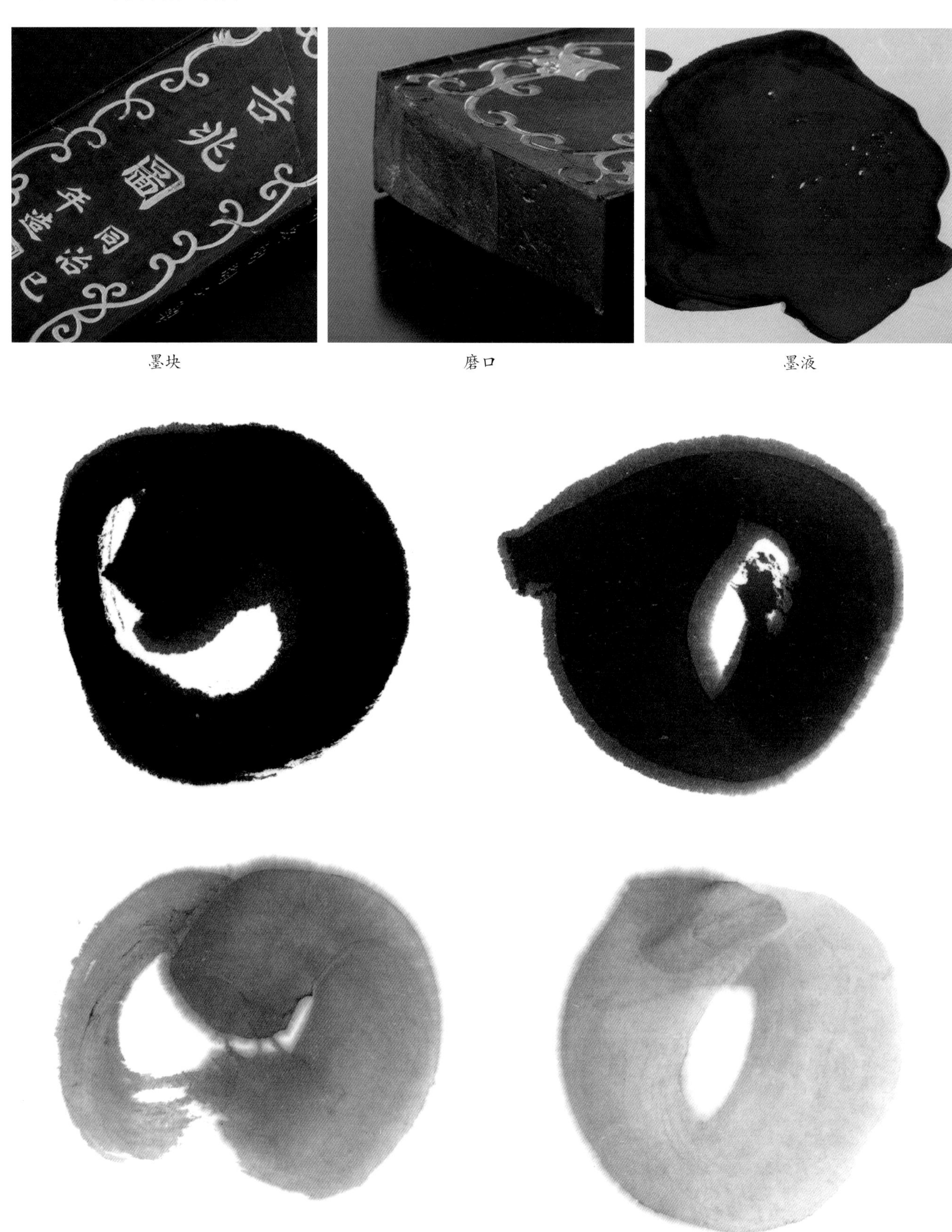

墨块 磨口 墨液

墨迹

包金枫桥夜泊

20 世纪 80 年代早期　油烟

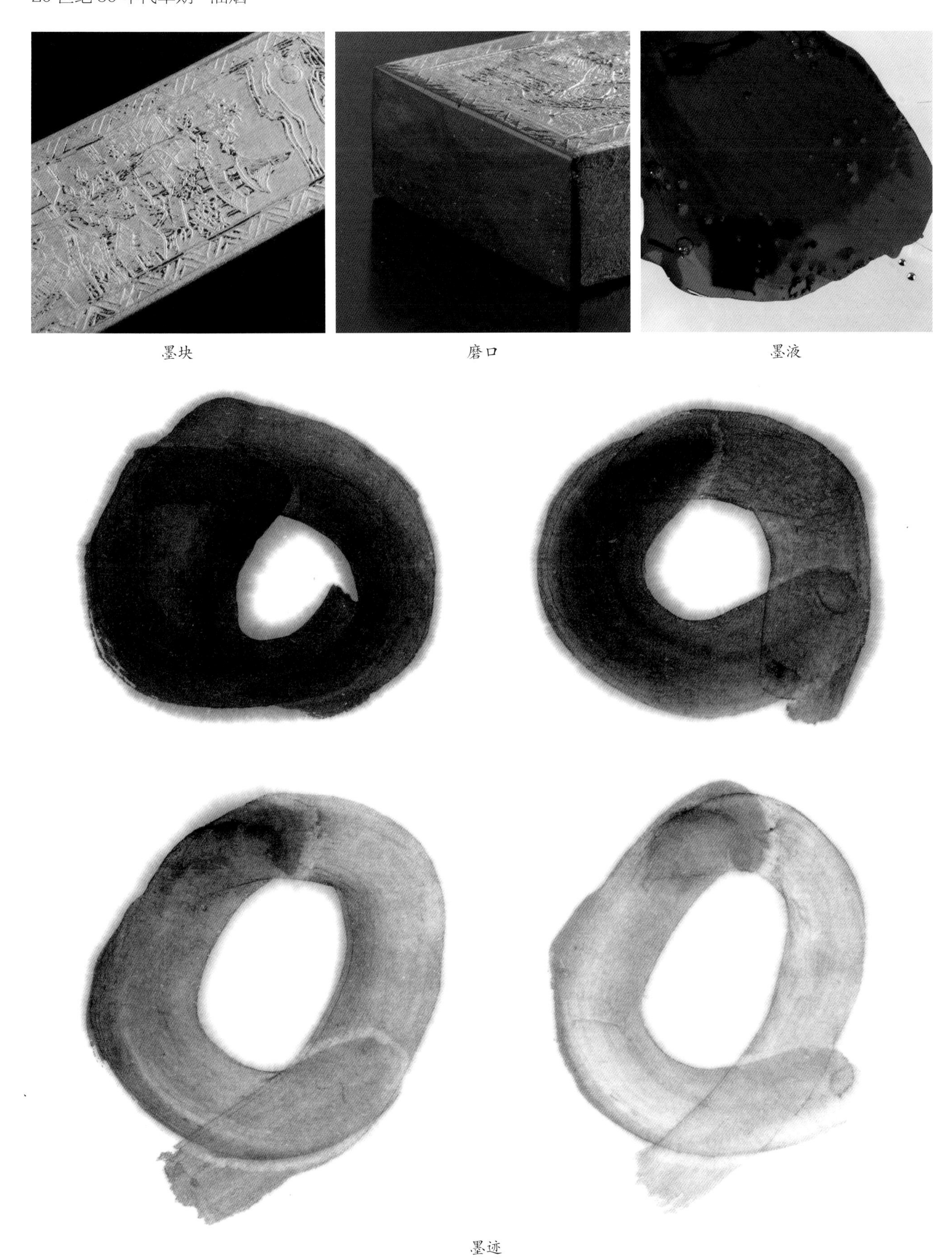

墨块　　磨口　　墨液

墨迹

枫桥夜泊

20 世纪 80 年代中期　油烟

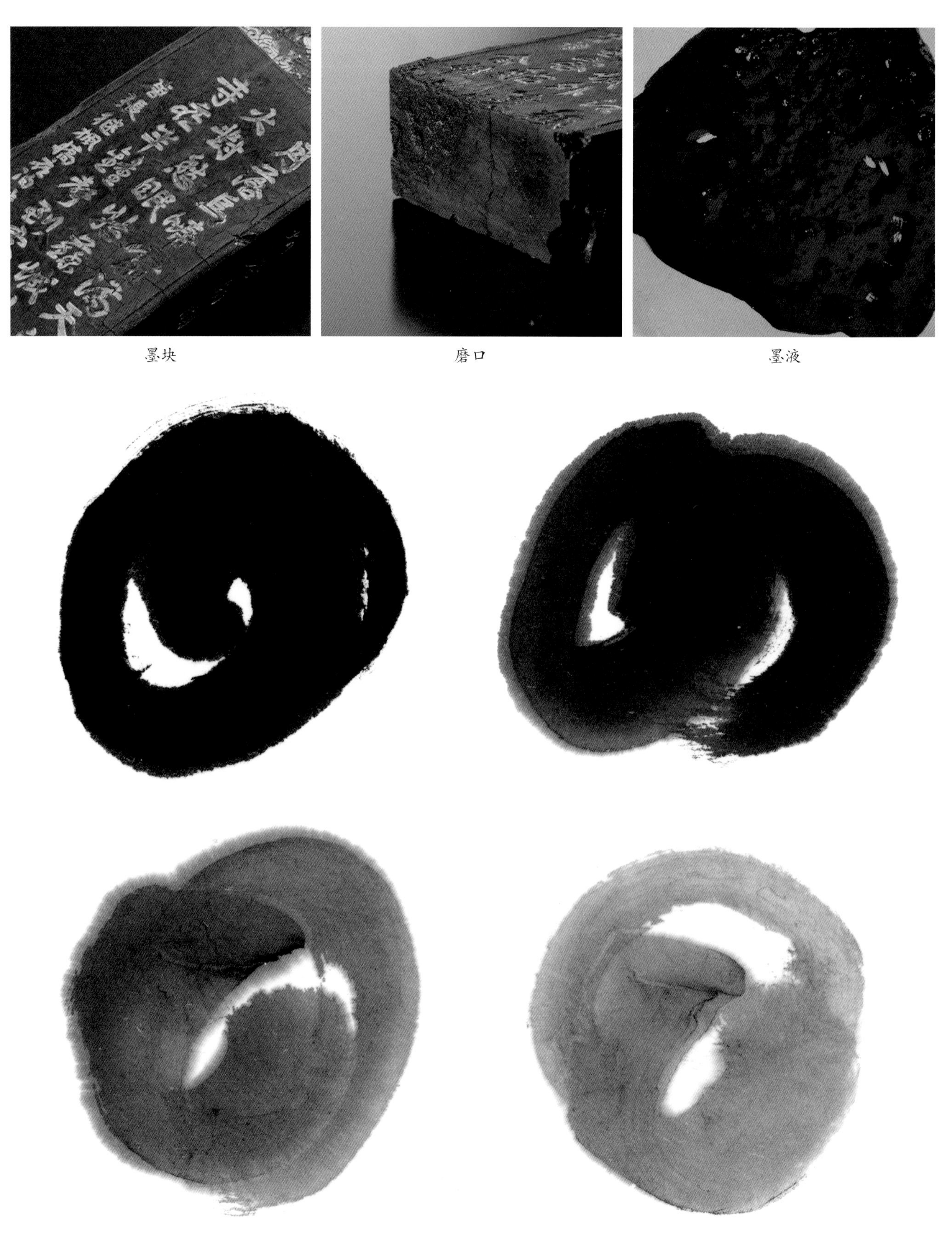

墨块　　磨口　　墨液

墨迹

铁斋翁

20 世纪 80 年代中期 油烟

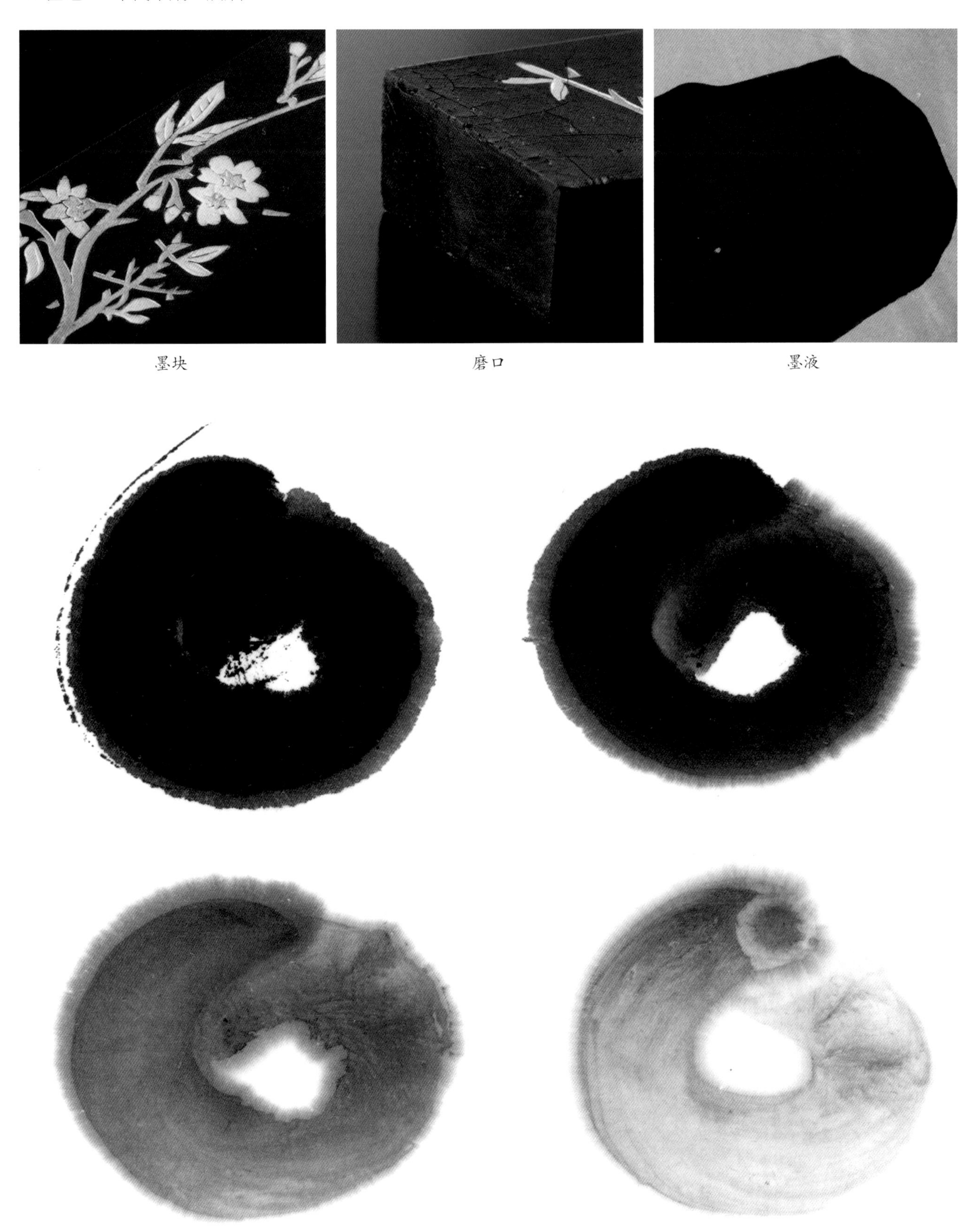

墨块

磨口

墨液

墨迹

千秋光

20 世纪 90 年代　油烟

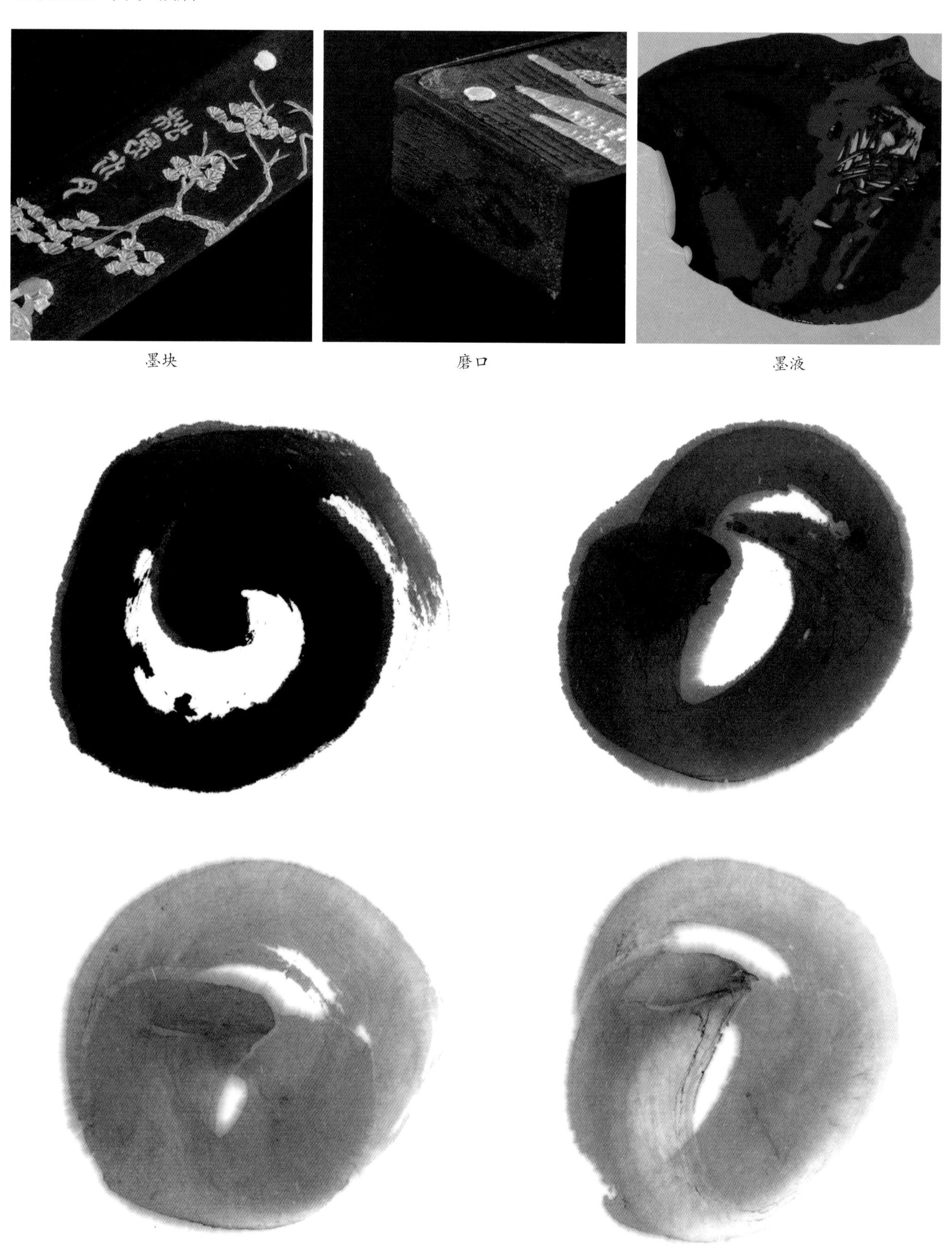

墨块　　磨口　　墨液

墨迹

二、胡开文与屯溪胡开文　松烟

纯松烟　20 世纪 80 年代　松烟

青墨　20 世纪 80 年代　松烟

黄山青墨　20 世纪 80 年代　松烟

古松心

20 世纪 80 年代　松烟

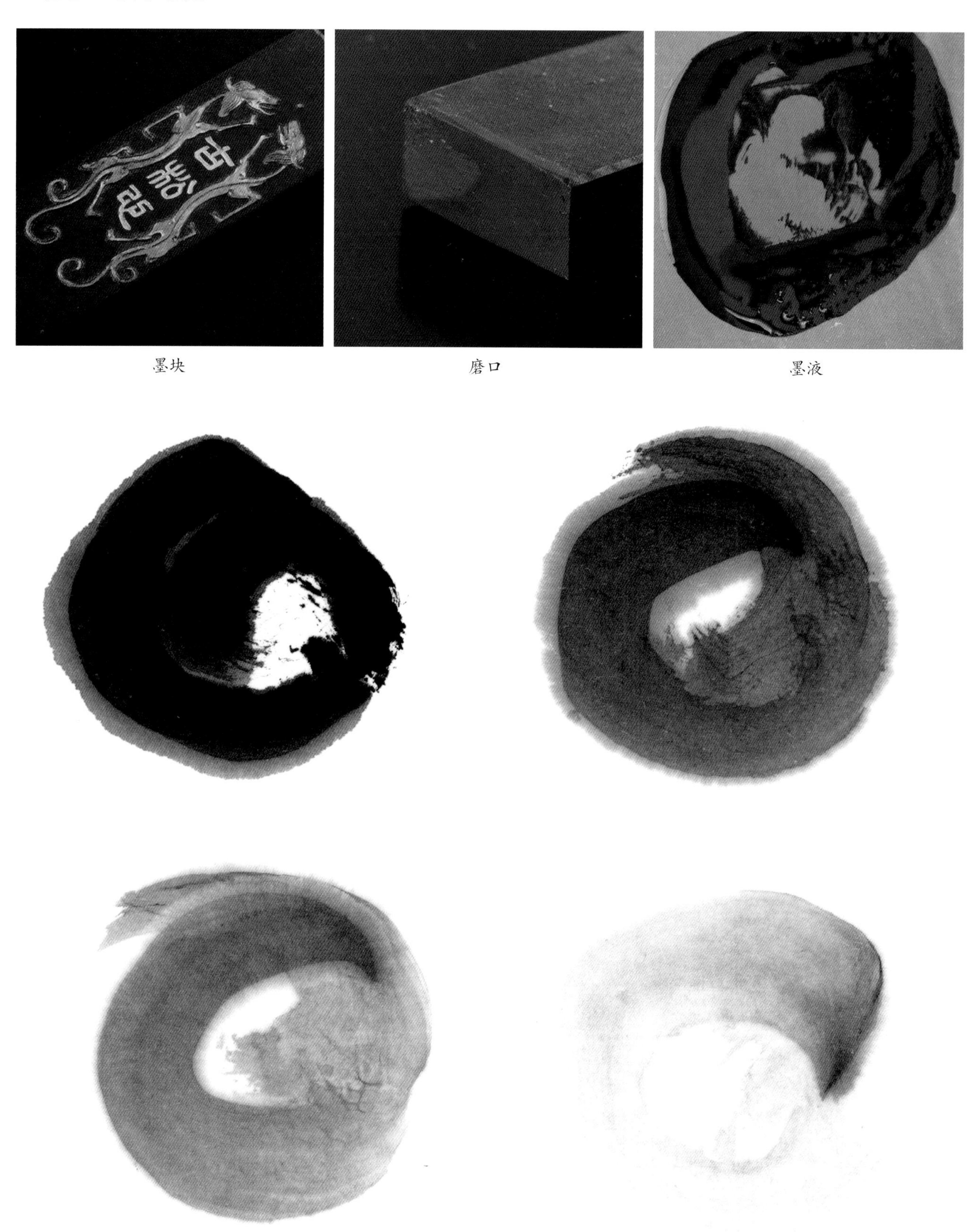

墨块　　磨口　　墨液

墨迹

纯松烟

20 世纪 80 年代　松烟

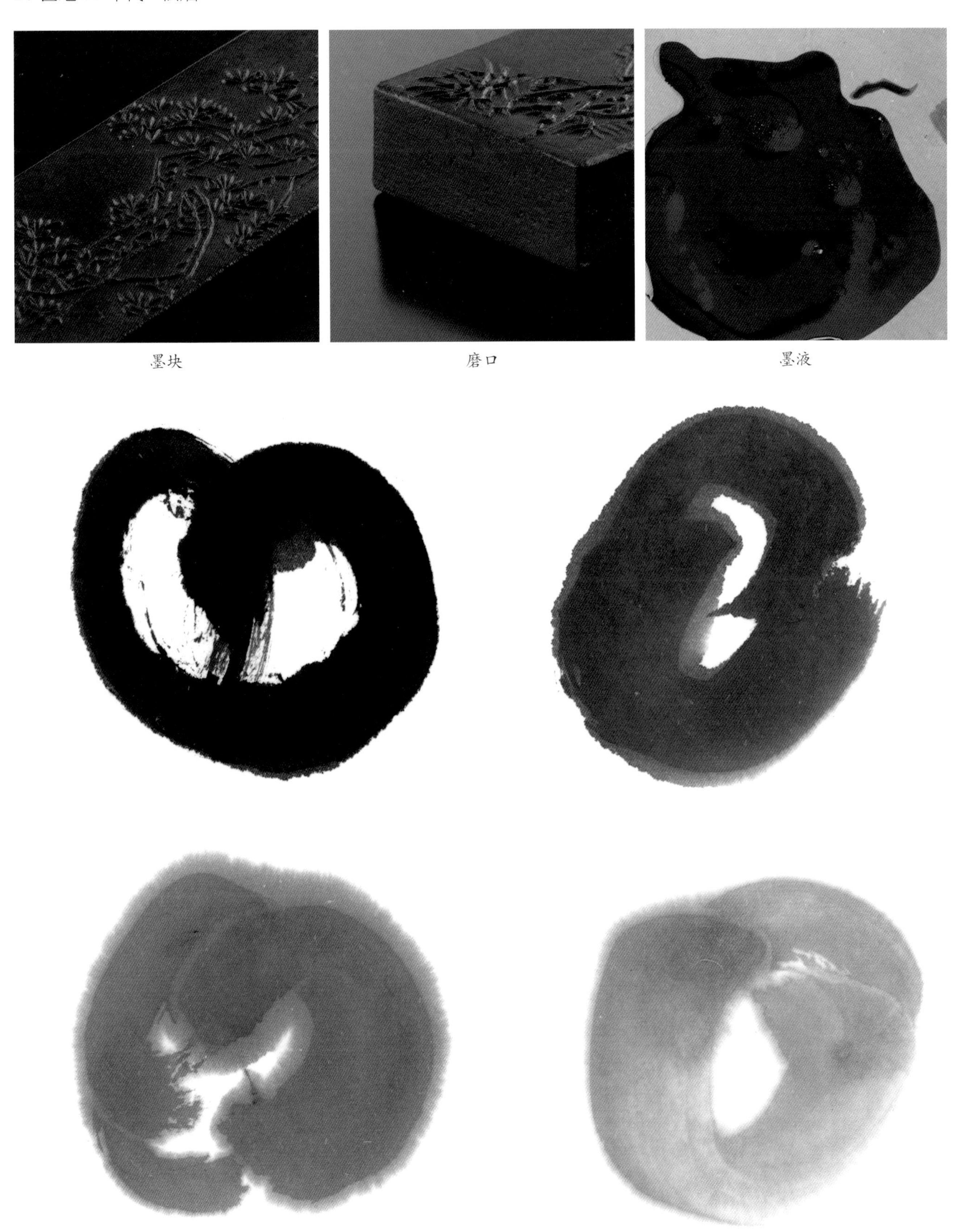

墨块　　磨口　　墨液

墨迹

青墨

20 世纪 80 年代　松烟

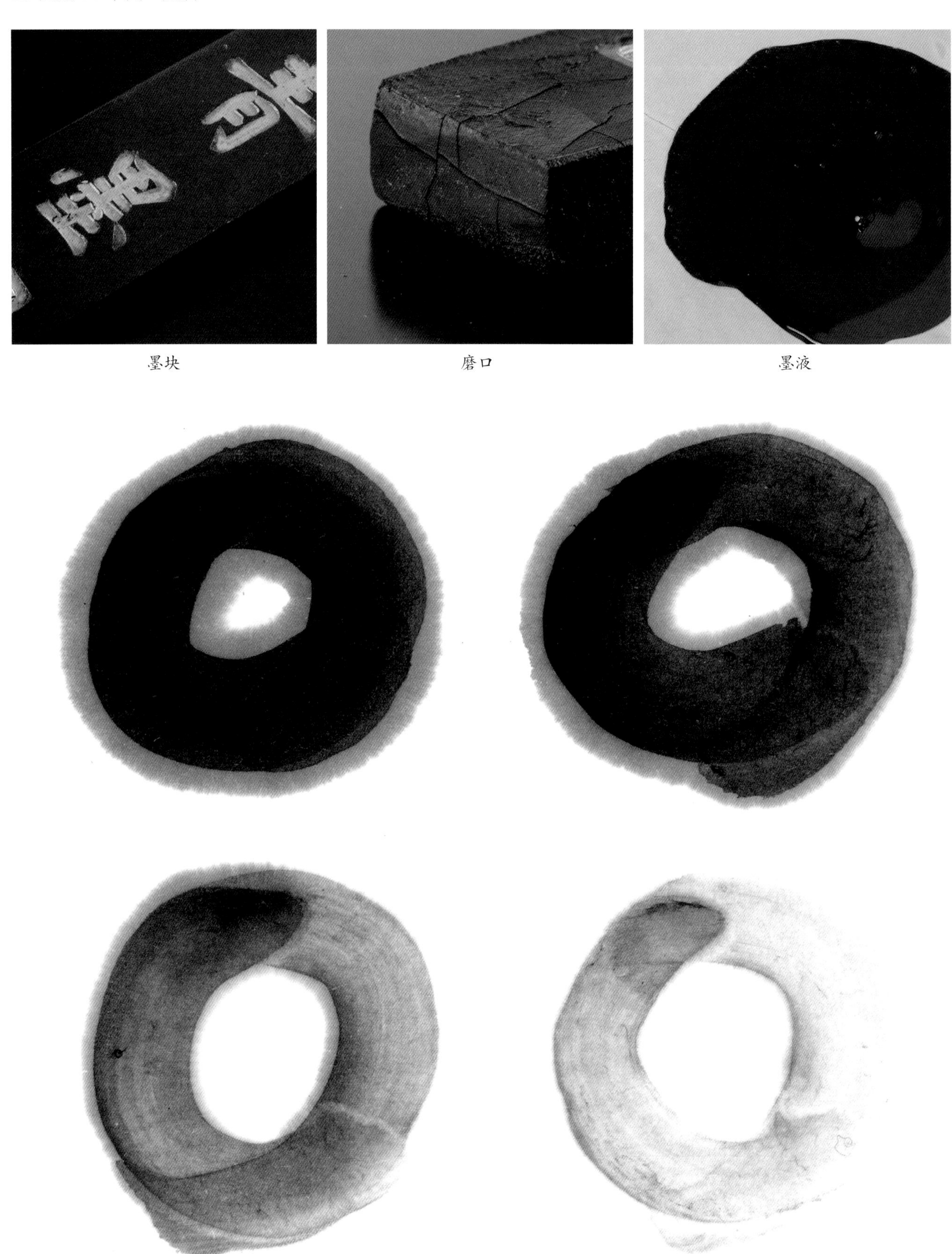

墨块　　磨口　　墨液

墨迹

第四节　郁文轩

郁文轩由冯郁文（1913—1973）创办，他 13 岁离开家乡安徽进入上海屯镇老胡开文分店学徒，历经六载寒暑，学成整套制墨工序，于 1931 年在苏州创办“郁文氏胡开文笔墨庄”。几经风雨，与同期其他“老字号”一样，冯郁文恐一身技艺无人托付，于 53 岁时毅然举家还乡，晚年将制墨、墨模雕刻技艺悉数传授其子冯国华，冯国华继承徽派制墨工法，尤其擅长墨模雕刻。“墨模雕刻”的工序分为设稿、拓模、开路、修平、铲平、刮平；刀法分为平刀、线刻、阴阳刻和圆雕。

郁文轩制墨遵循古法，无论是墨版，还是制墨工艺。就雕刻墨版而言，郁文轩一直在探索着、恢复着古代御制版模系列，冯国华、冯宜明父子俩历时六年完成了 48 锭仿古套墨《明墨集萃》后，又完成了《剩山图》墨版。就制墨工艺而言，郁文轩是仍然坚持用古法制墨的墨庄。它沿用了前店后坊的家庭式生产模式，以家族人员为主完成整套程序。郁文轩制墨的配方和工艺非常讲究，如“廷珪墨，松烟一斤之中，用珍珠三两，玉屑龙脑一两，同时和以生漆捣十万杵”。郁文轩对制墨原材料严苛追求，“松烟就是纯松烟；油烟就是纯油烟，都是纯色，不加任何其他的填充物”，且坚持手工点烟，所点的松烟原料来自黄山老松根。

同时，郁文轩兼顾创新，在技术上，冯国华不愿意“追随”而喜欢“超越”，雕刻墨模的高浮雕技法就是冯国华自己摸索出来的。冯宜明继承技法的同时，仔细研读《现代篆刻选》《西泠印谱》等金石著作，以开拓视野。进而研习“篆刻刀法”，将金石刀法与墨版雕刻技法融会，并参考金石章法、布局，创作出了阳刻作品《卦墨》《地藏赞》《知其白守其黑》等。对于人物的表现，冯宜明别开生面，通过广泛阅读意大利、法国的高浮雕作品、图录，洋为中用，借鉴极具表现力的以刀代笔的技法，将人物作品中的身形、神态刻画得有如“跃出墨版”，更具张力。

从 1998 年开始，冯宜明研究“唐制松烟墨”的制法，并于 2006 年成型并推出“唐法松烟系列”之“一品玄松”；1999 年开始研制并恢复了“苏合油烟墨（宋代）”的制法；2000 年开始，进行“朱砂墨”及诸矿物彩墨的研究，于 2011 年成型并推出“乾隆六色”等墨品。

一、郁文轩　油烟

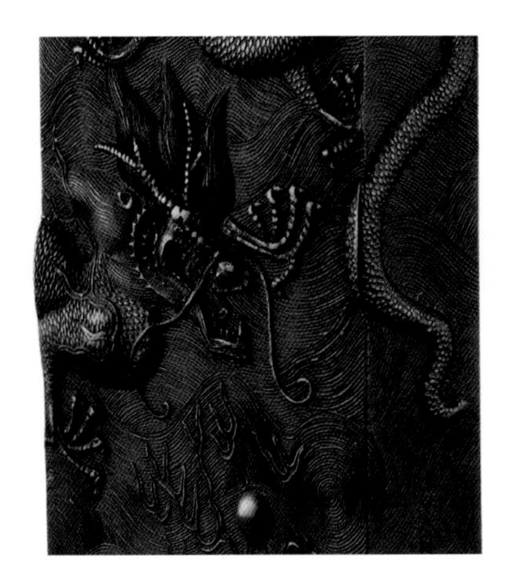

龙德

兰亭高会

套墨

纯阳墨

大圆果

仿古藏烟

仿唐观象砚

还读我书

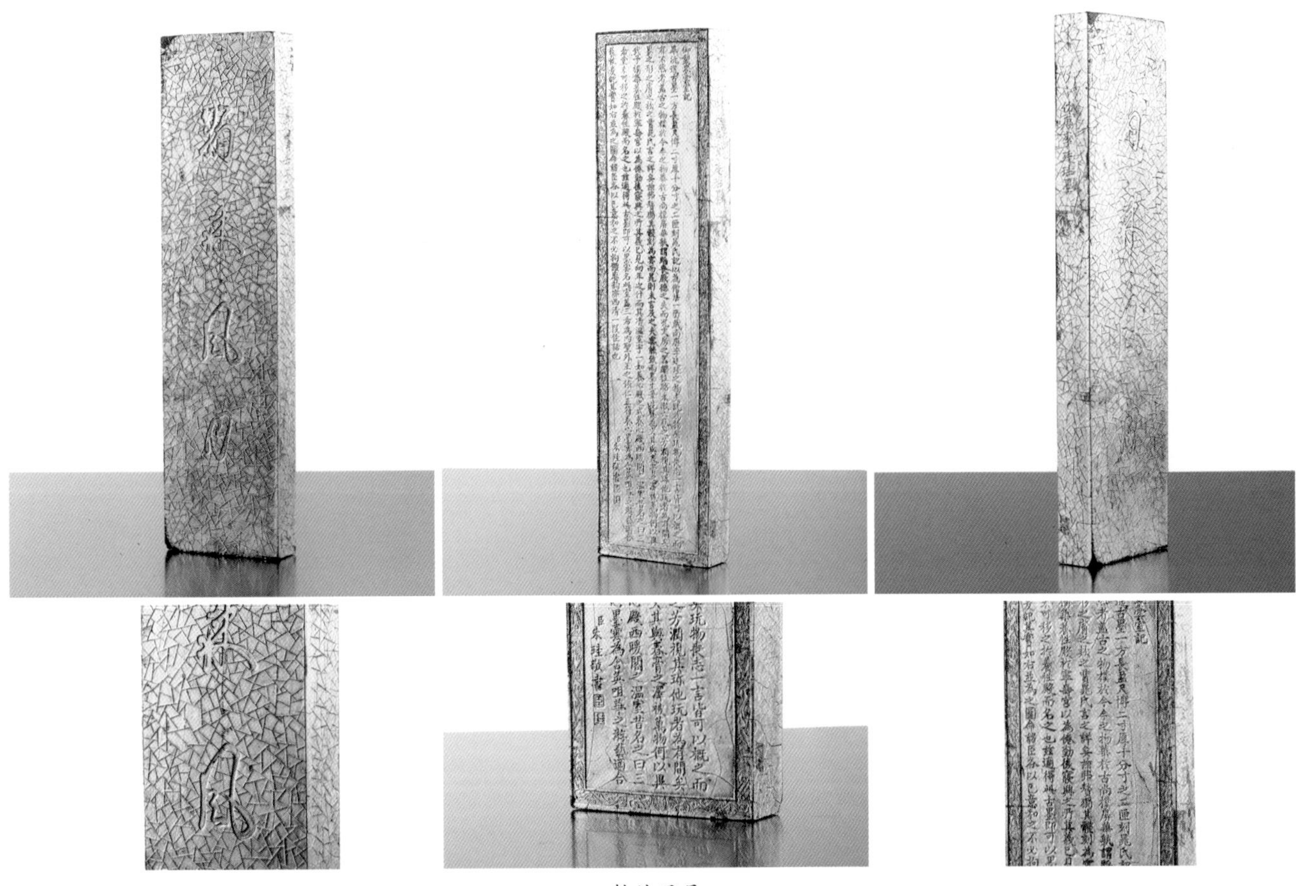

翰林风月

骊龙珠

唤卿呼子

京林莲社

青黎阁墨宝

明王慎德

水月双梦轩珍藏

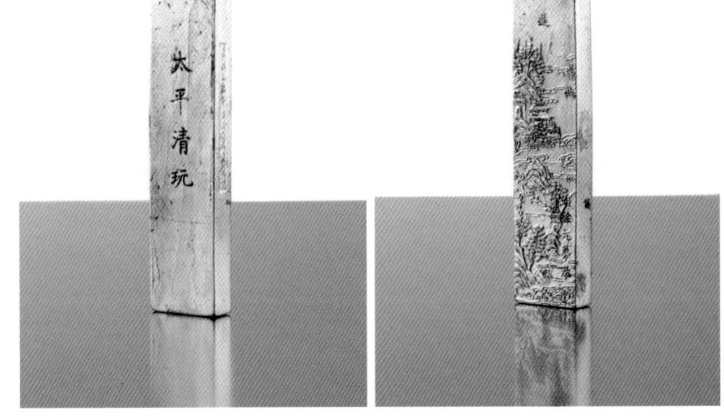

太平清玩

天符国瑞

万寿无疆

书画墨

竹林七贤

协和万邦

御墨

御墨

御墨

御墨

御墨

御墨

御墨

御墨

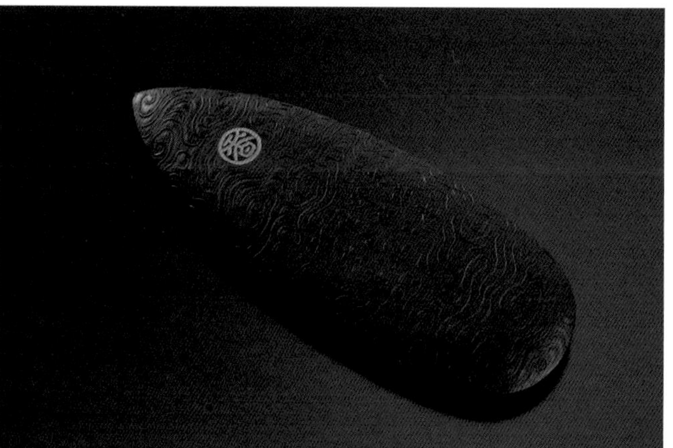

御墨

御墨

漆油

现代 油烟

墨块　　磨口　　墨液

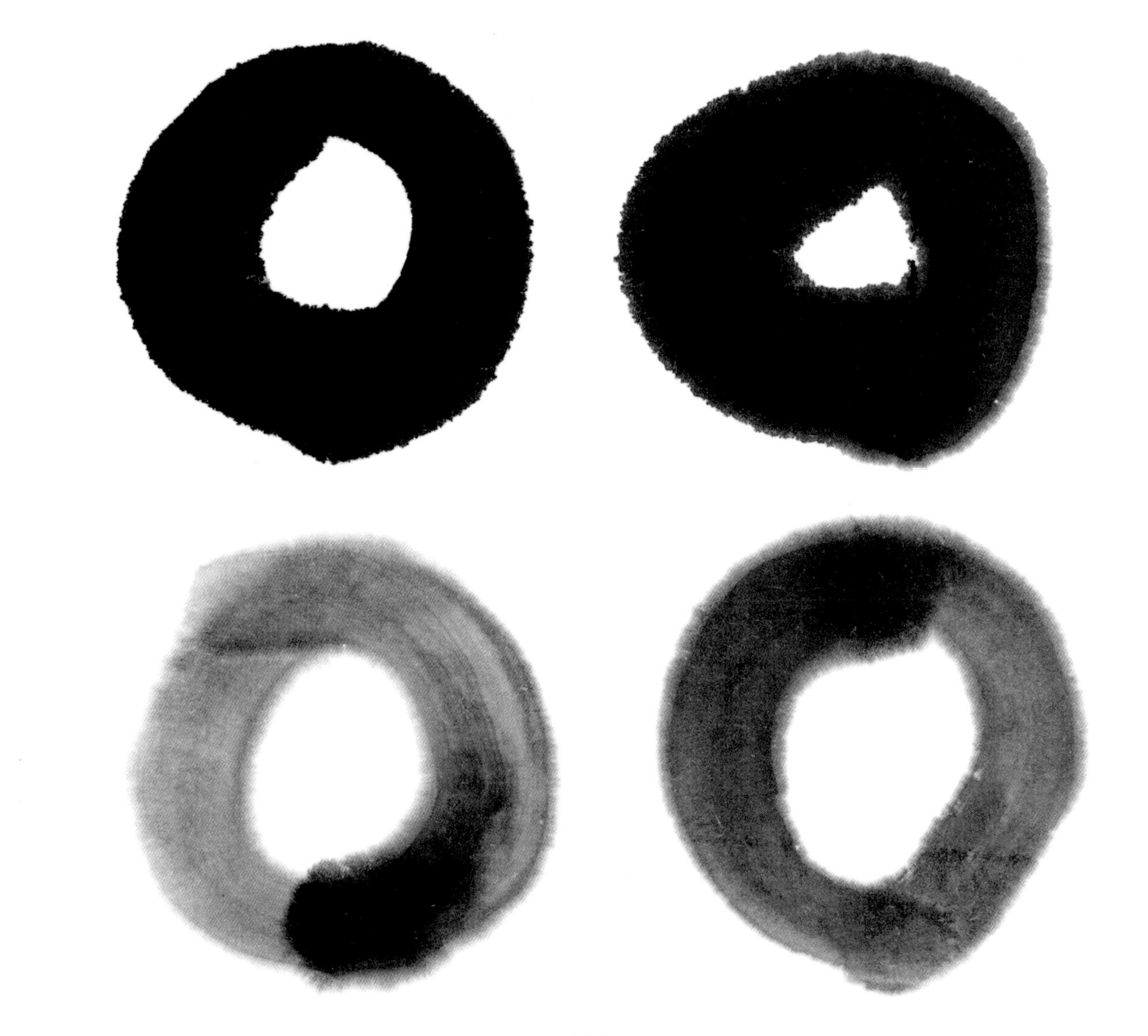

墨迹

御油

现代　油烟

墨块　　磨口　　墨液

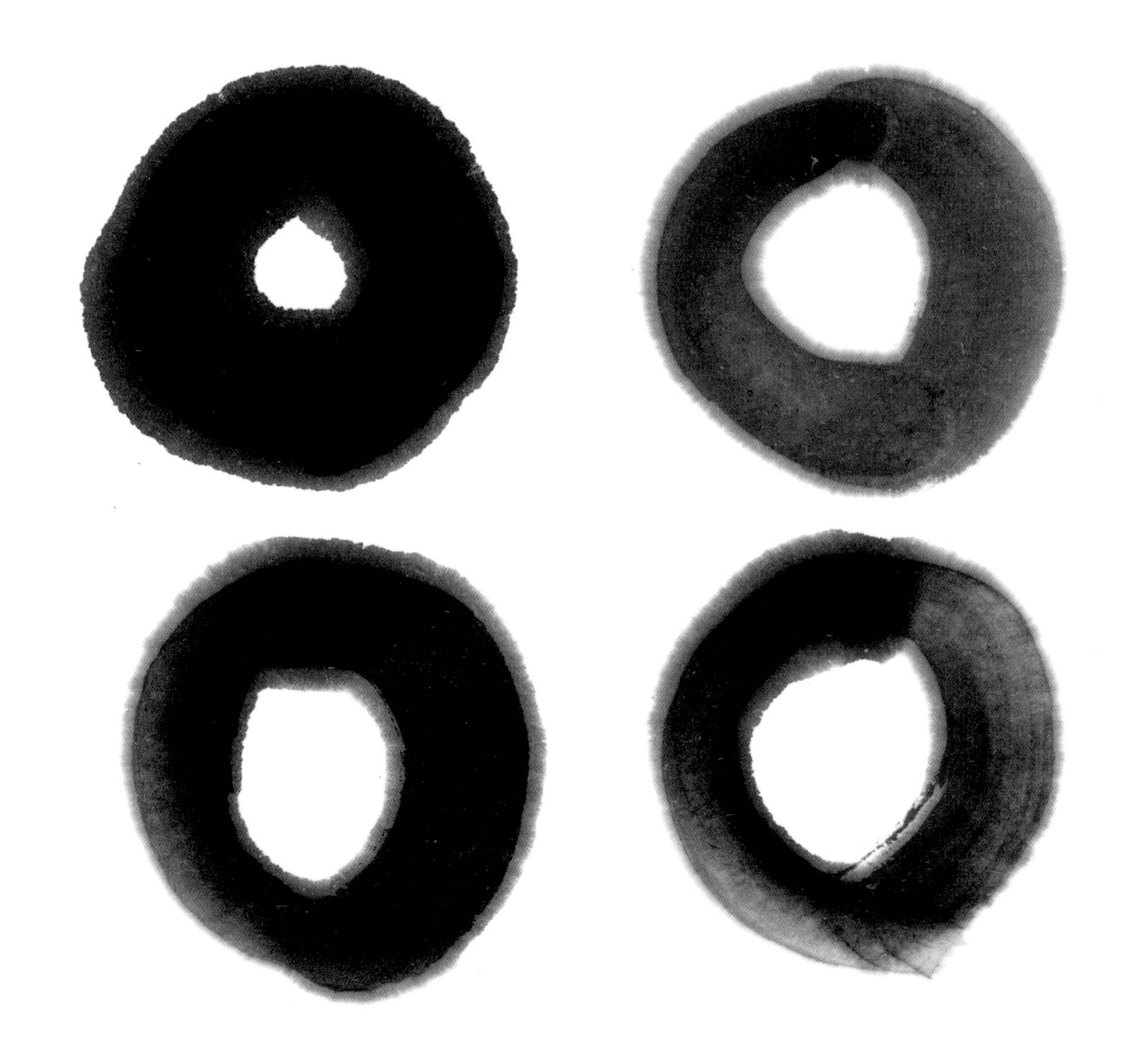

墨迹

乌玉

现代　油烟

墨块　　磨口　　墨液

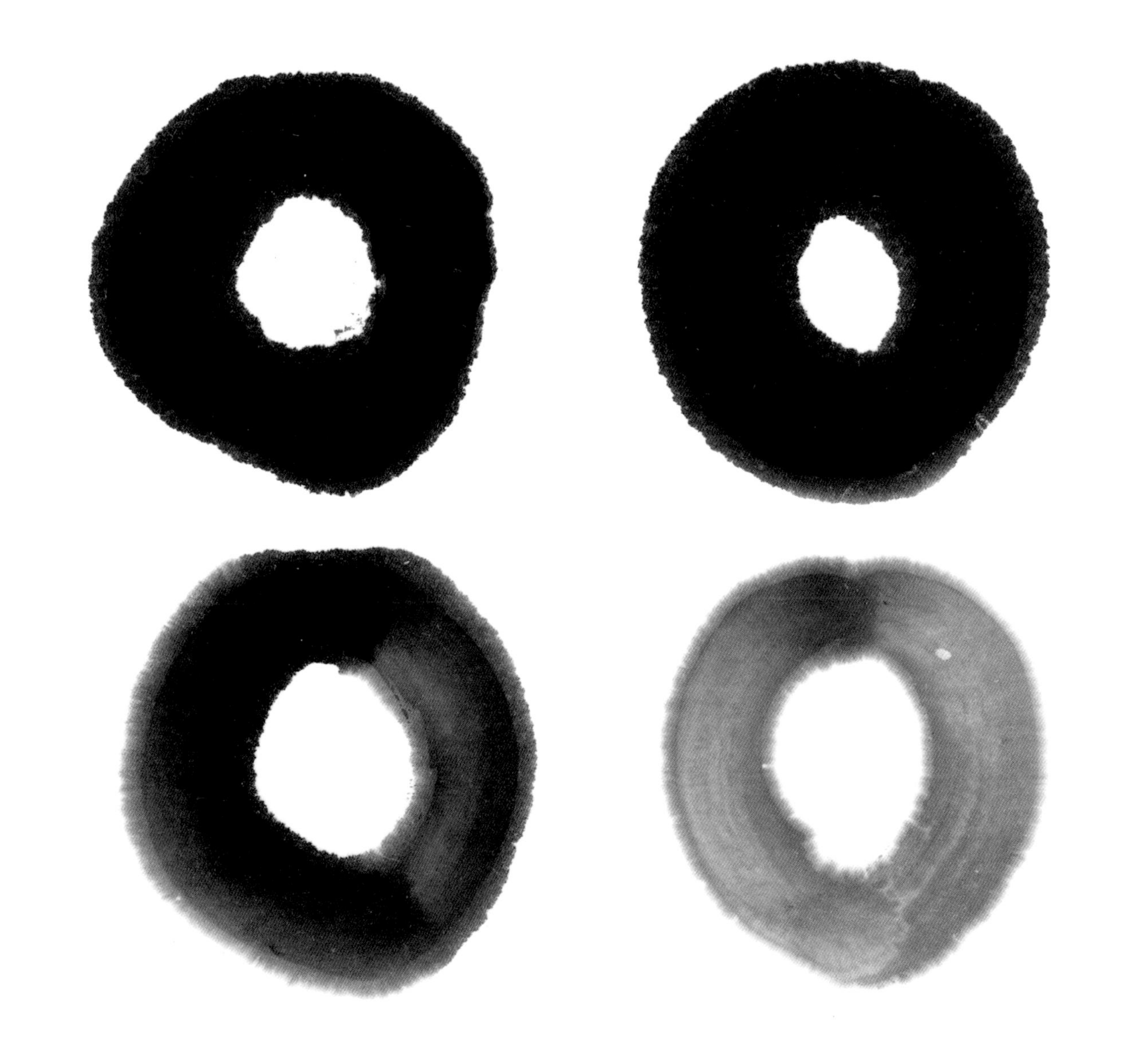

墨迹

郁油

现代　油烟

墨块　　磨口　　墨液

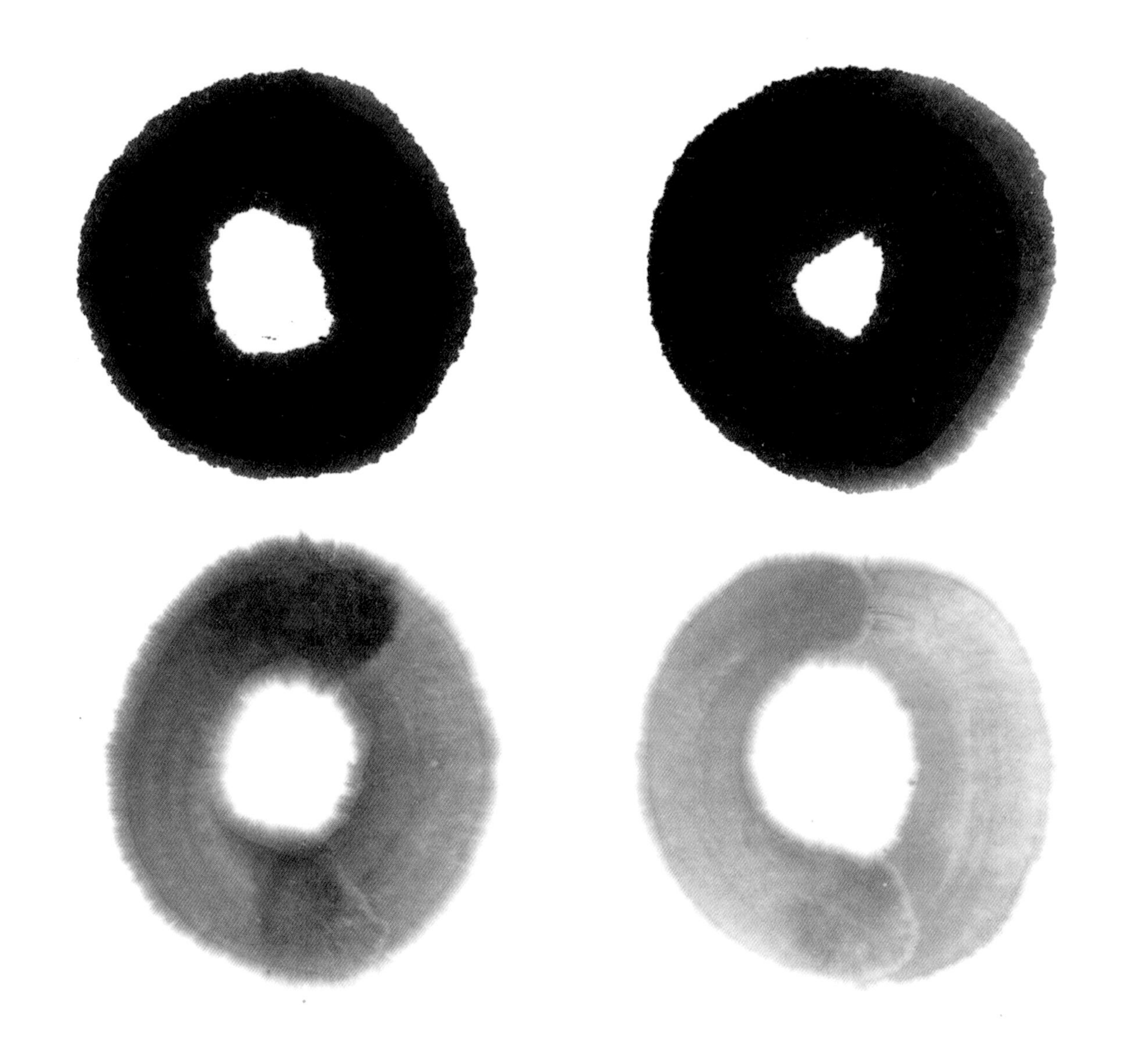

墨迹

乌金

现代　油烟

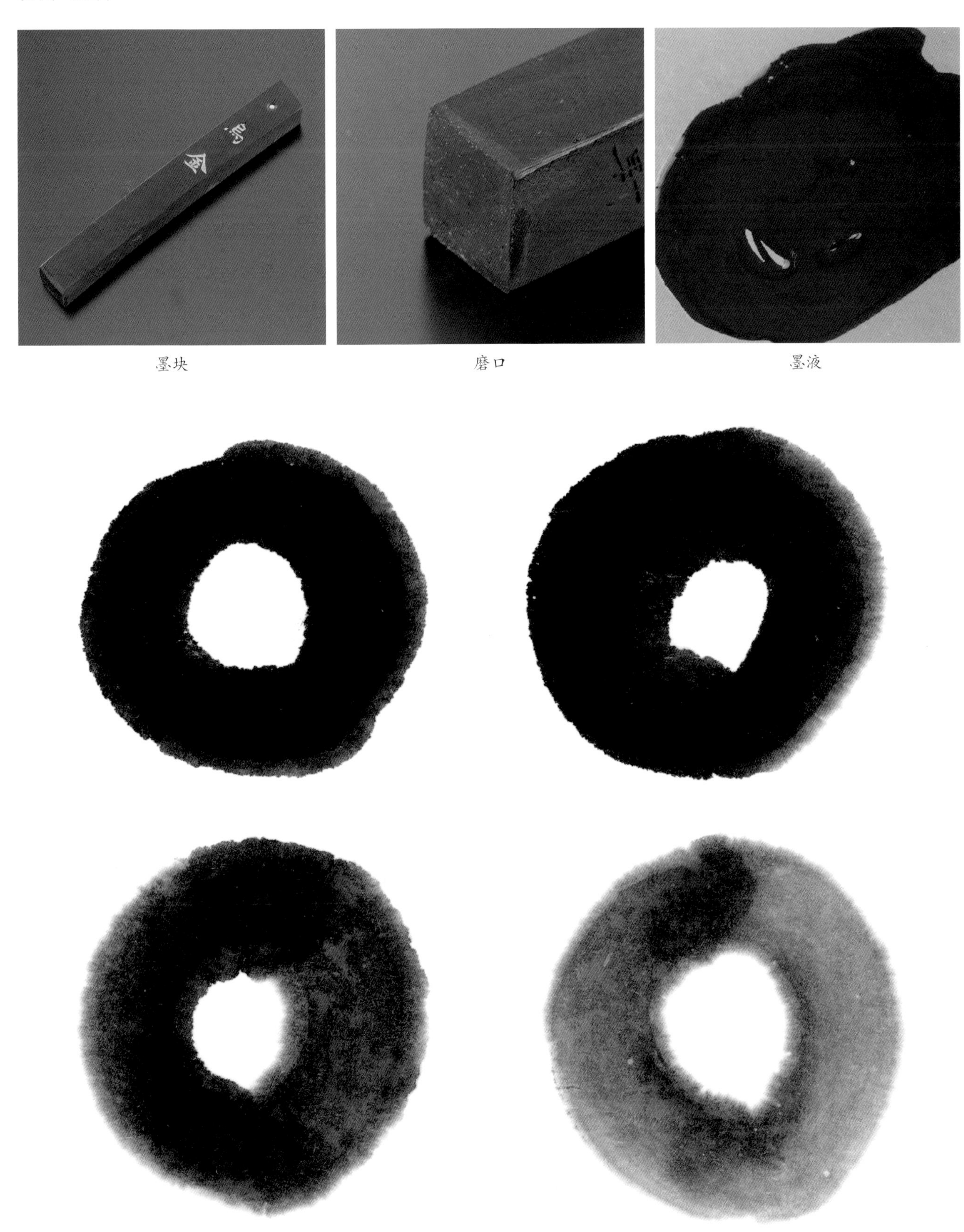

墨块　　磨口　　墨液

墨迹

玄玉

现代　油烟

墨块　　磨口　　墨液

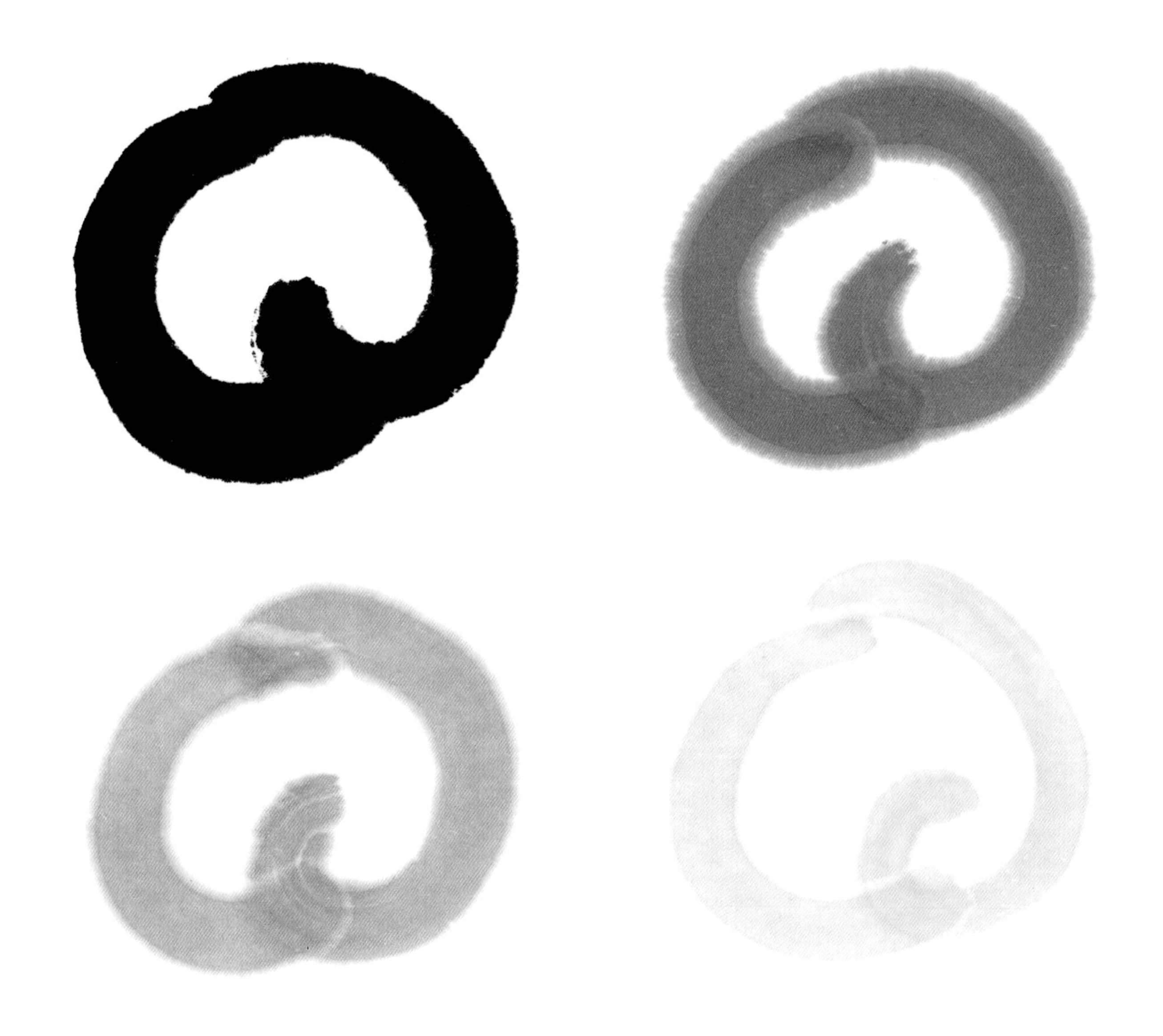

墨迹

二、郁文轩　松烟

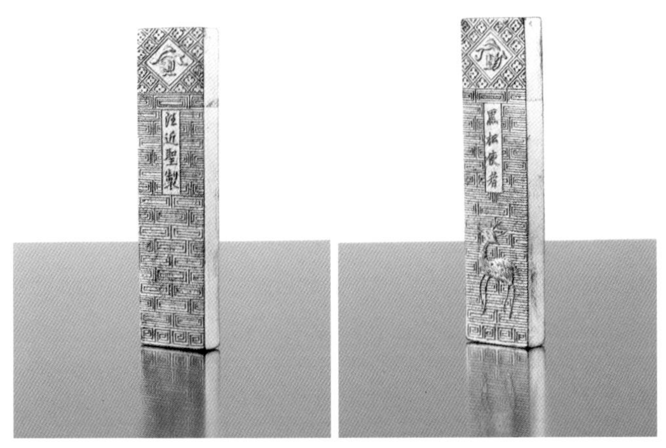

金松

龙津腾彩

御墨

三百兰亭斋监制

天命祯福

胥虞十二章

鱼戏莲

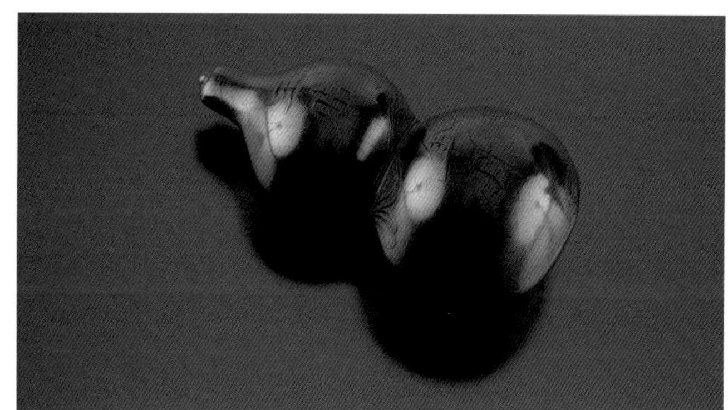

玉脂金丹

御墨

御墨

漆松

现代　松烟

墨块　　磨口　　墨液

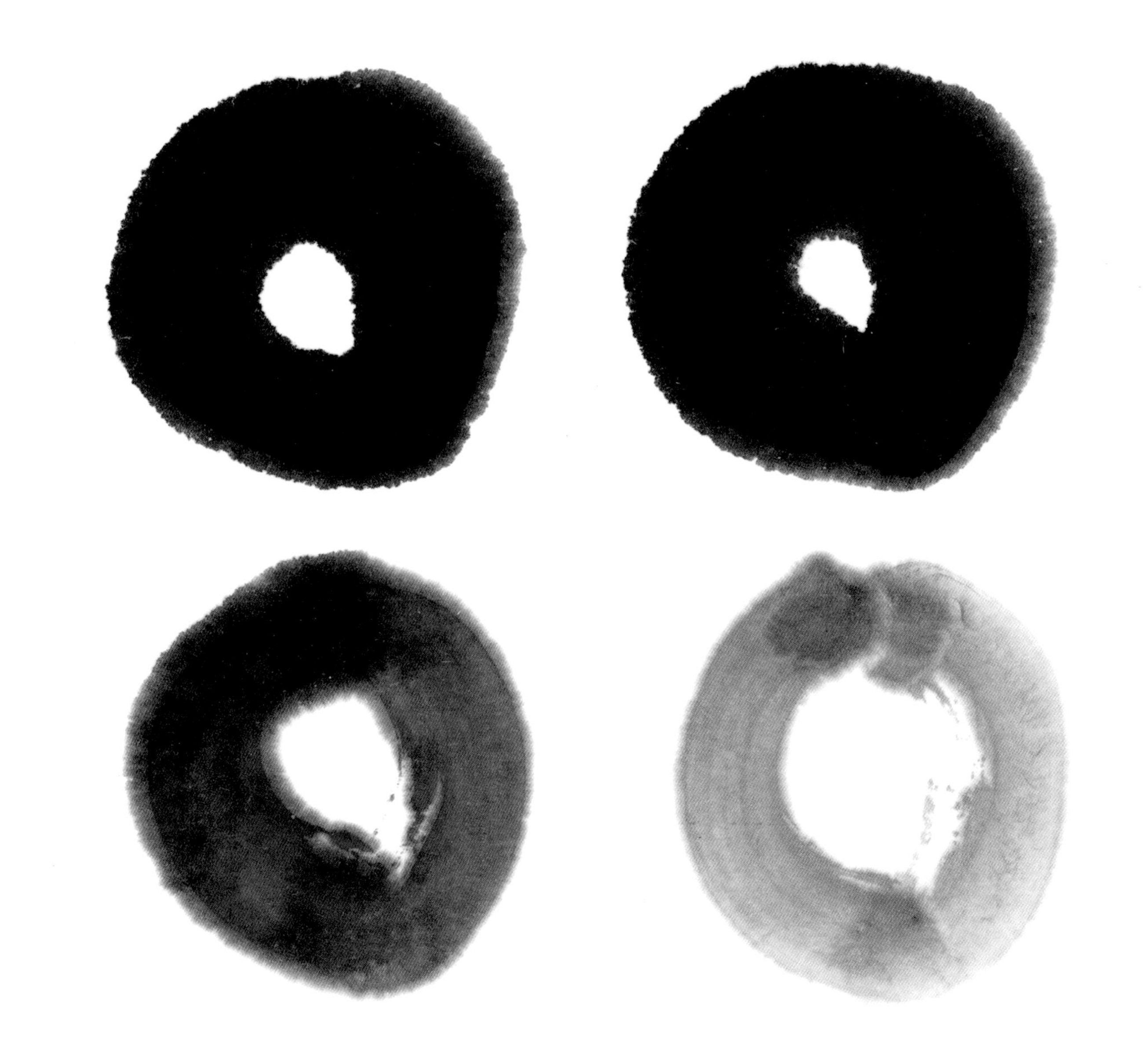

墨迹

一品玄松

现代　松烟

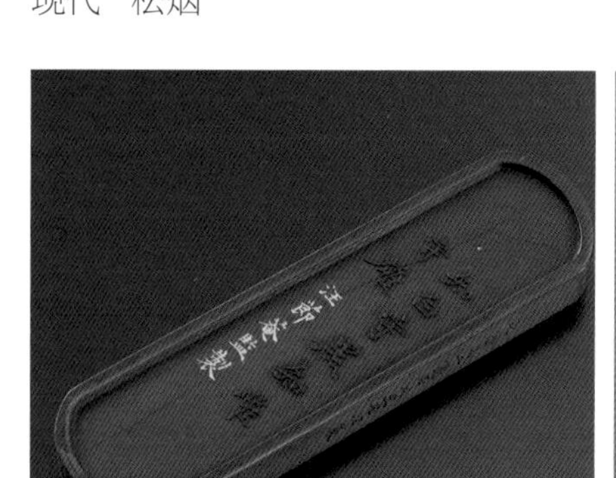

墨块

磨口

墨液

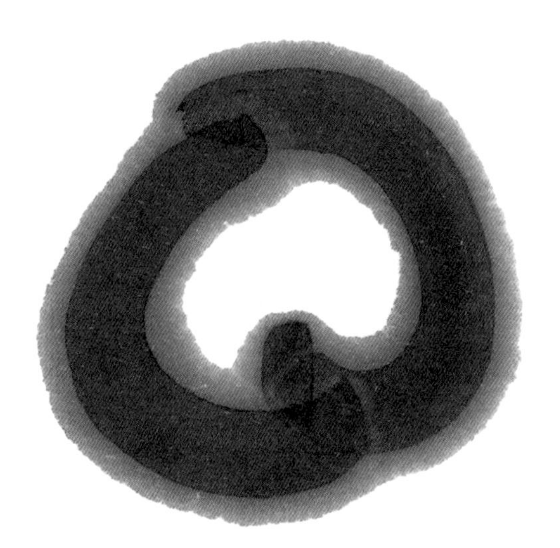

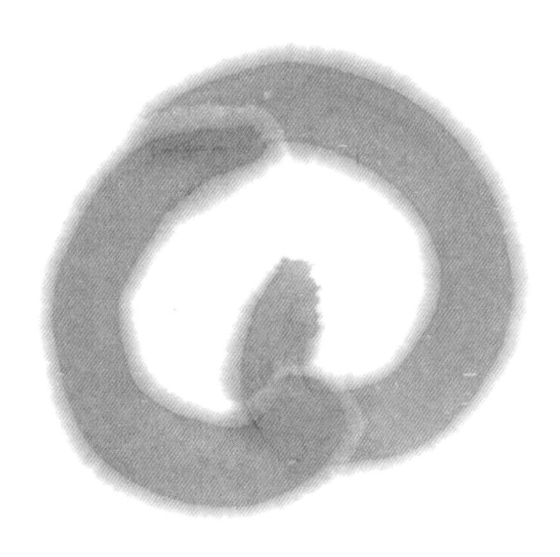

墨迹

松滋

现代　松烟

墨块　　磨口　　墨液

墨迹

郁松

现代 松烟

墨块　　磨口　　墨液

墨迹

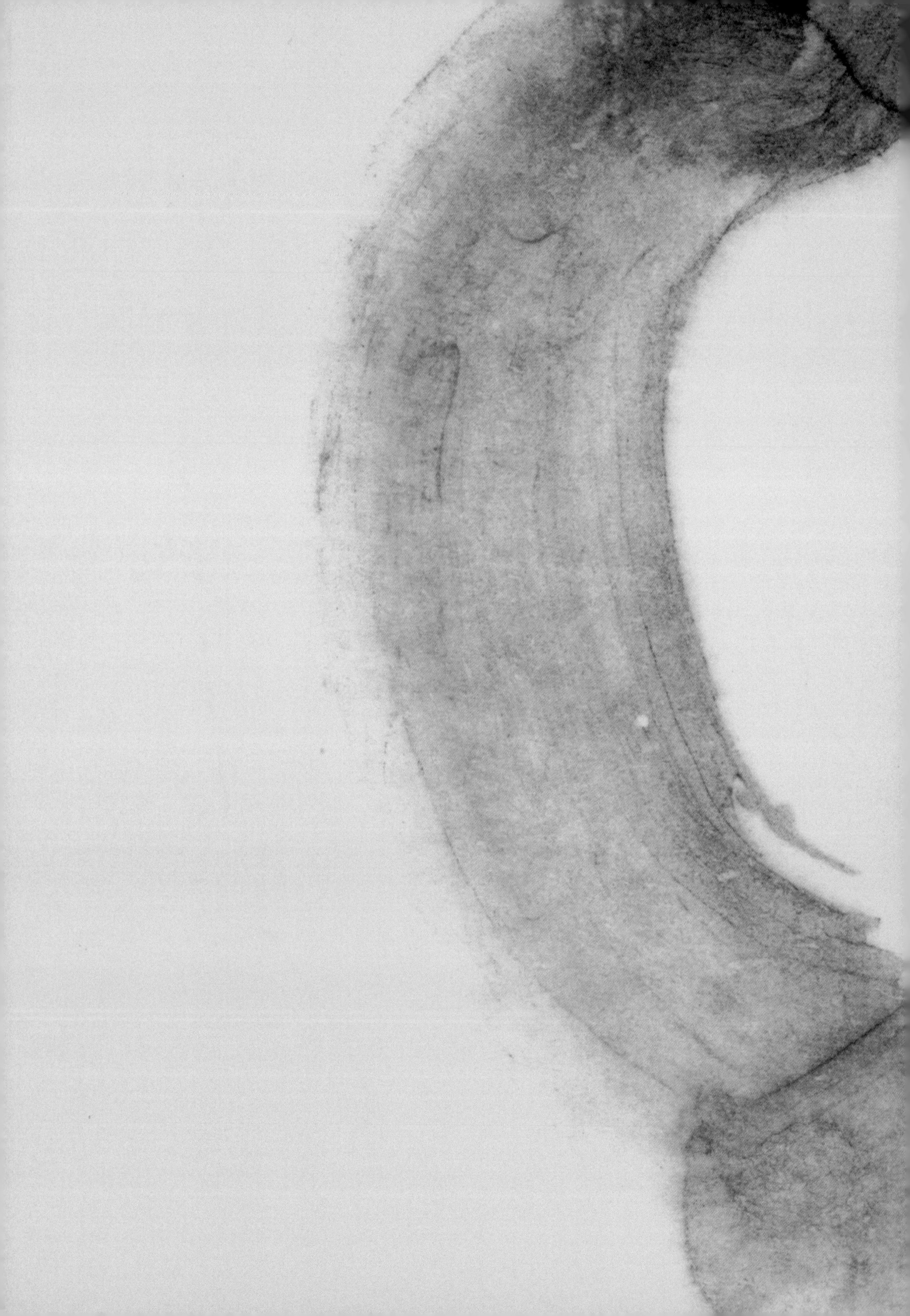

第二章

日本墨的历史发展与种类

导　读

日本推古天皇十八年（610），高句丽的僧人昙征将制墨方法传入日本。圣德太子建立法隆寺，佛教开始在日本盛兴，写经所的设立，笔、墨、纸、砚文房用具的需求也一度火热起来。

最初的制墨基本上是寺庙的专利，奈良时代（710—794），佛教文化兴盛、寺院林立，佛教作为以标榜镇护国家为己任的国家宗教，佛教写经也迎来了鼎盛时期。墨的需求由此不断增大，各地都兴起制墨作坊。在寺院周围就有许多工匠作坊，包括制墨工艺也就这样从寺庙转向民间，突破了阶级壁垒被匠人掌握，成为奈良的传统产业。

大约在藤原时代（801—1068）以后，纪州和近江等地都曾制作过“松烟墨”，但到镰仓时代（1185—1333）就销声匿迹了。南都油烟墨（即所谓的奈良墨）的制造技术，据说是大同元年（806），作为遣唐使出使唐朝的空海从中国引进的。

最初的“奈良墨”由兴福寺二谛坊制作。公元1400年左右，兴福寺用油燃烧产生的炭制作出油烟墨，相比过去用松脂燃烧产生的炭制作出的松烟墨，颗粒更细腻，色泽更浓郁，深受人们喜爱，成为奈良代表性的特产。到了天正年间（1573—1592），松井道珍创办古梅园，使奈良墨的声誉大振，奈良的制墨业也在这个时候发展成为一项民间产业，制墨所相继诞生，各地优秀的技术和工人也集结于奈良，造成了奈良制墨业一枝独秀的局面。时至今日，奈良墨仍占据着日本全国九成的市场。而奈良向来是菜籽产地，也因此菜籽油油烟墨仍然是主流。

日本墨的分类十分详细。除了常见的按烟料和胶的配比、墨色色系和色阶跨度这几项来分之外，还按用途分类，如汉字用、假名条幅用、书道半纸、画仙纸、清书用、画用、练习用或作品用。

煤炭的色调根据燃烧的原料和燃烧方法的不同而不同，制墨时通过不同的配方来达到不同效果。燃烧植物性油烟根据油的种类多少颜色会有所不同，但大体上是茶色系；燃烧矿物性油烟则根据油的燃烧温度的不同，从茶色系到紫藏系都有；而像松烟一样将木制树脂烧成木片的直火焚烧中，由于氧气供给量的增加、木头的干燥状态、焚烧窑(装置)的不同，从红色系到蓝色系都有。

其中，青墨是日本墨里的重要品种。日本人偏爱青蓝色重且晕散良好的淡墨表现，开发了多种不同材质的青墨，包括油烟青墨、松烟青墨、纯松烟，只要是颜色泛青的墨都叫作青墨，大多用于日本和纸绘画和假名书法。

日本的制墨业遭遇到最大危机是在二战后，战后日本受美国管控，美方实施了一系列政策导致日本制墨业陷入危机，曾经是学生上课必需品的墨突然无处可买。在这场危机中，有的墨庄倒闭，有的墨庄秉持做墨的初心坚持了下来延续至今，也有的墨庄做出改变，开发新产品适应时代变迁。现今有传承的墨庄为古梅园、吴竹精升堂、墨运堂三大家。

第一节　古梅园

古梅园是日本江户时期颇负盛名的御墨作，它始于日本室町末期，盛行于江户时期，在中国、朝鲜都有较大影响。在奈良众多的制墨作坊之中成为日本的官工，专门制作天皇和幕府将军使用的高等级墨，被当时的王朝三次赐封为“掾”。

1577年，古梅园由第一代传人松井道珍正式创立。在古梅园制墨技艺发展的历史上，先人的努力不可忽视。第六代传人松井元泰改进古梅园的制墨技艺，在长崎向来自中国的清朝人请教制墨技术，还远涉重洋到中国，向詹子云等徽墨名家请教制墨秘籍，将制墨经验形诸笔墨，著成《古梅园墨谱》《古梅园墨谈》《太墨鸿壶集》等，对古梅园制墨技艺的保存和流传起到至为重要的作用。第七代传人松井元汇，不仅从牛、鹿身上，甚至从鱼和草木中提炼胶质，并编著《古梅园墨谱续编》。

前后两卷古梅园墨谱都是松井家制墨的经验总结，它清晰地注明了采烟器具的大小尺寸、灯芯的种类、熬胶时使用的工具，并对制墨中要添加的香料一一说明。深厚的家族渊源，使得几百年来古梅园的制墨技艺不仅能完好传承，让其始终保持着十分稳定的高水准，同时制作出来的墨锭也积淀了历史的厚重。十几代人的共同努力使当时一间小小的作坊，成为今天享誉日本、中国、韩国的名作坊。

古梅园制作的各类墨品上大多有梅花图案。著名的红花墨上，花瓣是辨识品级的标志，刻有四瓣、五瓣不等的梅花。五瓣梅花标记就是古梅园最细腻的、最高等级的墨。制墨时火焰大小和油的种类决定着所燃烧出来的炭粉的质量，而根据灯芯的粗细，墨的细腻程度不一样，墨色也不同。用全手工制作的“油烟墨”粒子最小，颜色最黑，光泽感最强。

包金墨 昭和时期 油烟

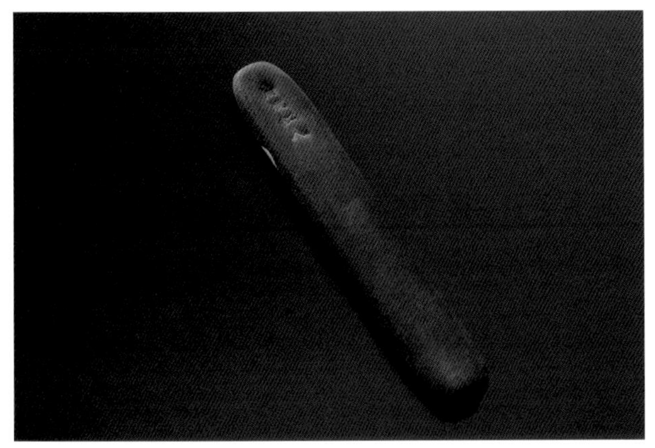

红入 大正时期 油烟

上和下睦 大正晚期 油烟

古道 20世纪60年代 油烟

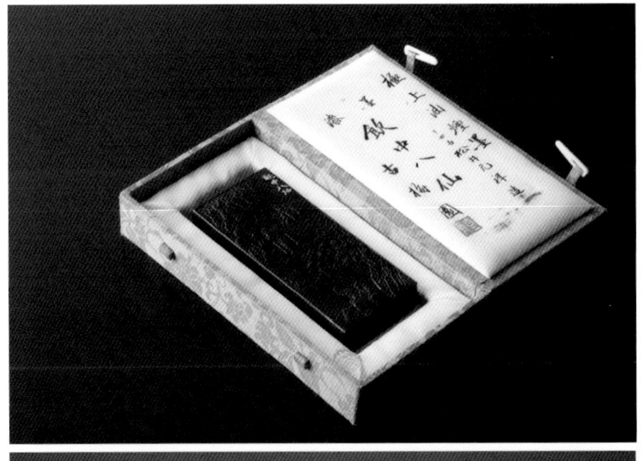

饮中八仙 1969年 油烟

墨顶带星是日本墨经常使用的区别方法，有五星、四星、三星、二星、一星之分。星数越多，代表墨的等级越高，其中五星为最高等级。

五星红花墨　20 世纪 70 年代　油烟

凤里墨　20 世纪 70 年代　油烟

大庆　20 世纪 70 年代　油烟

法龙　20 世纪 70 年代　油烟

金神仙　20世纪70年代　油烟

乐寿　20世纪70年代　油烟

樱花　20世纪70年代　油烟

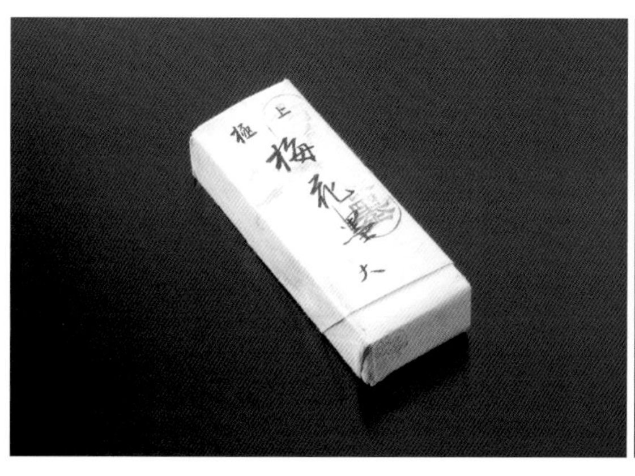

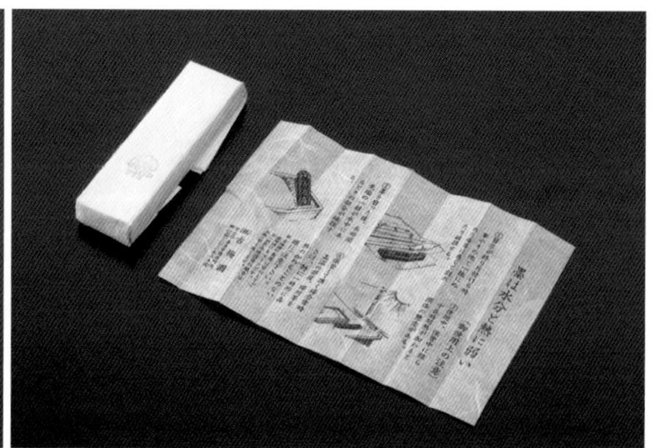

梅花墨　1977 年　油烟

古梅园的墨都附有边款，不尽相同，有时会把工匠的名字篆刻于墨体上。

百忍图　1978 年　油烟

周蝶　1979 年　油烟

跃上龙门　20 世纪 80 年代　油烟

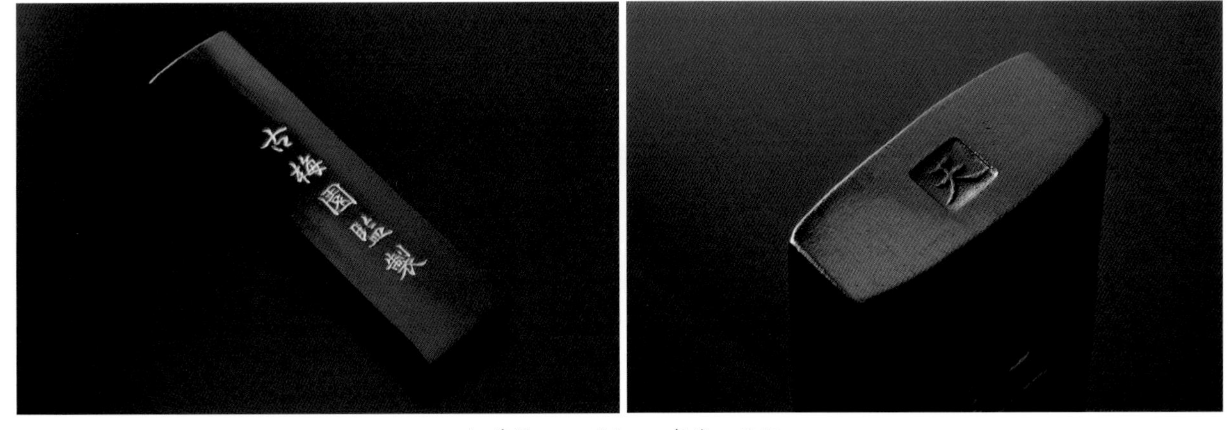

红花墨　20 世纪 80 年代　油烟

官双凤　1981 年　油烟

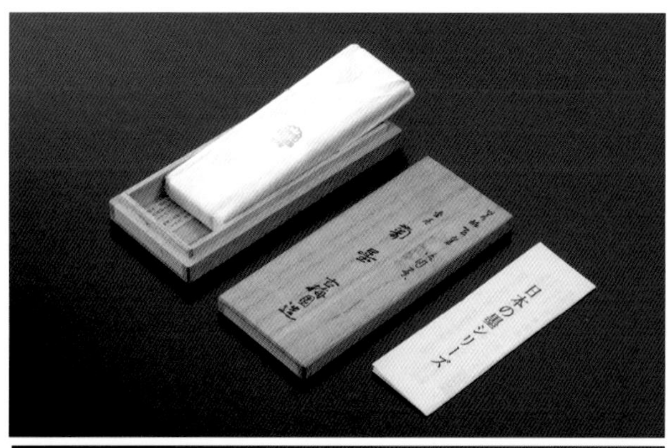
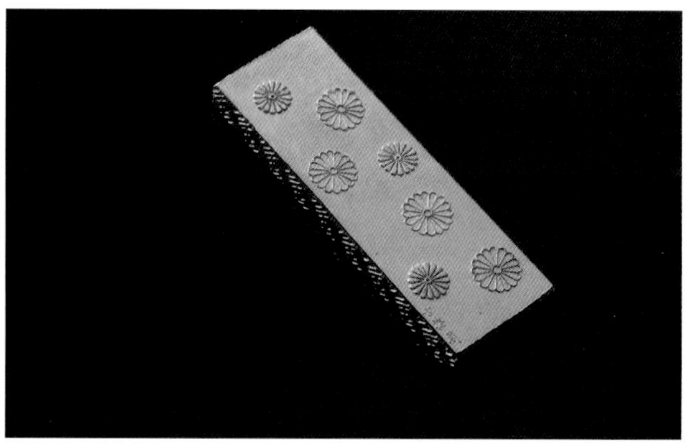
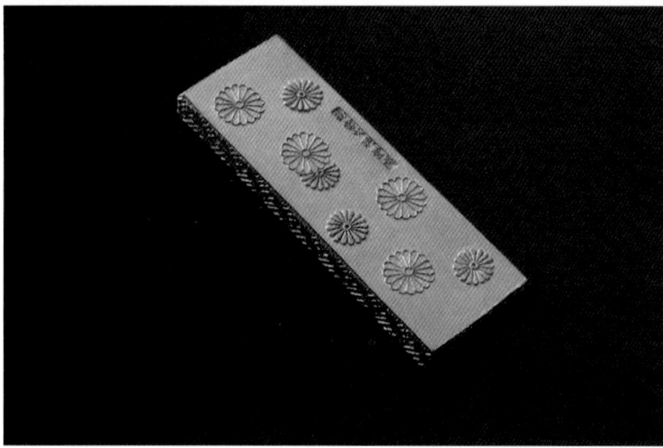

金菊墨是古梅园最高级别的油烟墨。天保时期，雨宫文明堂向古梅园定制进贡给光格天皇及皇室人员使用，至今，古梅园仍使用此墨模极少量制作。

金菊墨　1987　油烟

磬墨　1989 年　油烟

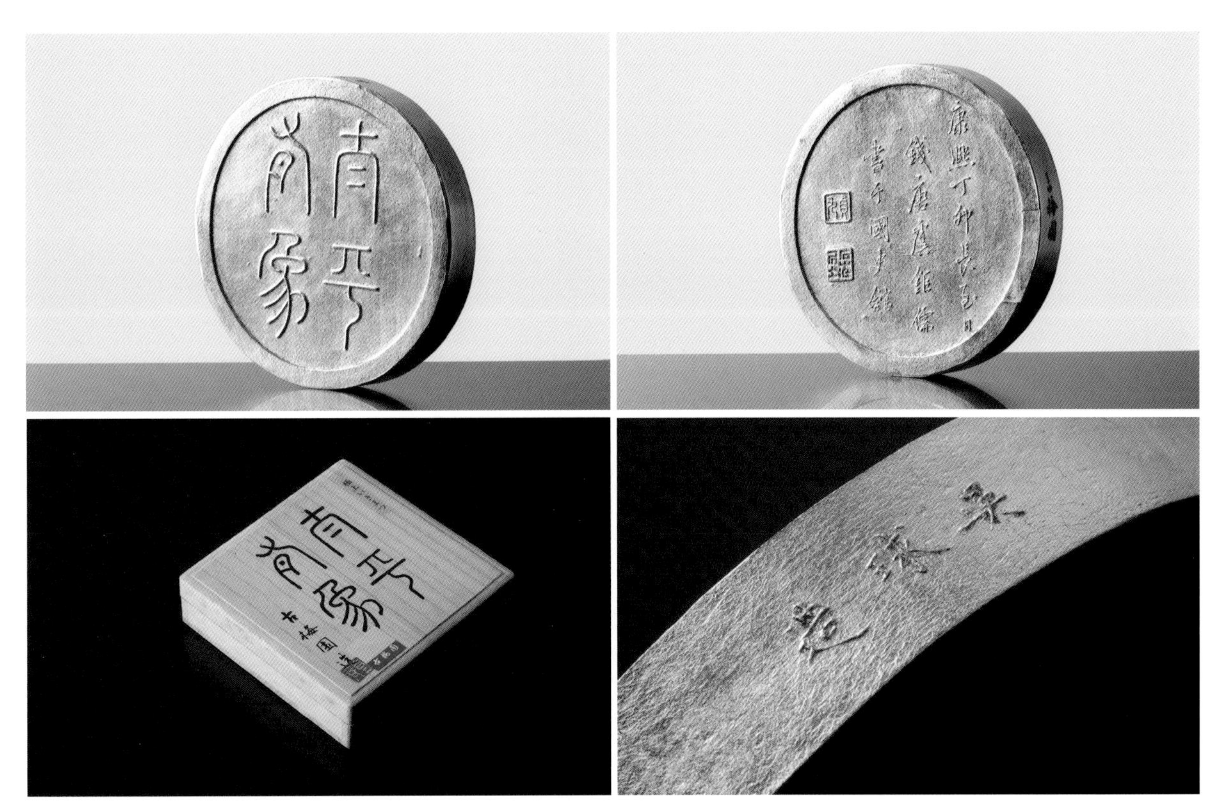

太平有象　1989 年 松烟

古梅园有时会使用旧的墨版来制作新墨。

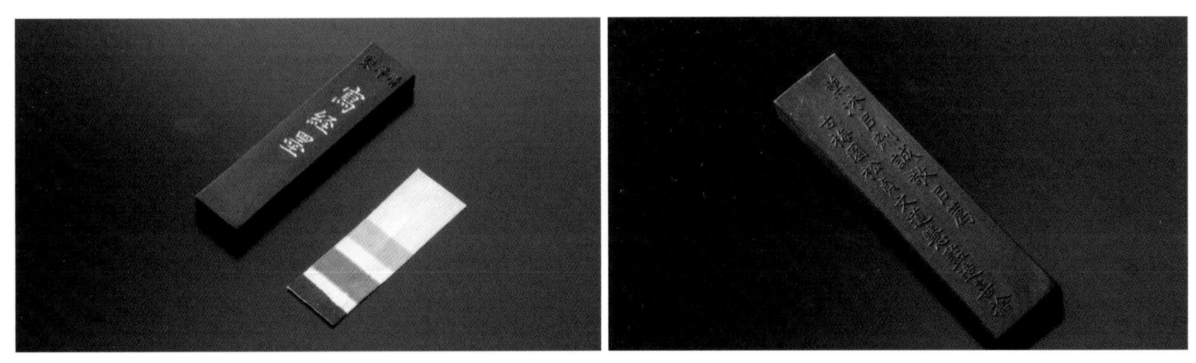

写经墨　1989 年　油烟

万寿图　20 世纪 90 年代　油烟

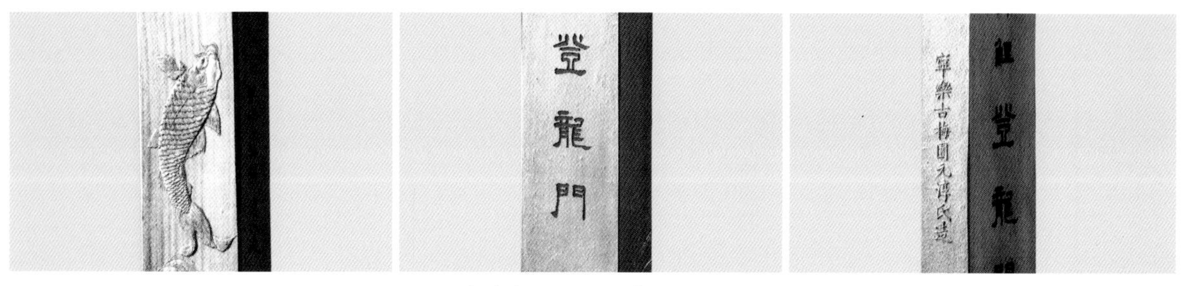

金登龙门　2000 年　油烟

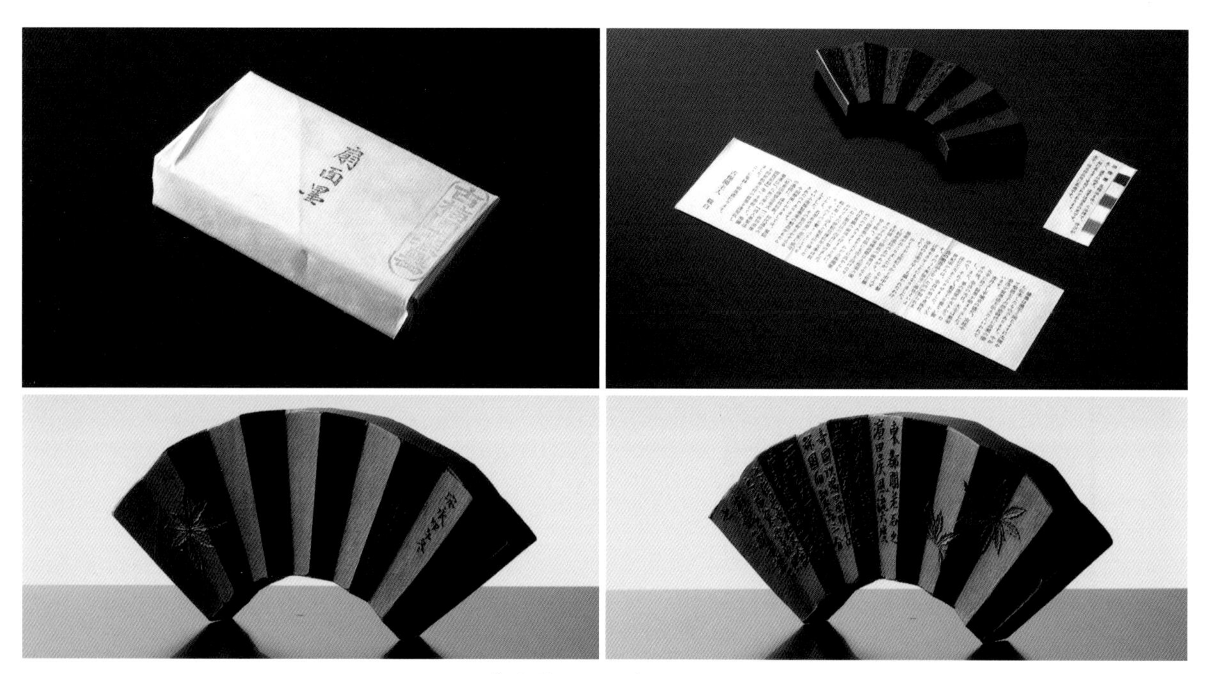

扇面墨　2009 年　油烟

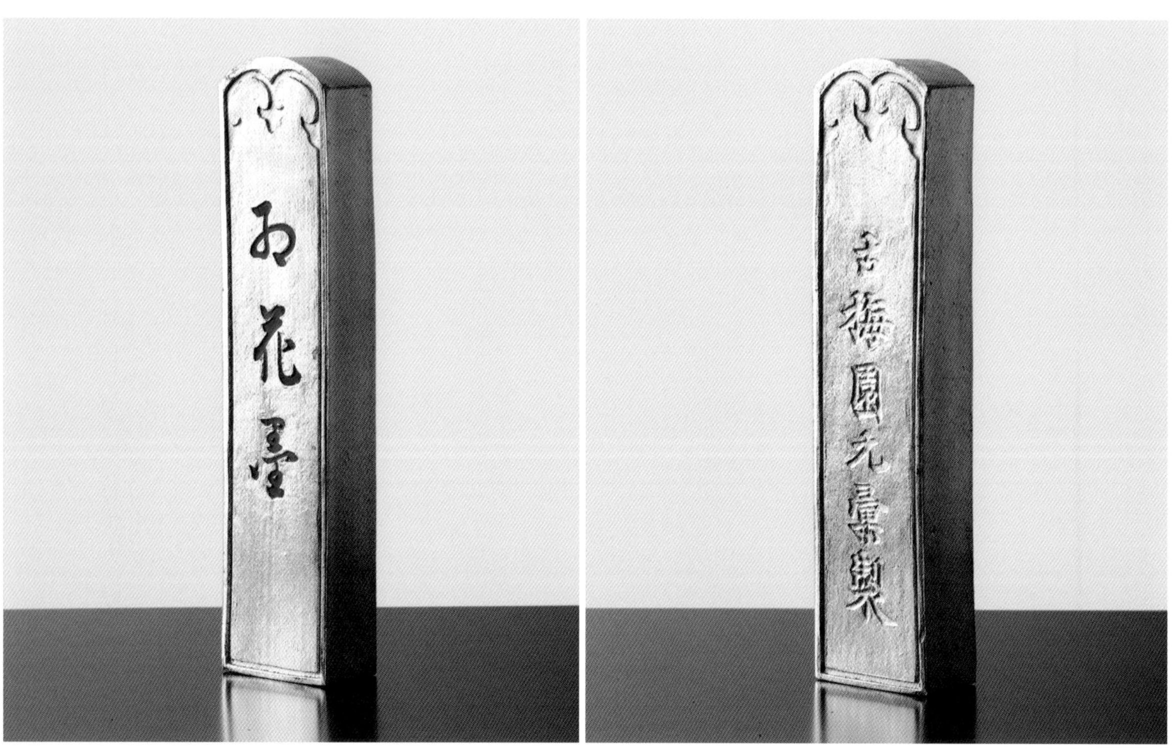

五星金红花　2010 年　油烟

古梅园墨谱　1993 年

古梅园于平成初期开始，按中国清朝的墨谱复刻经典名墨制作成套，系古梅园平成时期制作最高水准。

古梅园墨谱 1996 年

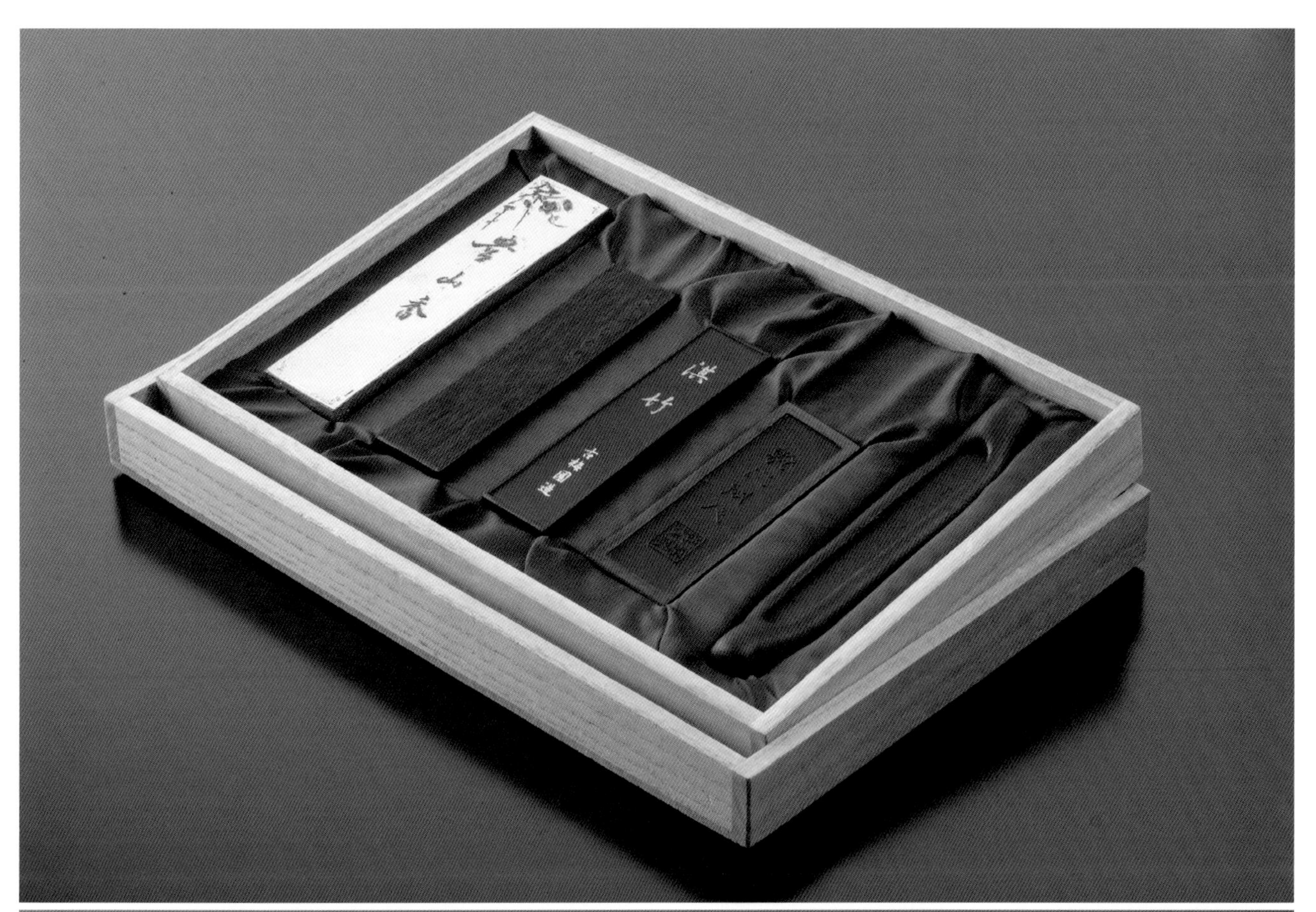

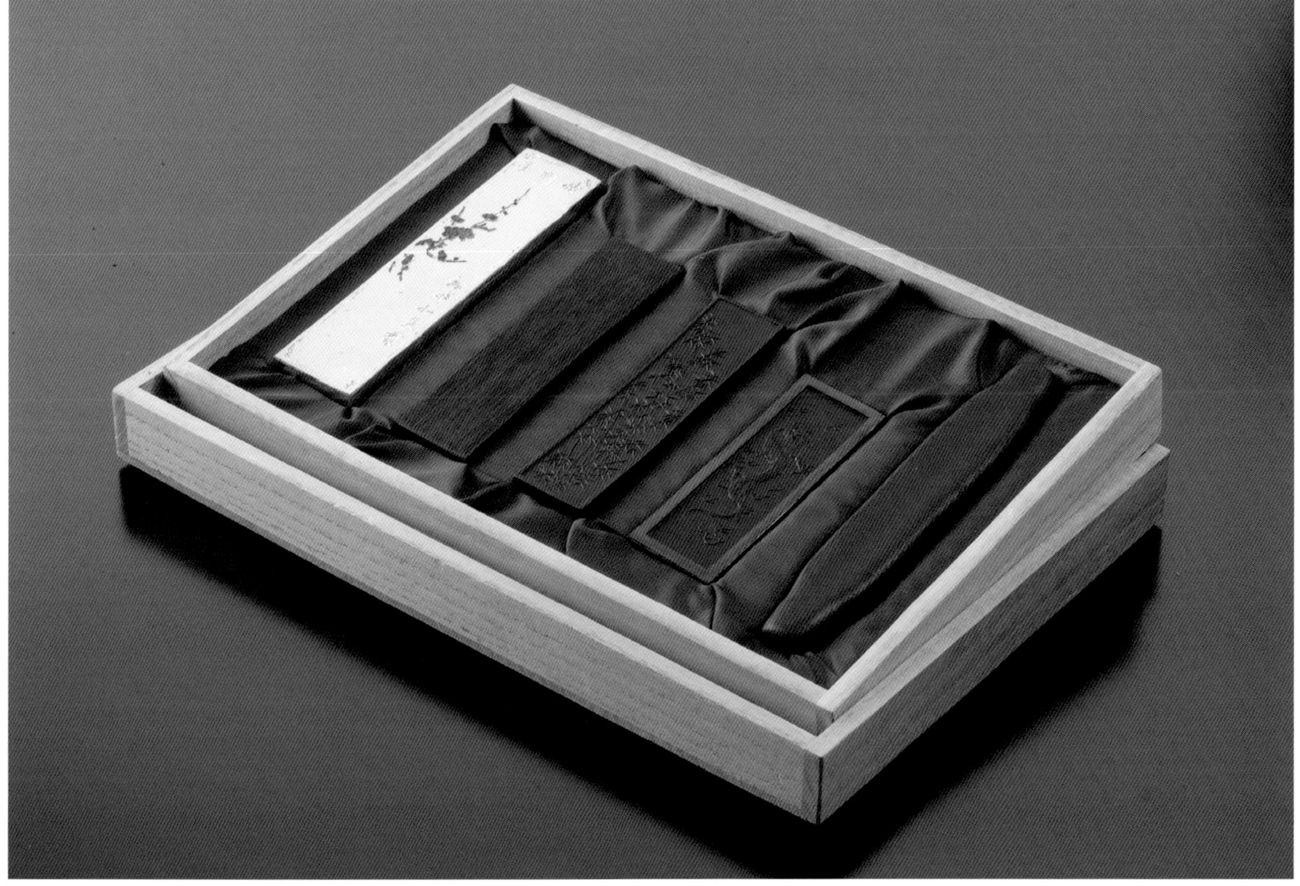

古梅园墨谱　1997 年

包金墨

日本明治时期　油烟

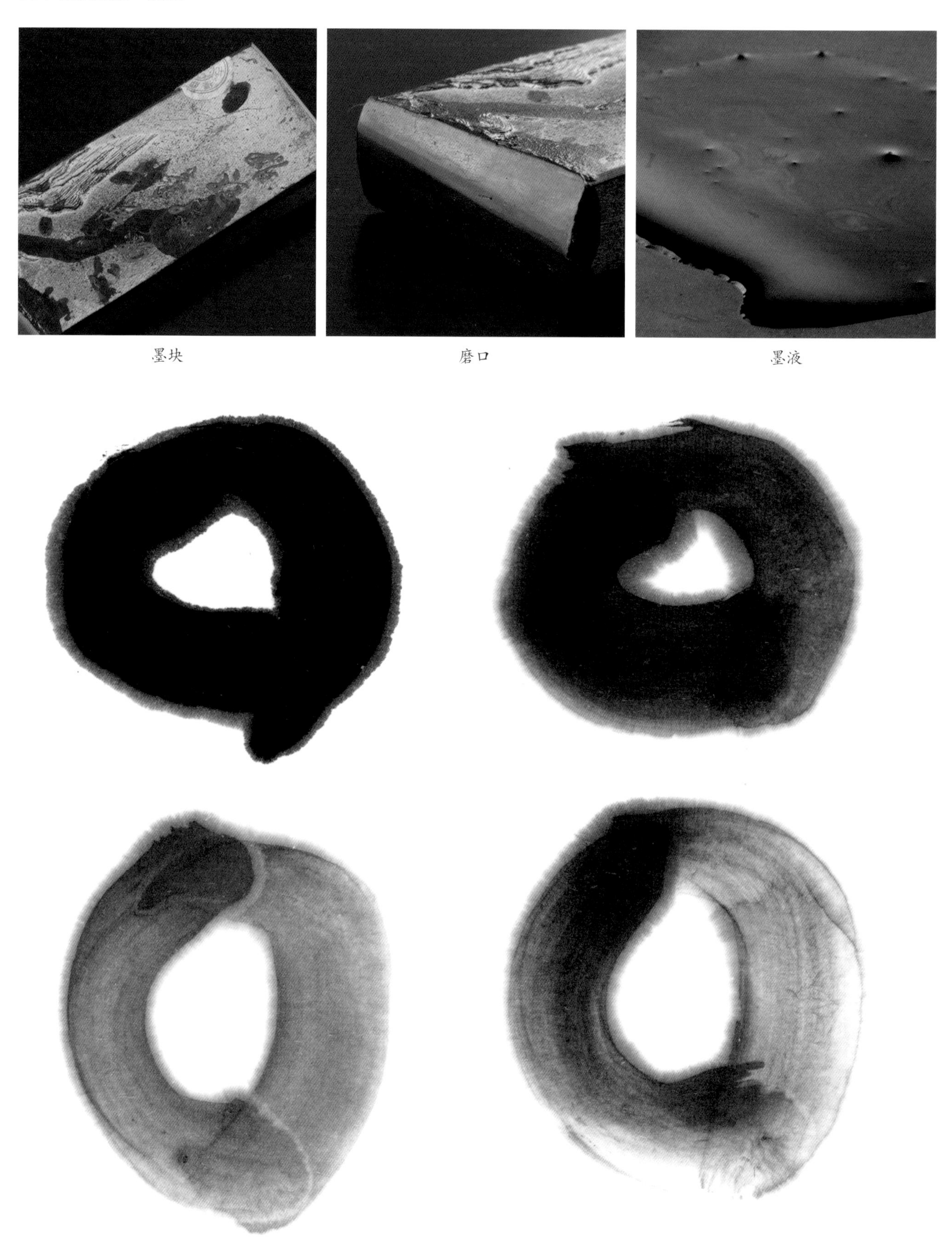

墨块　　磨口　　墨液

墨迹

上和下睦

日本明治时期晚期　油烟

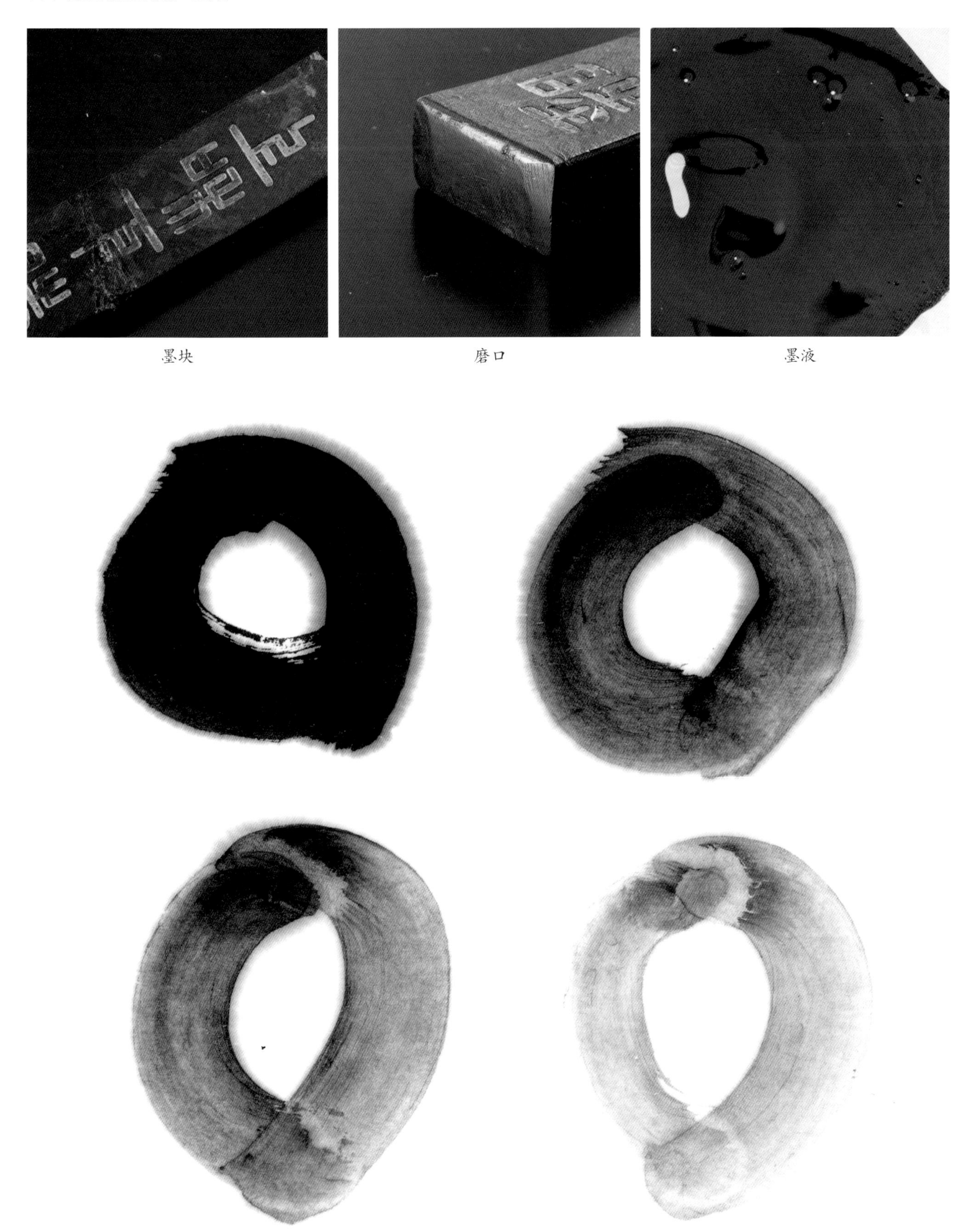

墨块　　磨口　　墨液

墨迹

饮中八仙

1969 年　漆墨

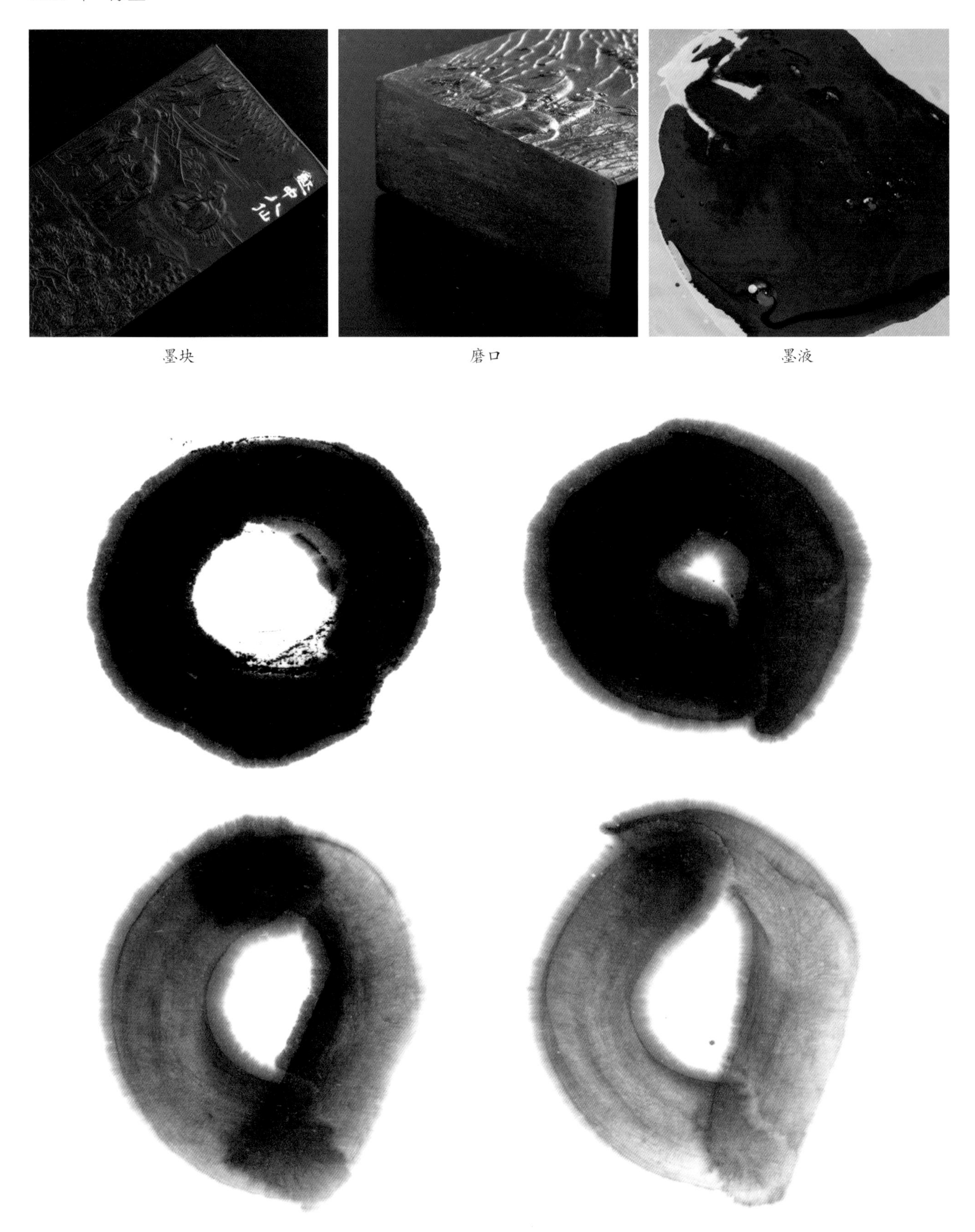

墨块　　磨口　　墨液

墨迹

玄之又玄

20 世纪 60 年代　油烟

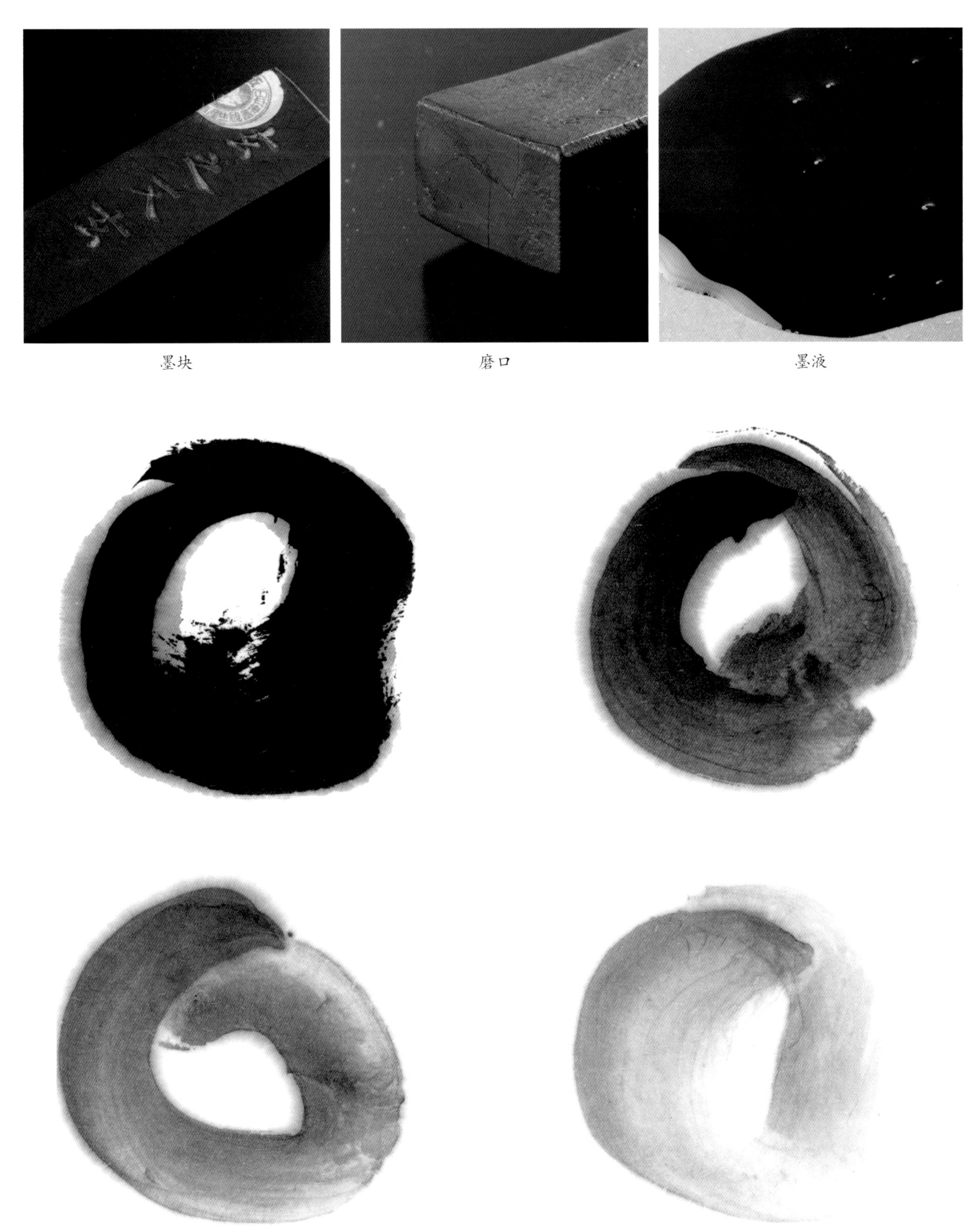

墨块　　磨口　　墨液

墨迹

乐寿

1970 年　油烟

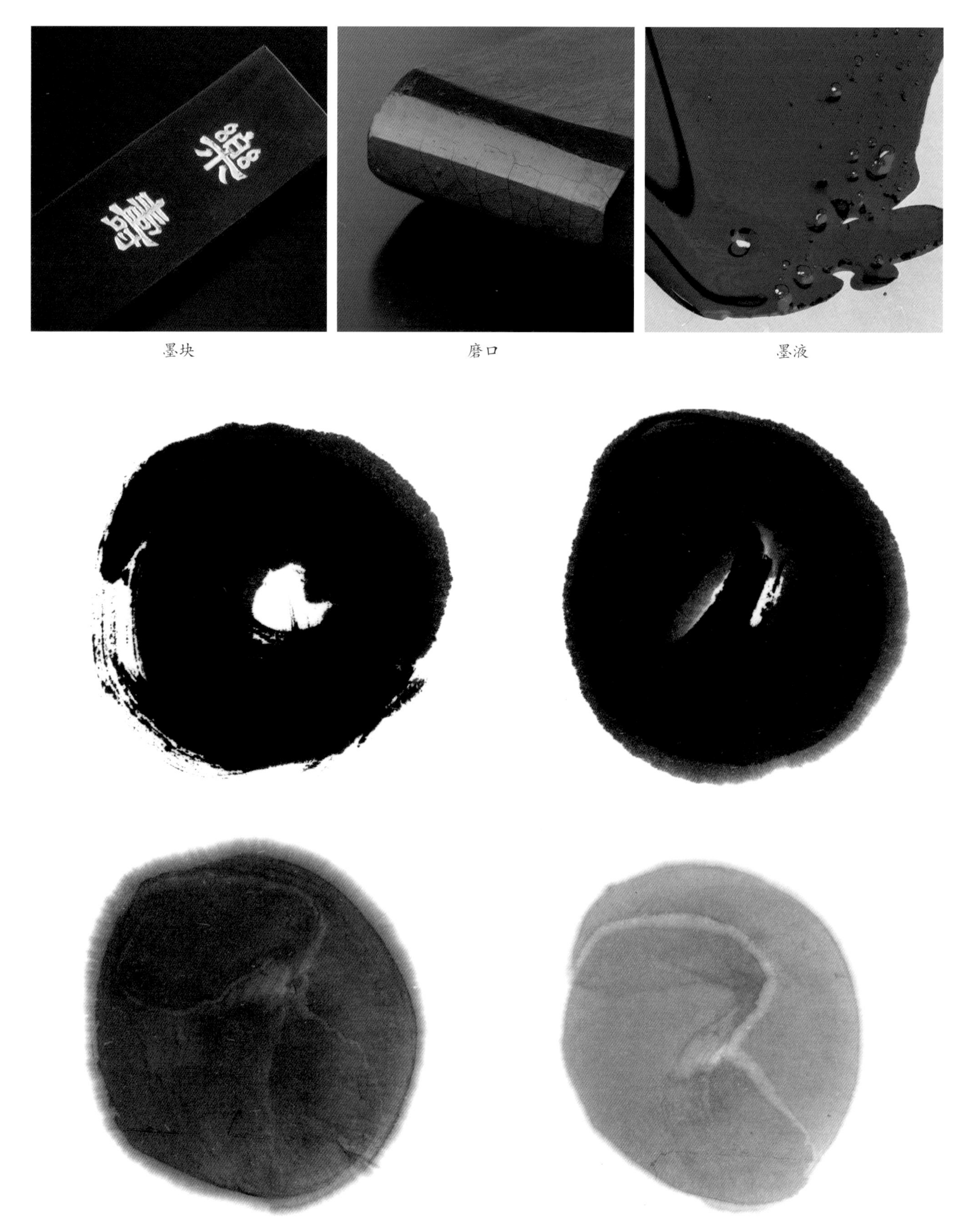

墨块　　磨口　　墨液

墨迹

菊花墨

1971 年　油烟

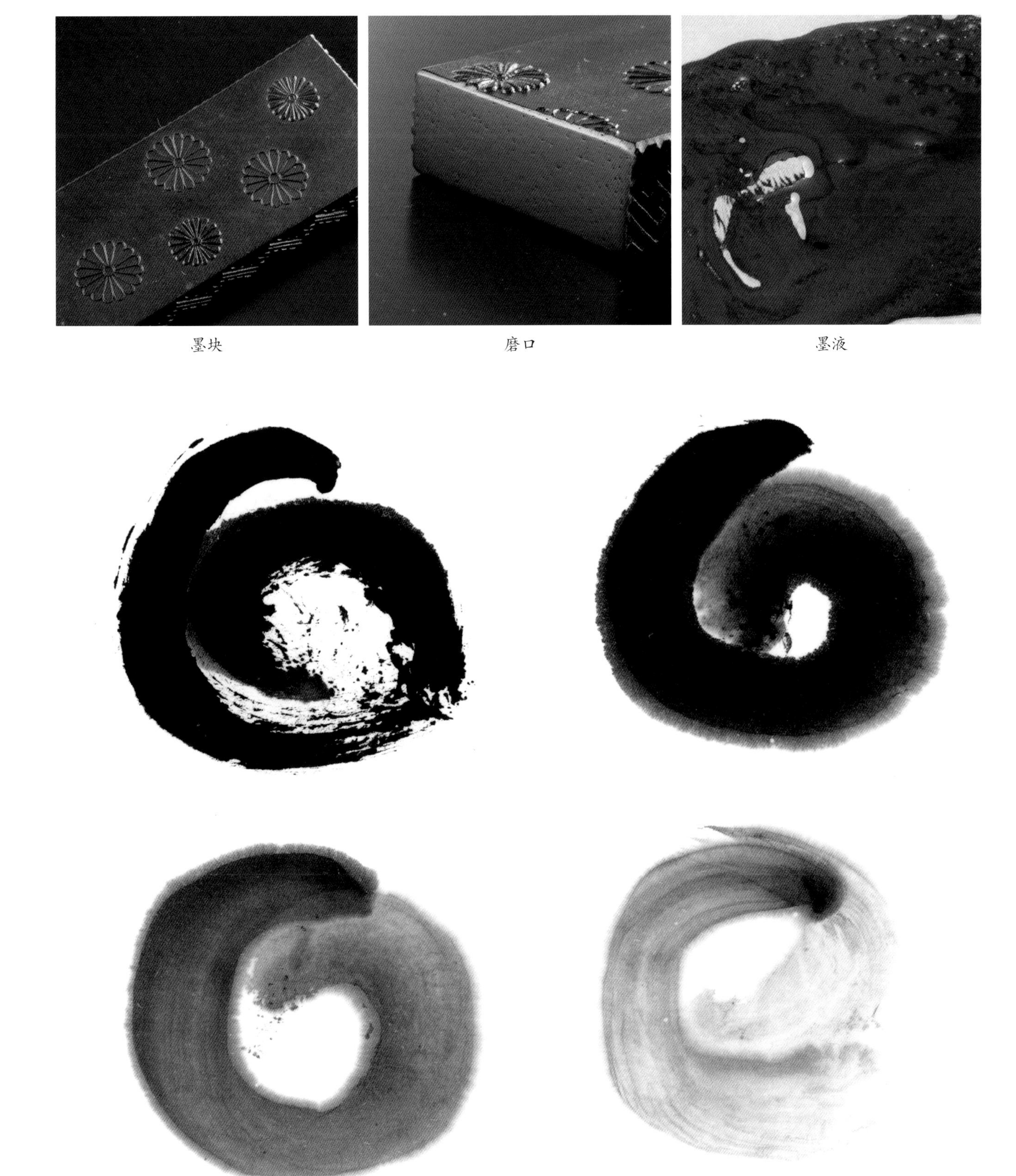

墨块　　磨口　　墨液

墨迹

信玄

20 世纪 70 年代　油烟

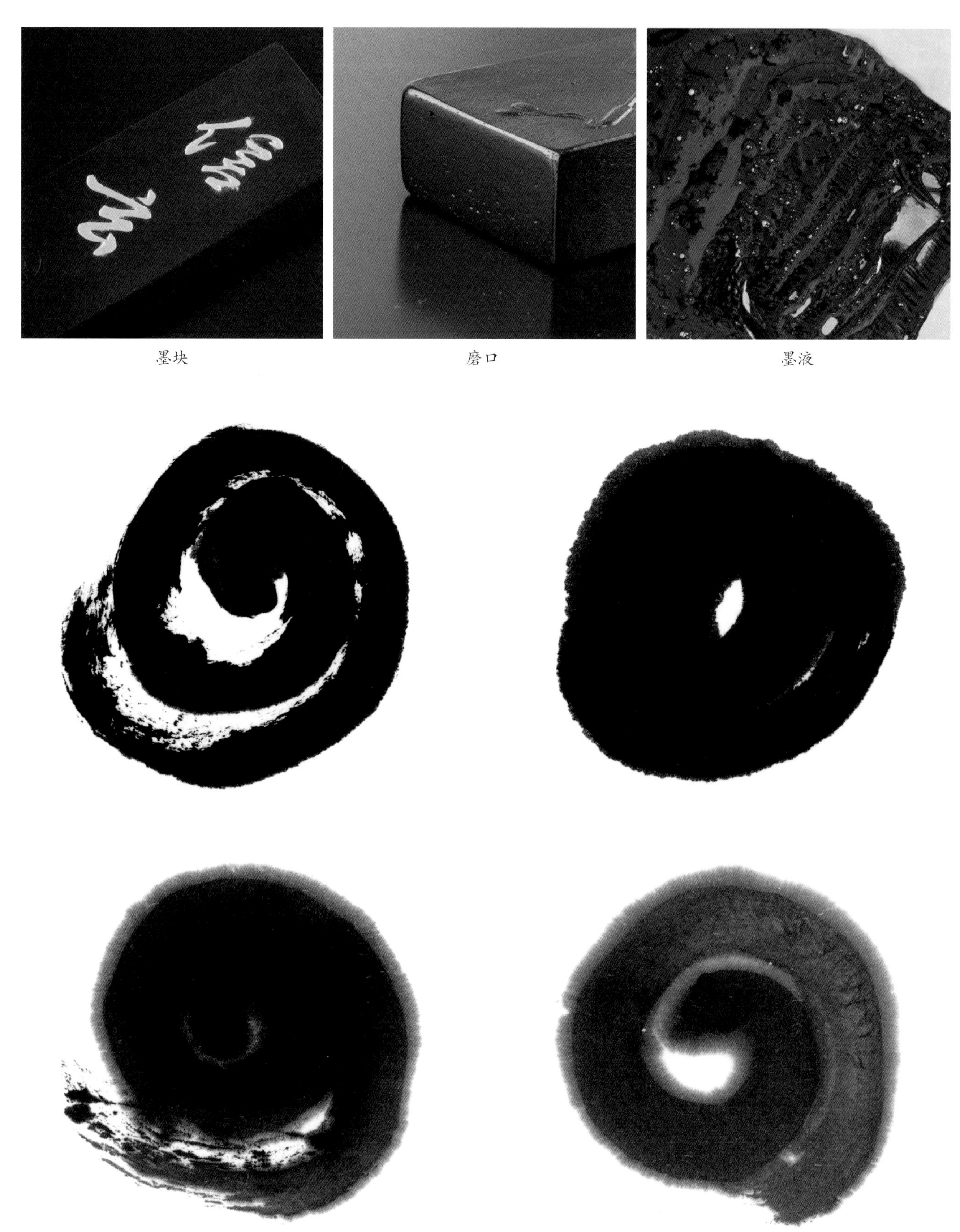

墨块　　磨口　　墨液

墨迹

法龙

20世纪70年代　青墨

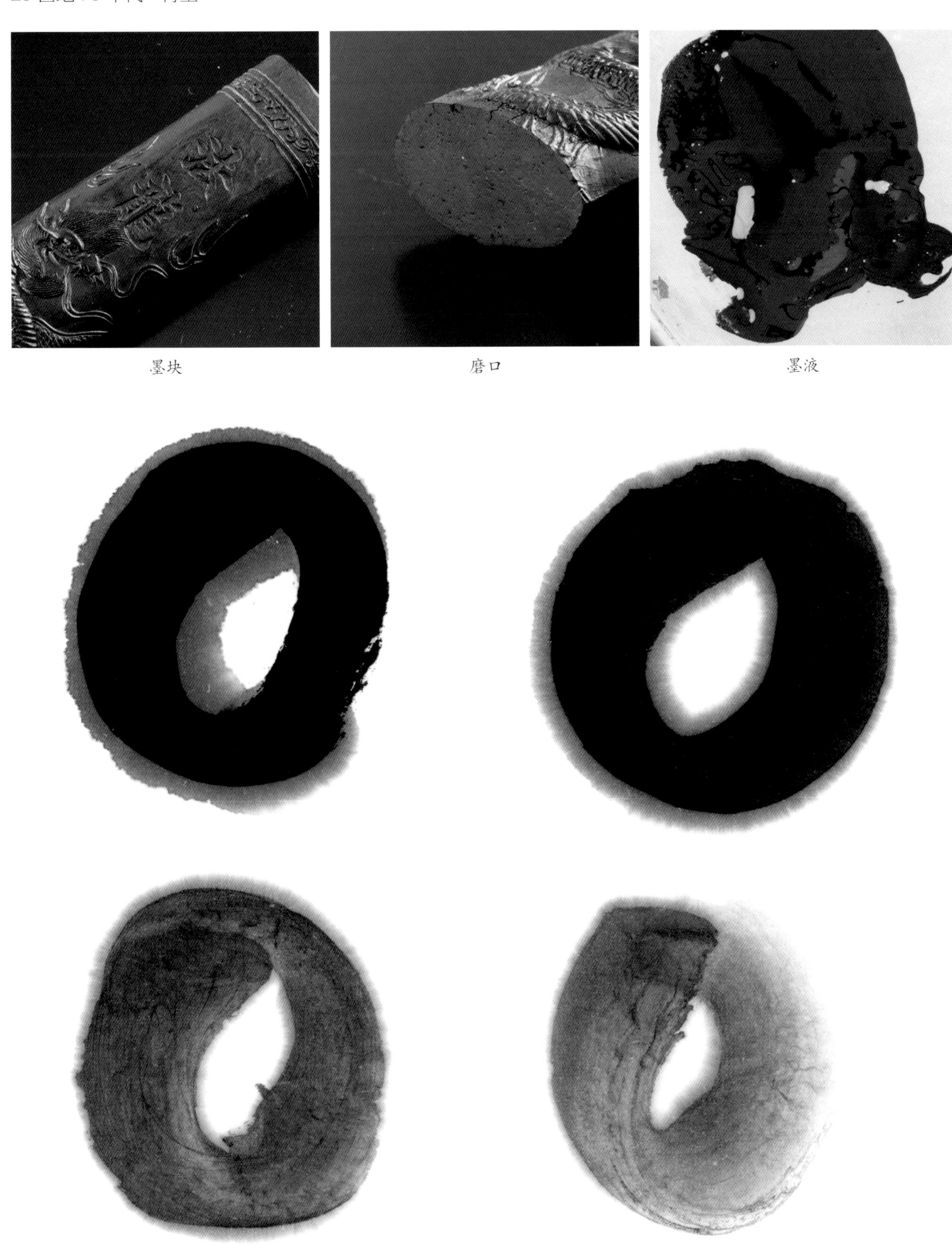

墨块　磨口　墨液

墨迹

周蝶

1977 年　青墨

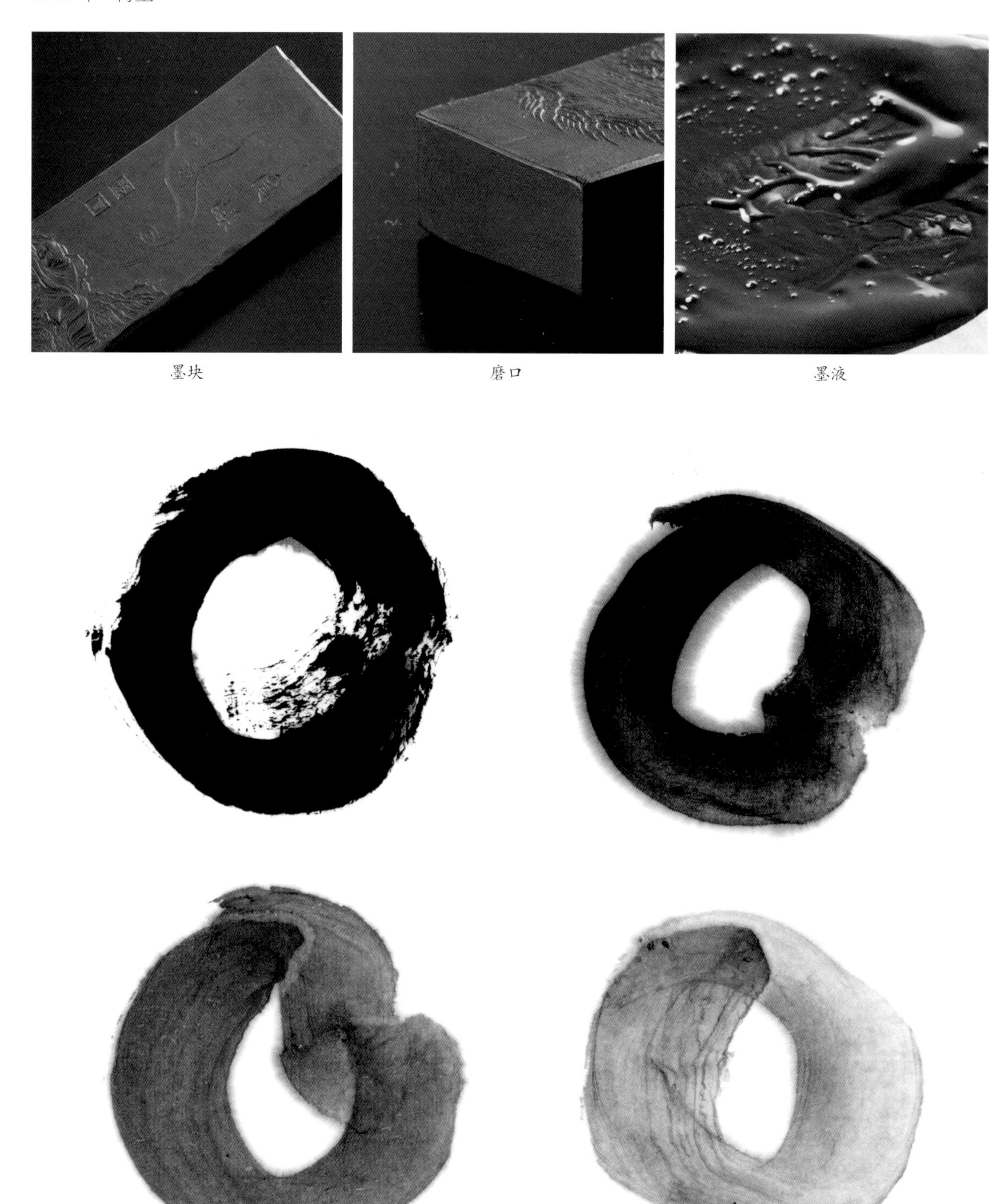

墨块　　磨口　　墨液

墨迹

百忍图

1978 年　松烟

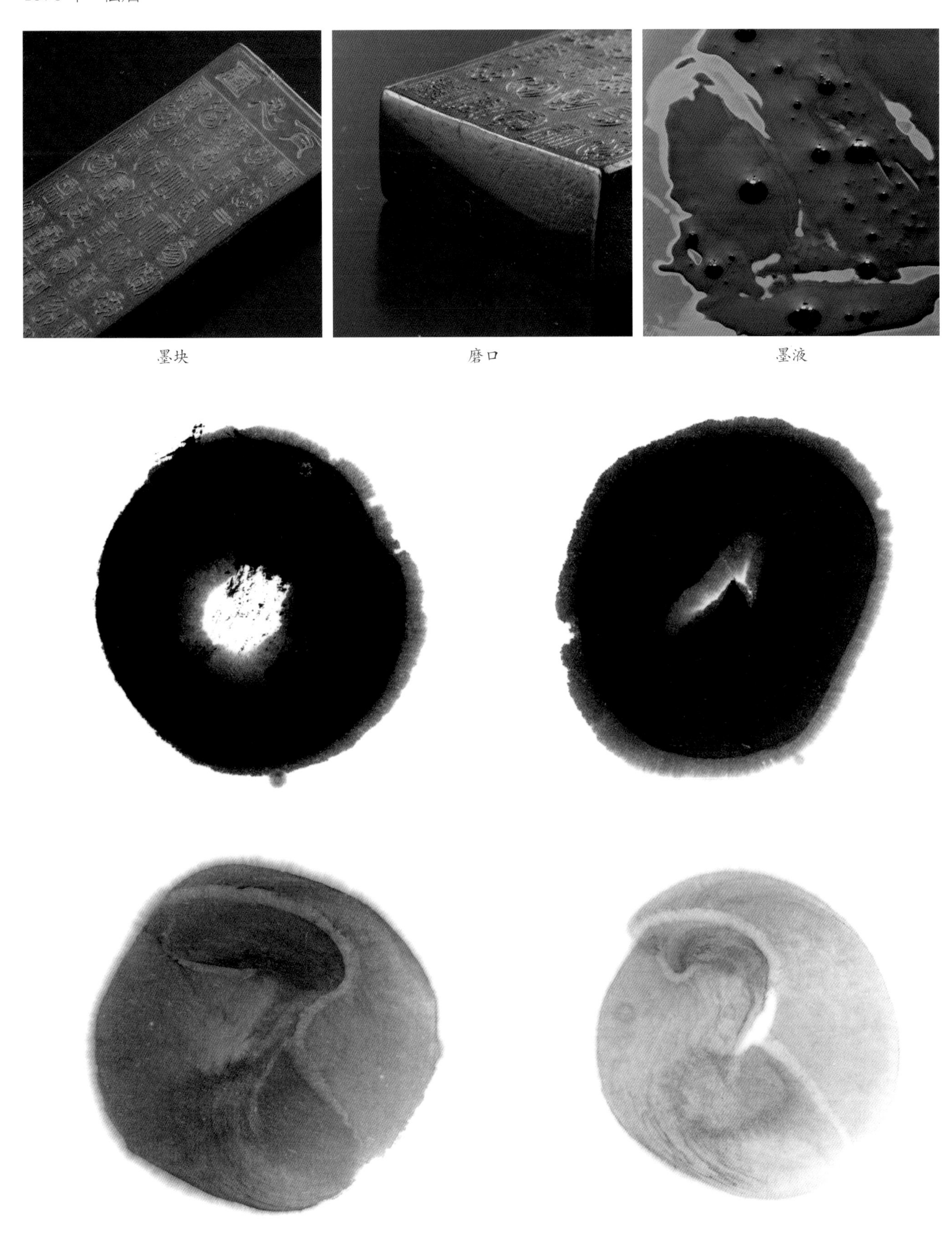

墨块　　磨口　　墨液

墨迹

梅花墨

20 世纪 70 年代　油烟

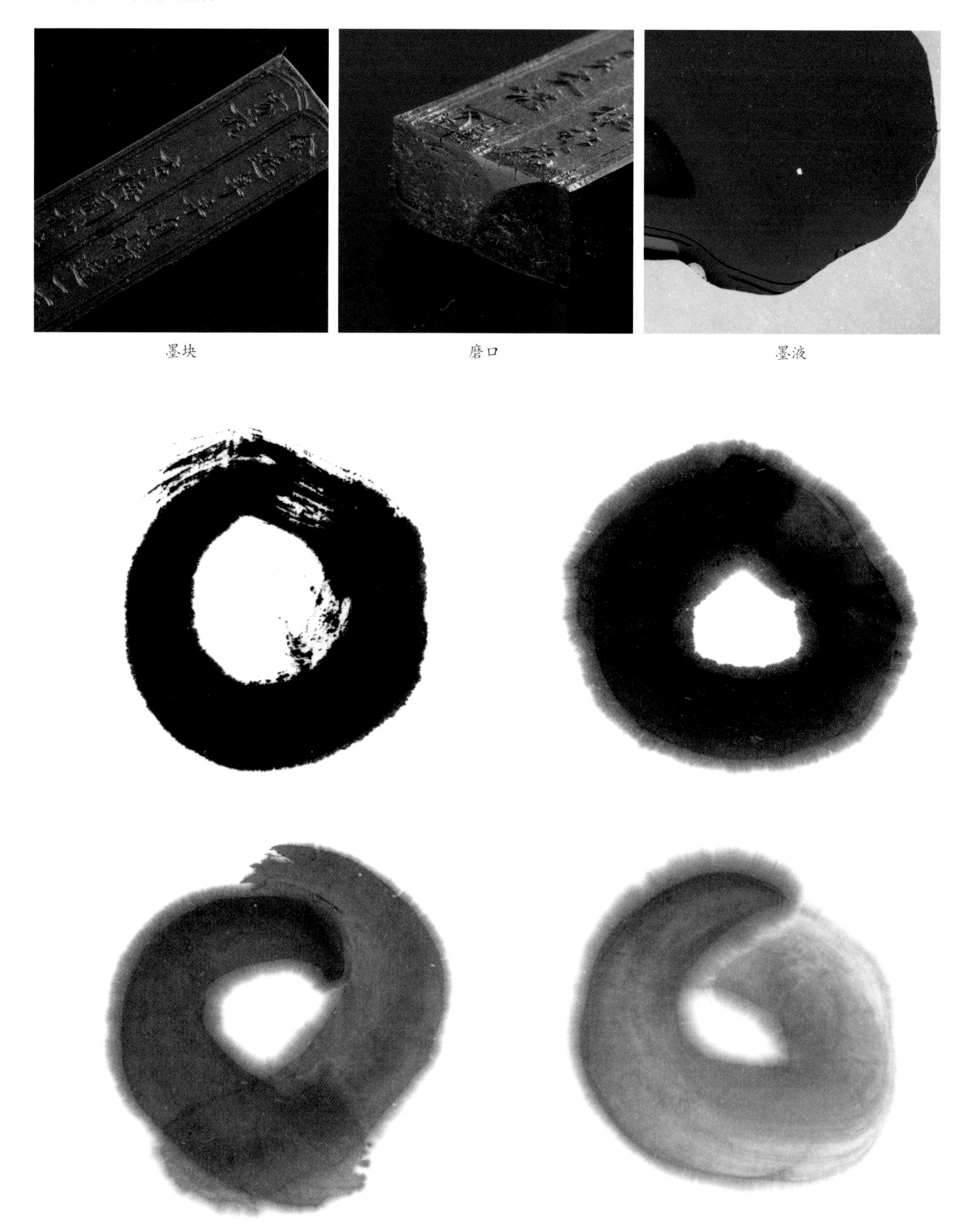

墨块　　磨口　　墨液

墨迹

玄之又玄

20 世纪 70 年代　油烟

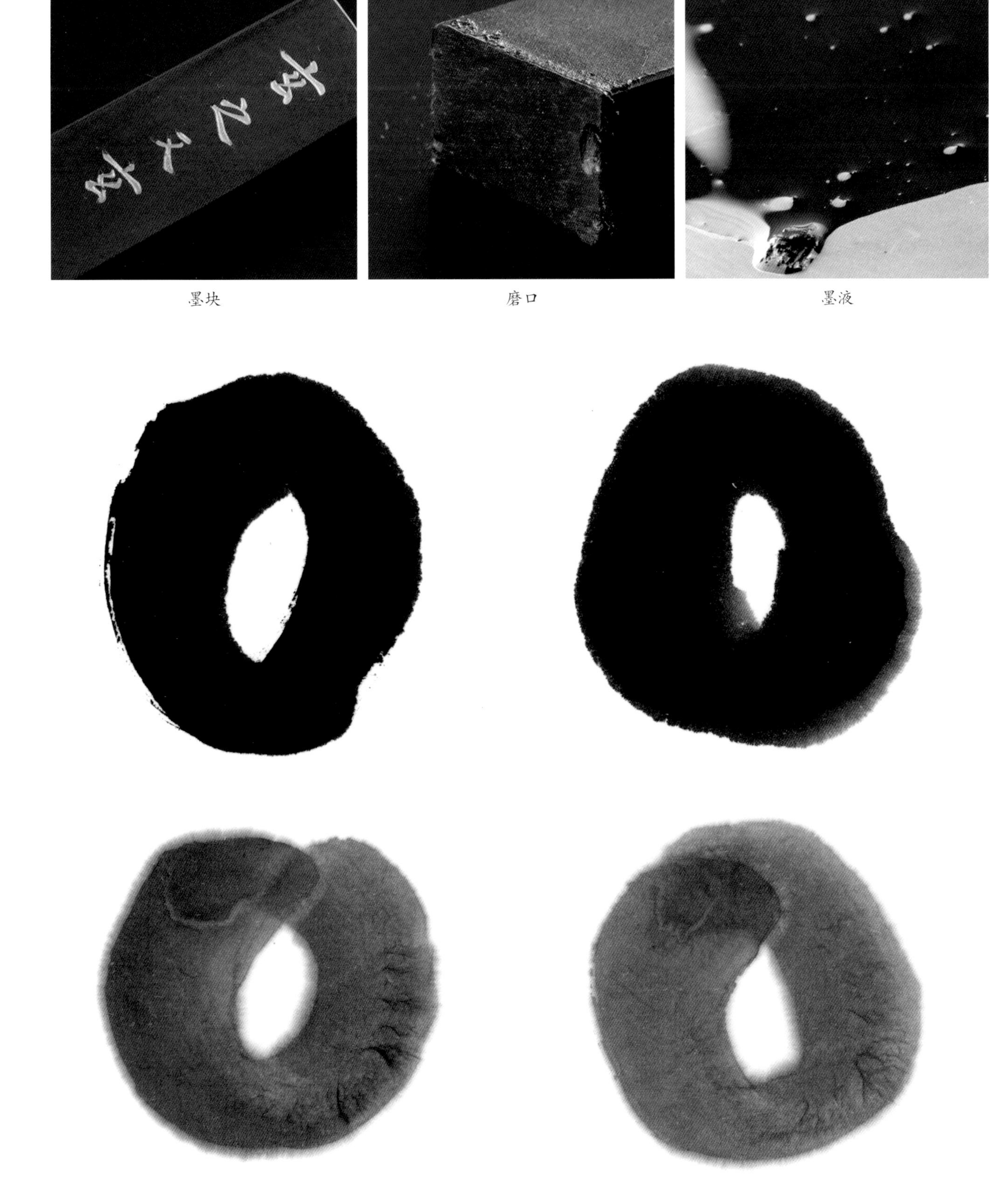

墨块　　磨口　　墨液

墨迹

曾参

20 世纪 80 年代　油烟

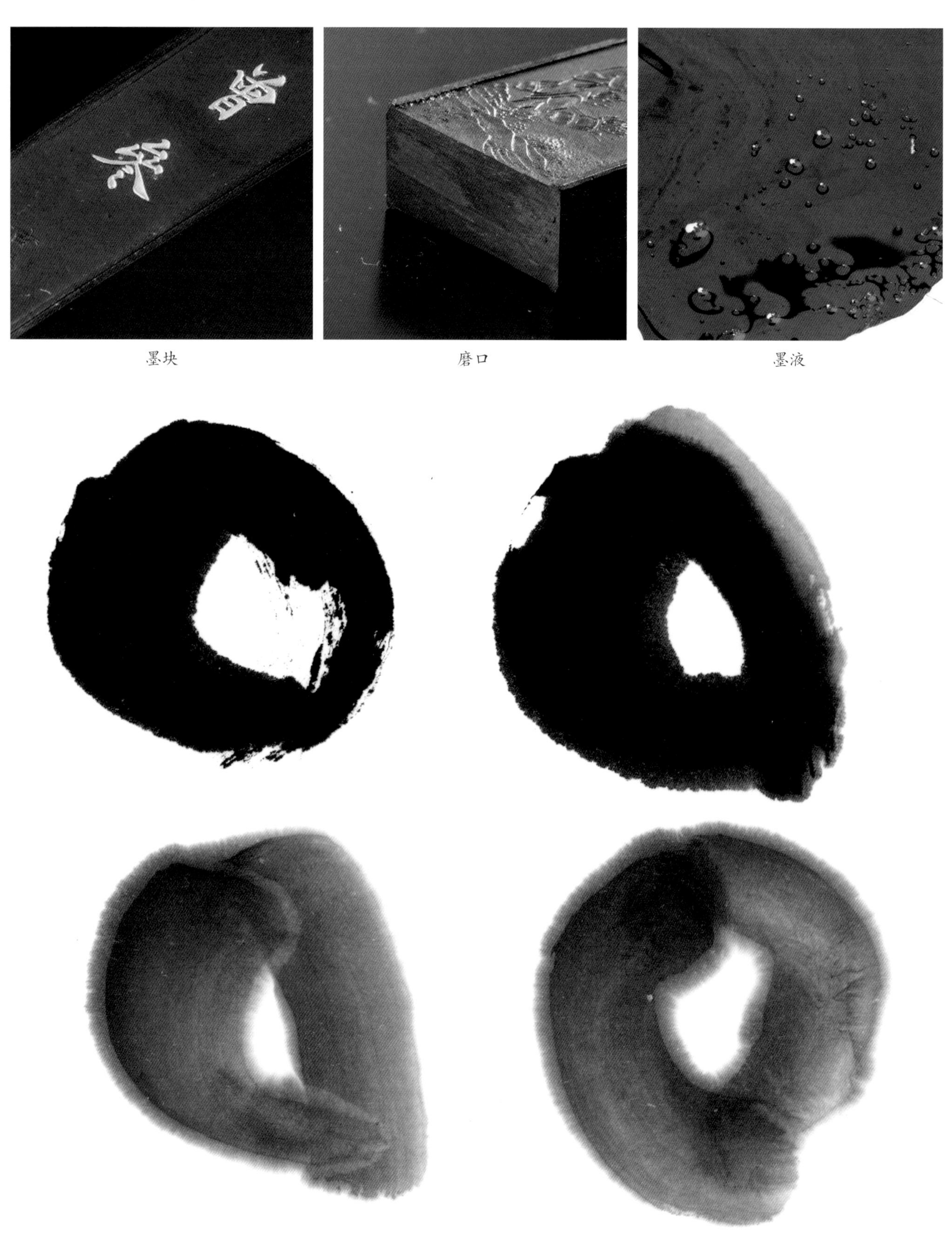

墨块　　磨口　　墨液

墨迹

金主臣

20 世纪 80 年代　油烟

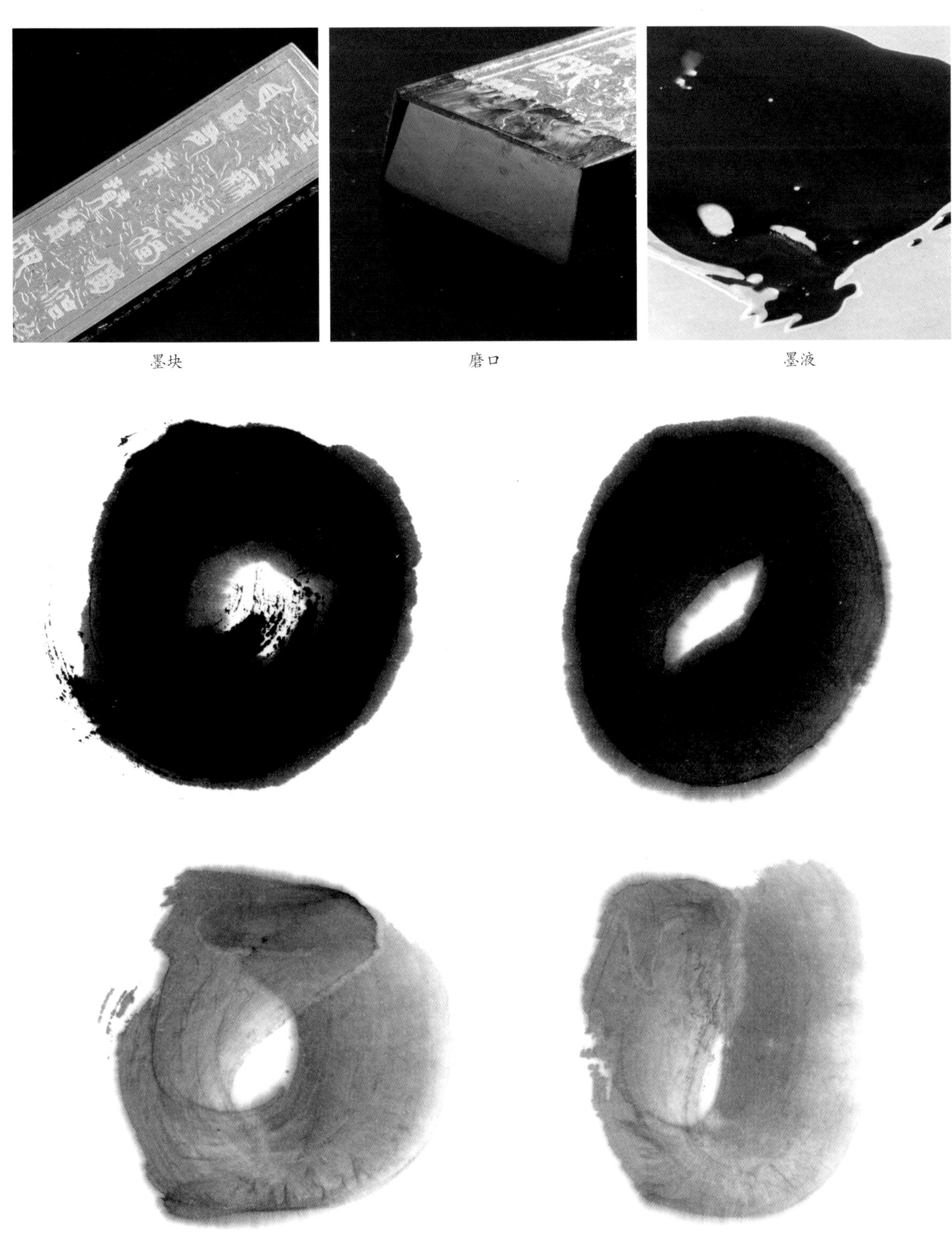

墨块　磨口　墨液

墨迹

五星红花墨

20 世纪 80 年代　油烟

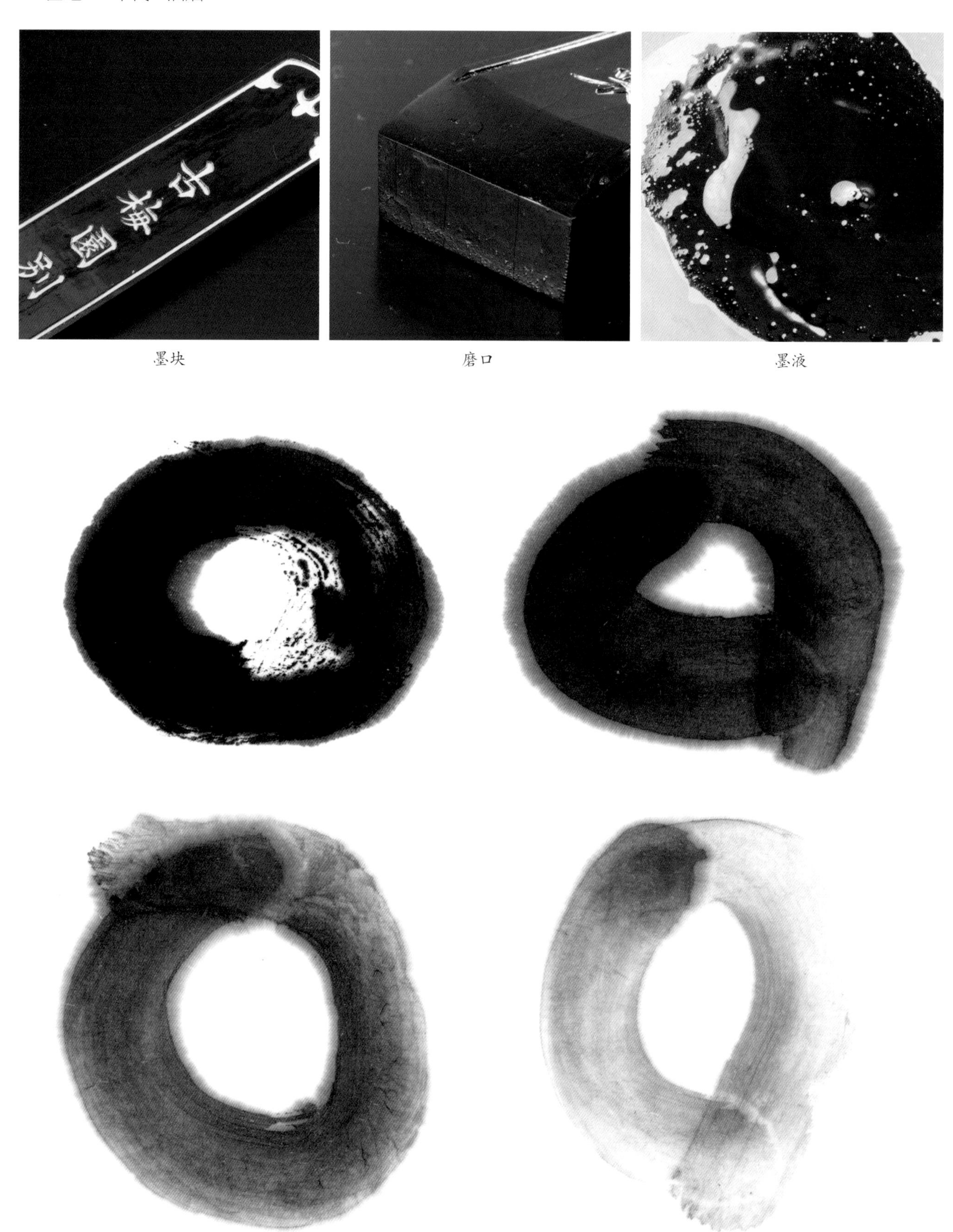

墨块　　磨口　　墨液

墨迹

千岁松

20 世纪 80 年代　松烟

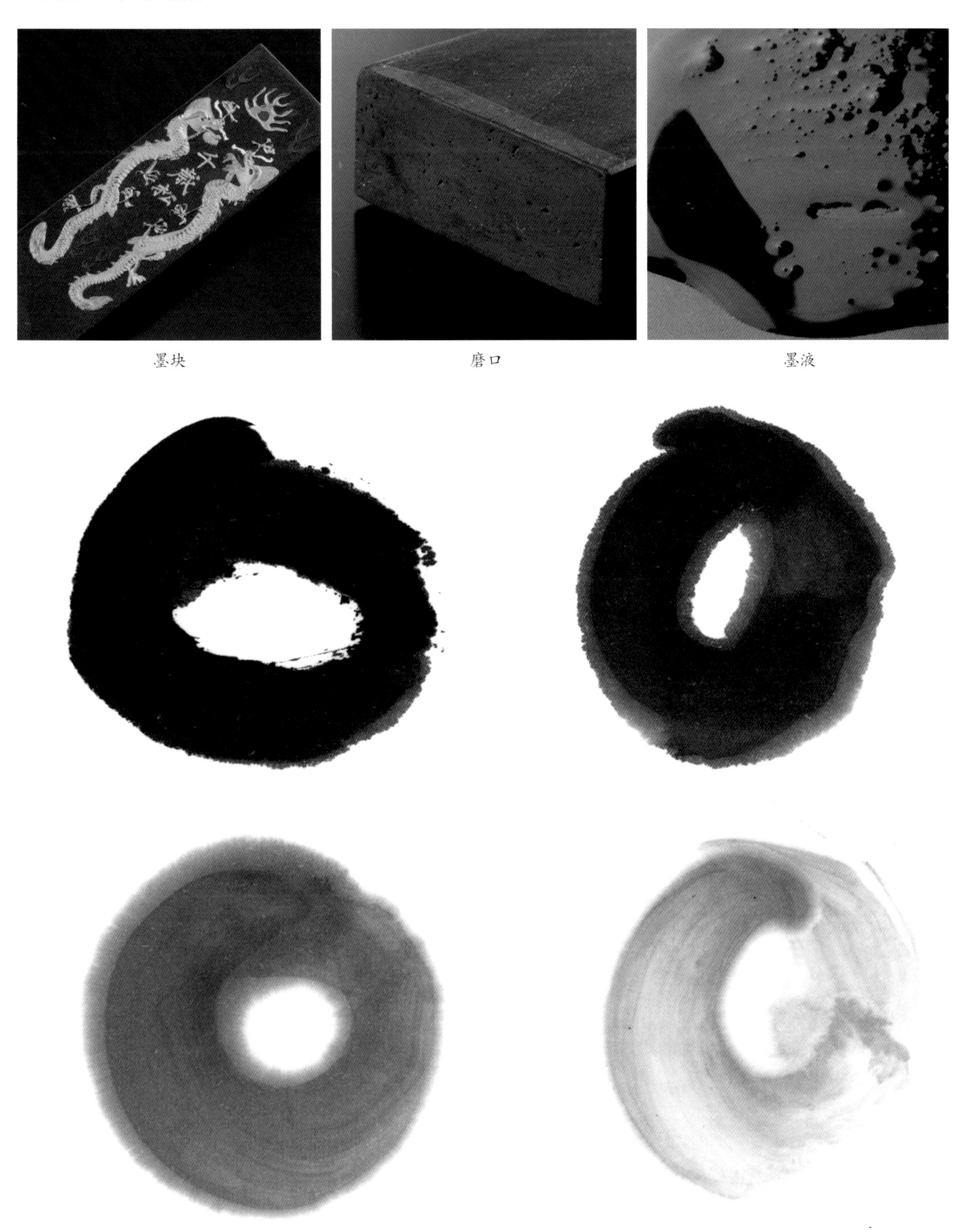

墨块　　磨口　　墨液

墨迹

金菊花

20 世纪 80 年代　油烟

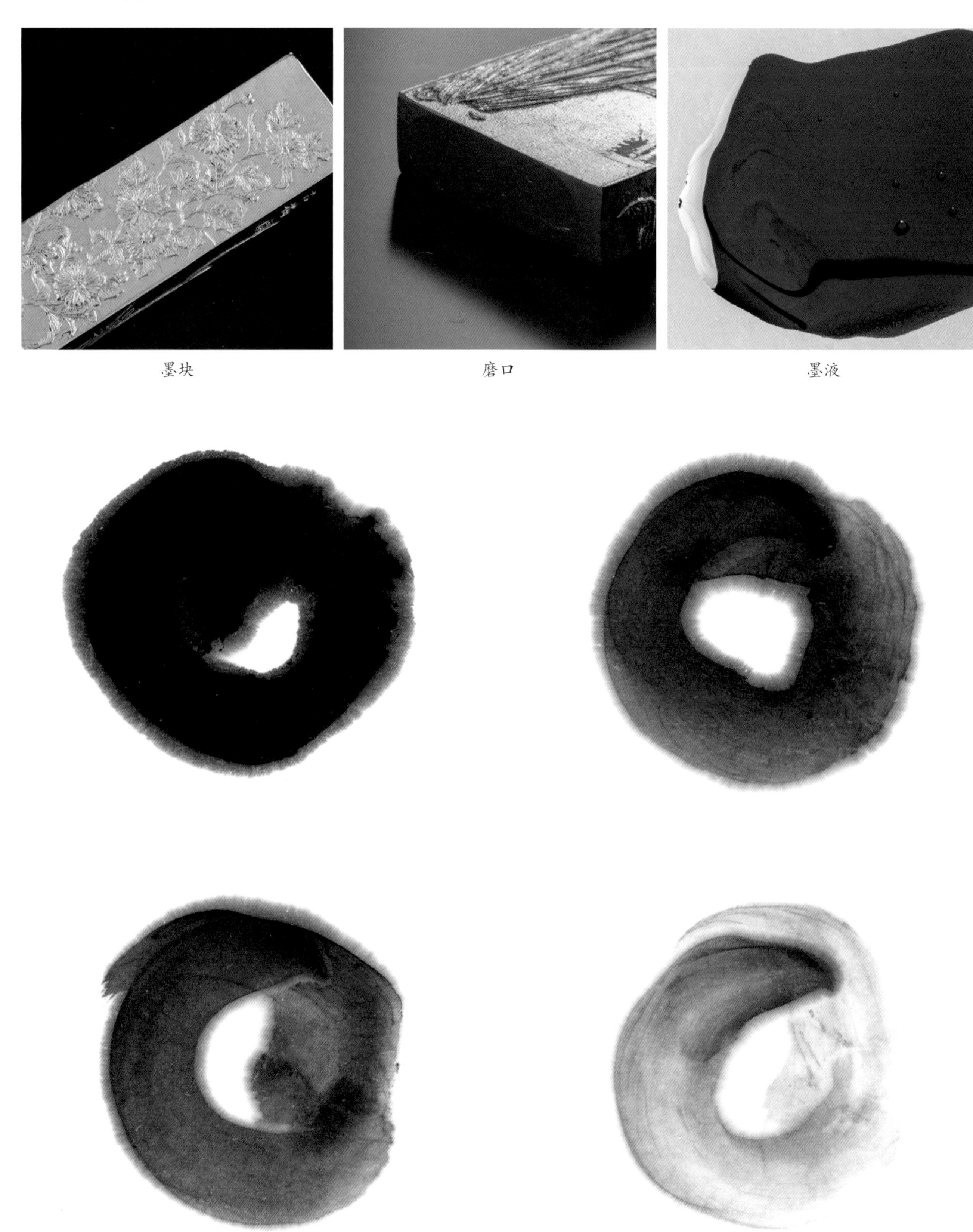

墨块　磨口　墨液

墨迹

锦鲤

2000 年　油烟

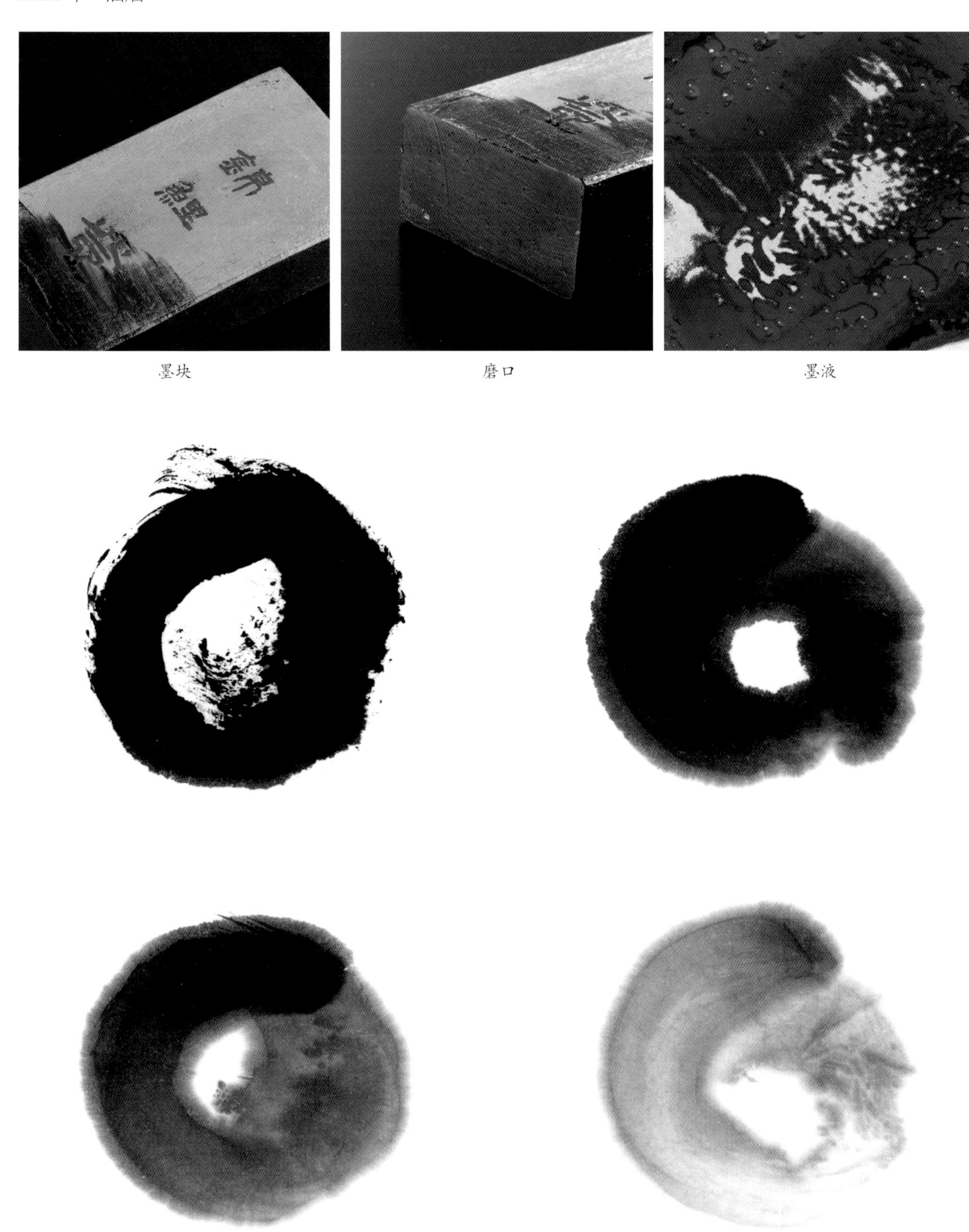

墨块　　磨口　　墨液

墨迹

第二节　吴竹精升堂

吴竹精升堂由绵谷奈良吉于 1902 年创立。早期是个做墨的小作坊，如今吴竹精升堂的产品已经遍布文具行业的各个领域，从传统的笔墨，到墨汁、墨水、颜料、万年毛笔等均有涉及。吴竹精升堂的百年发展离不开对最高境界质量不厌其烦的追求，即便是新产品的开发，也不忽视质量，比如自来水式毛笔的开发过程就经历了数十年之久。且吴竹精升堂至今还在沿用传统的制墨方法，每年会推出几款能代表其最高水准的千寿墨。

千寿墨是吴竹精升堂堂主绵谷安弘在 1971 年正式推出的一个系列，在整个日本墨体系当中也属于顶级行列，无论是烟料、胶法、香料、板子、描金，还是包装都是最高的级别。

西大寺卣　20 世纪 70 年代　茶油烟

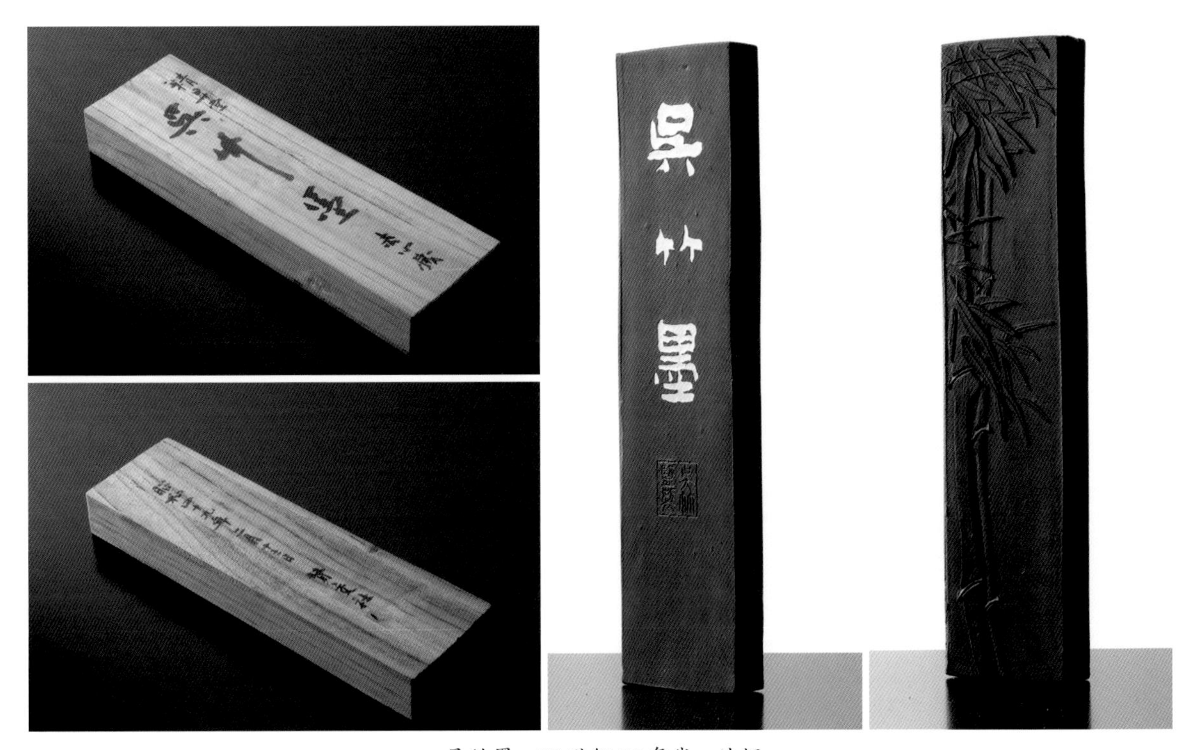

吴竹墨　20 世纪 70 年代　油烟

椿油烟　20 世纪 70 年代　椿油烟

日本的油烟墨种类丰富，以菜种油烟为主，还有桐油烟、椿油烟、椰子油烟、蓖麻油烟、矿物油烟、茶油烟等。不同材质的墨在纸上的浓淡表现各不相同。

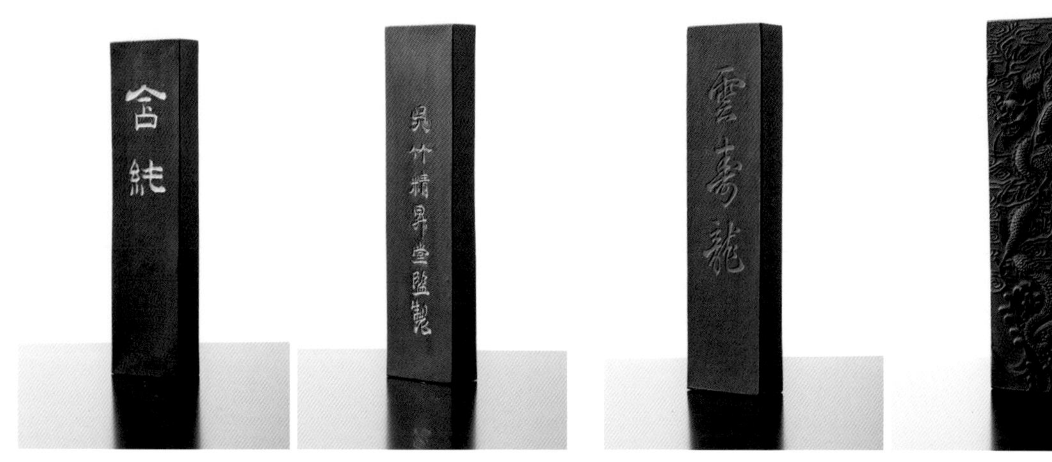

含纯　20 世纪 70 年代　油烟　　　　云寿龙　1979 年　油烟

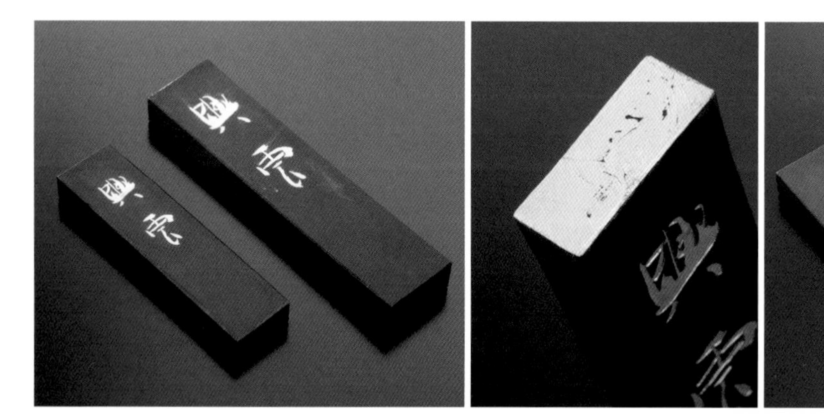

（金顶）兴云　20 世纪 70 年代　油烟

日本同款墨中，顶端有描金的墨，往往级别会超过无描金的。

百寿图　1977 年　油烟

双龙 20世纪80年代 油烟

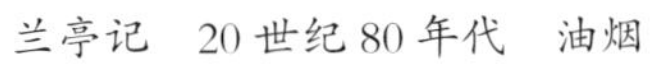

兰亭记 20世纪80年代 油烟

魁星 20世纪80年代 油烟

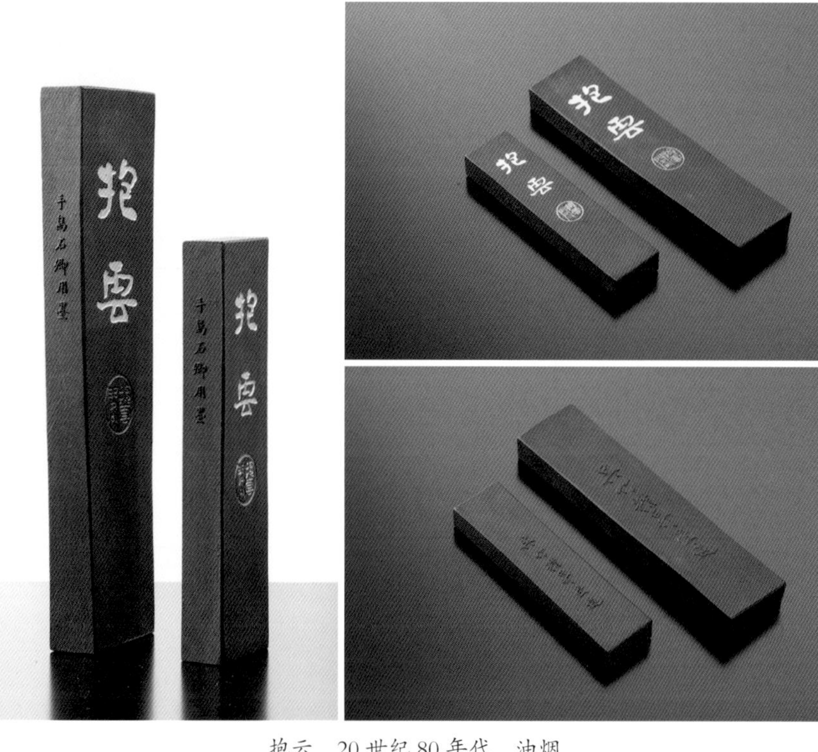

抱云　20 世纪 80 年代　油烟

日本制墨厂家经常会根据书画家对墨的不同要求进行制作。例如，“抱云”是按照书法家手岛右卿的要求来制作的，“黑耀”是按照书法家青山杉雨的要求来制作的。

黑耀　20 世纪 80 年代　油烟

开玄　20 世纪 80 年代　油烟

松花　20世纪80年代　油烟

天衣无缝　20世纪80年代　油烟

吴竹墨中，销量比较好的墨往往可选择的规格也较多。例如，“天衣无缝”“黑耀”“兴云”“抱云”等。

玄光　20世纪80年代　油烟

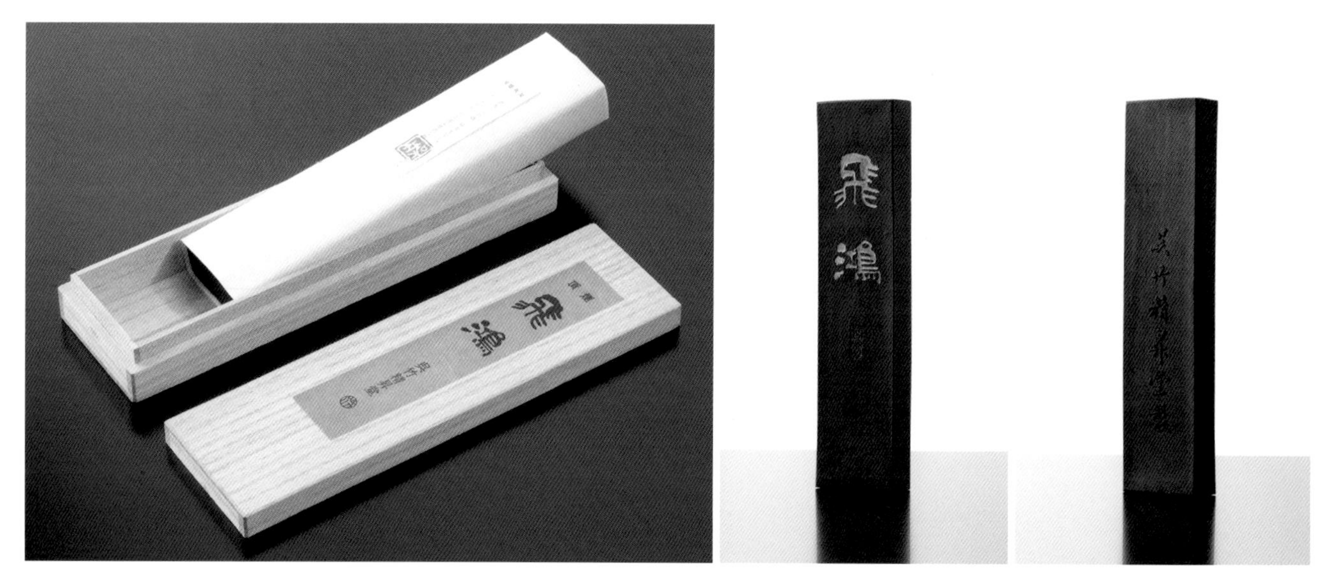

飞鸿　20世纪90年代　油烟

“名笔30撰墨”系吴竹精升堂主以古代书法30品为原型，从80年代末开始策划制作，历时数年倾力打造的套墨精品。

墨盒上也标注了墨的种类，一目了然。

吴竹藏烟六组　1995年　油烟

魏灵藏　2007 年　油烟

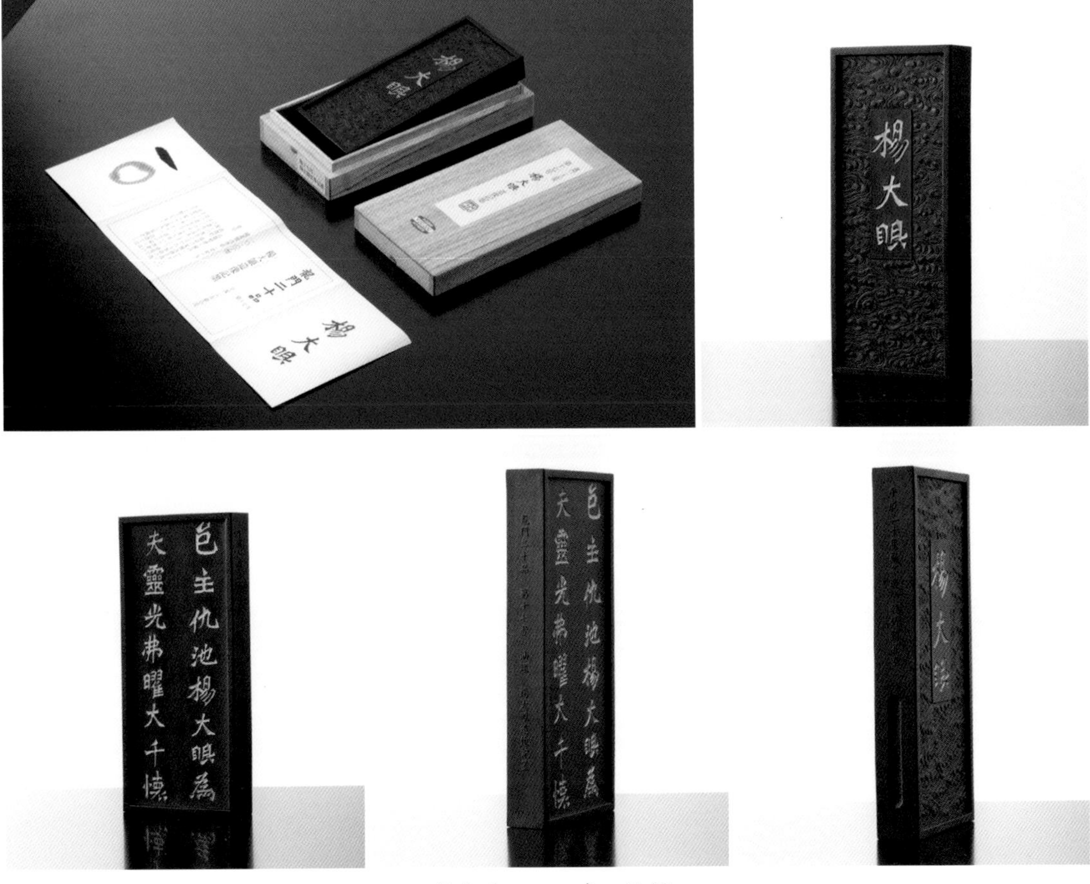

杨大眼　2008 年　油烟

吴竹精升堂　千寿墨系列

南山玄雾　20 世纪 60 年代末 70 年代初　油烟

扇面墨　20 世纪 60 年代　油烟

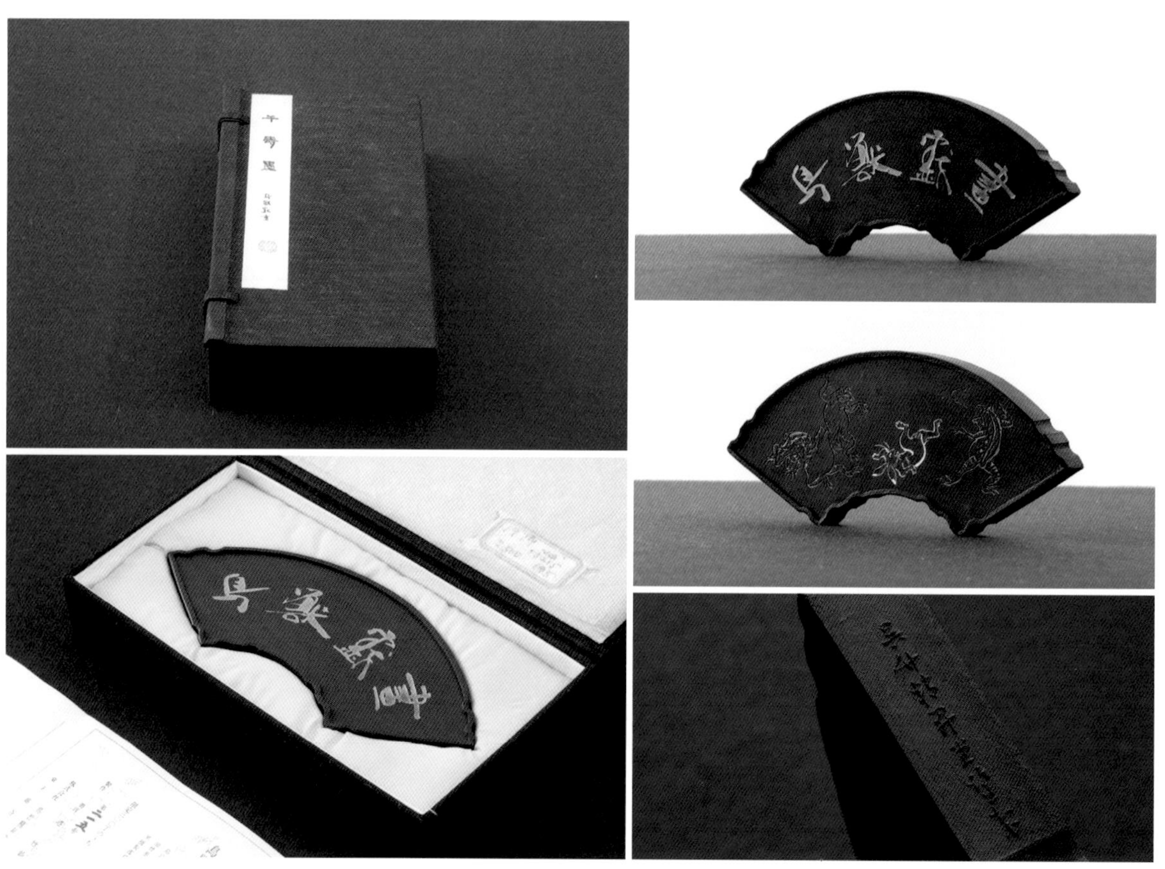

鸟兽戏画　1979 年　油烟

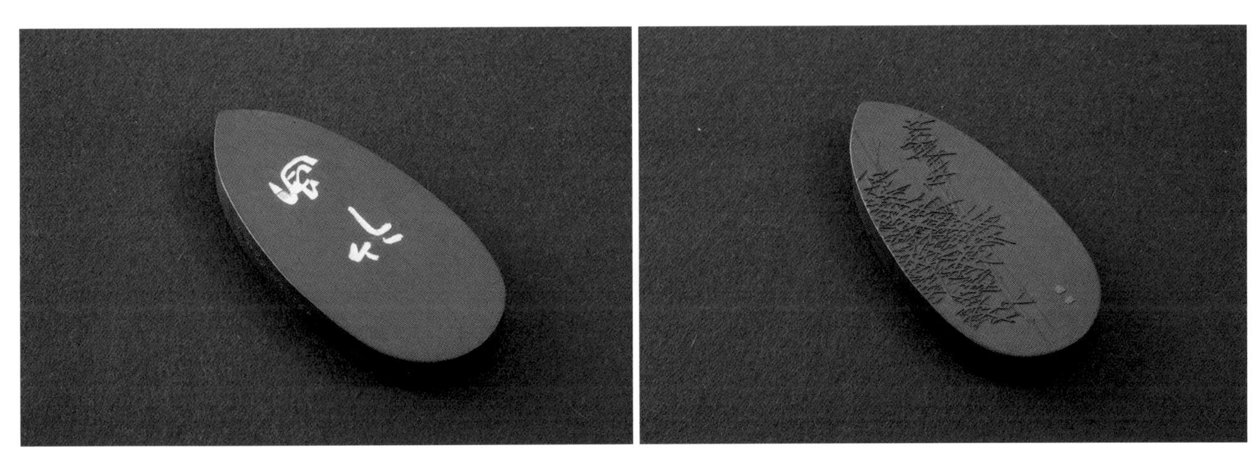

凤竹 1981年 油烟

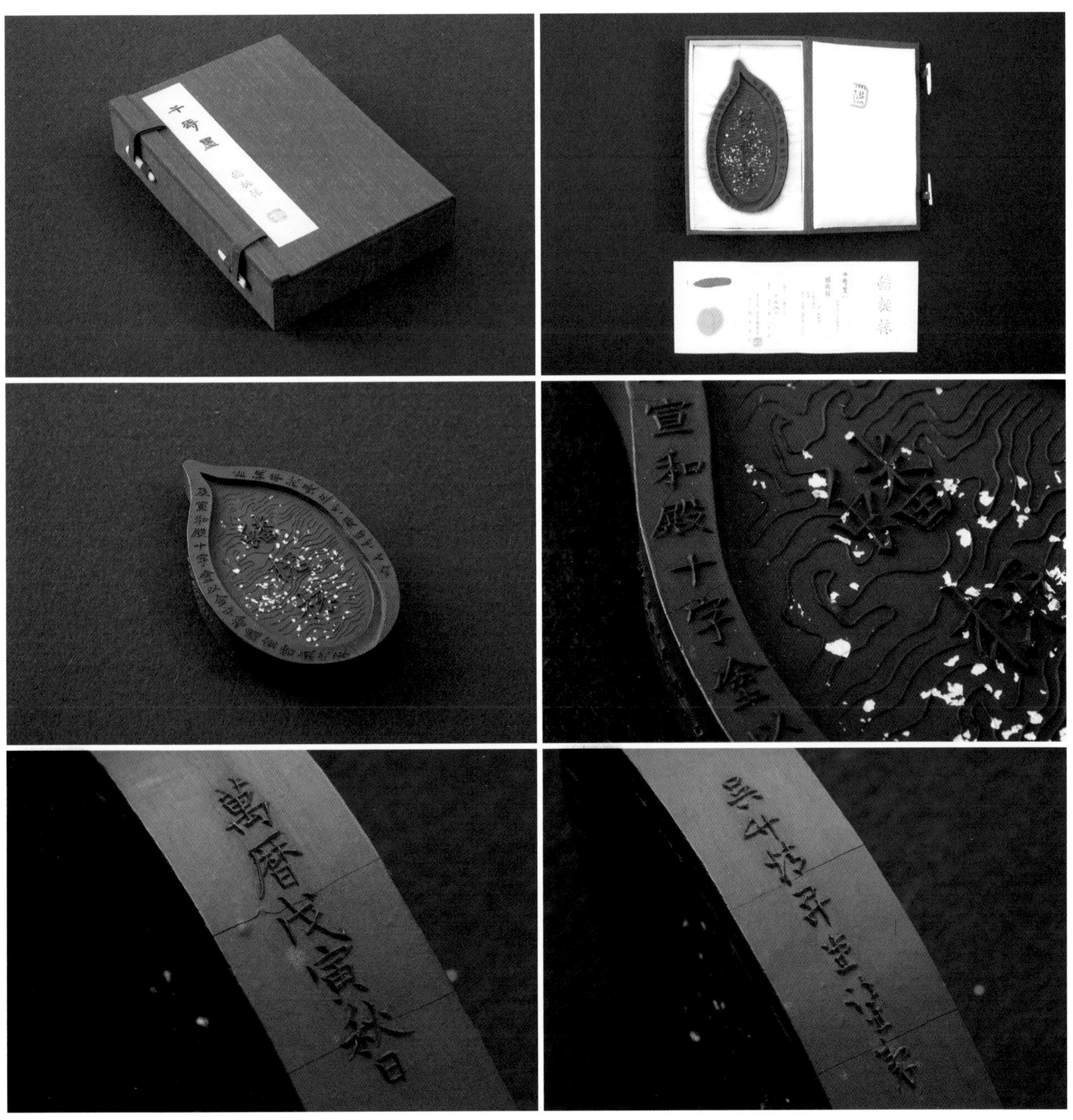

蟠核桃 1982年 青墨

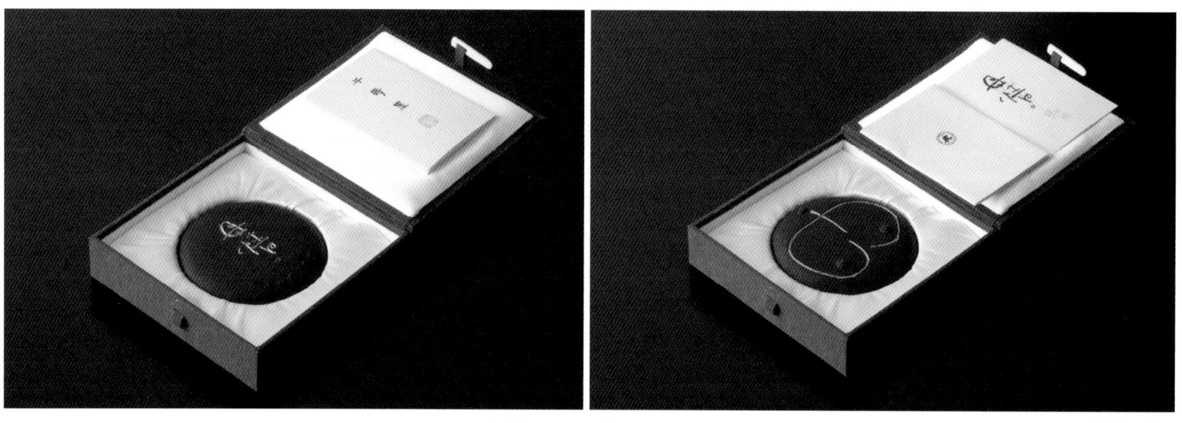

母情　1986 年　油烟

干蝶　1986 年　油烟

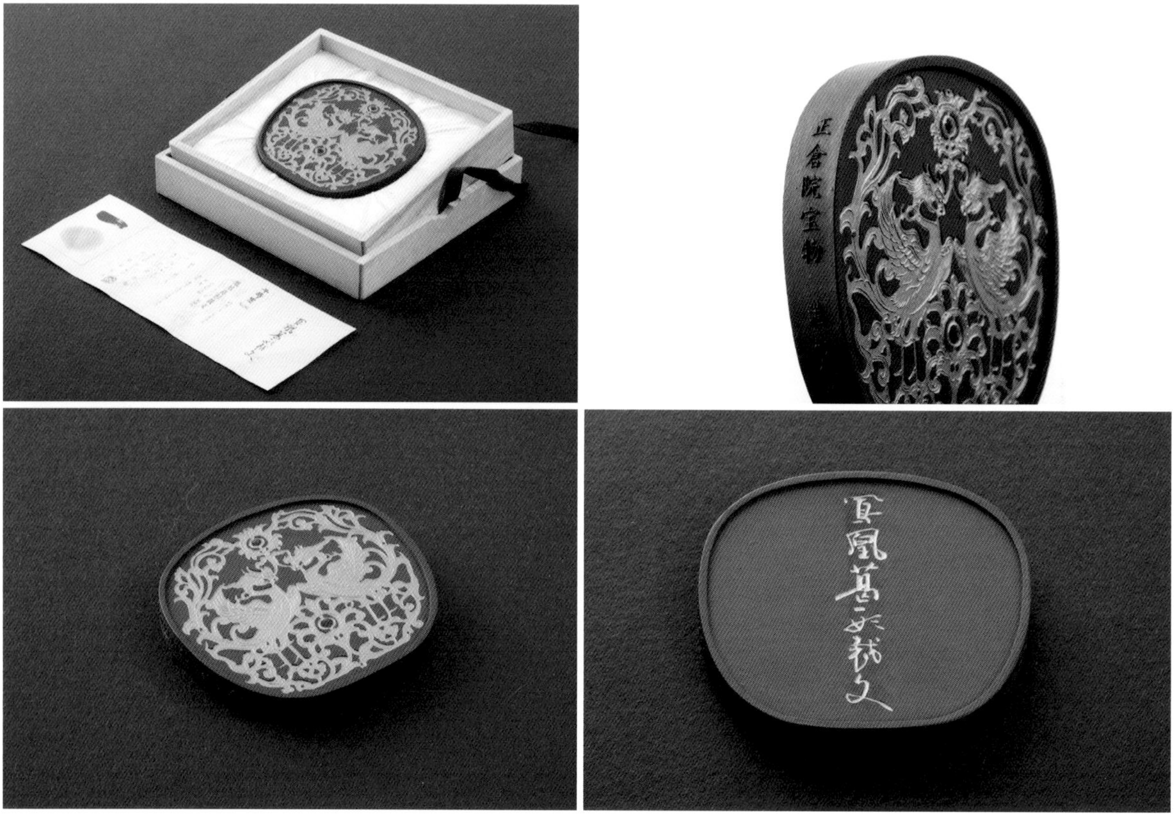

凤凰萬形裁文　1988 年　青墨

王者之风　1992 年　油烟

龙仙芝　1990 年　油烟

金阁凤凰　1997 年　青墨

龙宾　1998 年　油烟

一家团乐　1998 年　松烟

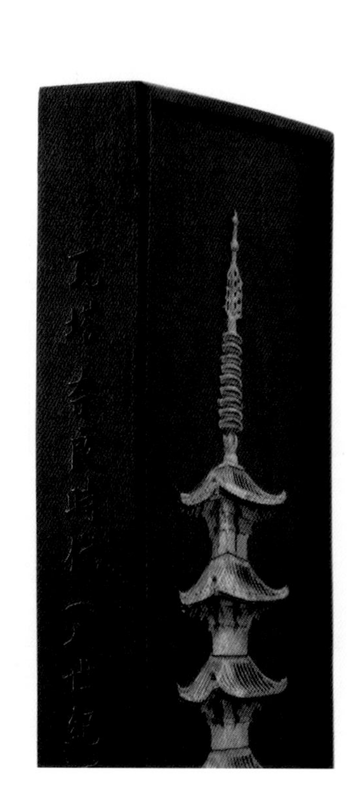

三层瓦塔　1999 年　油烟

玉传琵琶　2000 年　油烟

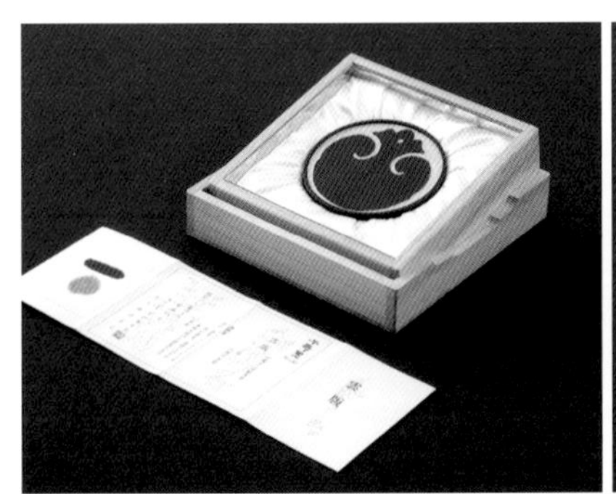

云版　2000 年　油烟

莲升　2002 年　油烟

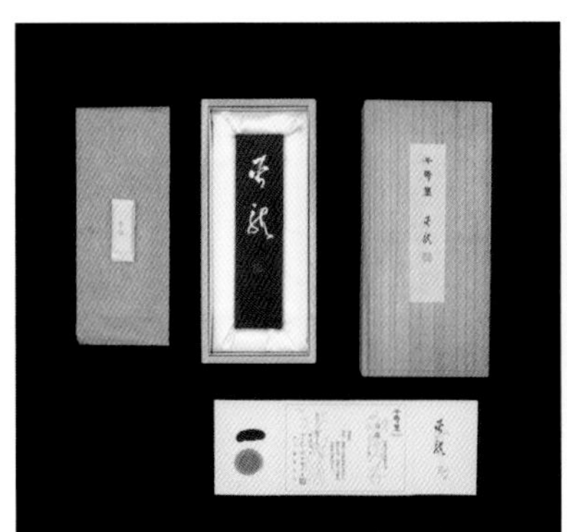

青龙　2003 年　油烟

鹿鸣　2006 年　油烟

双鸟莲华　2006 年　油烟

当朝一品　2009 年　青墨

执金刚　2009 年　油烟

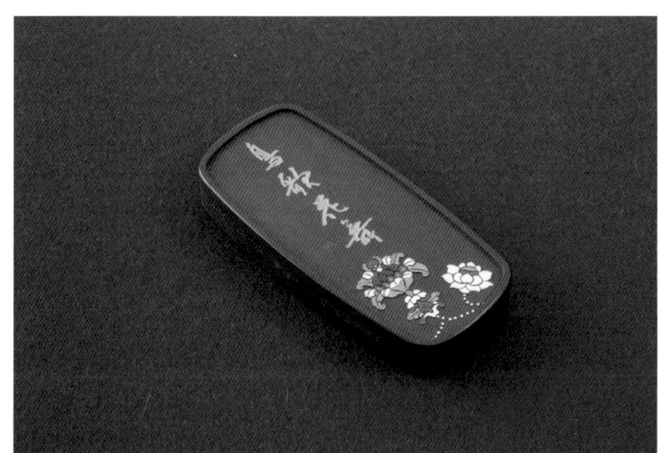
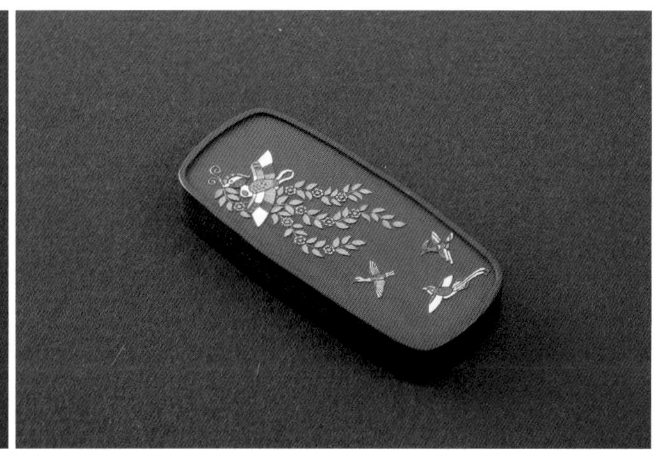

鸟歌花舞　2011 年　油烟

大唐香华文　2014 年　青墨

枫琵琶　2014 年　油烟

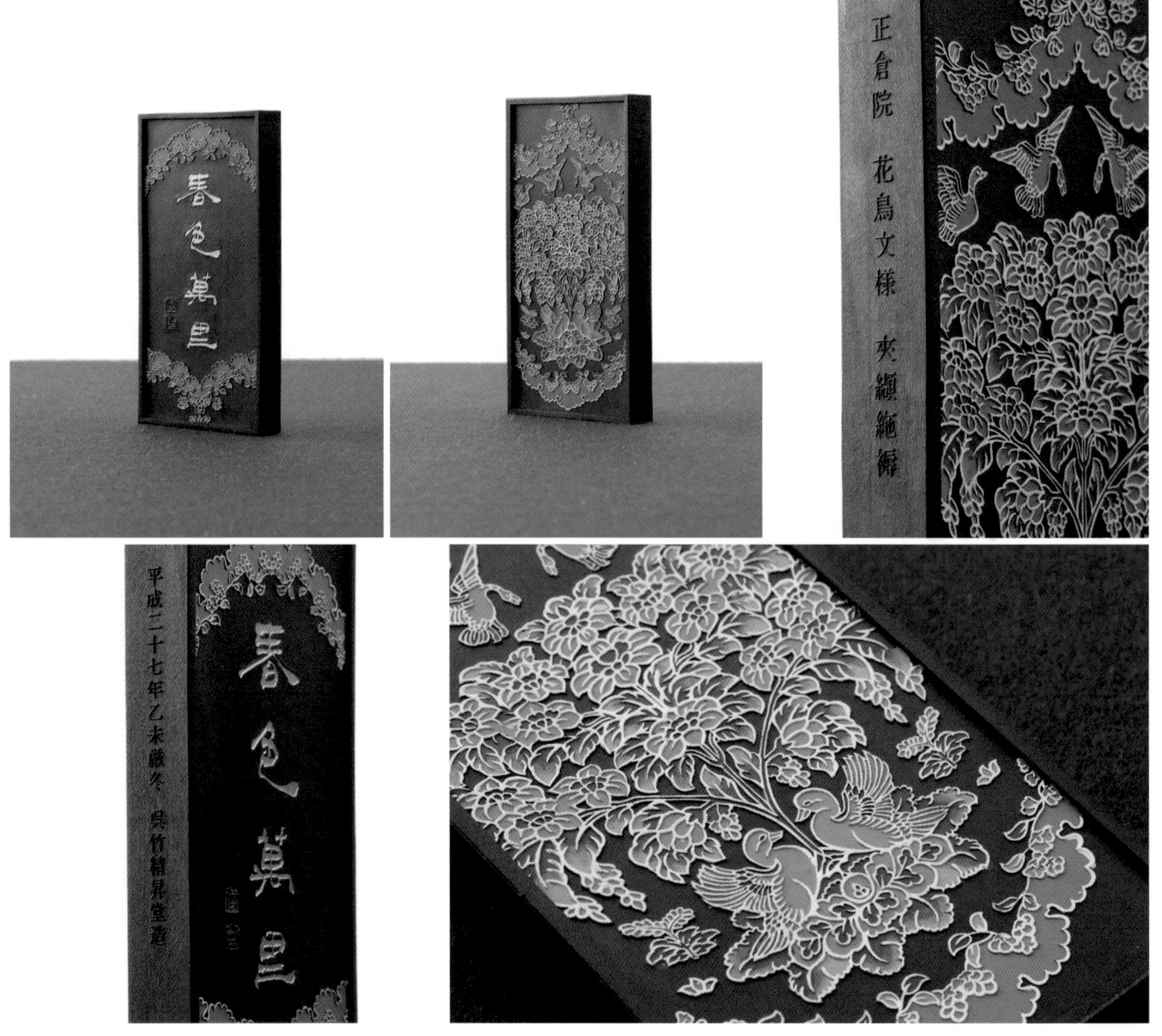

春色万里　2015 年　油烟

金顶吴竹

20世纪70年代 油烟

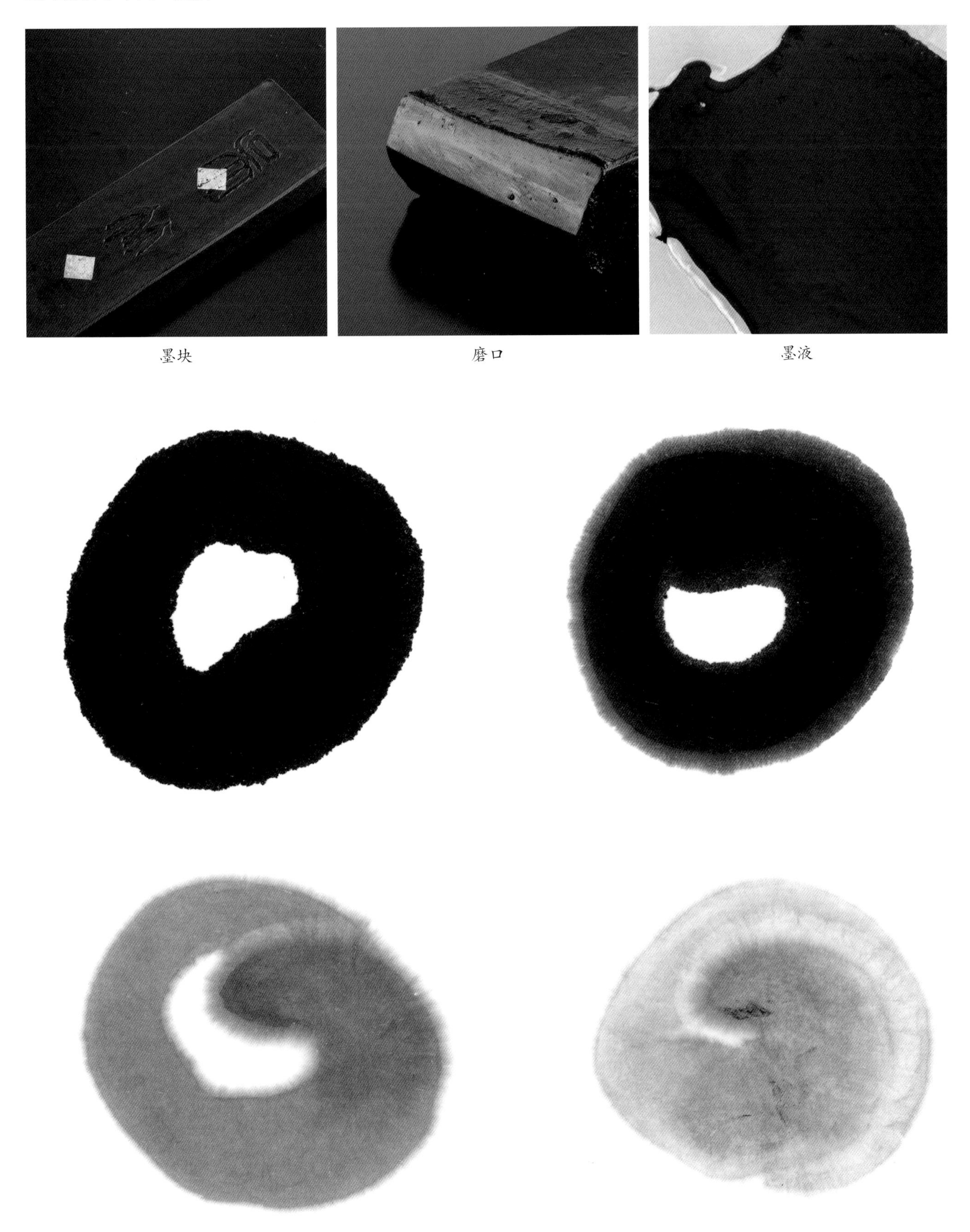

墨块　　磨口　　墨液

墨迹

登云龙

20 世纪 70 年代　青墨

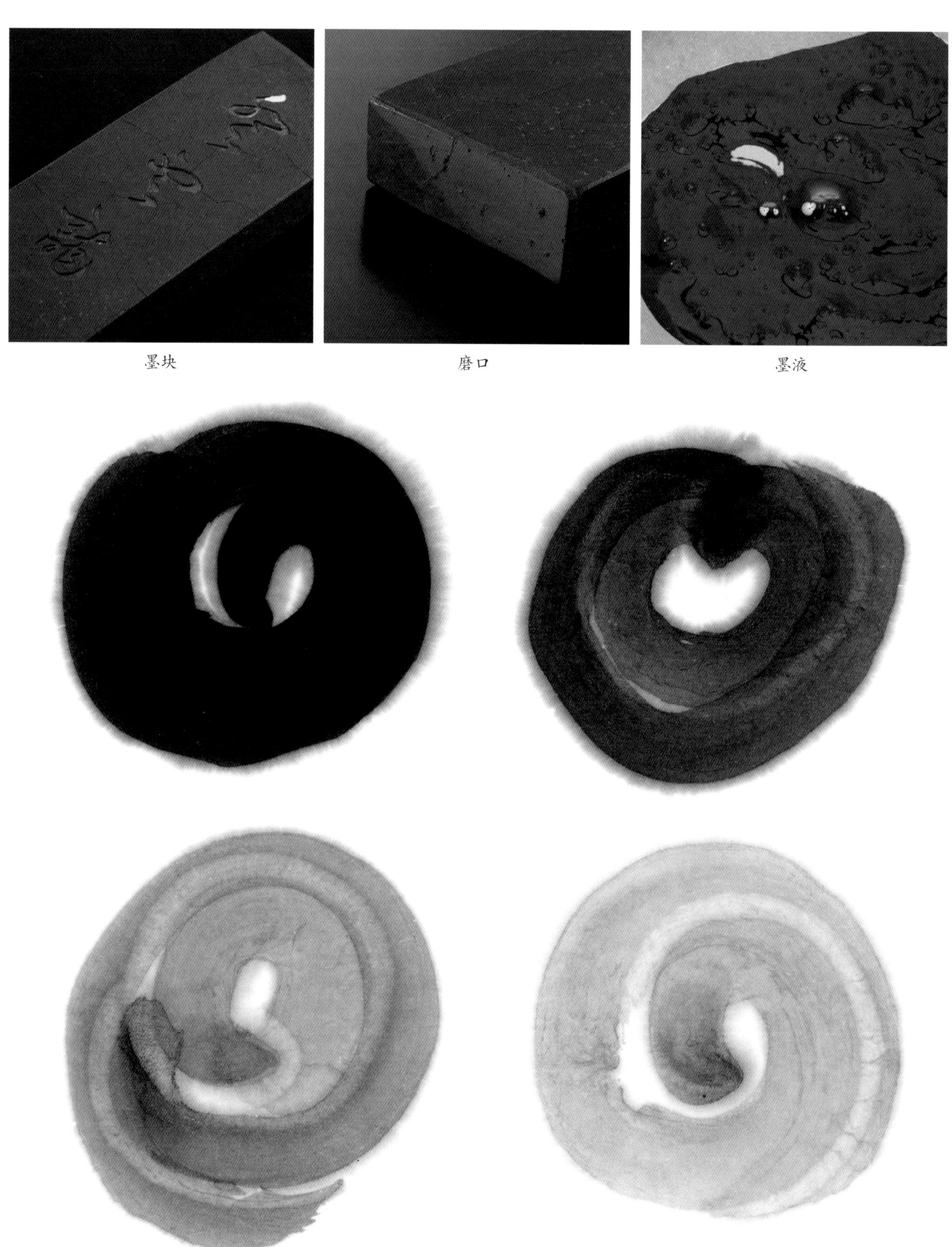

墨块　磨口　墨液

墨迹

翰墨自在

20 世纪 80 年代　油烟

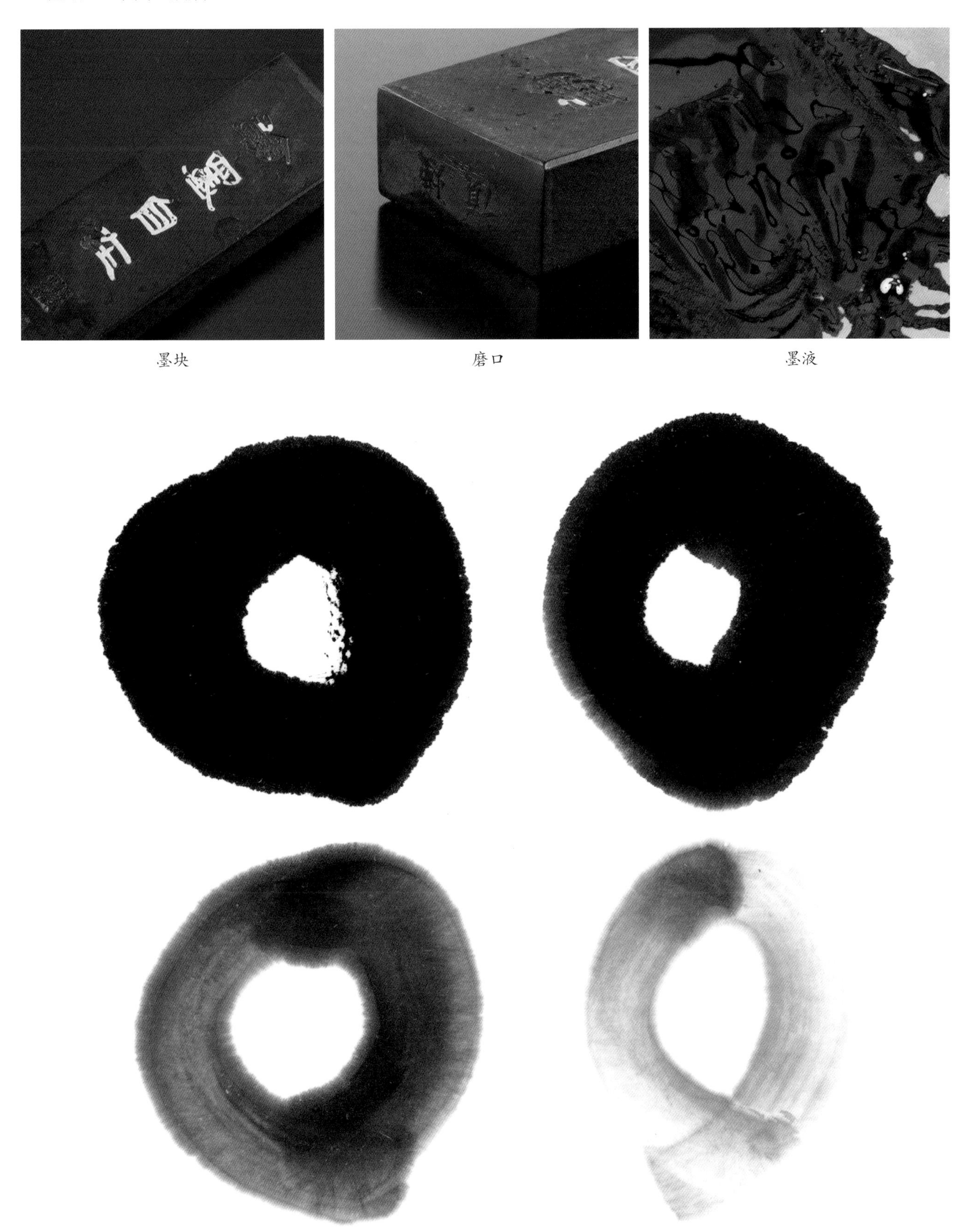

墨块　　磨口　　墨液

墨迹

黑耀

20 世纪 80 年代　油烟

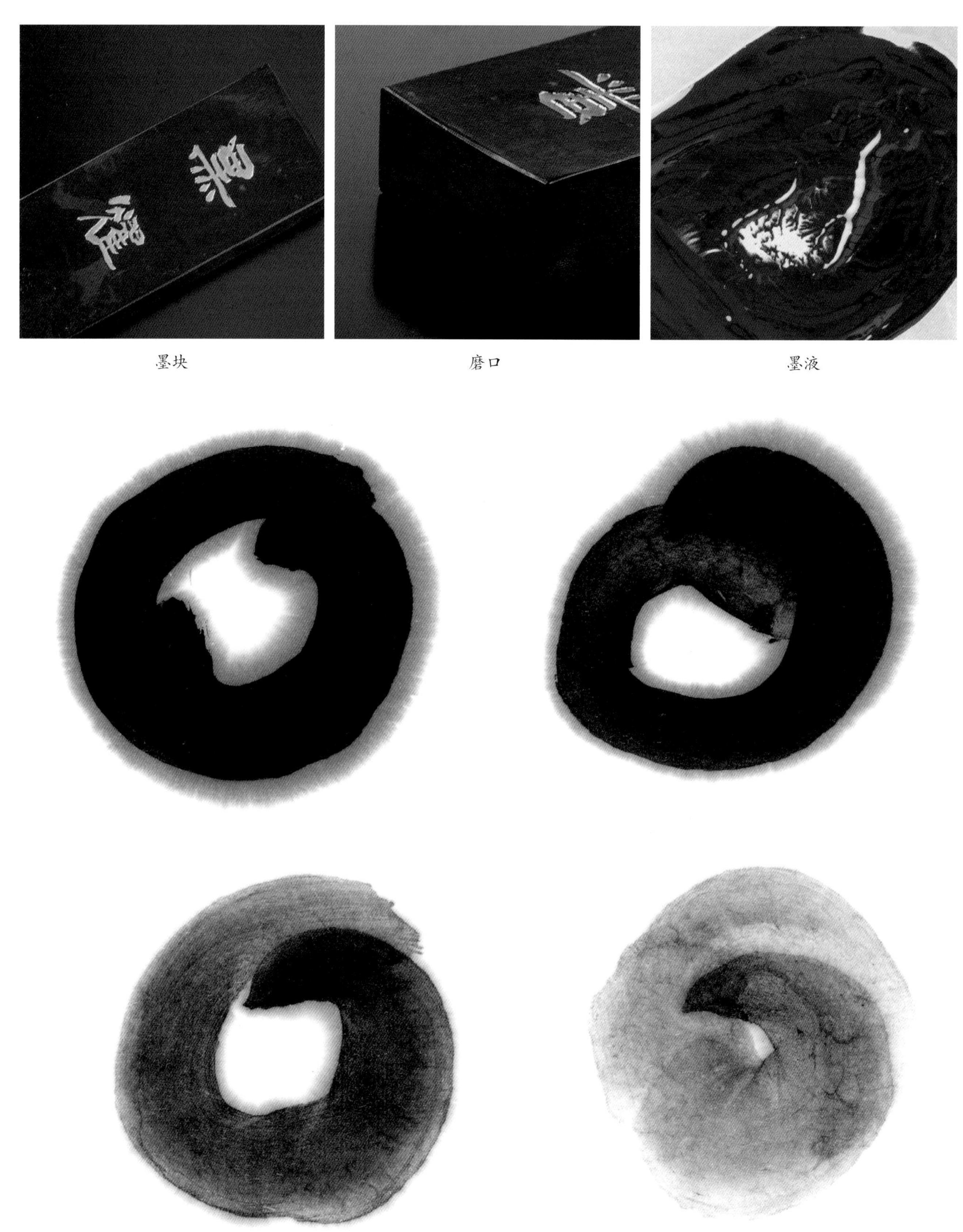

墨块　　磨口　　墨液

墨迹

德泽如天

20 世纪 80 年代　油烟

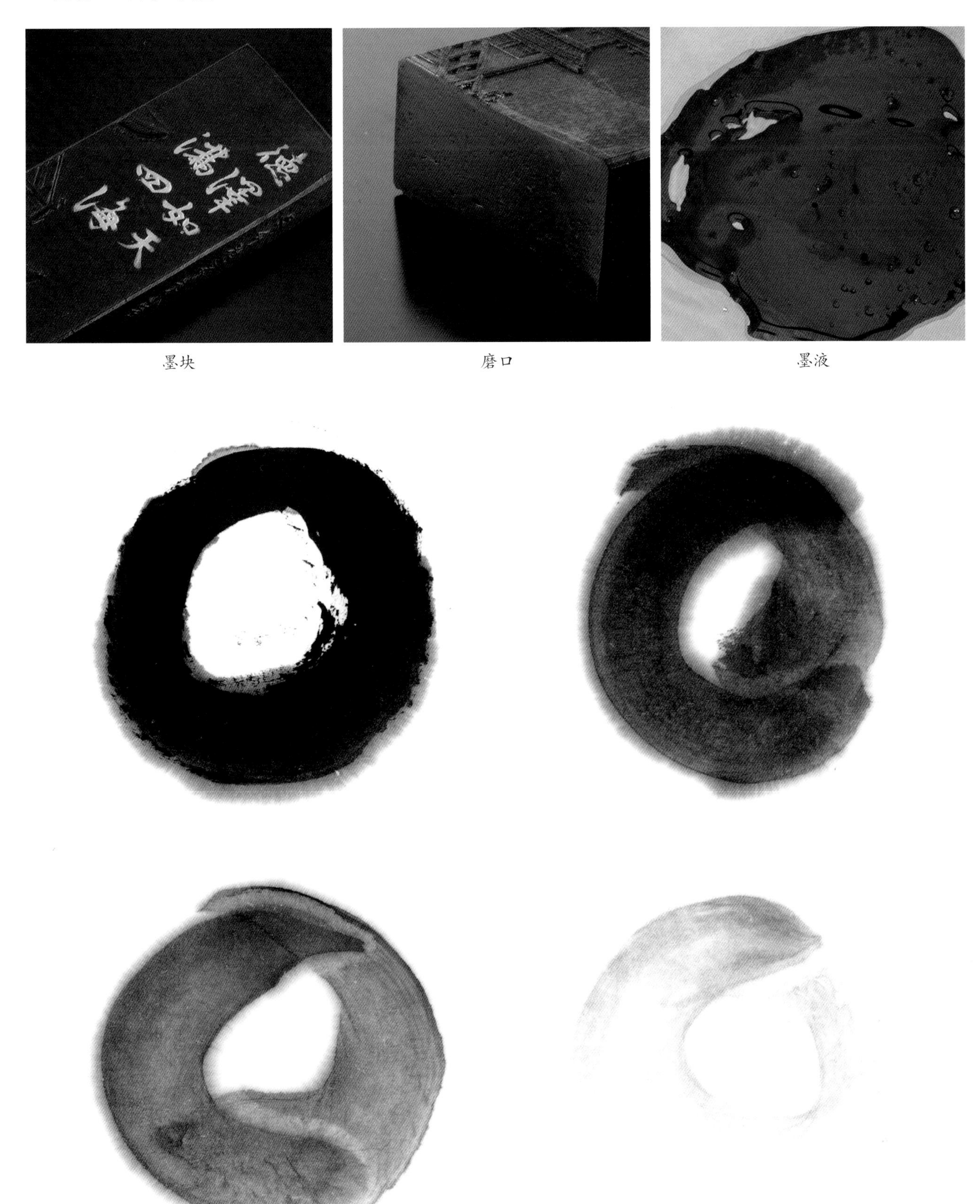

墨块　　磨口　　墨液

墨迹

含纯

20 世纪 80 年代　油烟

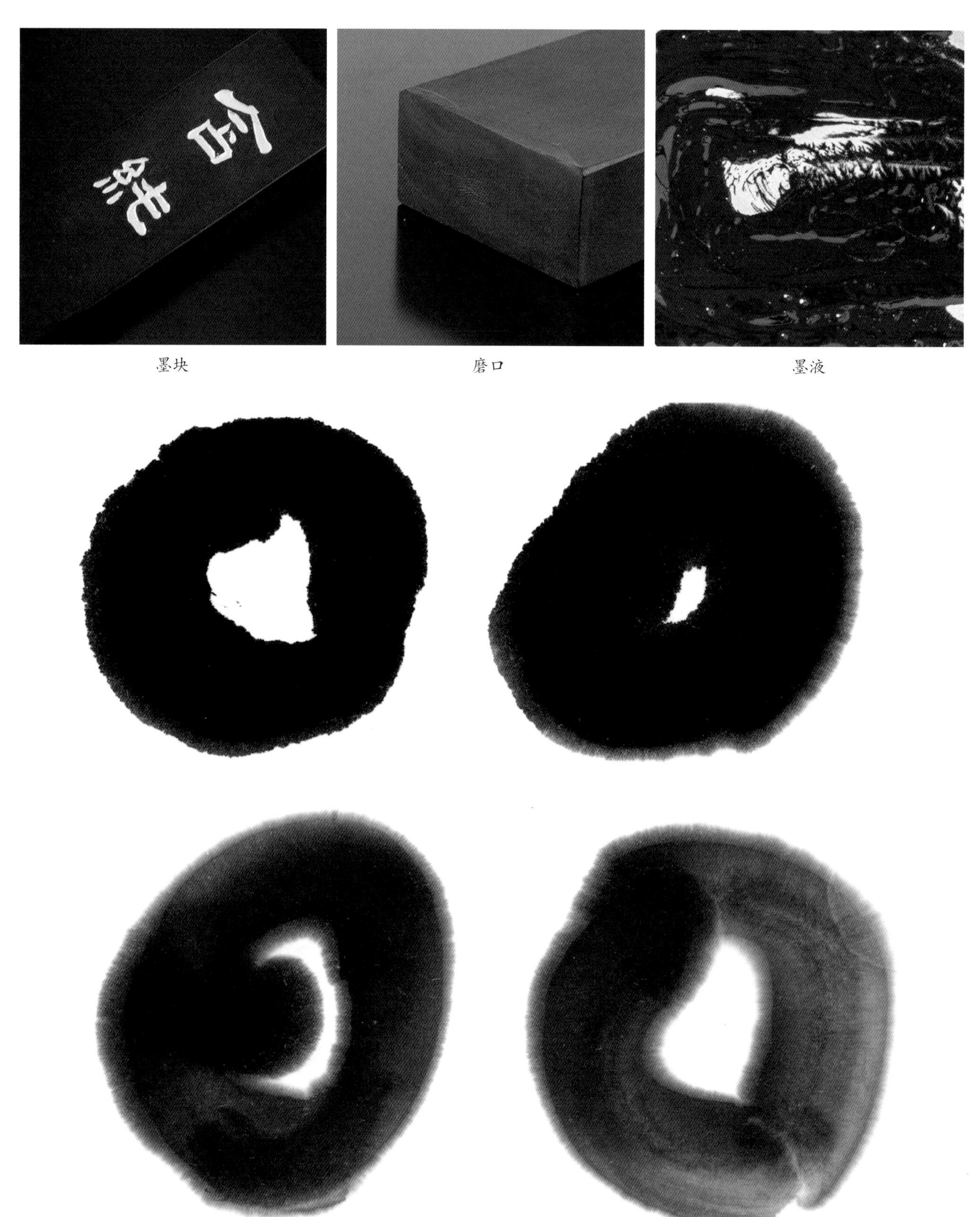

墨块　　磨口　　墨液

墨迹

兴云

20 世纪 80 年代　油烟

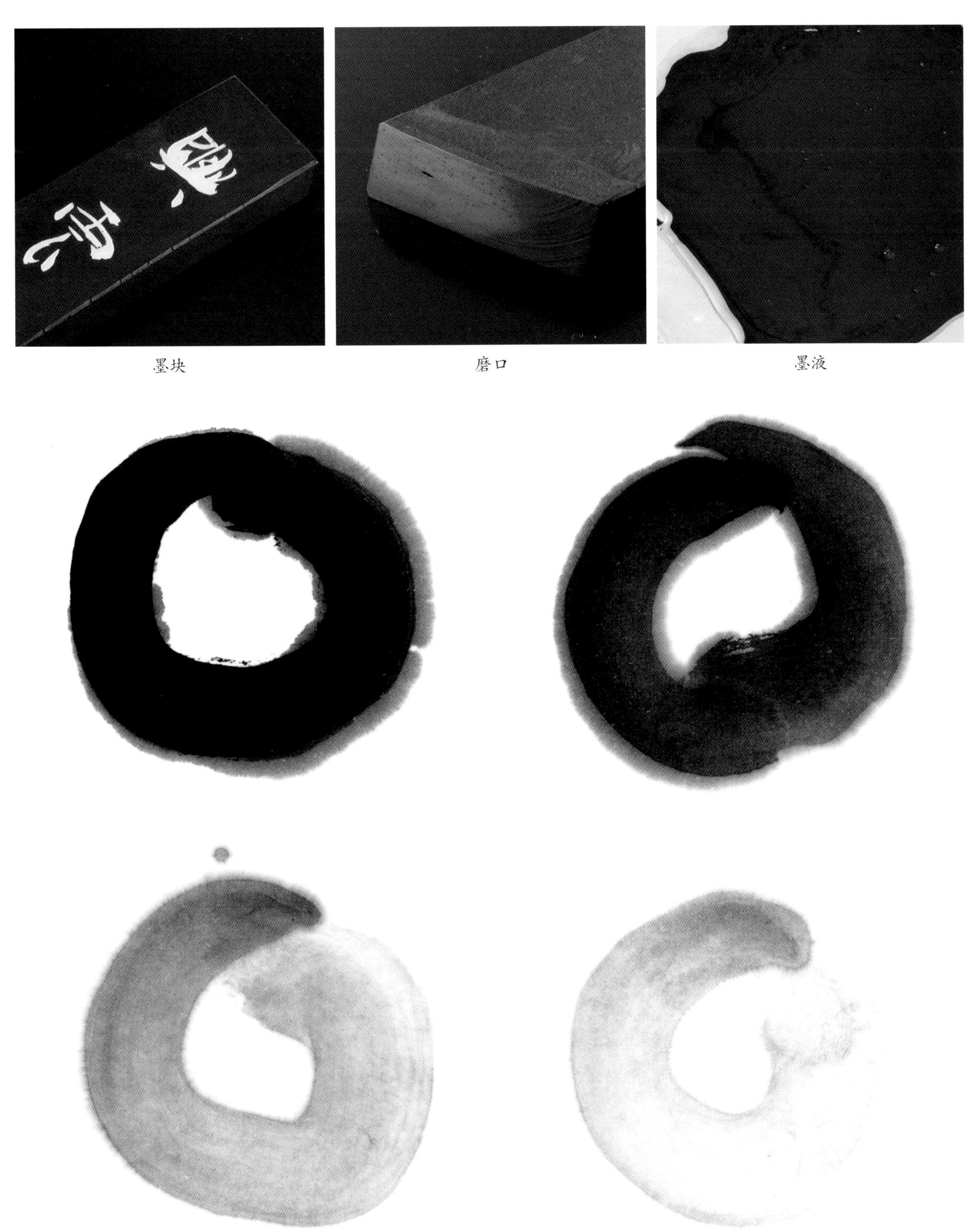
墨块　　磨口　　墨液

墨迹

抱云

20 世纪 80 年代　油烟

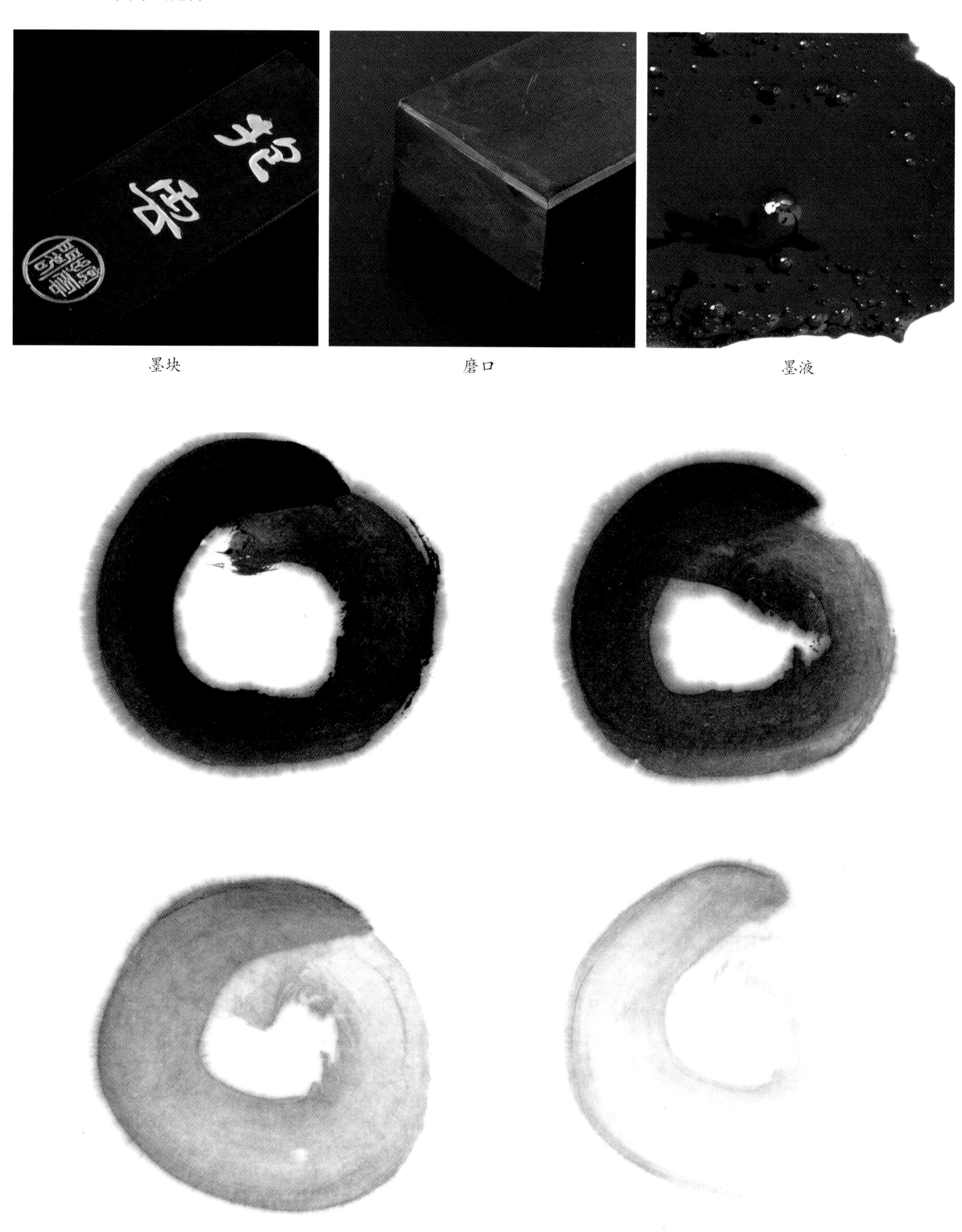

墨块　　磨口　　墨液

墨迹

天衣无缝

20 世纪 80 年代　油烟

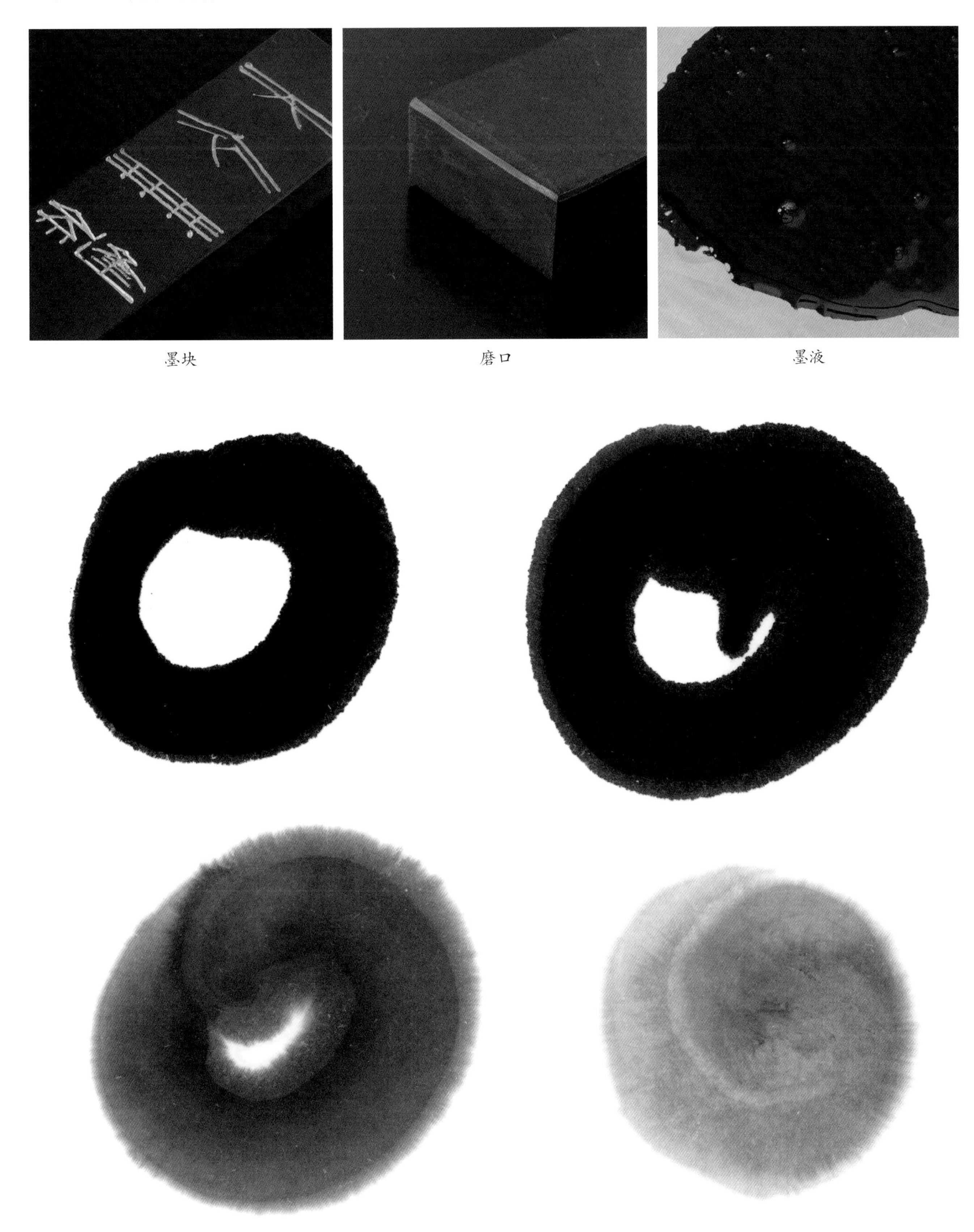

墨块　　磨口　　墨液

墨迹

母情 千寿墨系列

1986 年 青墨

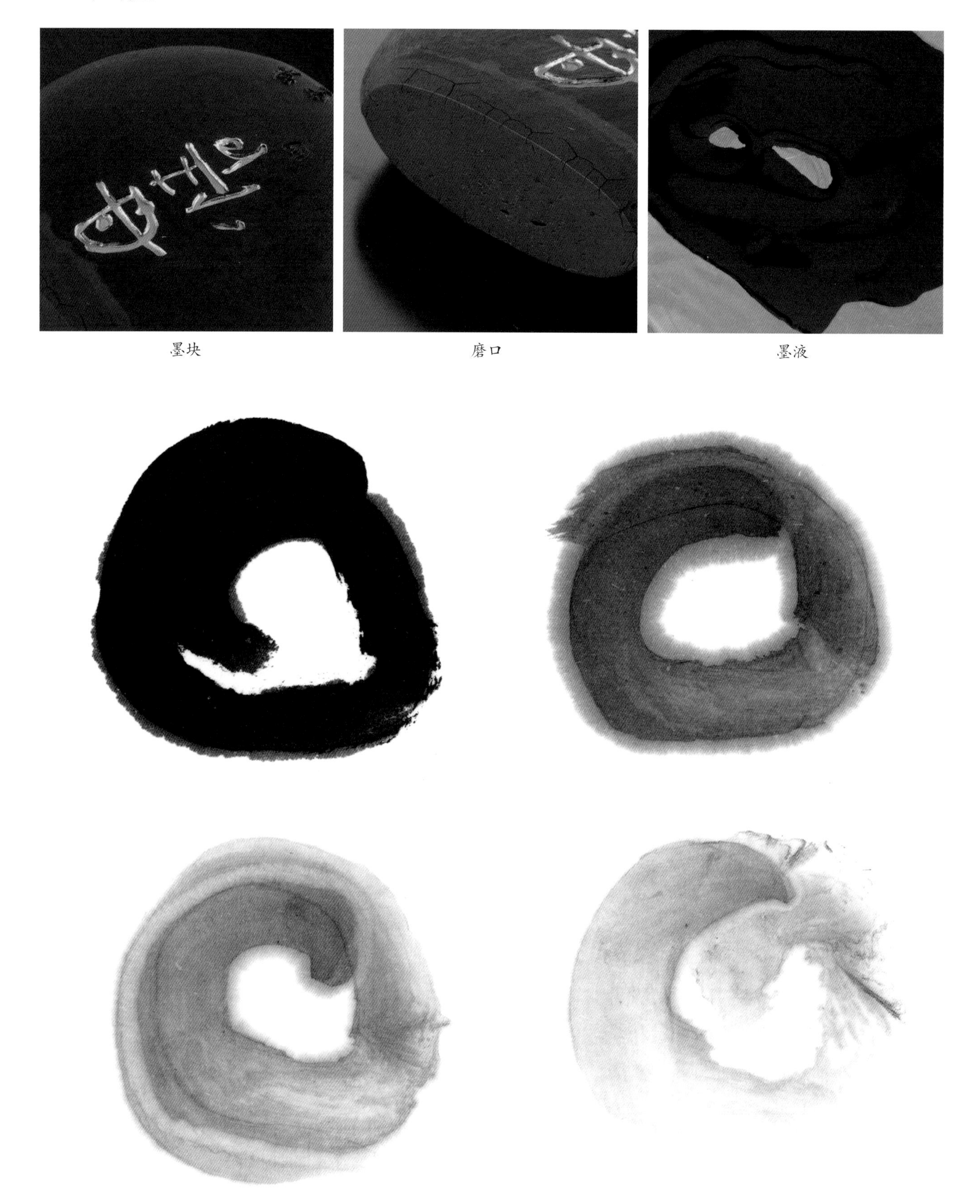

墨块　　磨口　　墨液

墨迹

王羲之　名笔 30 撰墨系列

1989 年　松烟

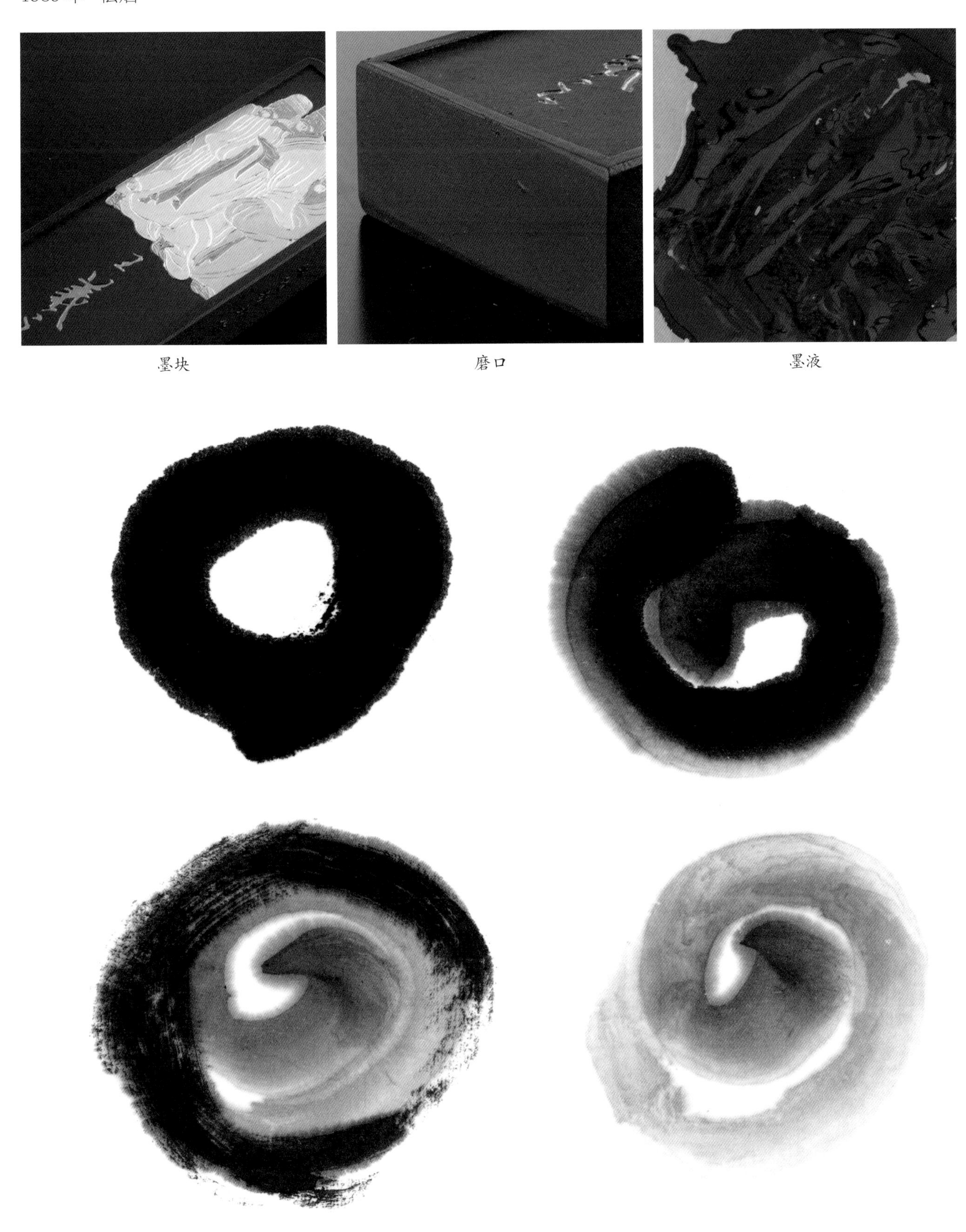

墨块　磨口　墨液

墨迹

文征明　名笔 30 撰墨系列

1991 年　油烟

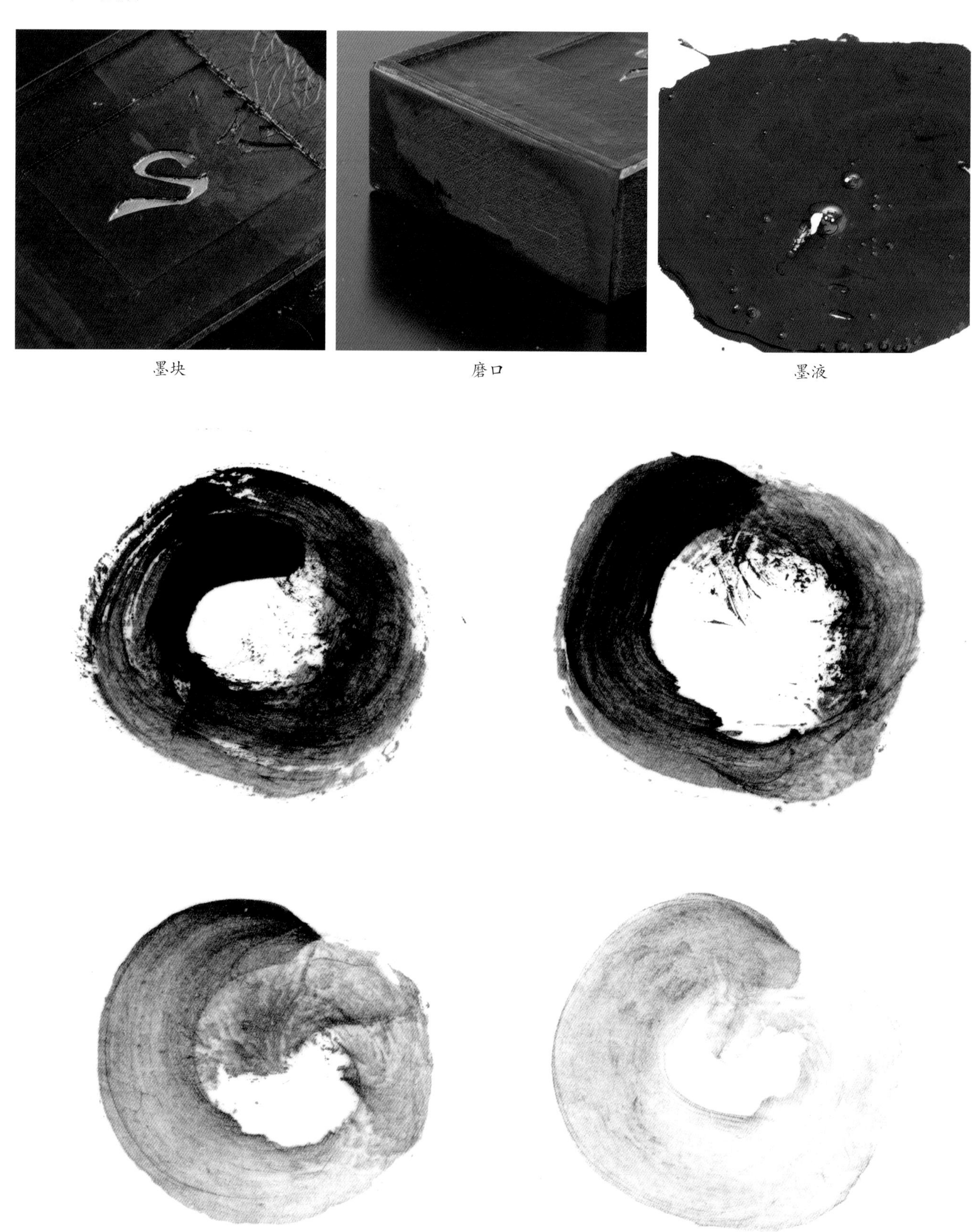

墨块　磨口　墨液

墨迹

王铎 名笔 30 撰墨系列

1992 年 青墨

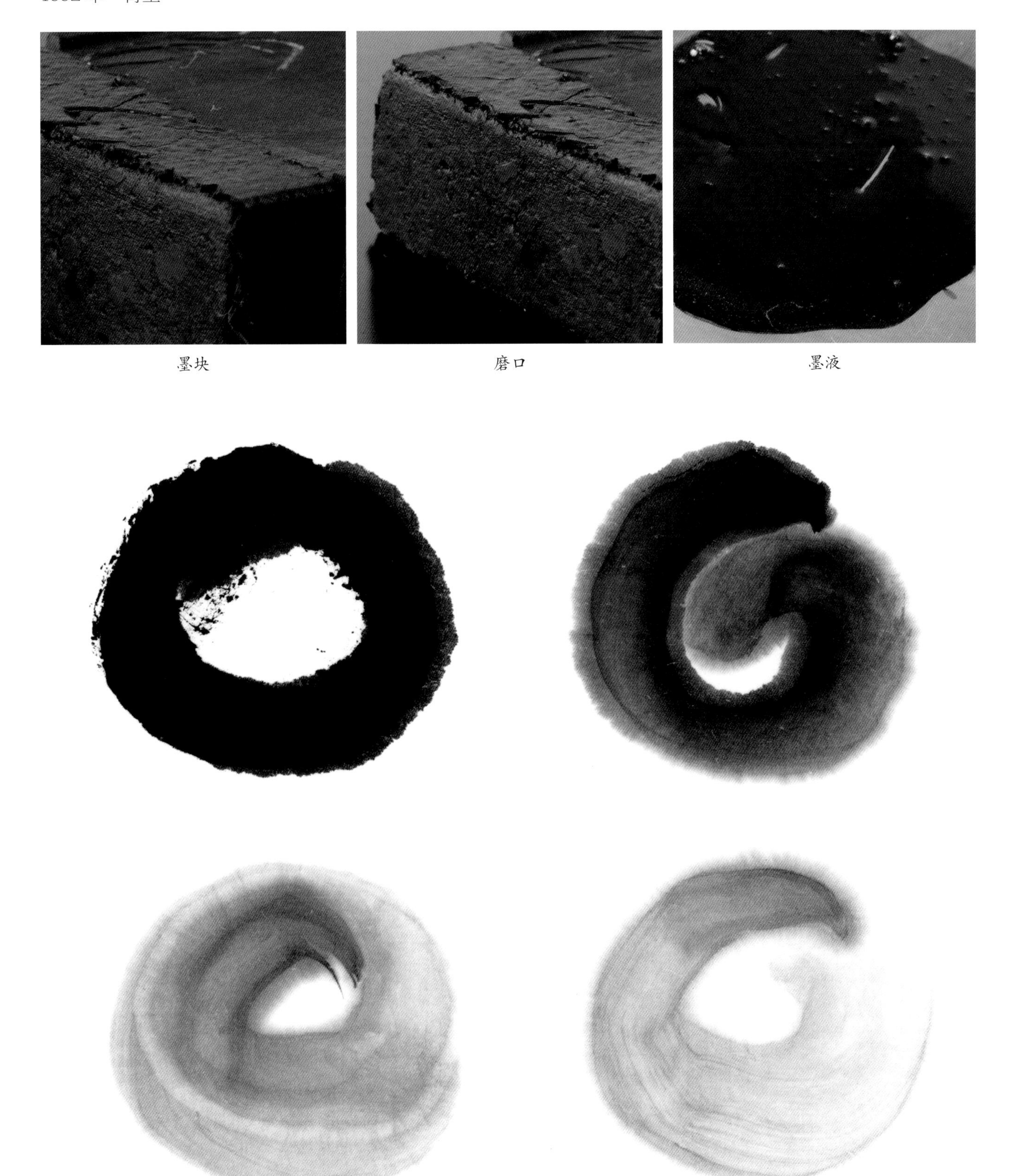

墨块 磨口 墨液

墨迹

吴昌硕　名笔 30 撰墨系列

1995 年　茶油烟

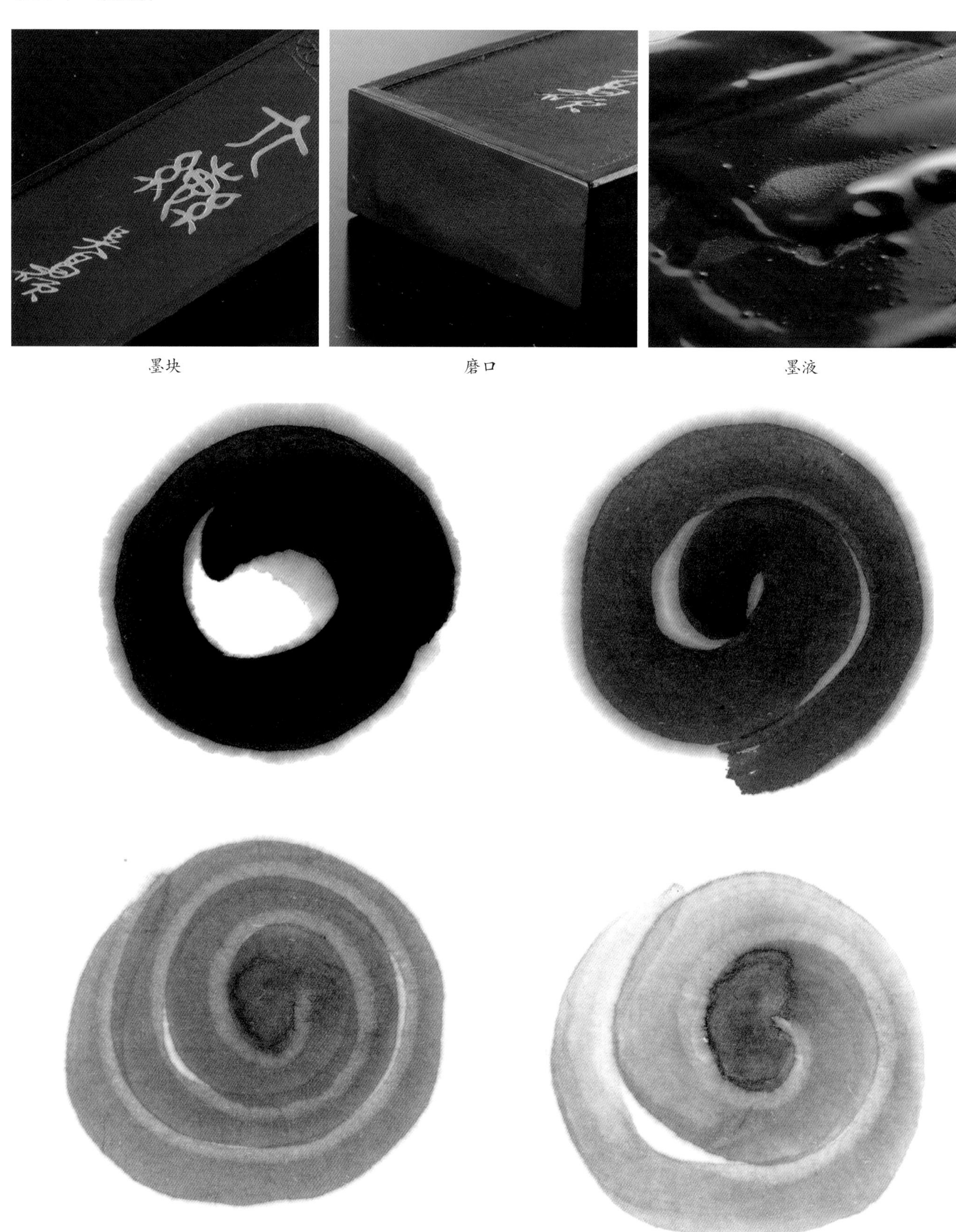

墨块　　磨口　　墨液

墨迹

倪元璐 名笔 30 撰墨系列

1995 年 桐油烟

墨块 磨口 墨液

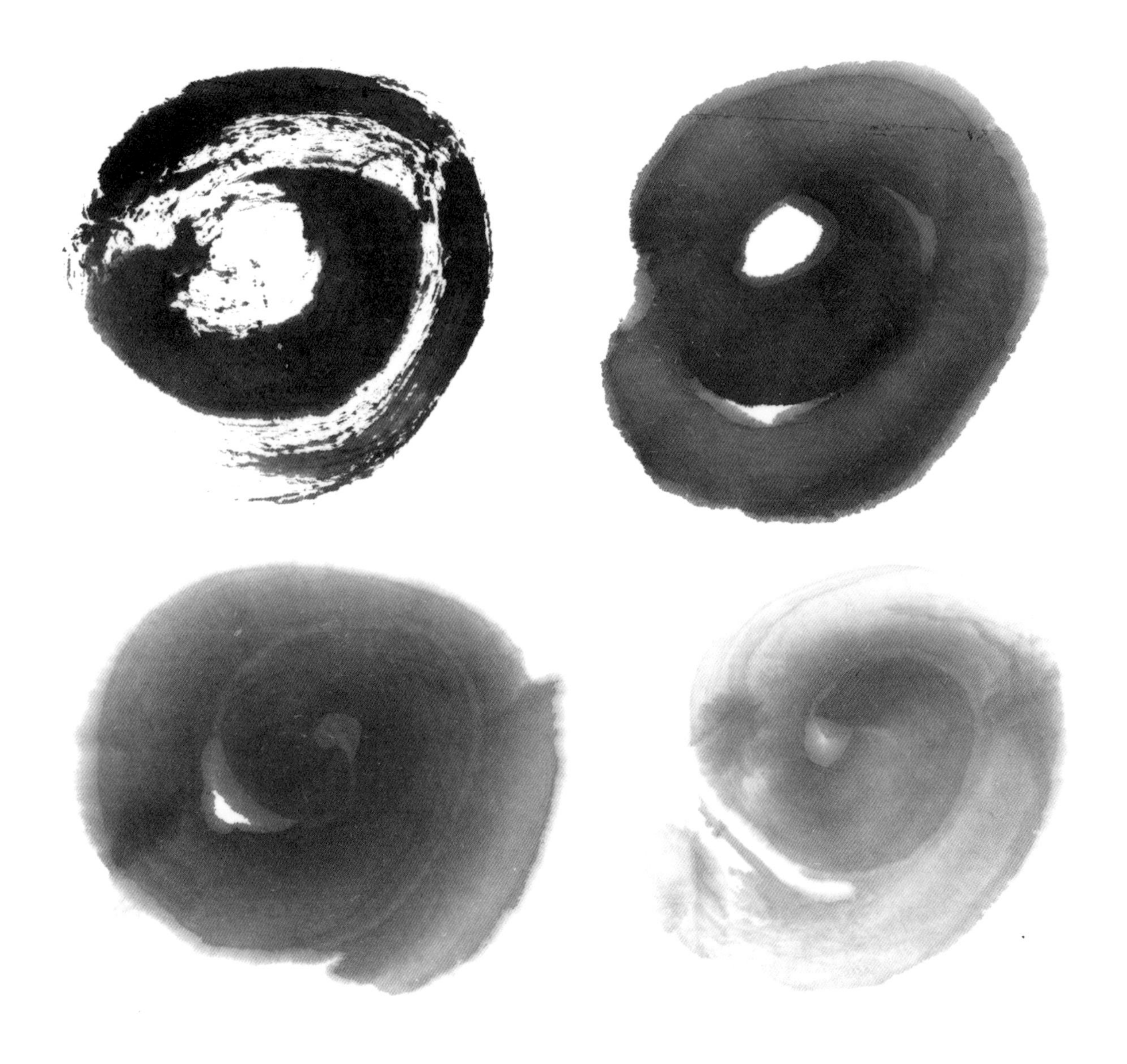

墨迹

龙宾　千寿墨系列

1998 年　油烟

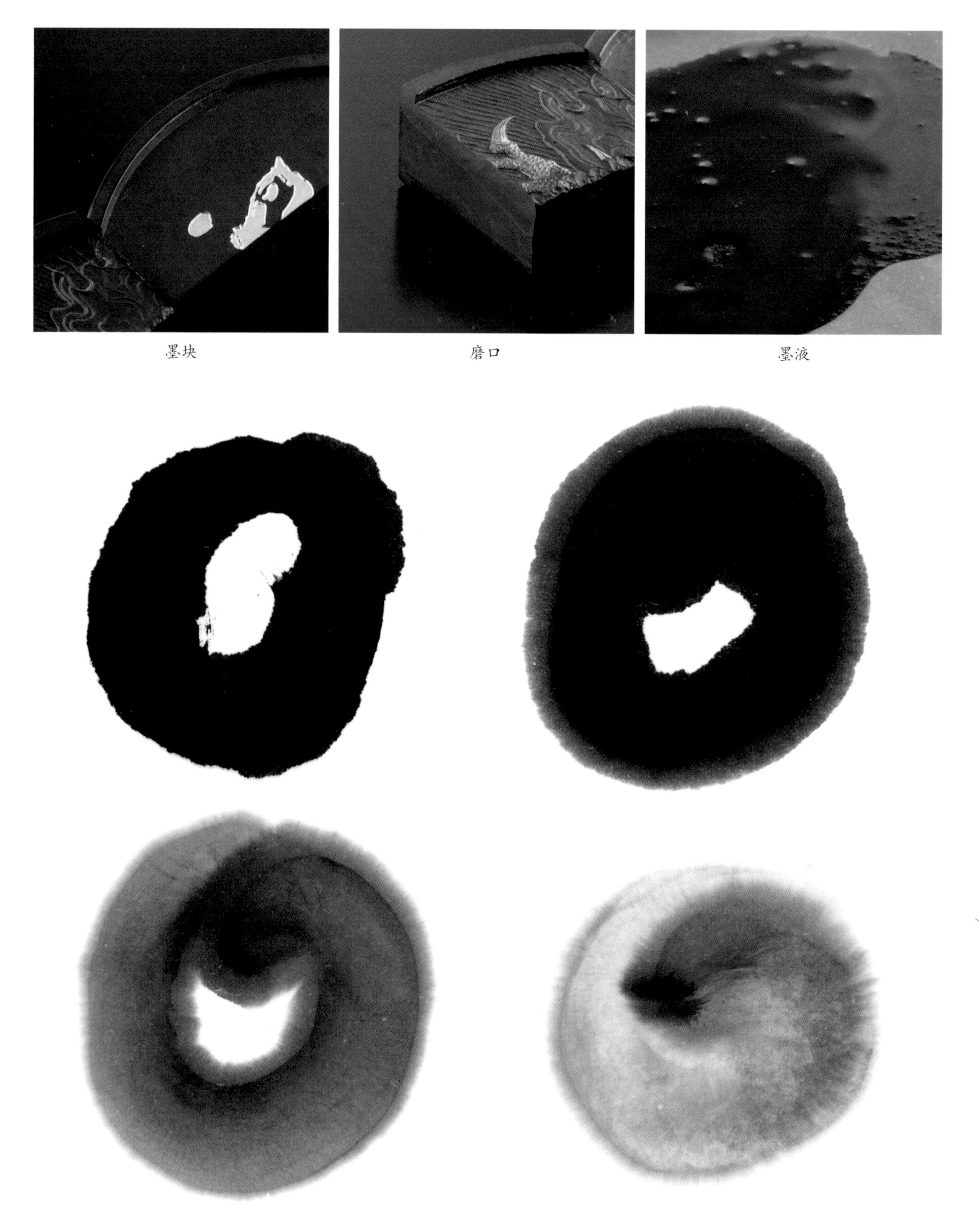

墨块　磨口　墨液

墨迹

云版 千寿墨系列

2000 年 油烟

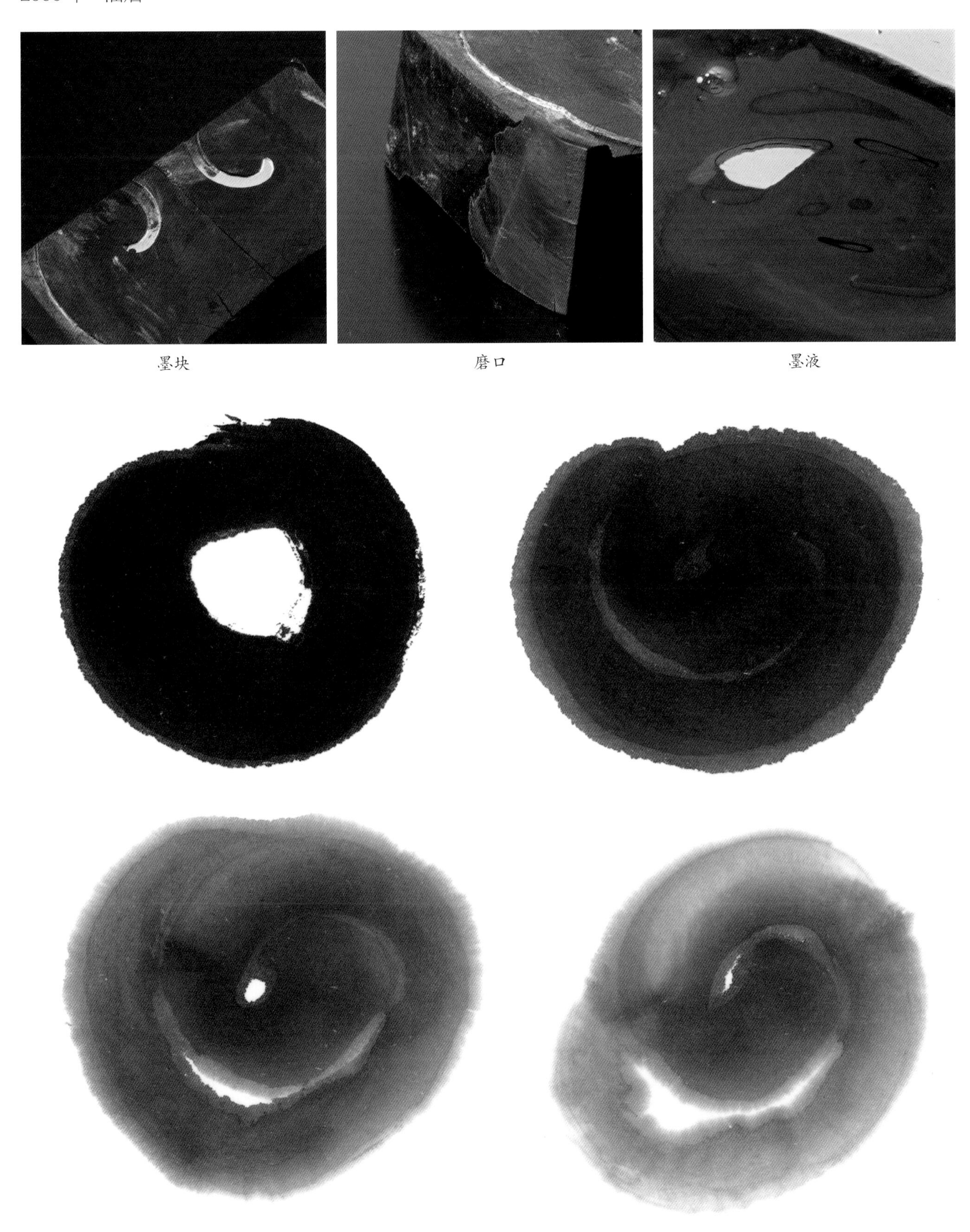

墨块 磨口 墨液

墨迹

钝牛 千寿墨系列

2004年 松油混合

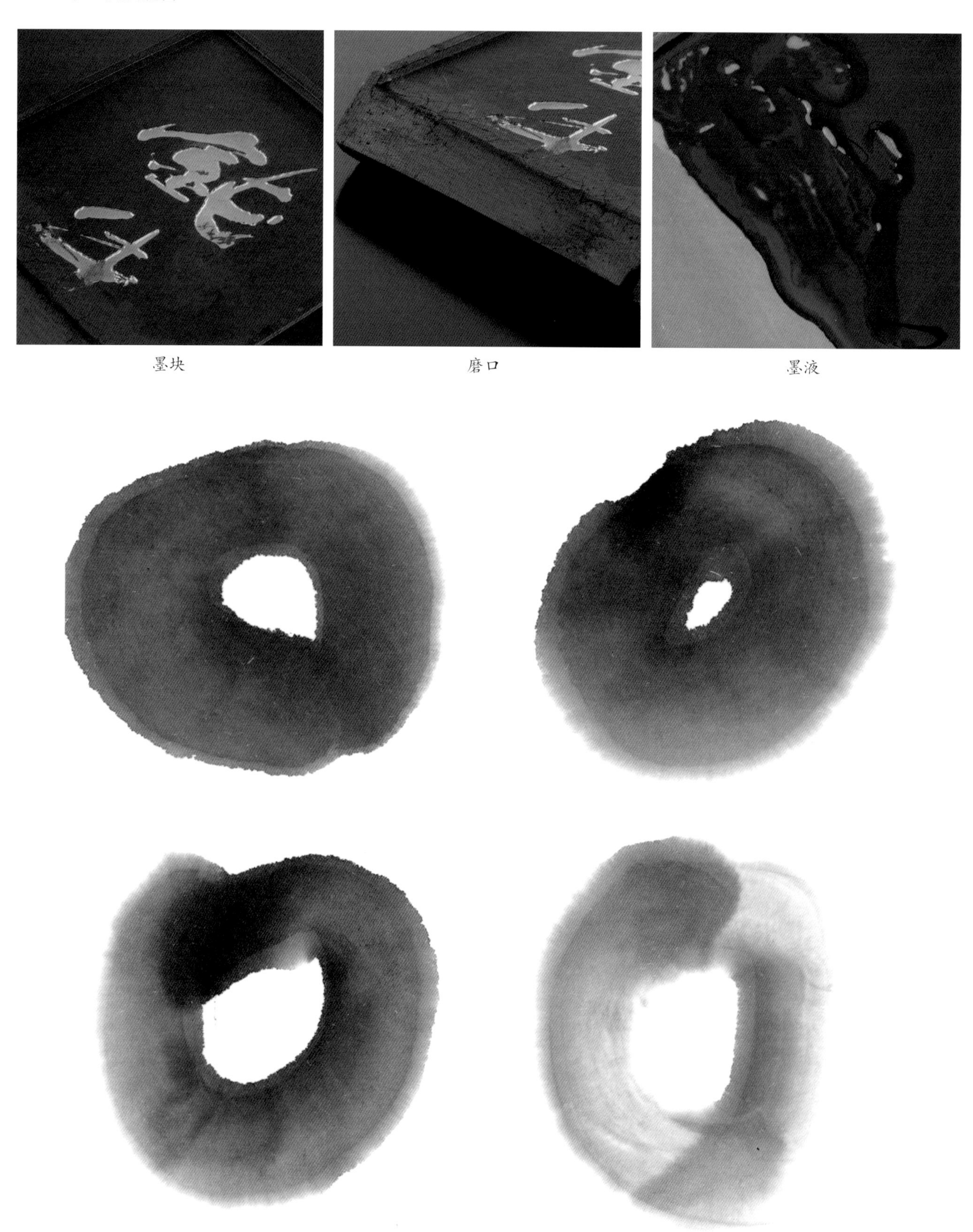

墨块　　磨口　　墨液

墨迹

俱利迦男龙王　千寿墨系列

2005 年　油烟

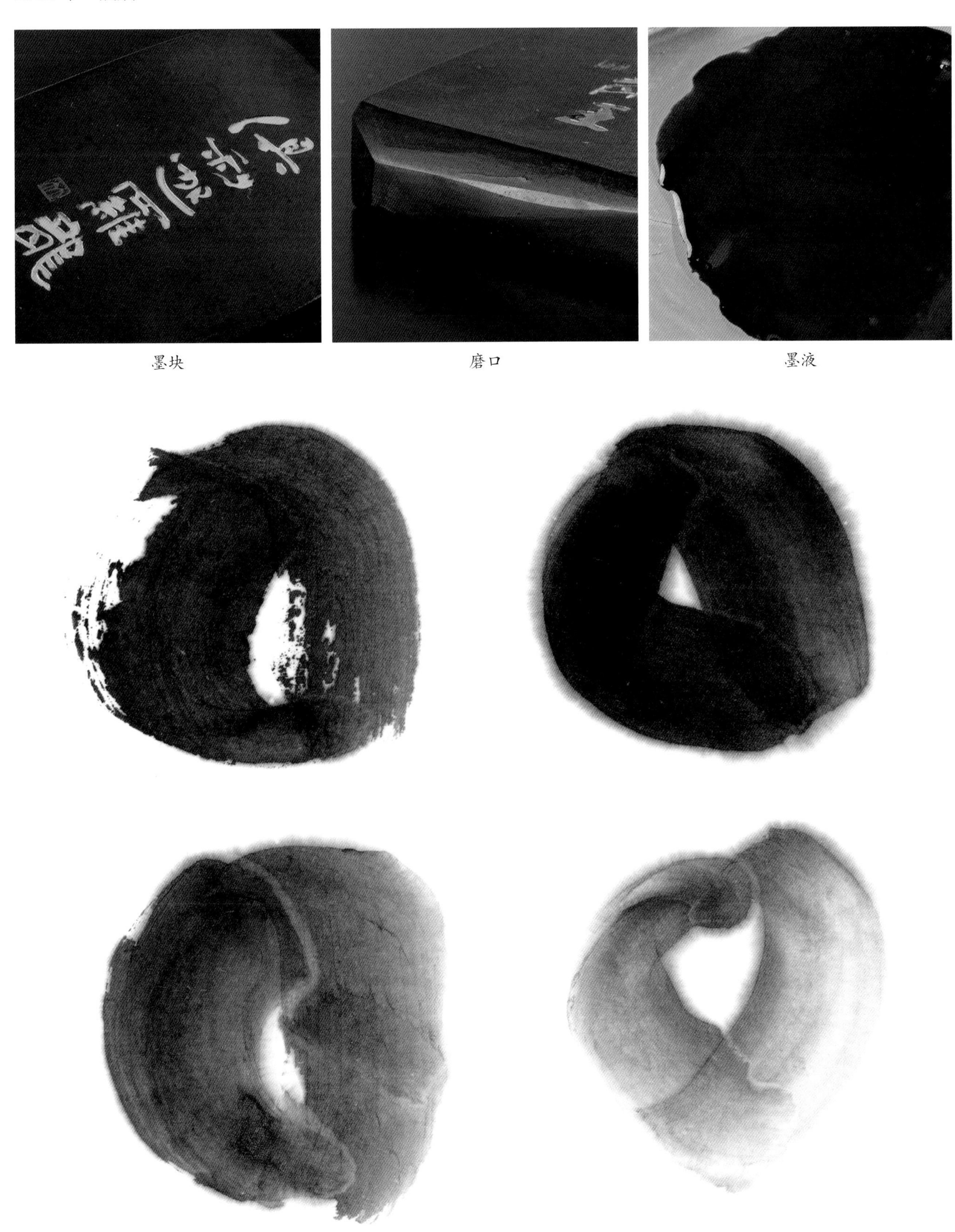

墨块　　磨口　　墨液

墨迹

乌歌花舞 千寿墨系列

2011 年 油烟

墨块 磨口 墨液

墨迹

第三节　墨运堂

1805 年，墨屋九兵卫在奈良市的饼饭殿起名为御坊藤，开始制墨。进入明治时期，商号改称松井墨云堂，之后明治三十三年（1900）改为松井墨运堂，并迁移到奈良市后藤町。昭和二十五年（1950）设立“株式会社墨运堂”。

墨运堂的墨和墨液在日本市场占有相当大的市场份额，除古梅园的高端传统手工墨市场外，基本在文具、画具、墨品、颜料等领域与吴竹精升堂平分秋色。当家高级奢侈品级“百选墨”属于收藏级的墨品。现今墨运堂制墨除了使用皮胶和骨胶，还会使用前任会长研究发明的树脂混合胶，这是在昭和时期为应对传统皮胶的品质波动和供应量不足的状况，耗费几十年心力的研究成果。利用这种胶制作出来的墨在上纸效果、墨色渲染方面均等同甚至优于传统单一的生物胶，这也是墨运堂产品的基础优势。

墨运堂出品的玄宗（玄明）墨液是目前市场上流通的墨汁中最好的墨汁产品，黑度强劲，焦、浓、湿、淡、轻，五色俱全。该系列依据墨汁的浓度分为玄宗（玄明）超浓墨液、玄宗（玄明）中浓墨液和玄宗（玄明）墨液三类。

高砂　20 世纪 50 年代　油烟

龙翔凤舞　20 世纪 60 年代末 70 年代初　油烟

在日本墨中，墨运堂的墨的边款相对而言是最简单的，往往只有“墨运堂造”或“墨运堂监制”等字样，而制作者不落款。

苍玄　20 世纪 60 年代　油烟

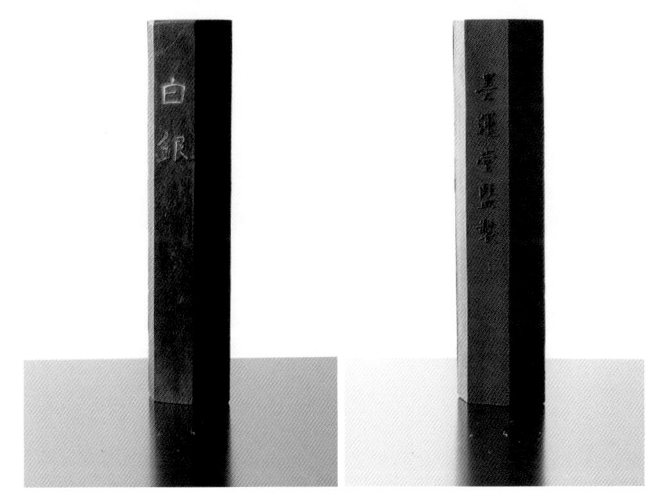

大吉祥 20 世纪 70 年代 油烟

白银 20 世纪 80 年代 油烟

玄元灵气 20 世纪 70 年代 油烟

陆原 1976 年 油烟

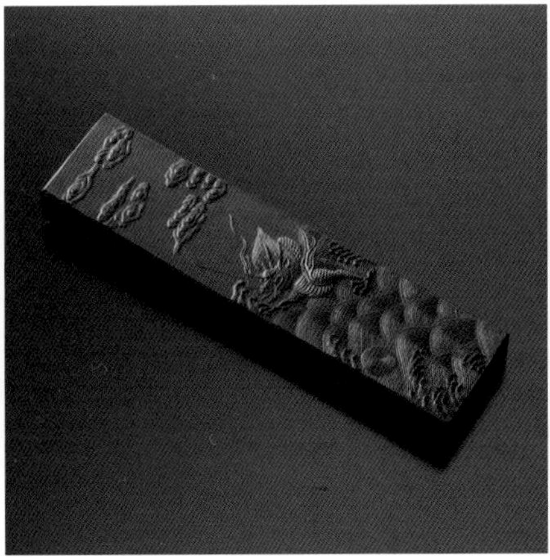

陈玄 20 世纪 80 年代 油烟

墨精　20 世纪 80 年代　油烟

日本总和书艺院建设纪念墨　20 世纪 80 年代　油烟

游戏亦猛　20 世纪 80 年代　油烟

帘外薰风　1982 年　油烟

天爵　1983年　油烟

渔火　20世纪90年代　油烟

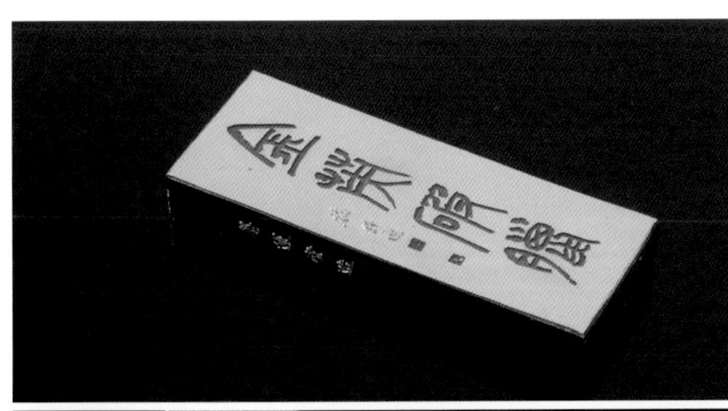

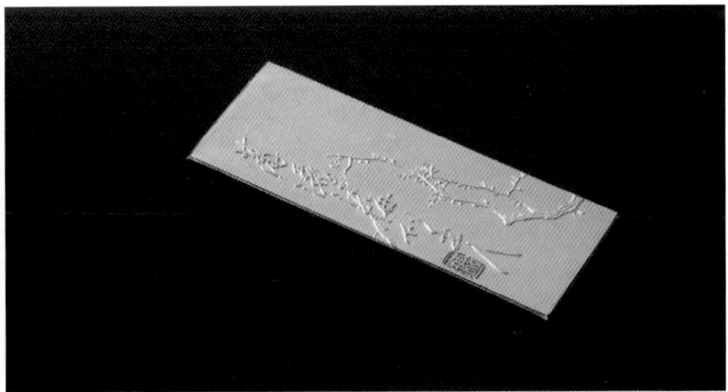

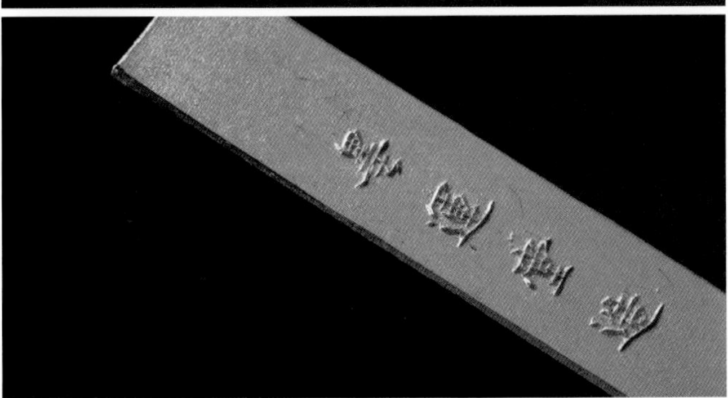

昭和八代墨是墨运堂在20世纪80年代末期，联名日本当时著名的八位书画艺术家特制的一批包金油烟墨。该墨用料上乘、做工精良，代表了当时墨运堂的最高制墨水平。

昭和八代墨　1989年　油烟

墨运堂 百选墨系列

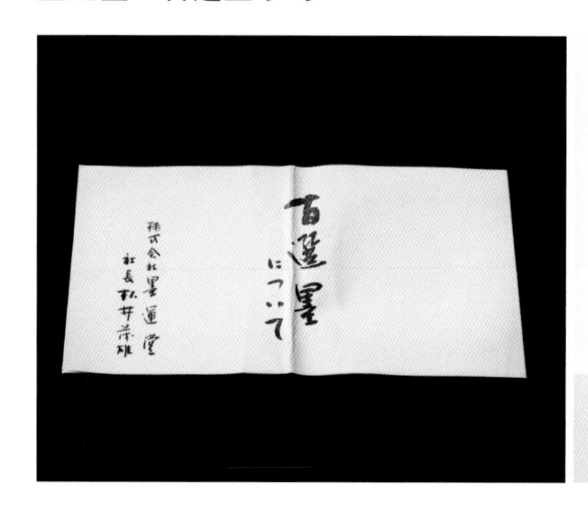

适意 1972年 青墨

好文 1974年 青松烟

墨运堂百选墨系列，是墨运堂前社长松井茂雄在1971年至1997年，从其毕生试墨研制的墨品中，选取墨色最为独特的一百品，采用当年墨运堂最优秀的胶料精制而成。

边款为“百选墨”和“墨运堂造”。

福寿殿 1975年 油烟

仁寿宫 1975年 油烟

玄鹄 1975年 油烟

玄木 1975年 油烟

永乐 1975年 油烟

古松心 1977年 油烟

三玄　1977 年　油烟

临池草圣　1979 年　油烟

喜上眉梢　1982 年　油烟

太阳精　1979 年　油烟

净堂译经　1980 年　油烟

清响　1981 年　油烟

同喜　1984 年　油烟

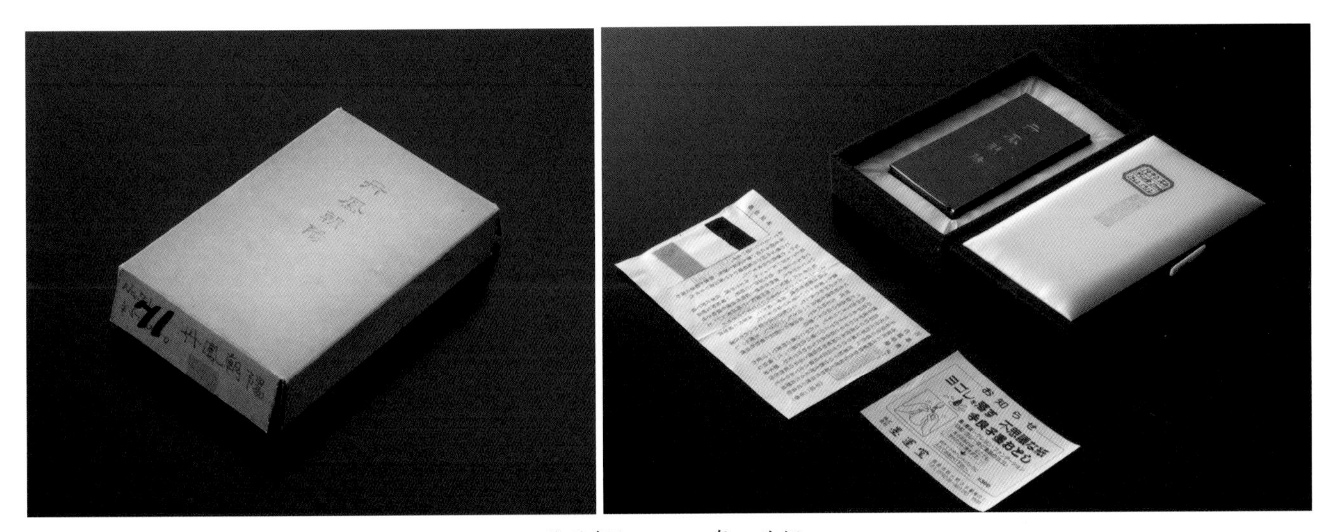

丹凤朝阳　1990 年　油烟

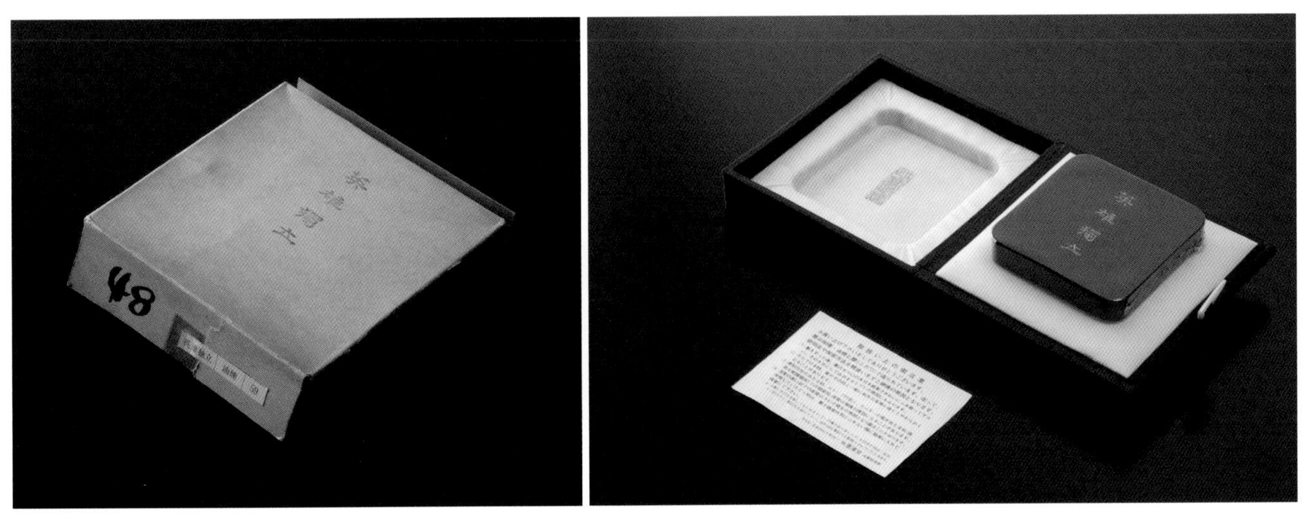

英雄独立　1984 年　油烟

含翠

20 世纪 50 年代　青墨

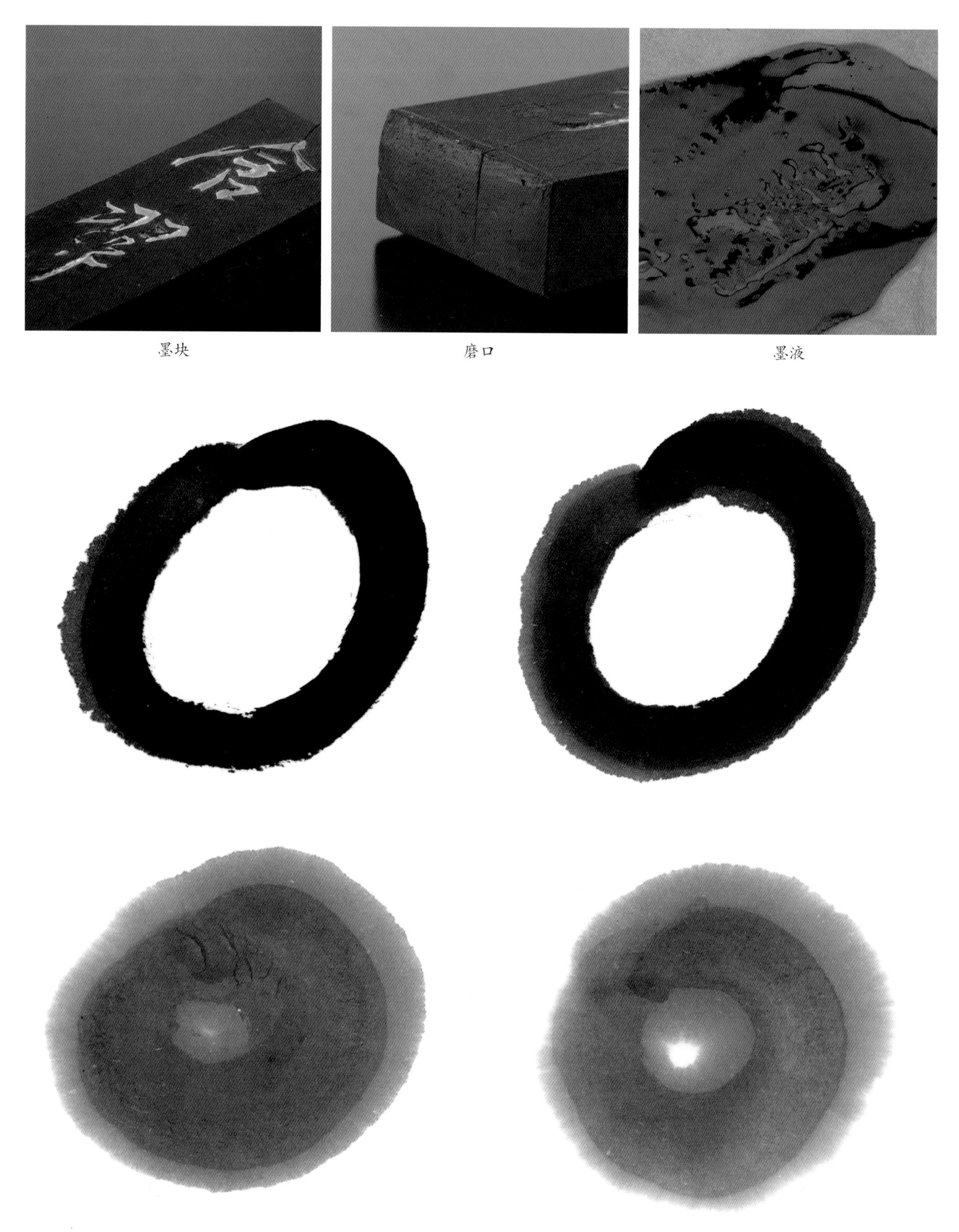

墨块　　磨口　　墨液

墨迹

苍玄

20 世纪 60 年代　松烟

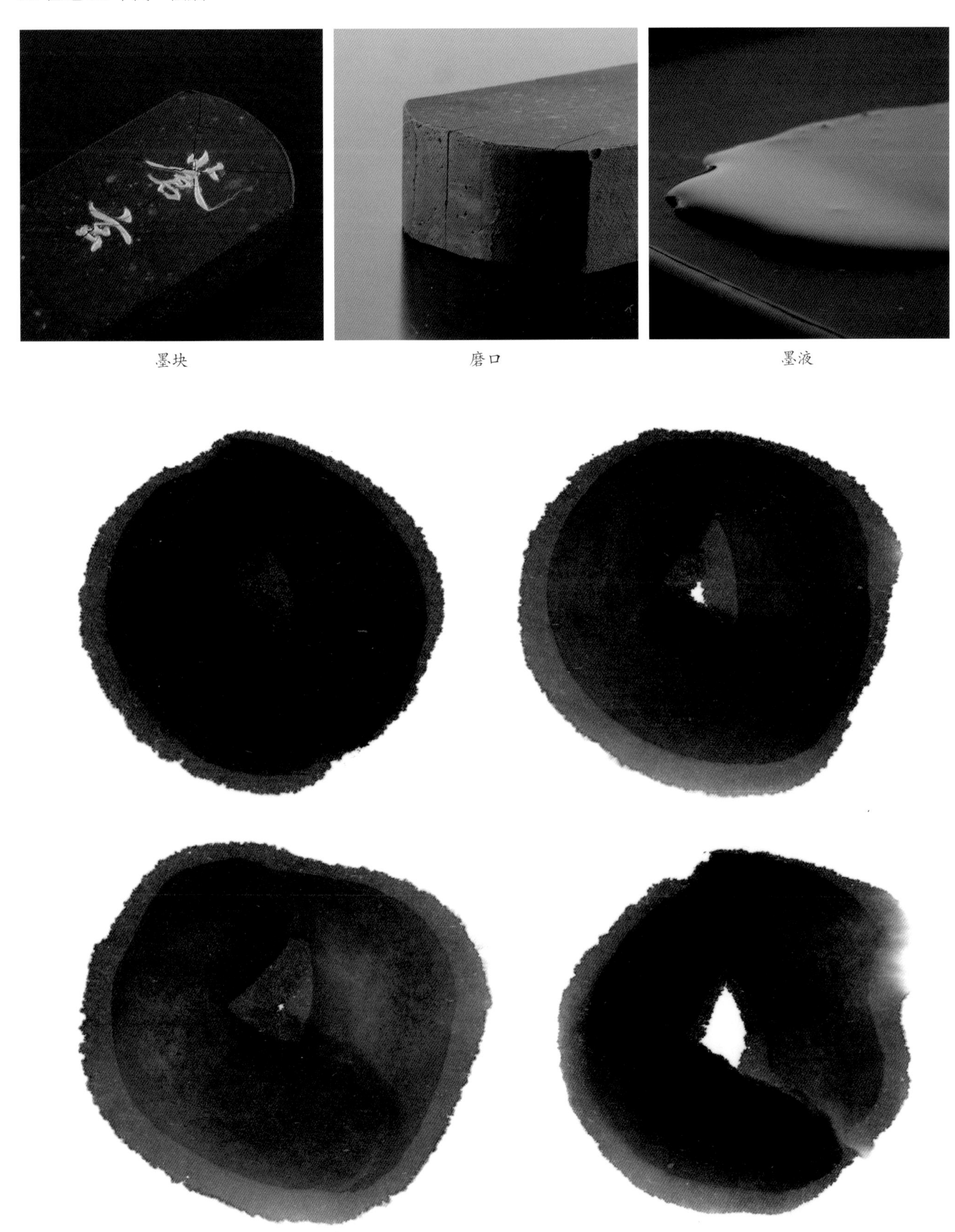

墨块　　磨口　　墨液

墨迹

青云

20 世纪 70 年代　青墨

墨块　　磨口　　墨液

墨迹

玄宗

20 世纪 70 年代　油烟

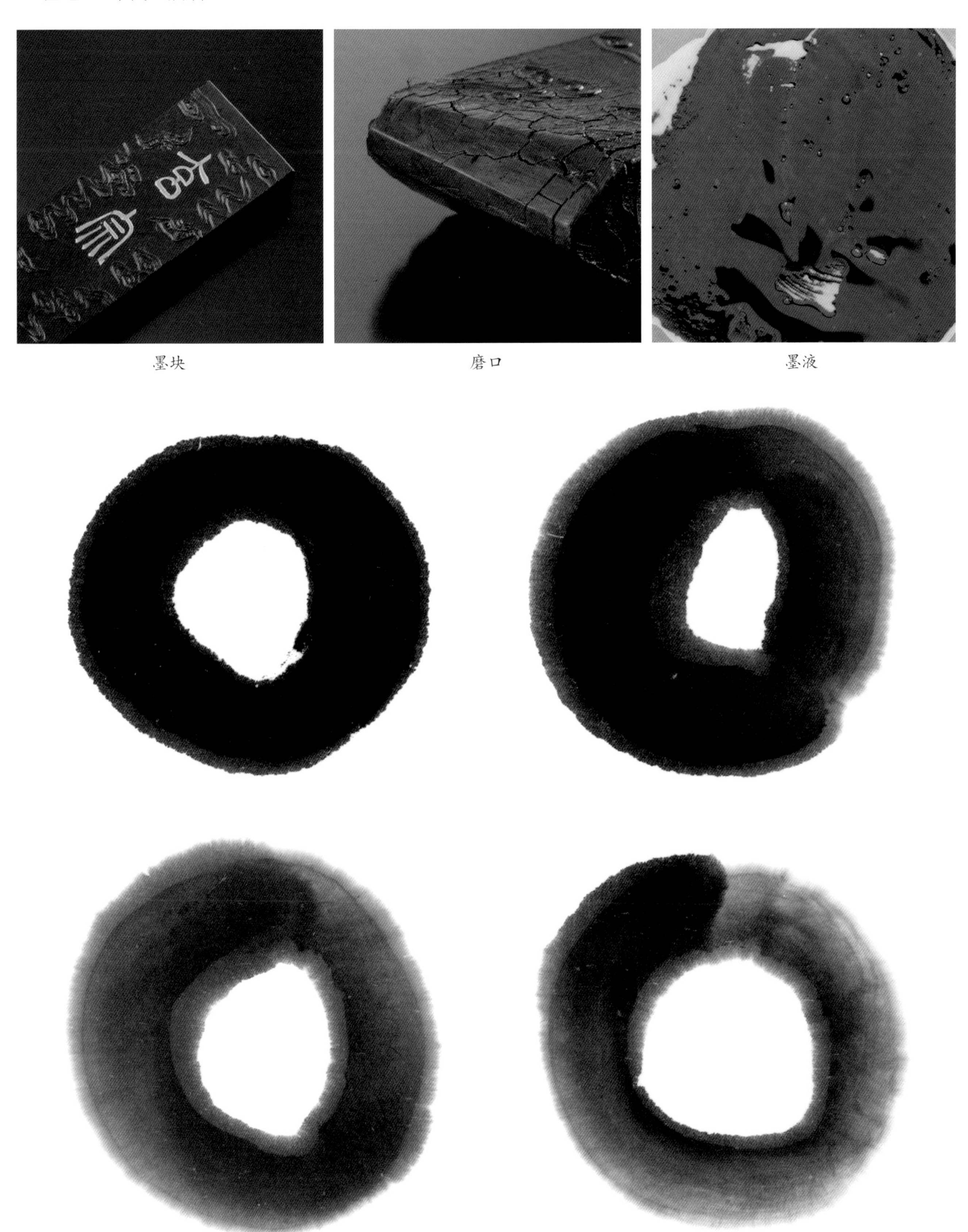

墨块　磨口　墨液

墨迹

准百选墨

20 世纪 70 年代　松烟

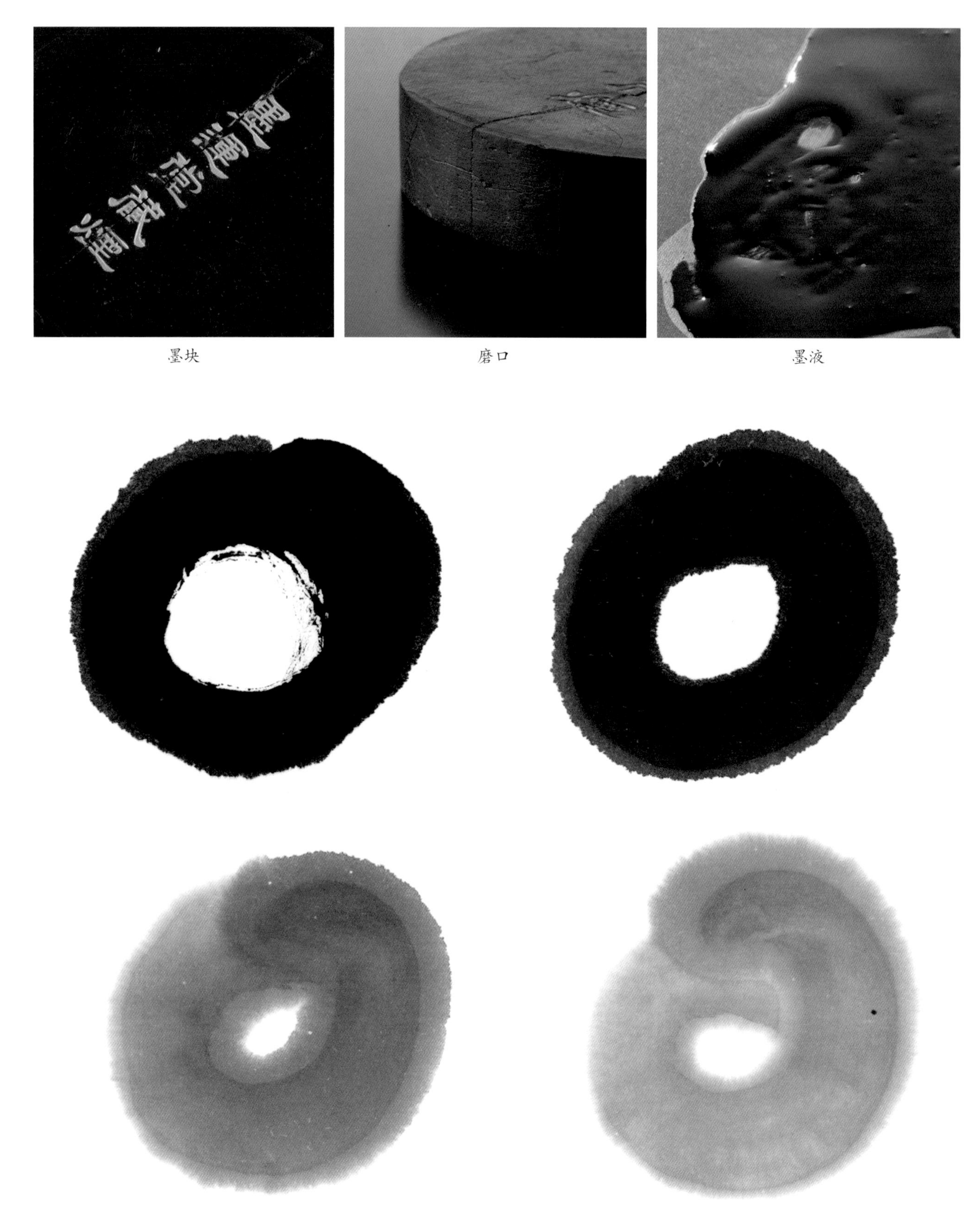

墨块　　磨口　　墨液

墨迹

陈玄

1972 年　油烟

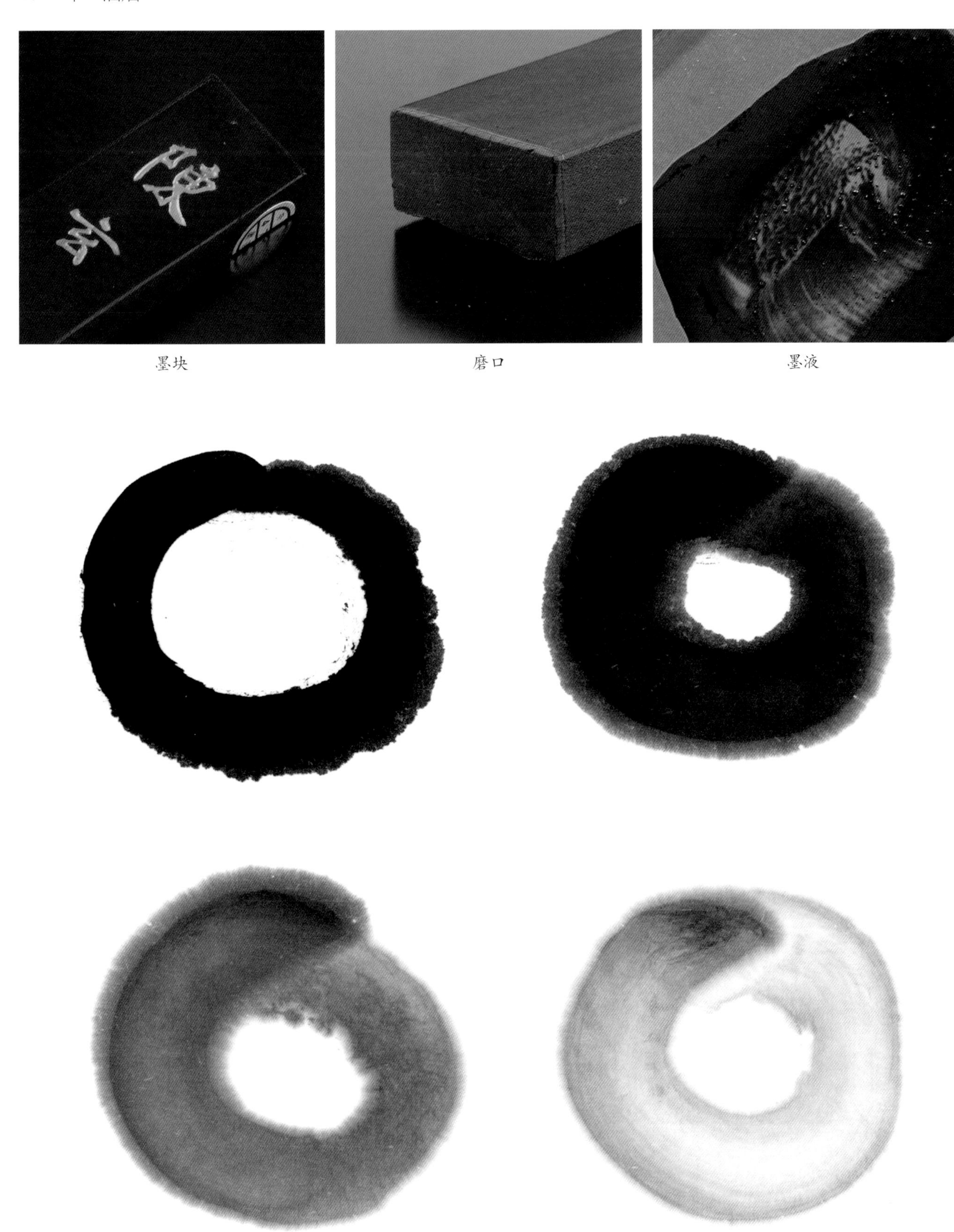

墨块　　磨口　　墨液

墨迹

天凤

1976 年　油烟

墨块　　磨口　　墨液

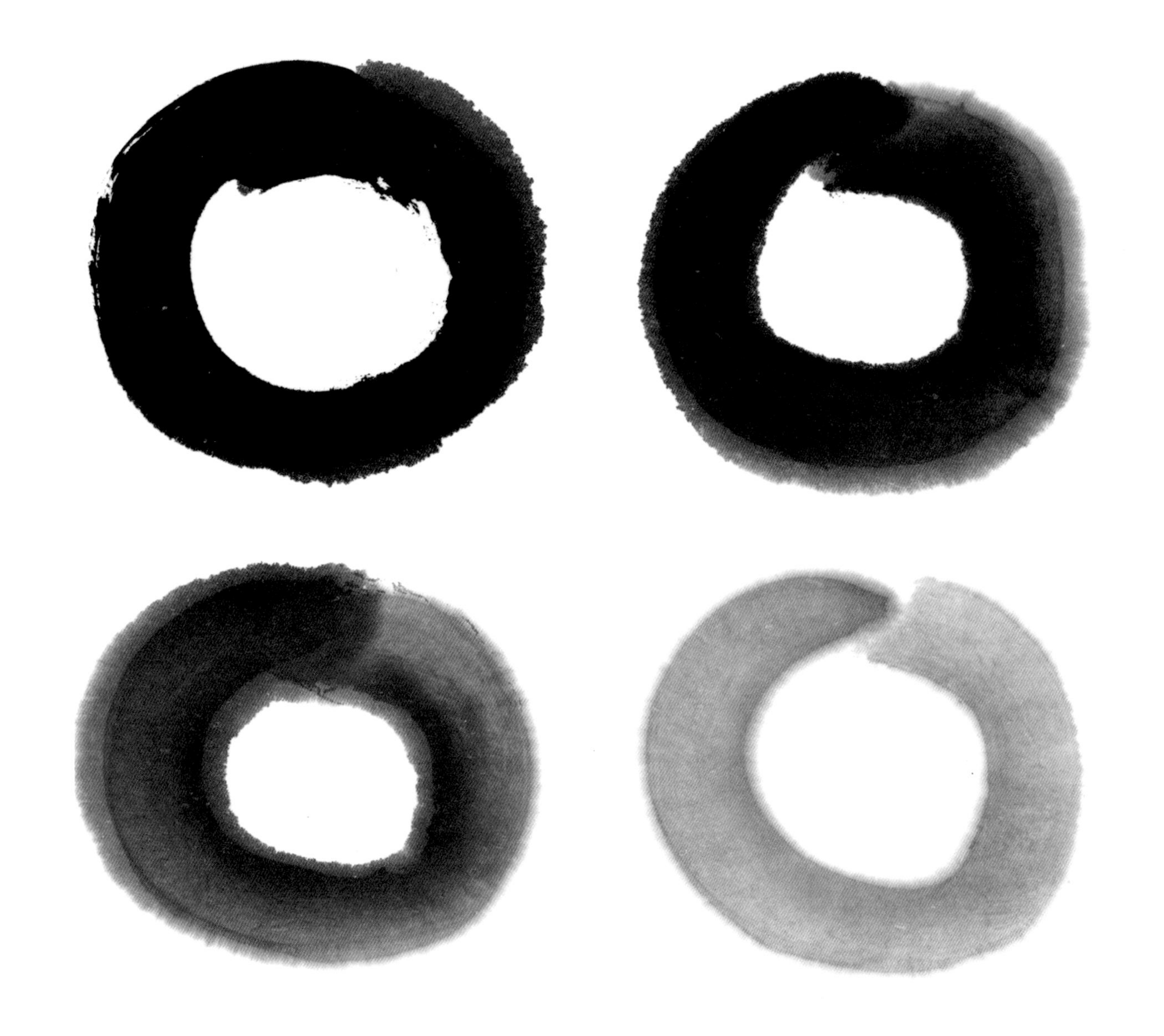

墨迹

玄鹄　百选墨系列

1977 年　矿物油烟

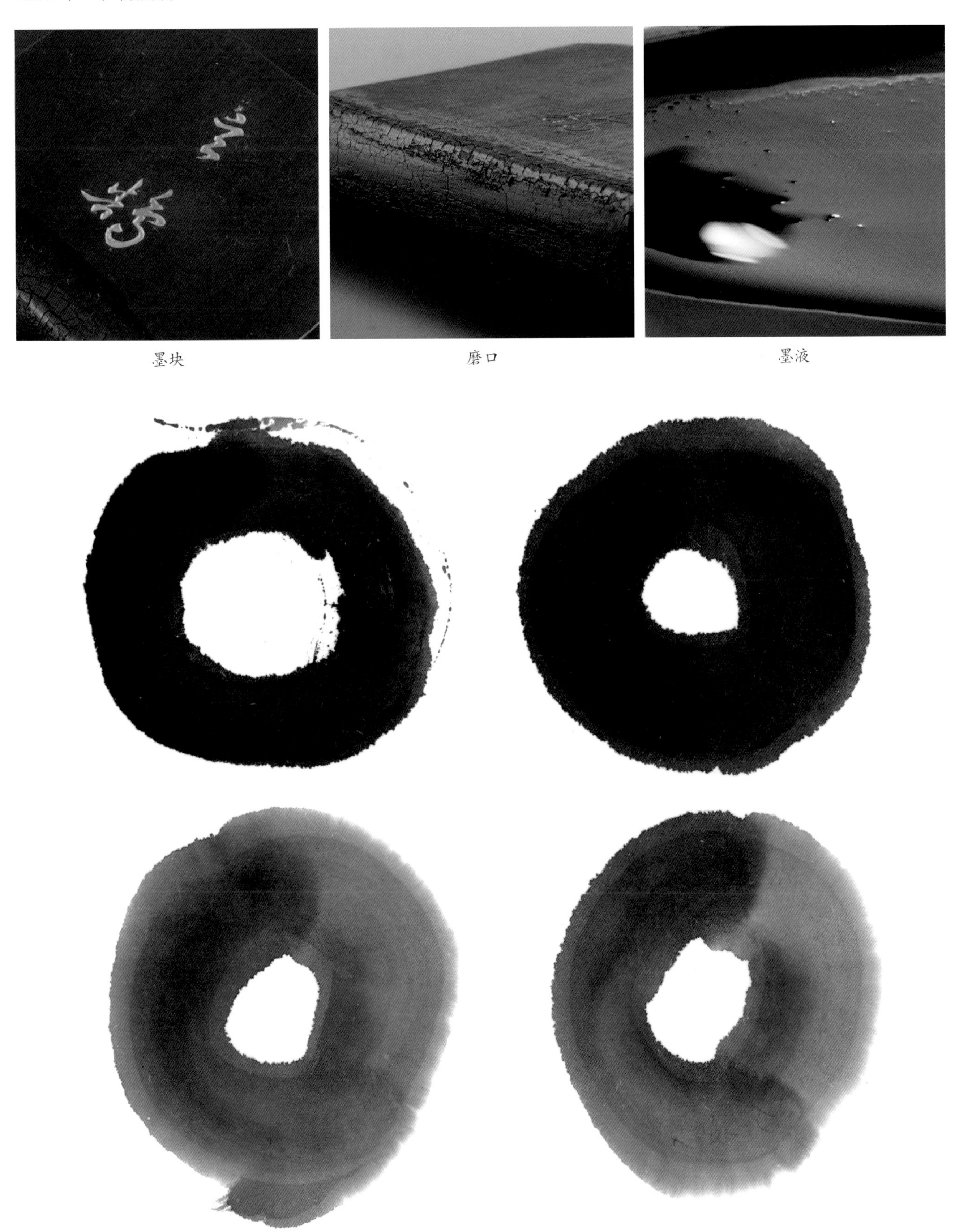

墨块　　磨口　　墨液

墨迹

杉影

20 世纪 80 年代　油烟

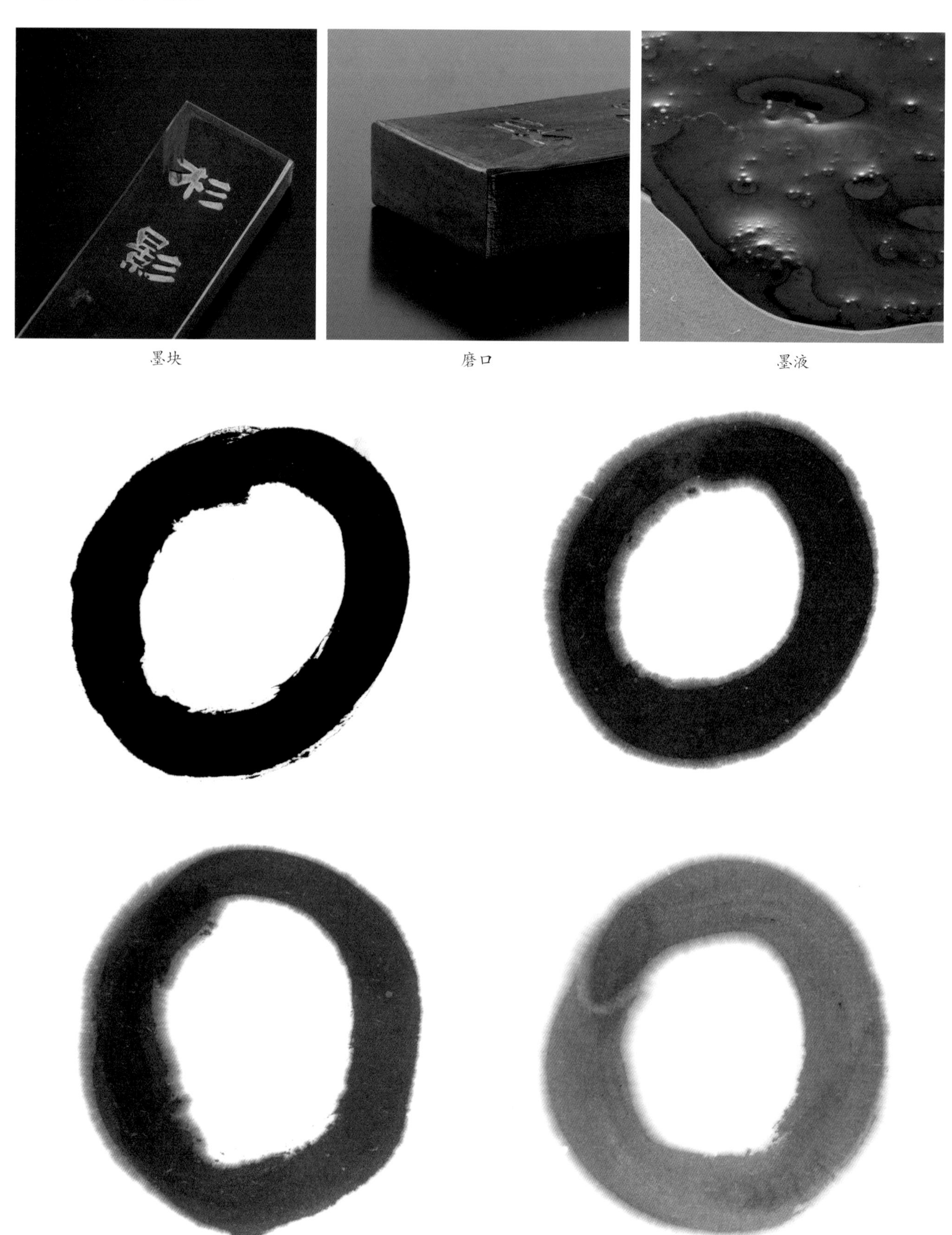

墨块　磨口　墨液

墨迹

玄之又玄

20 世纪 80 年代　油烟

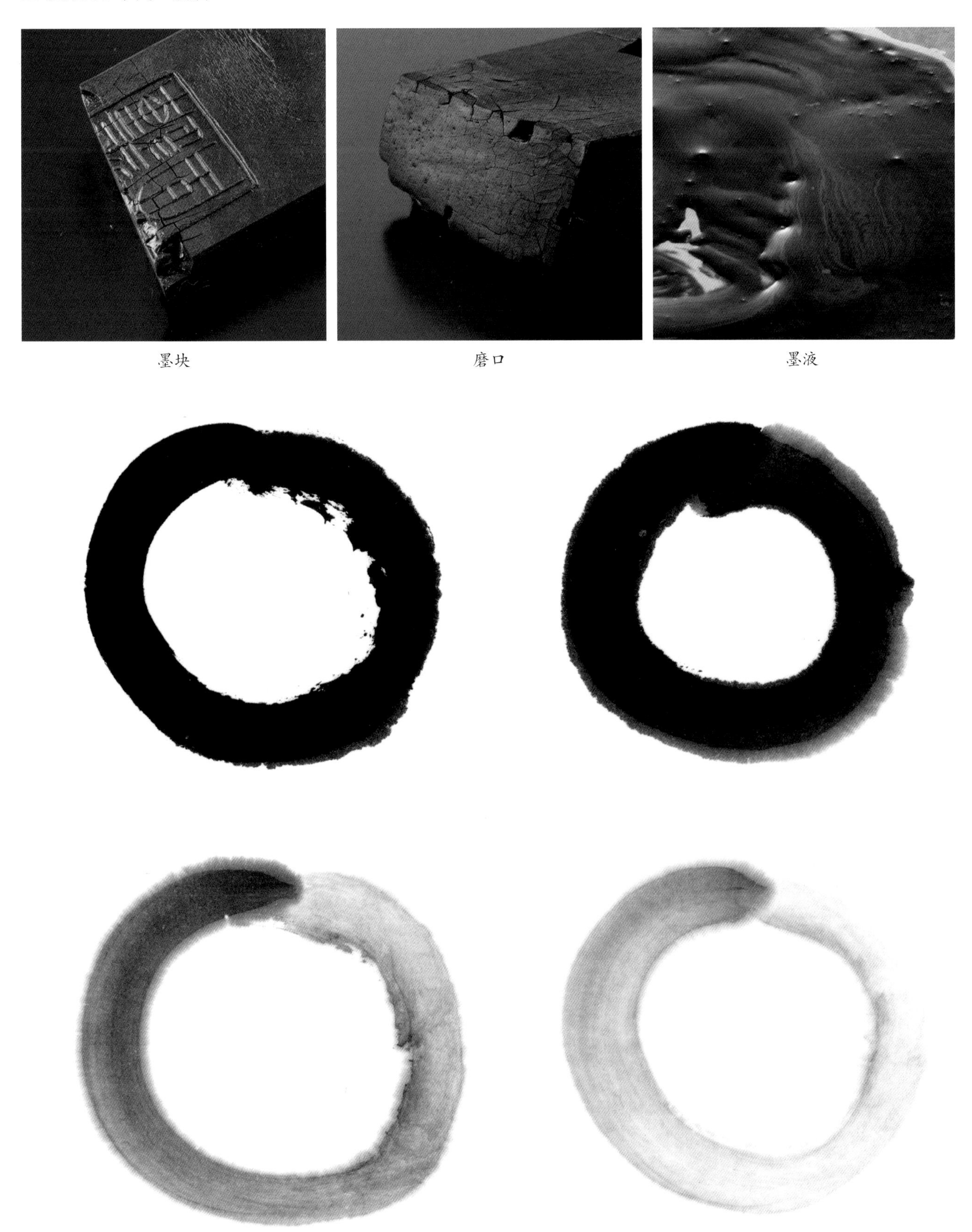

墨块　磨口　墨液

墨迹

九成宫

20 世纪 80 年代　油烟

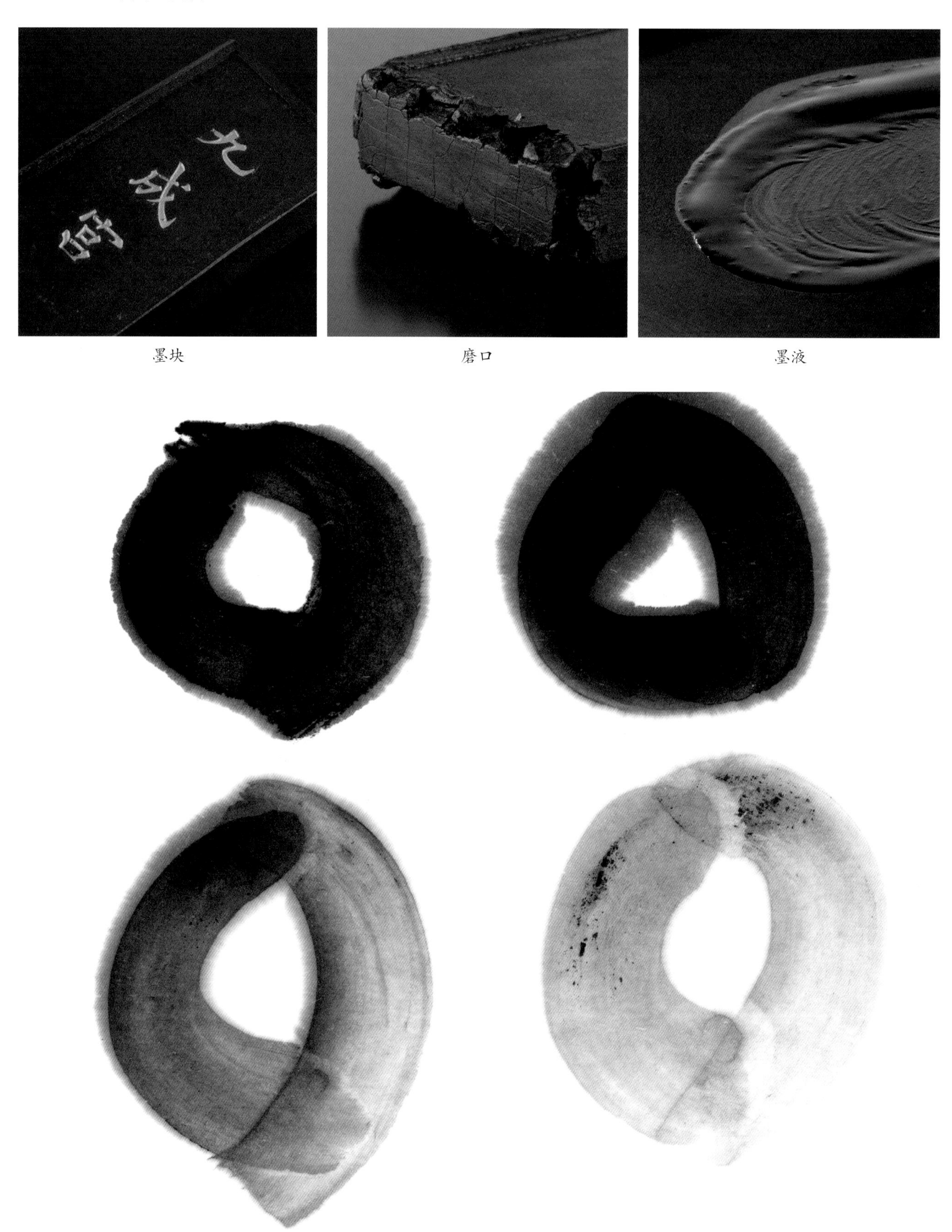

墨块　磨口　墨液

墨迹

翠原　百选墨系列

1980 年　青墨

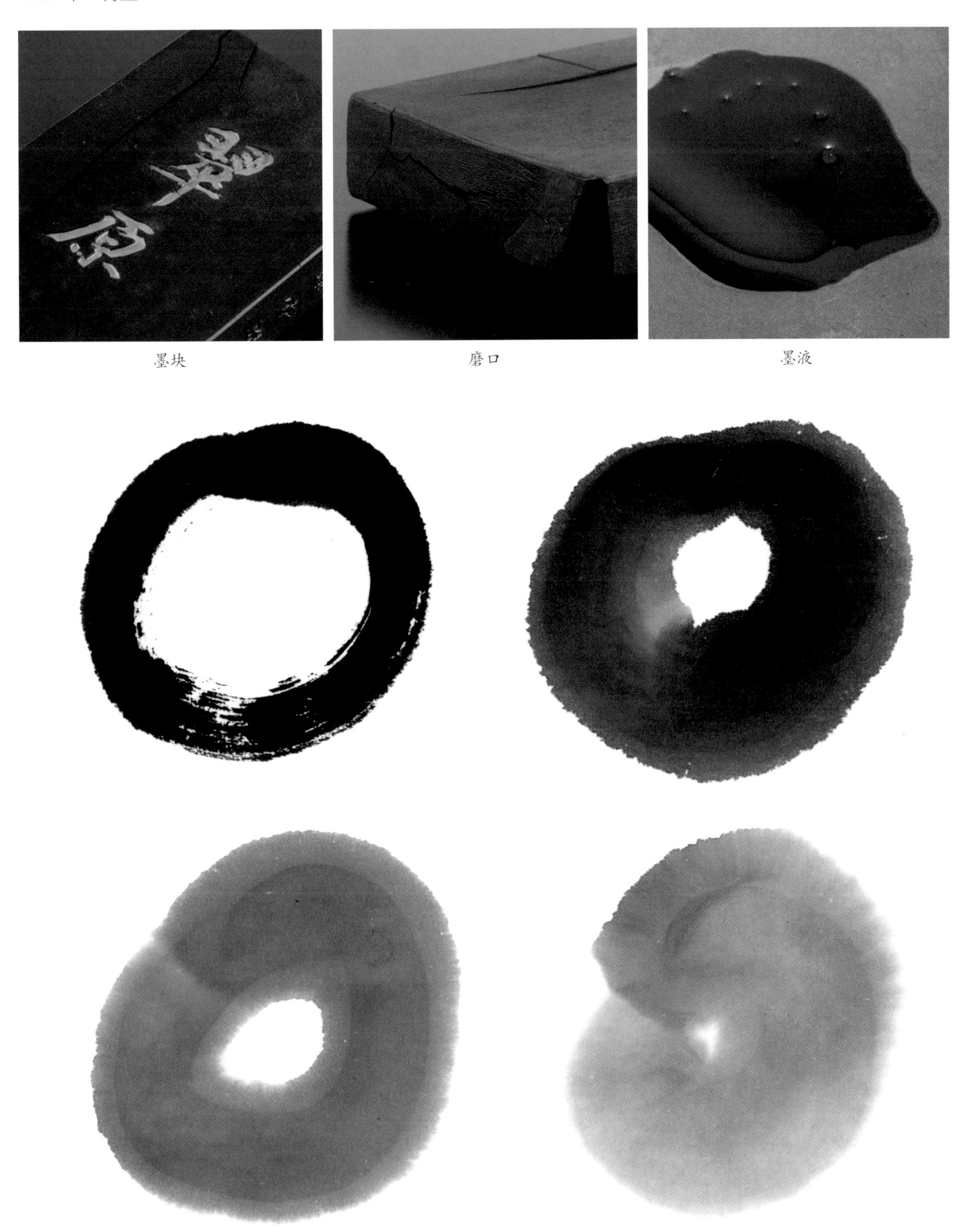

墨块　　磨口　　墨液

墨迹

二甲传胪 百选墨系列

1984 年 松烟

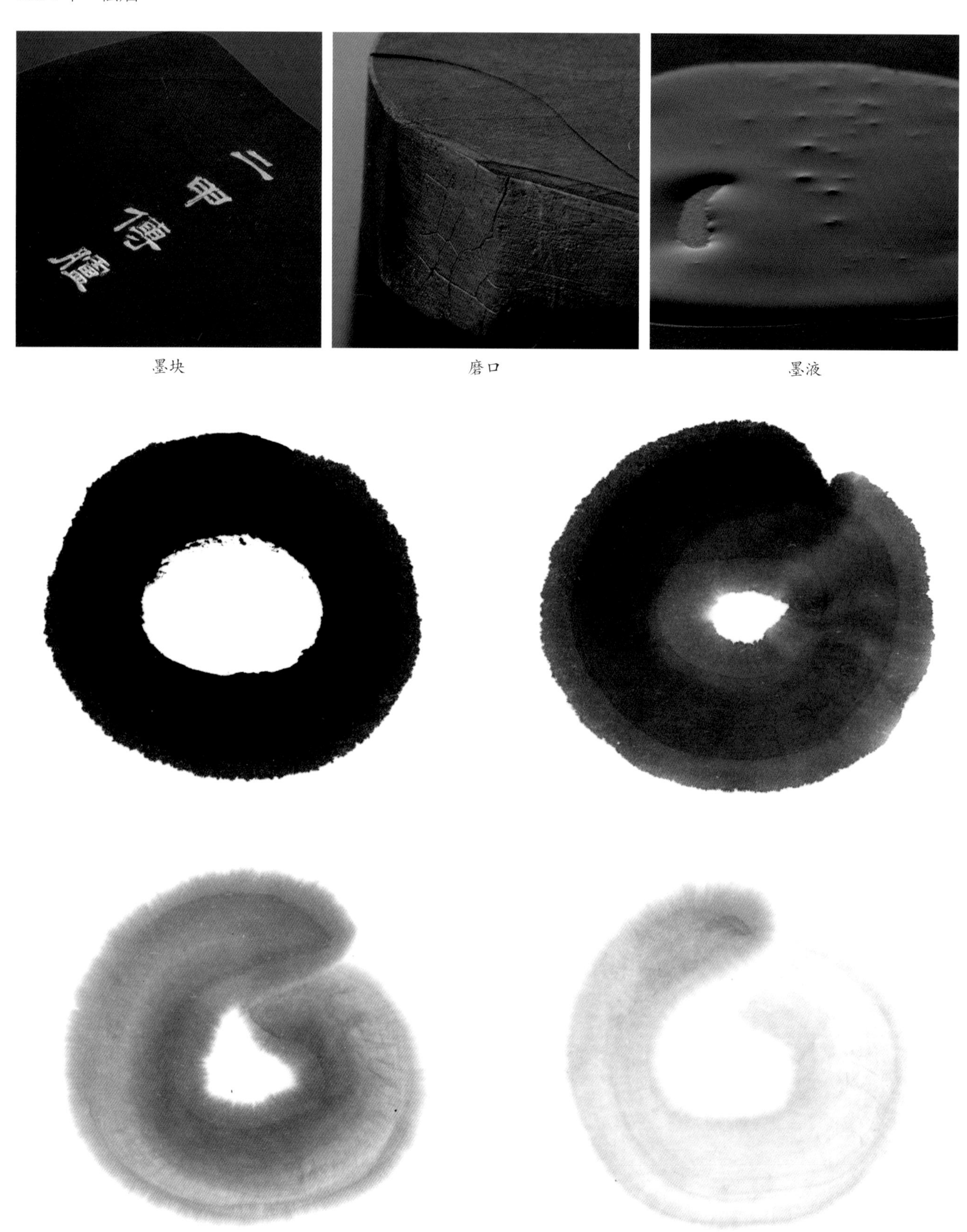

墨块　　磨口　　墨液

墨迹

仁寿宫　百选墨系列

1985 年　油烟

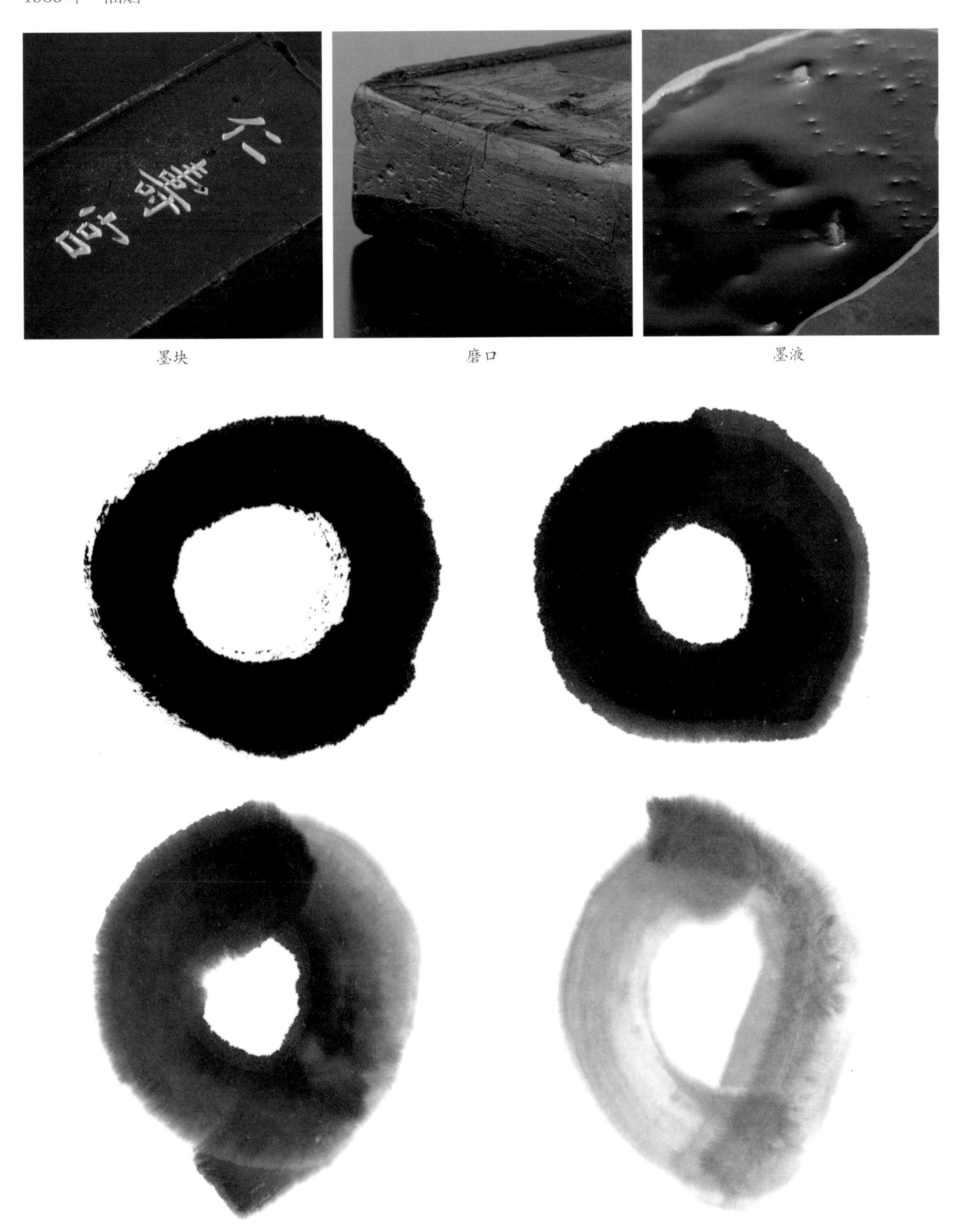

墨块　　磨口　　墨液

墨迹

圣鹤用墨

1985 年　松烟

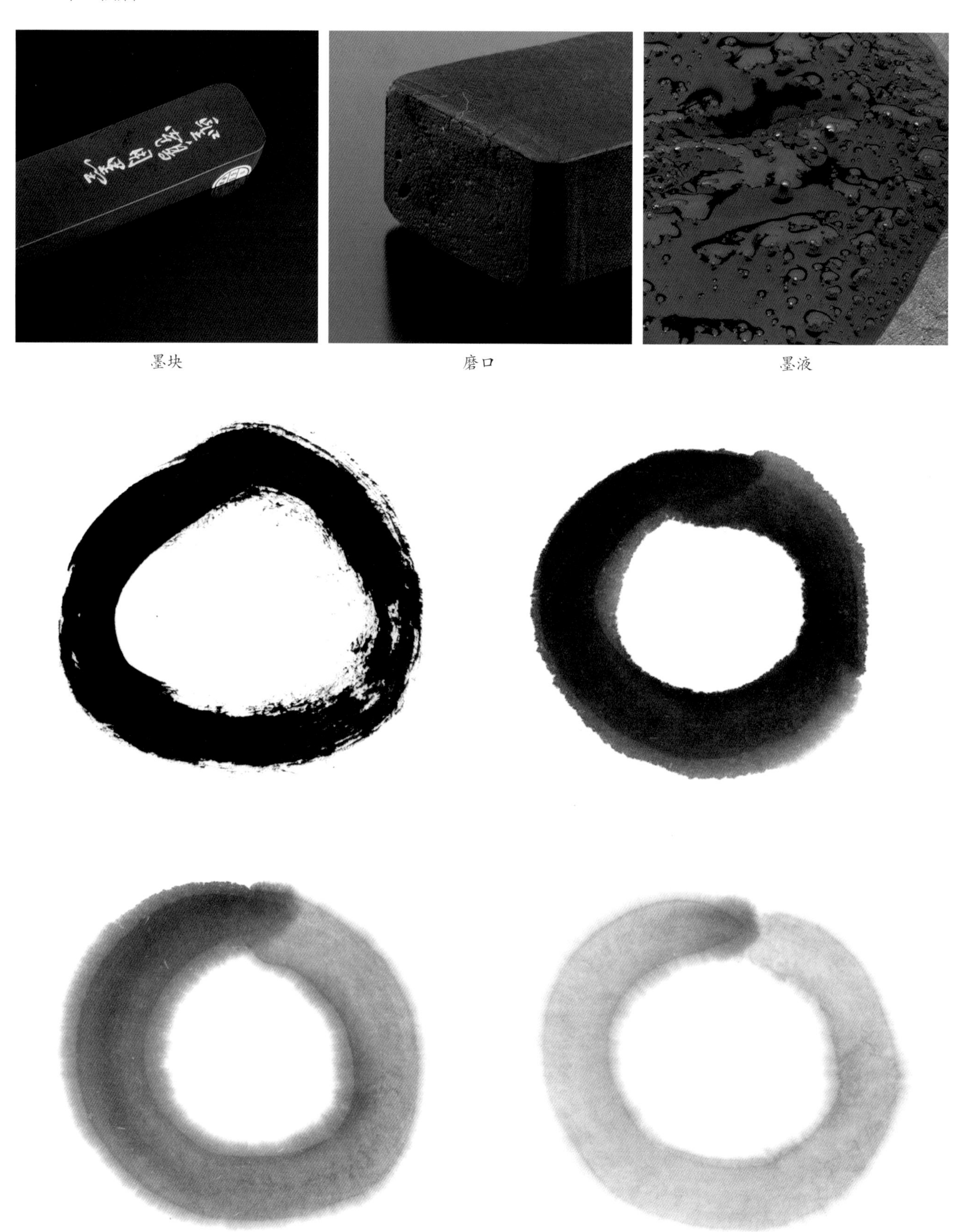

墨块　　磨口　　墨液

墨迹

五岳五款

1986 年　油烟

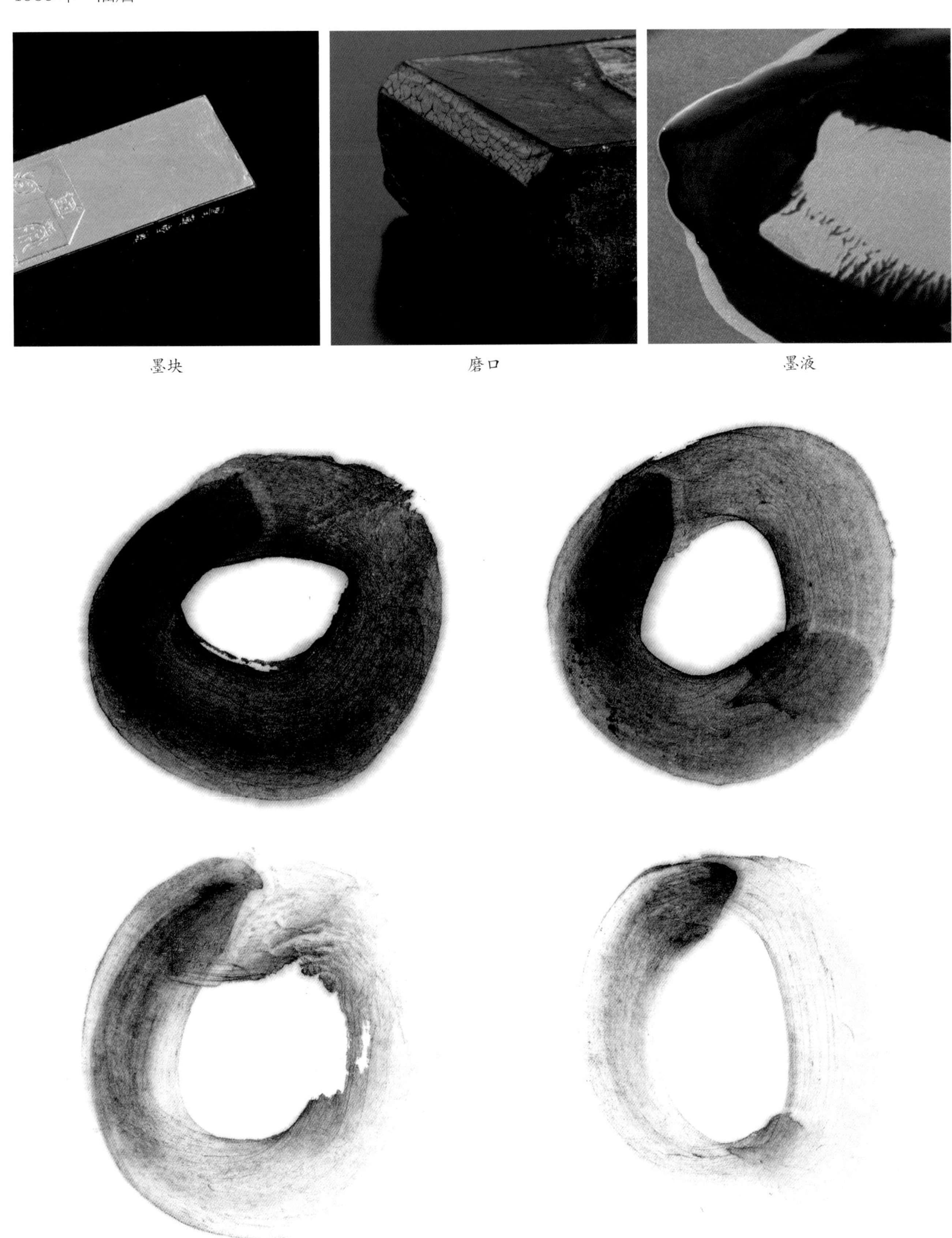

墨块　磨口　墨液

墨迹

游戏亦猛

1991 年　油烟

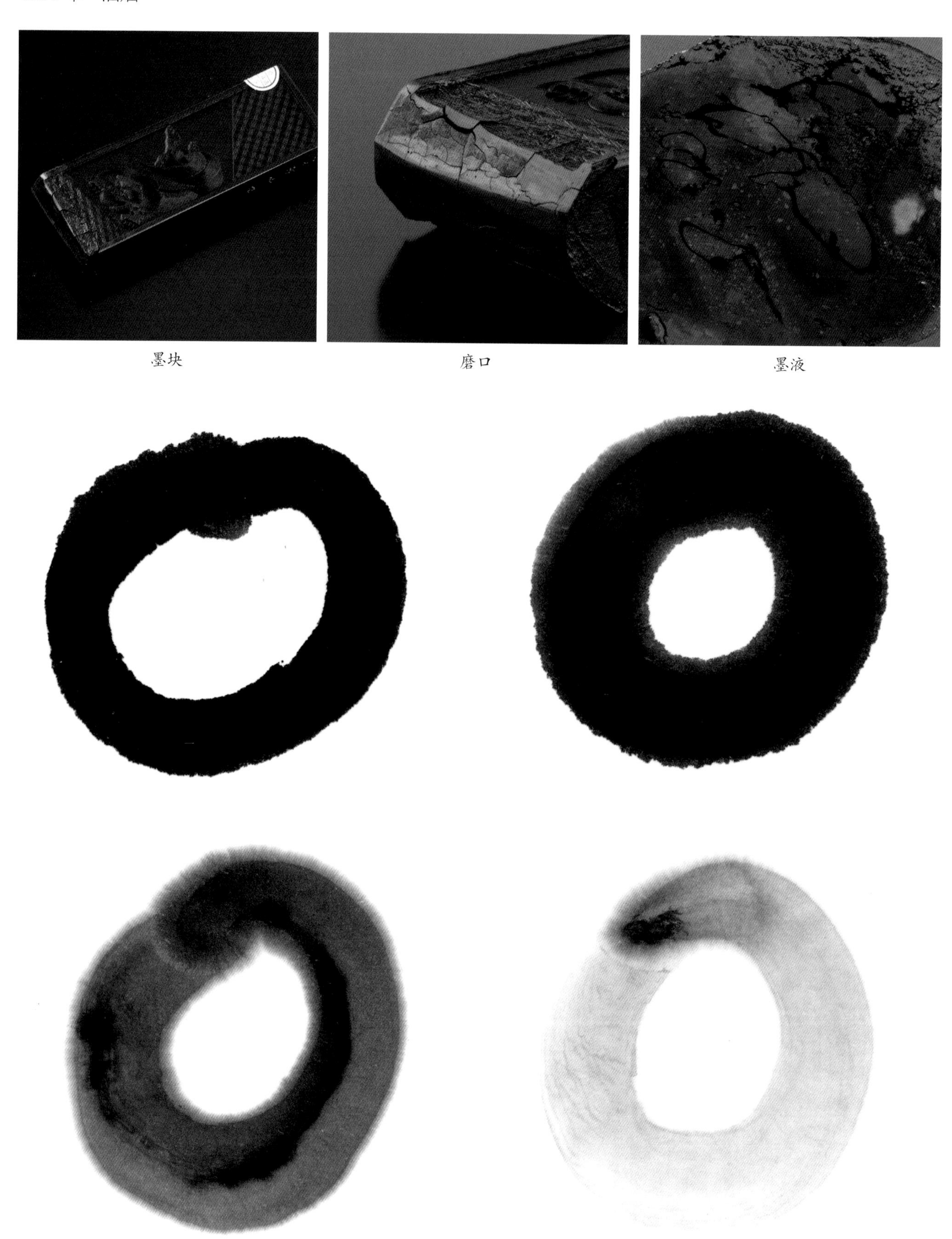

墨块　磨口　墨液

墨迹

乾坤

20 世纪 90 年代　油烟

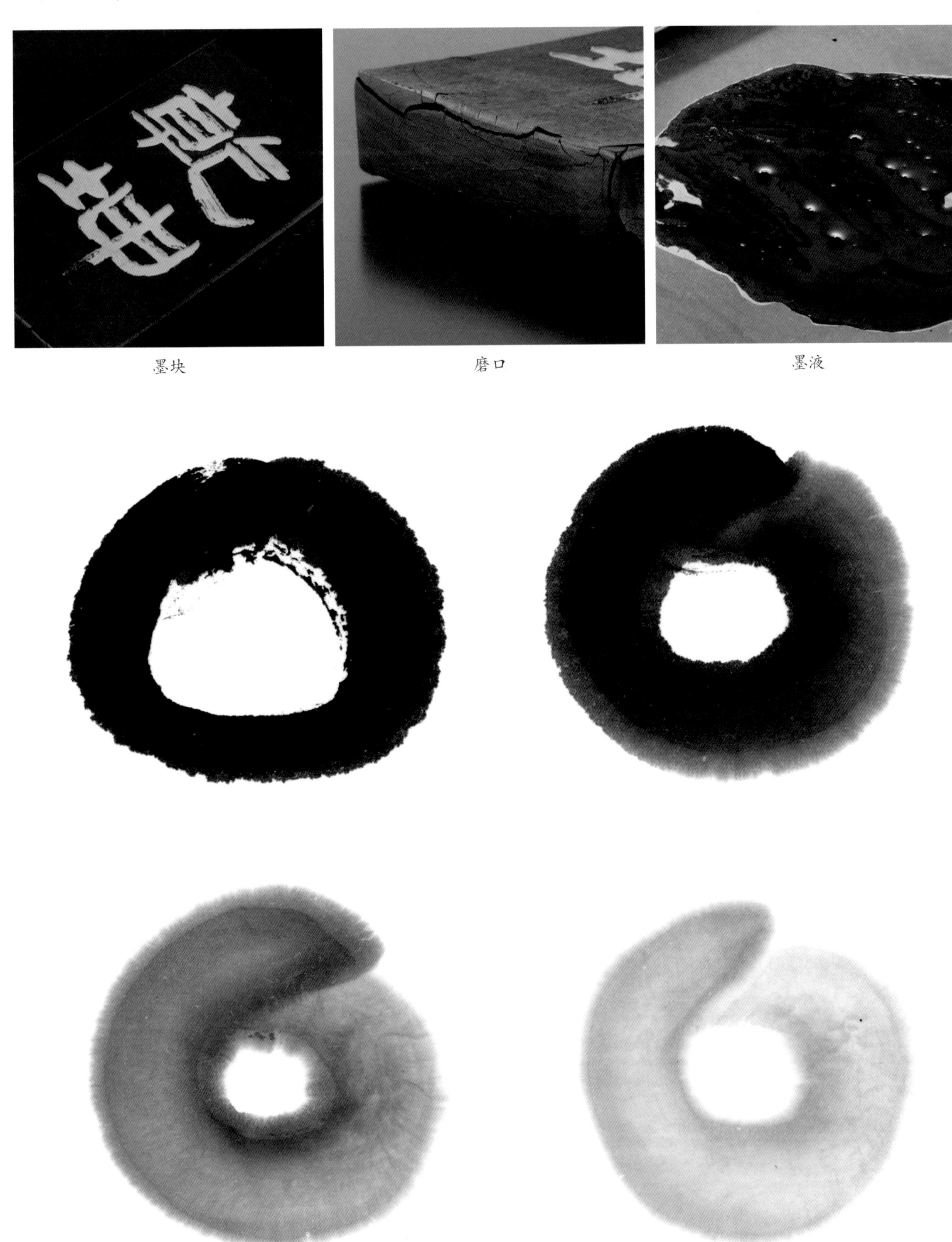

墨块　　磨口　　墨液

墨迹

谦慎书道会纪念墨

2008 年　油烟

墨块　　磨口　　墨液

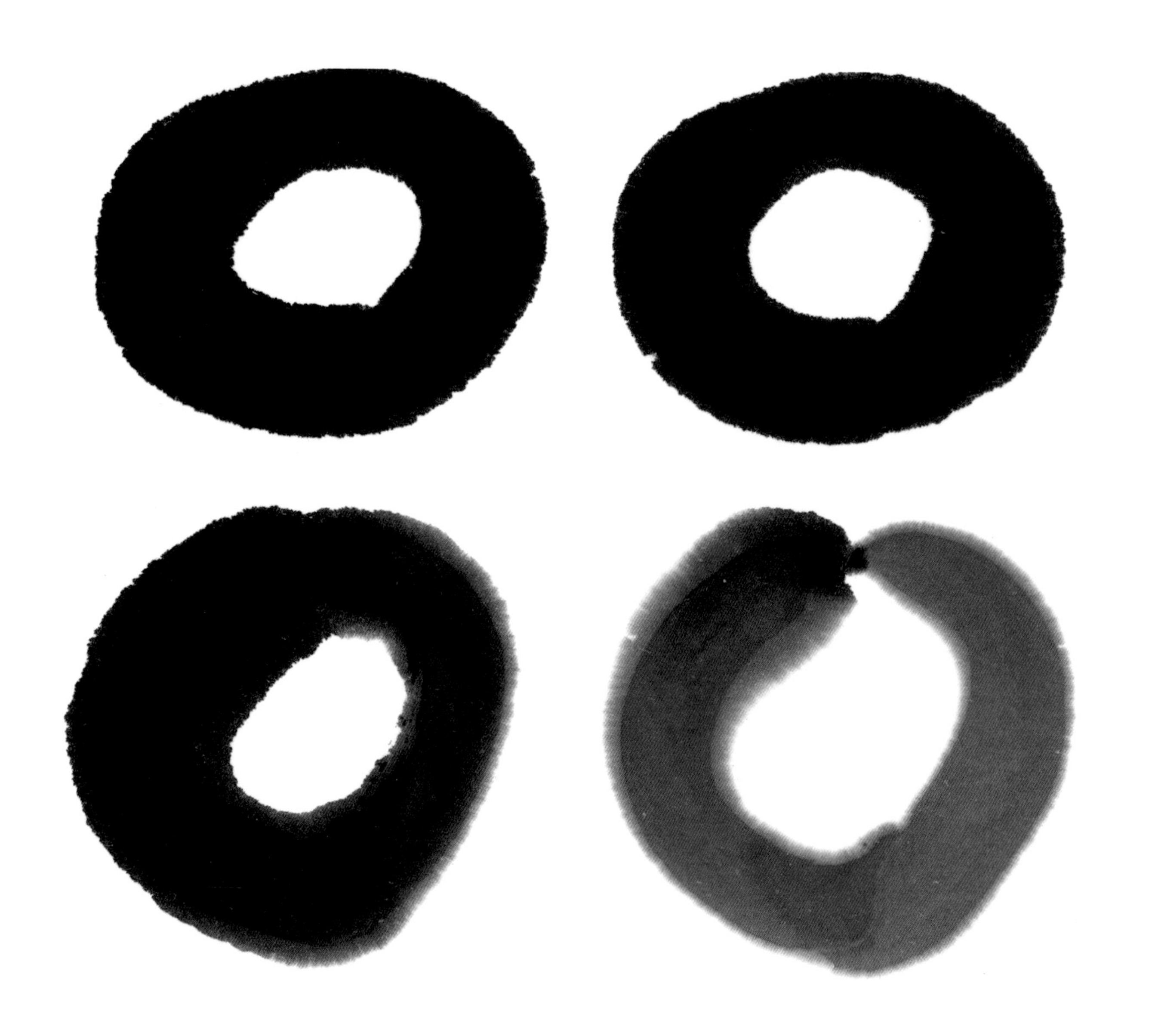

墨迹

后　记

王　巽

左面的墨迹是我当时试墨时随性留下的，各种材质的墨液混合在一起，别有一番生动趣味。

墨是文房四宝之一，对作品的表现具有决定性的意义。从古至今，关于墨的书时有出版，但都是与墨的年代、种类、制作等方面相关。墨作为实用物所产生的特效，没有一本书能把墨在纸上表现出来的浓淡、干枯、渗涨、交叠的水线等各种效果清晰地表达出来。前几年，我看到西方的一本色谱，触动很大，而中国用墨几千年，却没有一本真正意义上的实用墨谱工具书，遂产生了编写这本《墨与墨色》的念头。经过几年的准备——主要是墨品的收集和研究，在今年暑假完成了这本《墨与墨色》。书中所选墨品大多数是中国的，尤其以新中国成立后的墨为主。这本书的核心就是一百七十多幅浓、中浓、淡、超淡的四个墨迹变化圈。希望大家在阅读此书的过程中，对不同墨的墨色表现有一定了解，可以更方便、更清晰地找到适合自己使用的墨，从而对作品的表现有更进一步的帮助。本书还添选了日本三大制墨厂家的一部分墨品，绝大多数墨品至今还是可以找到的。

非常感谢方煜林、杨嘉玲、汪星爱在假期中不辞辛劳地帮我编辑、排版，尤其是煜林，从头至尾参与本书的各种工作，辛苦他了。非常感谢杜杨、余一沛，他们用十多天的时间便拍摄了几千张精美的图片。也感谢郑嘉杰、褚爱的一起试墨，感谢王鑫福、黄晓宇的杂务工作，当然也非常感谢郁文轩的冯宜明、余琴伉俪，他们恪守古法，几十年如一日，潜心研究、认真制墨，尤其冯老师的墨模堪称一绝，并提供了不少制墨过程的照片，对本书的帮助非常大。最后非常感谢金琤老师在百忙之中为本书作序。

希望《墨与墨色》这本书能够对传统文化爱好者、学习者、从业者在墨与墨色的了解及选择上带来些许帮助。

二〇二二年十月二日

封面题字：王冬龄
责任编辑：刘　炜
特约编辑：方煜林　杨嘉玲　汪星爱
封面设计：方煜林
摄　　影：杜　杨　余一沛
责任校对：杨轩飞
责任印制：张荣胜

图书在版编目（CIP）数据

墨与墨色 / 王巽著. -- 杭州 : 中国美术学院出版社, 2022.11（2024.4重印）
ISBN 978-7-5503-2925-6

Ⅰ. ①墨… Ⅱ. ①王… Ⅲ. ①墨－介绍－中国 Ⅳ. ①TS951.2

中国版本图书馆CIP数据核字（2022）第204280号

墨与墨色
王　巽　著

出 品 人：祝平凡
出版发行：中国美术学院出版社
地　　址：中国·杭州市南山路218号 / 邮政编码：310002
网　　址：http://www.caapress.com
经　　销：全国新华书店
印　　刷：浙江海虹彩色印务有限公司
版　　次：2022年11月第1版
印　　次：2024年4月第2次印刷
印　　张：20.25
开　　本：889mm×1194mm　1/16
字　　数：150千
印　　数：1001—2000
书　　号：ISBN 978-7-5503-2925-6
定　　价：228.00元